전투기 메카니즘 도감

가모시타 도키요시

밀리터리프레임

전투기메카니즘도감

2011년 8월 1일 초판 1쇄 발행
2025년 2월 28일 초판 5쇄 발행

저 자		가모시타 도키요시(鴨下示佳)
번 역		장민성
편 집		박관형, 김유라
표 지		원종혁
감 수		이동훈
마 케 팅		이수빈
발 행 인		원종우
발 행		블루픽
		주소 경기도 과천시 뒷골로26, 2층
		전화 02-6447-9000 팩스 02-6447-9009
		메일 edit@bluepic.kr
책 값		24,000원
I S B N		978-896052-179-7 17810

戦闘機メカニズム図鑑 (전투기메카니즘도감)
Sentoki mechanism zukan
© Tokiyoshi Kamoshita / Grand Prix Book Publishing 1996
through Orange Agency.
Korean translation rights arranged with Grand Prix Book Publishing
All Rights Reserved.
Korean Translation Copyright © 2011 by Imageframe. Co.,Ltd.

'전투기메카니즘도감' 한국어판 판권은 (주)블루픽에 있습니다. 이 책에 실린 글과 도판의 무단전재와 복제를 금지합니다.

책머리에

　전투기가 무기 체계의 한 분야로 확립된 지 80년 이상이 지났다. 그 사이에 첨단 기술로 가득한 전투기뿐 아니라 항공기 자체가 다른 수송 기관과 비교할 때 크게 진화했다. 초기의 전투기는 나무와 천, 와이어와 철로 만들었지만, 고작 4년 뒤인 1차 대전 말기에는 두랄루민제 저익 단엽기가 출현했다. 제2차 세계대전에선 레시프로기가 정점까지 도달하고, 동시에 제트 엔진 시대의 막을 열었다. 대전 이후에는 음속이라는 큰 장벽이 버티고 있었지만 이를 돌파하자 쉽사리 마하 2를 넘어서기에 이르렀다. 전투기는 이러한 항공 기술 진화에서 항상 앞장서왔다.

　지난 30여 년간 테크니컬 일러스트레이터로 활동해오면서, 전투기의 진화에는 변함없이 계속 흥미를 품어왔다. 누구라도 이해하기 쉬울 만큼 메카니즘이 겉으로 다 드러나 있던 제1차 대전 시대, 메카니즘과 아이디어가 점점 현실화하며 모습을 갖추고 일본도 깊이 개입하였던 2차 대전 시대. 때로는 충분한 테스트를 거치지 않아 파일럿이 목숨 걸고 비행하기도 했던 시대였다. 일러스트의 자료가 되는 취급설명서 하나만 봐도, 일본은 대전 말기엔 그림이 조잡해지고 설명도 불친절해지는 데 비해 미국의 취급설명서는 정연하고 가지런한 구성에다 사진까지 있는 친절함을 보여준다. 손상을 입은 기체의 수리설명서도 아주 세심하다. 이런 부분에서도 두 나라의 차이는 역력하다.

　인류의 꿈과 국가의 명운을 건 전투기 개발은 엔진이나 기체, 그리고 전자기기에 이르기까지 이론이나 원리를 속속들이 잘 모르는 상황이더라도 필요하다면 채택한다. 그리고 사용하면서 성능을 안정화하고 이후 생산품에 피드백한다. 한 발만 삐끗해도 목숨을 잃을 만큼 가차없는 전투기의 메카니즘은 그만큼이나 괜스레 우리를 매혹하는 무언가를 갖고 있다.

　이 책에 쓸 일러스트를 그리기 시작한 지 3년이 넘었다. 가지고 있던 자료 만으로 어떻게든 되겠지 하는 심정으로 착수했지만, 실제 해보니 이것도 부족하고 저것도 있어야 하는 상황이 되었다. 새로운 자료를 찾아 러시아, 영국, 미국, 프랑스, 캐나다, 한국 등지의 에어쇼를 돌고 각국의 항공 박물관을 취재했다. 외국의 충실한 항공 박물관이 일본에는 없다는 것을 애석케끔 한 취재였다. 물론, 이 책에 '일러스트레이터의 오해'라는 부제가 붙지 않도록 전문적인 것은 해당 분야 사람에게 물어가며 간신히 이렇게 책으로 다듬어낼 수 있었다.

　전투기에 관한 책은 여럿 있지만, 그와는 다른 색다른 재미가 있으면서도 "호오, 이랬구나."하고 독자 여러분께서 즐길 수 있는 책이 되었으면 한다. 마지막으로 이쪽 길을 먼저 걸었던 여러 선배분께 감사드리고, 특히 글쓴이가 놓친 실수를 지적해 준 항공평론가 마츠자키 도요카즈(松崎豊一)씨의 협력에 감사해 마지않는다.

가모시타 도키요시(鴨下示佳)

저자소개
가모시타 도키요시(鴨下示佳)

1938년 도쿄도 고가네이 시에서 태어나다. 1961년에 니혼 대학 졸업. 패키지 디자인 등에 종사한 후 1967년에 독립. 이후 「비클」을 중심으로 서적, 팸플릿, 포스터, 박스아트 등에 투시도나 외관을 그리며 오늘날에 이르다. JAAA(일본 자동차 아티스트 협회) 회원. 항공 저널 리스트 협회 회원..

전투기 메카니즘 도감

목 차

전투기 탄생하다 (제1차 세계 대전을 중심으로) ········· 10
- 에트리히 타우베(독일) ········· 12
- 포커 아인데커 E.3(독일) ········· 14
- 솝위드 캐멀(영국) ········· 16
- 프로펠러와 기관총 동조 장치 장착 이전의 전투기 ········· 18
- 동조 장치로 전투력이 향상된 전투기 ········· 20
- 후방 기총과 비행선 공격 ········· 22
- 팔츠 D-3의 세미 모노코크 구조 ········· 24
- 포커 E.3 및 Dr.I으로 보는 구리관 용접 프레임 ········· 26
- 레이디얼 로터리 엔진 ········· 28
- 상면도로 보는 각 기체의 형상 비교 ········· 30
- 각국기의 마크와 위장 도장 ········· 32

제2차 세계 대전 당시의 전투기 (1930년대부터 45년까지를 중심으로) ········· 34
- 수상 전투기 ········· 40
- 장거리(쌍발) 전투기(1) ········· 42
- 장거리(쌍발) 전투기(2) ········· 44
- 야간 전투기(1) ········· 46
- 야간 전투기(2) ········· 48
- 야간 전투기(3) 겟코 ········· 50
- 구리관 구조로 된 전투기, 호커 허리케인 ········· 52
- 목제 전투기 - 성공과 실패 사례 ········· 54
- 무장(1) 기관총/기관포 ········· 56
- 무장(2) 기관총/기관포의 탄도 ········· 58
- 무장(3) 프로펠러 바깥의 소구경 다기총 방식 ········· 60
- 무장(4) 기수 중심부의 장비 ········· 62
- 무장(5) 대구경 포 ········· 64
- 무장(6) 로켓탄 및 런처 ········· 66
- 무장(7) 로켓탄 및 폭장 ········· 68
- 무장(8) 조준기와 발사 레버 ········· 70
- 비행 제어 장치(1) ········· 72
- 비행 제어 장치(2) ········· 74
- 비행 제어 장치(3) 플랩 ········· 76
- 비행 제어 장치(4) 탭 ········· 78

프로펠러의 변천과 작동 · 80
콕피트 및 조종석 · 82
캐노피의 변천(1) · 84
캐노피의 변천(2) · 86
캐노피 및 승강 장치 · 88
주날개의 구조 · 90
히엔으로 보는 동체 부위의 구조 · 92
방탄 장치 및 탑승원 보호 · 94
제동 장치(착함 훅)와 바퀴 · 96
엔진(1) 종류와 교체 · 98
엔진(2) 레이디얼형, H형, W형 · 100
엔진(3) V형 및 역V형 · 102
엔진(4) 공랭과 수랭, 배기 터빈 · 104
레시프로 엔진의 한계에 대한 도전(1) · 106
레시프로 엔진의 한계에 대한 도전(2) · 108
로켓 전투기의 탄생 · 110
제트 전투기의 등장(1) · 112
제트 전투기의 등장(2) · 114

제트 전투기의 시대 (미, 소 냉전 시대부터 현재까지) · · · · · · · · · · · · · · · 116

제트 엔진의 원리 · 124
터보 팬 엔진 · 126
직선익에서 후퇴익으로 (1) · 128
직선익에서 후퇴익으로 (2) 제트 전투기 간 세계 최초 공중전(한국 전쟁) · · · · · · · · · · · 130
공력과 기체(1) 음속의 벽 · 132
공력과 기체(2) 날개 면을 흐르는 공기 · 134
공력과 기체(3) 에어리어 룰 · 135
공력과 기체(4) 델타익 · 136
카나드 날개 기체 여러 가지 · 137
보조 공력 장치 · 138
보텍스 제너레이터 · 139
꼬리날개의 모양과 움직임 · 140
가변익과 고장력 · 142
공기 흡입구(1) · 144
공기 흡입구(2) 초음속 기류에 대한 대책 · 146

공기 흡입구(3) F-4 팬텀 II의 가변 베인 · 147
공기 흡입구(4) F-15 이글의 에어 덕트 · 148
공기 흡입구(5) MiG-29 펄크럼(러시아·우크라이나) · 150
공기 흡입구(6) 수호이 Su-27 플랭커(러시아·우크라이나) · · · · · · · · · · · · · · · · · · · 151
공기 흡입구(7) F/A-18 호넷(미국) · 153
'마지막 유인 전투기' 록히드 F-104 스타파이터 · 154
'마지막 인터셉터' 컨베어 F-106 델타 다트 · 155
'최강 함상 전투기' 그루먼 F-14 톰캣 · 156
전투기 크기 비교 · 158
무장 스테이션 · 160
BAC 라이트닝 F-6로 보는 무장 스테이션 · 162
미쓰비시 F-1으로 보는 무장 개조 · 164
F-15 이글로 보는 폭탄 투하법 · 165
무장(1) 기관총 및 벌컨포 · 166
무장(2) 로켓탄 · 168
무장(3) 미사일 시대 개막 · 170
무장(4) 미사일의 종류 첫 번째 · 172
무장(5) 미사일의 종류 두 번째 · 174
무장(6) 미사일의 공격법 및 사거리 · 176
무장(7) 미사일 탑재법 · 178
채프(전자파 교란용 무장) · 180
플레어 · 182
포드의 종류와 기능(1) · 184
포드의 종류와 기능(2) · 186
사격 조준 및 콕피트 · 188
조종 장치와 제어 · 190
플라이 바이 와이어 시스템 · 192
편대 비행 및 공중전 시의 비행법 · 194
패리시이트 · 196
공중 급유(1) · 198
공중 급유(2) KC-130의 오른날개 급유 장치 · 200
공중 급유(3) 미군, NATO군의 현용 기종 · 201
공중 급유(4) 프로브의 종류 · 202
공중 급유(5) 리셉터클 · 203
수직 이륙기 시도(1) · 204

성공한 V/STOL기, BAe 해리어(영국) ························· 206
수직 이륙기 시도(2) 야코블레프 Yak-38 포저 ················ 208
캐터펄트 ··· 210
제동 장치(1) ··· 212
제동 장치(2) 드래그슈트 ·· 215
제동 장치(3) 역분사 기구 ······································· 216
제동 장치(4) 에어 브레이크 ···································· 218
긴급 탈출 장치 ·· 218
레이더 장비와 기수 형상 ·· 220
캐노피 이야기 ··· 222
기체 각 부분의 심벌 마크 ······································· 224
블렌디드 윙 보디 기종 ··· 226
스텔스기 등장 ··· 228
본격적인 첫 스텔스기, 록히드 F-117A(1) ···················· 230
본격적인 첫 스텔스기, 록히드 F-117A(2) ···················· 232
현용 최강의 초음속 순항 스텔스기 록히드 F-22 ············· 234

전투기 메카니즘 도감

가모시타 도키요시

전투기 탄생하다
제1차 세계대전을 중심으로

1914년에 제1차 세계 대전이 일어났다. 처음에는 체공 시간을 늘리는 것이 고작이던 항공기가 정찰 이외에 병기로도 제 몫을 해내리라고는 여겨지지 않았다. 1903년 라이트 형제의 첫 비행으로부터 10년이 갓 지났을 때라서 안정된 비행을 유지하는 것 자체가 목표였고, 양산도 그다지 이뤄지지 않았다. 그러나 대전이 발발하자 머지않아 정찰용으로 기능을 크게 발휘하기 시작했다. 당시엔 적의 동태를 살피는데 주로 기구를 쓰고 있었는데, 항공기 쪽이 기구보다 신속하게 이동할 수 있었고 총탄이 닿지 않는 하늘에서 전선 너머 적진 깊숙이까지 정찰할 수 있었다.

전쟁 초기에는 적기라곤 해도 공중에서 마주치게 되면 서로 인사하곤 했다고도 하는데, 적이 정보를 갖고 돌아가도록 놔두는 것이 좋을 리는 없기에 머지않아 무기를 지니고 날게 되었다. 목제 골조에 천으로 씌운 날개로 날던 시대였기에 로프 끝에 매단 훅으로 적기의 골조나 날개를 파손하여 추락시켰다는 이야기도 전해지지만 주된 무기는 대개 권총이나 라이플이었다. 공중에서 피아 쌍방이 마주치는 일은 그리 흔하지 않았고, 마주친다 하더라도 상대를 공격하는 시간은 극히 짧은 한순간이었다. 단시간에 많은 탄환을 퍼붓는 무기로는 아무래도 기관총이 탁월했기에 이윽고 기관총이 무장의 중심이 된다. 복좌식 정찰기에는 기관총을 맡는 정찰원(사수를 겸한다)이 탑승했다. 초기의 전투기는 실수로 자신의 프로펠러를 맞추지 않게끔 고려하여 기총을 배치했지만 머지않아 프로펠러에 동조

✈ **에어코 D.H.2** (영국)

연합국 측에서 활약한 기체로, 단좌식이며 동체는 조종석 부분만 있다. 추진식 프로펠러라서 전방에 장애물이 없으므로 자유로이 기관총을 사격할 수 있었지만, 프로펠러 동조 장치가 개발되면서 빛을 잃게 되었다.

✈ **융커스 D.I** (독일)

대전 말기에 나타난 전금속제 외팔보 날개(Cantilever Wing) 단엽기. 시대를 앞선 등장으로 이후의 전투기 방향을 결정지었다. 두랄루민제 응력 외피 구조를 채택하였고 수직 꼬리날개는 한발 먼저 올 플라잉 구조를 갖추고 있었다. 전쟁으로 말미암은 기술 혁신이 이 정도 수준까지 다다른 것이다.

전투기의 탄생

장치를 붙인 기관총을 장착하게 되고, 그 방면에서 진보가 이루어졌다.

또한, 기민한 움직임이 요구되자 기체 각 부분에 기술적인 개량을 더하면서 대전 중의 진보는 현저했다. 상승이나 하강, 선회 등은 처음에는 와이어 같은 것으로 날개를 비틀어 조종했지만, 이윽고 주날개에는 에일러론을, 꼬리날개에는 승강타나 방향타를 붙이는 기본 스타일이 완성된다.

항공기가 병기로 유용하다는 점을 인식하여 기관총으로 무장하게 되고 나서부터 전투를 의식한 항공기를 개발하게끔 되고, 함상 전투기나 지상 공격기 등 각각의 목적에 맞춘 개발이 시작되었다. 날개 면적을 늘린 복엽기나 삼엽기가 많았지만, 선회 성능은 뒤지는 대신 속도가 빠른 단엽기도 존재했다. 더 나아가 프레임도 세미 모노코크 구조가 등장하여 대전 말기에는 전금속제의 융커스 D1도 나오게 된다.

당시 일본에서는, 유럽의 전쟁 상황을 듣고 항공기의 중요성을 인식하여 독자적으로 항공기를 개발하려는 움직임이 간신히 싹트려 하고 있었다. 나카지마 지쿠헤이 기관 대위가 '비행기 연구소'를 군마 현 오오타에 설립한 때가 1917년이었다. 이 당시에 일본도 팔만 복엽기(프랑스)나 에트리히 타우베(독일) 등을 구입하고 있었다.

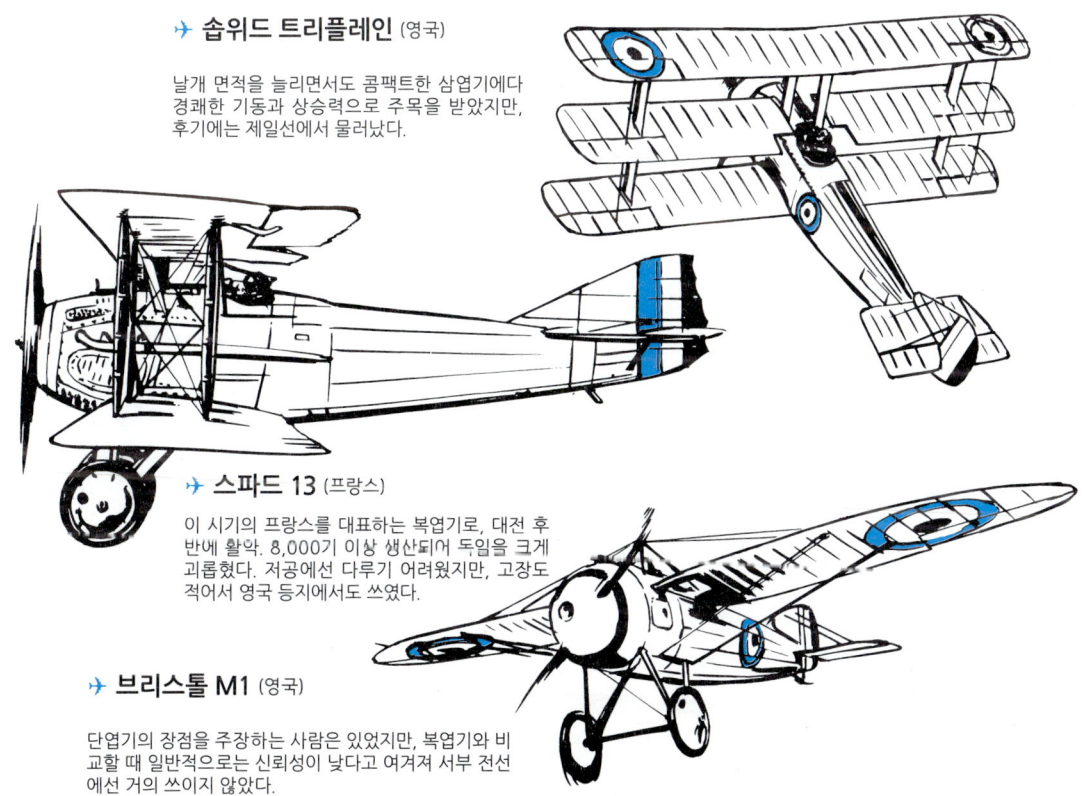

✈ 솝위드 트리플레인 (영국)
날개 면적을 늘리면서도 콤팩트한 삼엽기에다 경쾌한 기동과 상승력으로 주목을 받았지만, 후기에는 제일선에서 물러났다.

✈ 스파드 13 (프랑스)
이 시기의 프랑스를 대표하는 복엽기로, 대전 후반에 활약. 8,000기 이상 생산되어 독일을 크게 괴롭혔다. 저공에선 다루기 어려웠지만, 고장도 적어서 영국 등지에서도 쓰였다.

✈ 브리스톨 M1 (영국)
단엽기의 장점을 주장하는 사람은 있었지만, 복엽기와 비교할 때 일반적으로는 신뢰성이 낮다고 여겨져 서부 전선에선 거의 쓰이지 않았다.

1-1. 에트리히 타우베 (독일)

오스트리아에서 개발되고 독일에서 제조된 타우베는 그 이름대로 '비둘기'처럼 생겼고, 새의 모습을 바탕으로 설계한 느낌이 든다. 주날개와 꼬리날개는 조종석의 와이어 조작으로 비틀어서 승강 및 방향을 제어한다. 1911년부터 제조가 이루어졌으며, 대전이 발발하자 정찰기나 연습기, 또는 프랑스 폭격용으로도 사용되었다. 승무원은 권총이나 소총 정도의 무장을 했을 뿐이므로 전술적 가치는 높지 않았다.

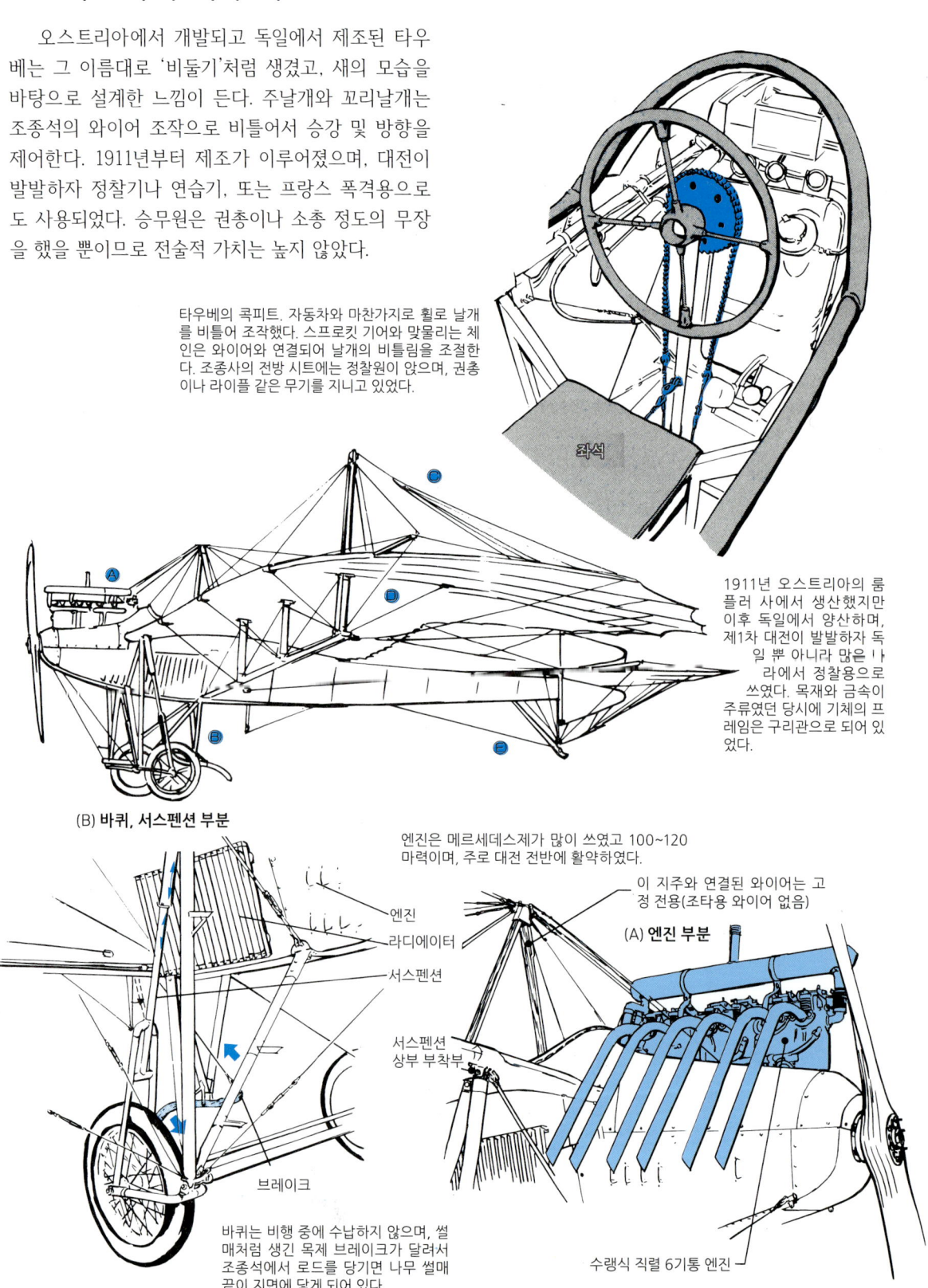

타우베의 콕피트. 자동차와 마찬가지로 휠로 날개를 비틀어 조작했다. 스프로킷 기어와 맞물리는 체인은 와이어와 연결되어 날개의 비틀림을 조절한다. 조종사의 전방 시트에는 정찰원이 앉으며, 권총이나 라이플 같은 무기를 지니고 있었다.

1911년 오스트리아의 룸플러 사에서 생산했지만 이후 독일에서 양산하며, 제1차 대전이 발발하자 독일 뿐 아니라 많은 나라에서 정찰용으로 쓰였다. 목재와 금속이 주류였던 당시에 기체의 프레임은 구리관으로 되어 있었다.

(B) 바퀴, 서스펜션 부분

엔진은 메르세데스제가 많이 쓰였고 100~120 마력이며, 주로 대전 전반에 활약하였다.

이 지주와 연결된 와이어는 고정 전용(조타용 와이어 없음)

(A) 엔진 부분

엔진
라디에이터
서스펜션
서스펜션 상부 부착부
브레이크

바퀴는 비행 중에 수납하지 않으며, 썰매처럼 생긴 목제 브레이크가 달려서 조종석에서 로드를 당기면 나무 썰매 끝이 지면에 닿게 되어 있다.

수랭식 직렬 6기통 엔진

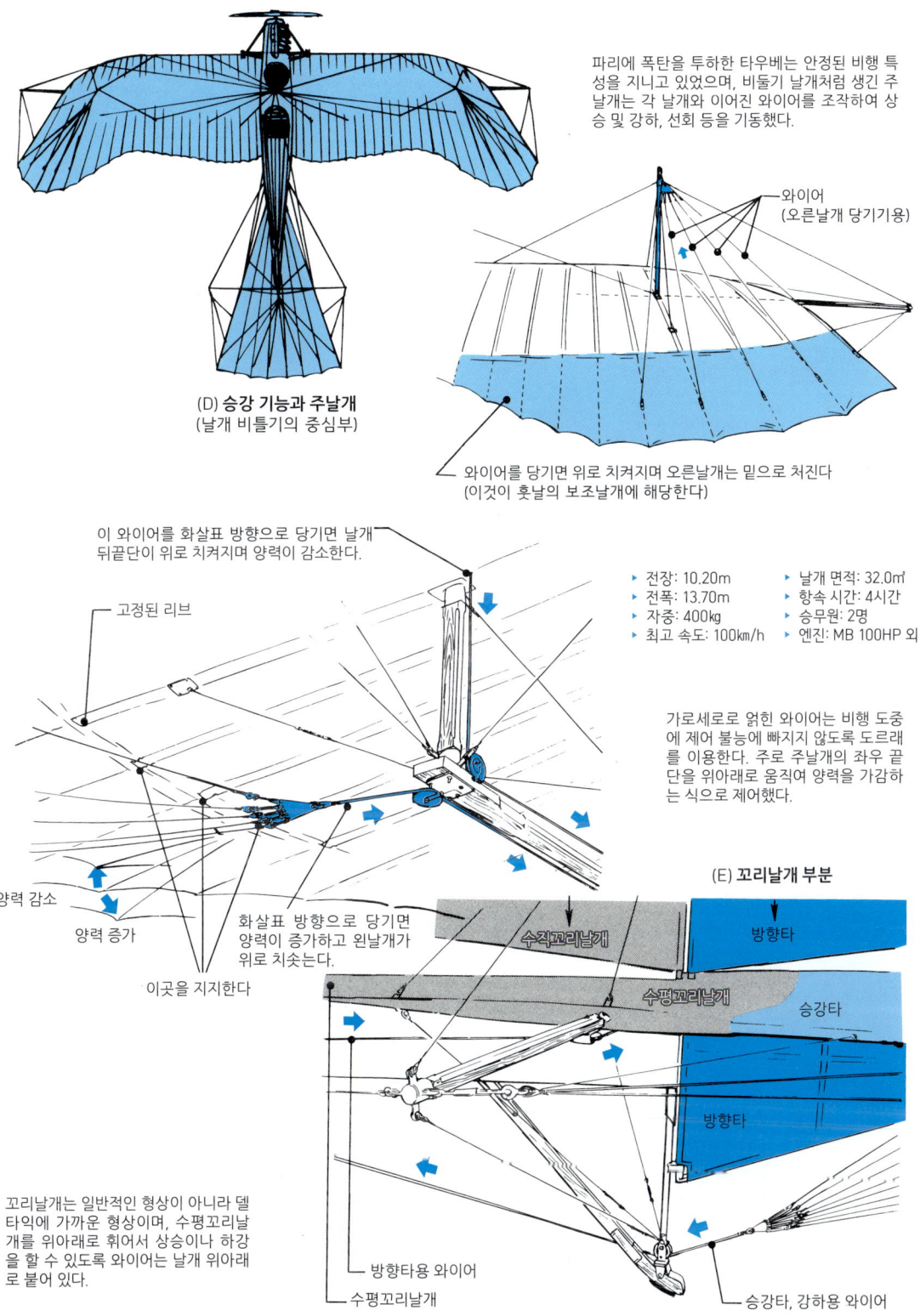

1-2. 포커 아인데커 E.3 (독일)

1915년 후반에 사상 처음으로 프로펠러 동조 장치를 붙인 기관총 장착 전투기로 등장. 기관총은 전방 고정이며 이 기종으로 유럽 하늘을 제패하고 수많은 에이스를 낳았다. 기관총은 2연장 및 3연장도 시험했지만 출력 부족임이 판명되어 아무래도 1정만 장착하는 것이 이 기체에 어울렸다. E.1~E.4로 개량을 거듭하며 합계 450기가 제작되었으며 그 중 300기가 E3형이다. 그러나 대전 후반에는 영-프의 신형기에 압도당하게 된다.

▶ 전장: 6.60m ▶ 자중: 522kg
▶ 전폭: 9.00m ▶ 최고 속도: 150km/h
▶ 전고: 2.55m ▶ 상승 한도: 3,500m

고정용 와이어 · 조종용 와이어
날개 뒷전이 처지며 양력이 증가
뒷전이 치켜 올라간다 (양력이 감소한다)
고정용 와이어 · 조종용 와이어

(A) 조종 장치

조종간
전방
이 방향으로 힘을 주면 엘리베이터가 내려가고 기체는 하강한다.
엘리베이터 올림

보조날개는 아직 힌지가 아니라 와이어로 비트는 비틀림 날개(Wing Warping)식이지만, 후대 전투기의 원류라고 할 수 있는 형상과 기능을 갖추고 1915~1916년 무렵까지 활약. 기수를 좌우로 제어하는 방향타가 있고, 상승 및 하강에는 승강타를 사용, 기체를 좌우로 기울일 때는 날개를 비틀었다. 이 모든 동작은 간단한 와이어로 조정하는 방식.

전방
고정 와이어
날개 비틀림 조작용 와이어 · 상방 지주
안쪽과 바깥의 와이어를 나누는 이중 도르래(풀리)

날개에는 비틀림을 제어하는 와이어와 고정용 와이어가 죽 둘러쳐져 있지만, 힌지 기구와 이어진 와이어를 당기거나 풀면서 날개를 상하로 움직여 제어한다.

(B) 날개 비틀림 제어용 와이어

고무 서스펜션
전방
날개 안쪽 와이어
바깥쪽 와이어
힌지 기구

(C) 스포크형 바퀴

스포크 덕분에 강도를 확보한 바퀴는 휠 커버로 감쌌다. 이는 초원의 비행장에 착륙할 때 풀이 스포크에 끼이지 않도록 하려는 것.

덮개
스포크

전투기의 탄생

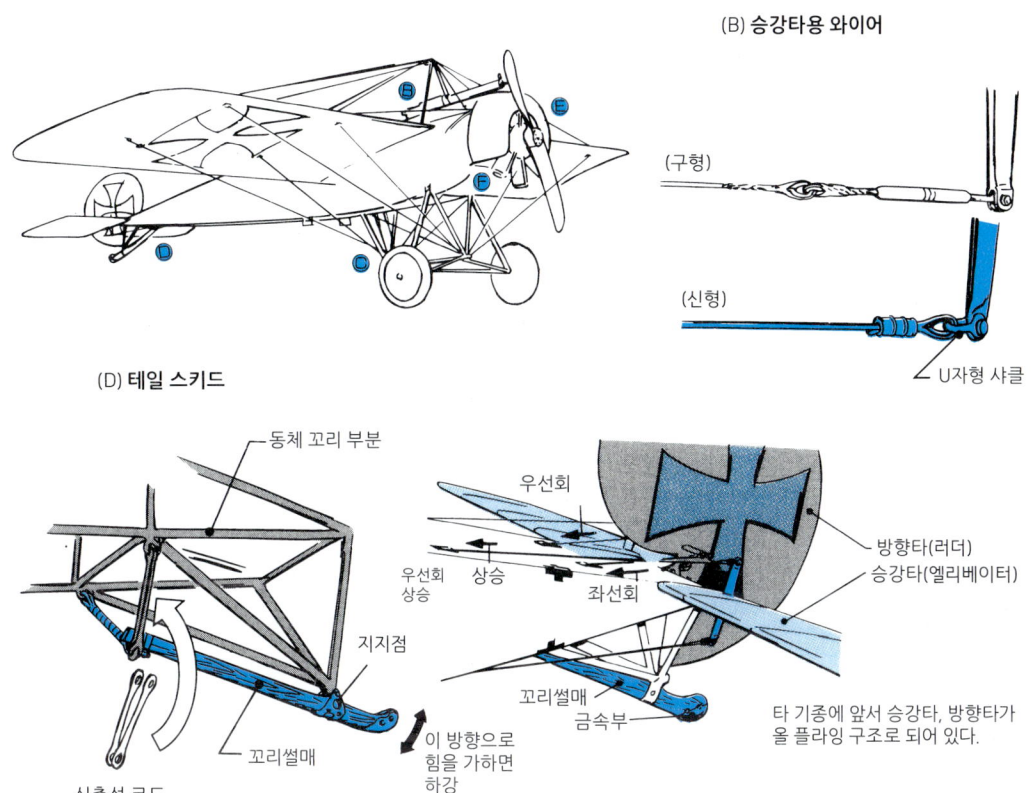

(B) 승강타용 와이어

(D) 테일 스키드

(E) 오베르우르젤 로터리 엔진 (레이디얼형 9기통)

이 시기의 주류였던 로터리 엔진으로, 방사상으로 배열된 실린더가 프로펠러와 함께 회전하는 레시프로(왕복동) 엔진. 오일이나 배기로부터 파일럿을 보호하기 위해 아래가 뚫린 카울로 감쌌다.

(F) 엔진 장착부

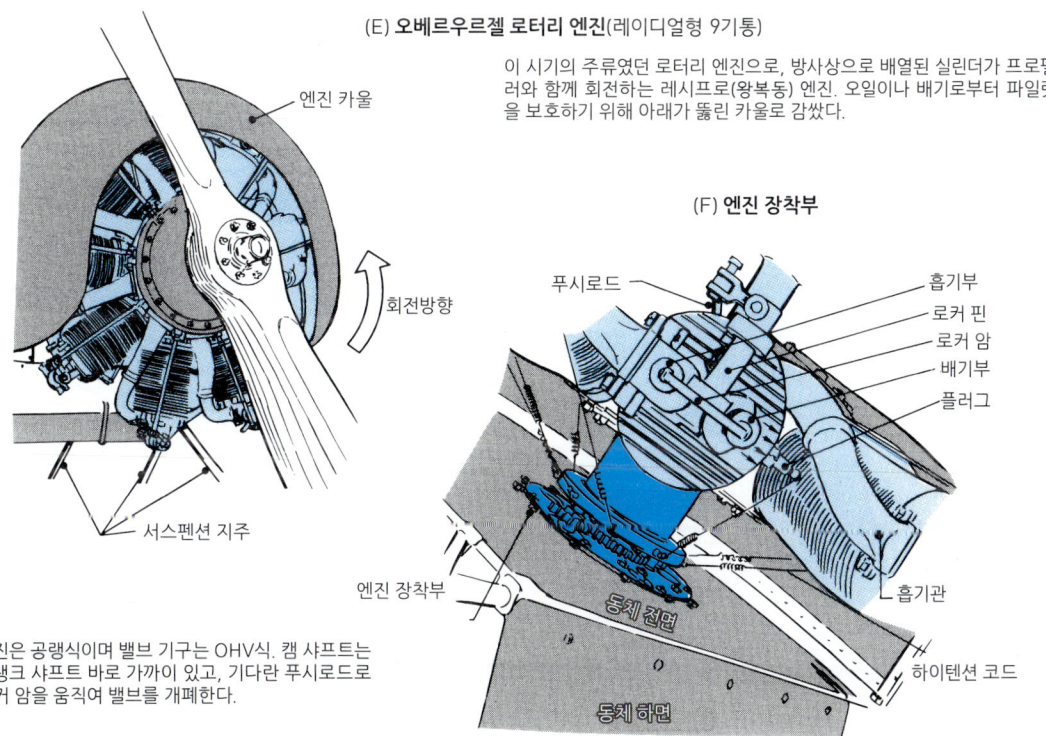

엔진은 공랭식이며 밸브 기구는 OHV식. 캠 샤프트는 크랭크 샤프트 바로 가까이 있고, 기다란 푸시로드로 로커 암을 움직여 밸브를 개폐한다.

1-3. 솝위드 캐멀 (영국)

1917년 5월에 영국 해군 항공대에 배치되어 6월부터 작전에 참가했다. 펍(Pup)과 트리플레인 개발 경험이 있던 스미스 기사가 개발하였고, 이전 전투기들 보다 성능이 훨씬 뛰어나 제1차 대전의 대표적인 전투기가 되었다.

복엽기이며 전장 5.72m, 전폭 8.53m, 전고 2.59m로 당시의 표준크기였다. 조종석 전방에 빅커스 2연장 7.7㎜ 기관총을 장착하고 동조 장치는 엔진 출력에 맞추는 가변식이었다. 카울이 빅커스 기관총 때문에 혹처럼 불거져 나왔는데, 그 모습이 낙타의 혹을 연상케 하므로 캐멀이라는 이름이 붙었다. 항모나 전함의 함재기로도 개발되었고, 9kg 폭탄 4발을 장착한 대지 공격용이나 23kg 폭탄 2발을 매단 급강하형도 있었다.

- 전장: 5.72m
- 전폭: 8.53m
- 전고: 2.59m
- 전비 중량: 659kg
- 최고 속도: 181km/h(고도 3,050m)
- 상승 한도: 5,790m
- 항속 시간: 2시간 30분
- 승무원: 1명

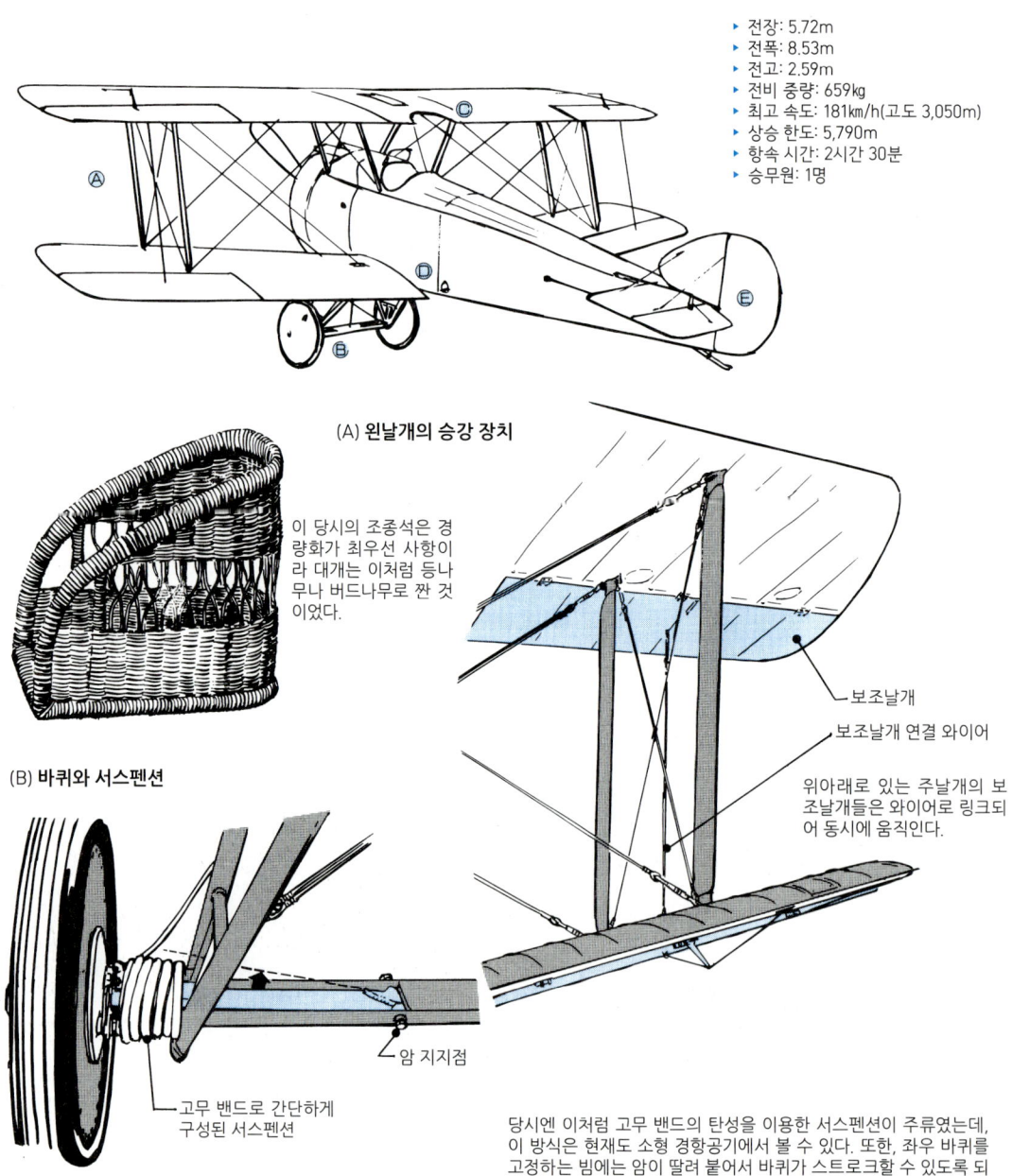

(A) 왼날개의 승강 장치

이 당시의 조종석은 경량화가 최우선 사항이라 대개는 이처럼 등나무나 버드나무로 짠 것이었다.

(B) 바퀴와 서스펜션

보조날개
보조날개 연결 와이어
위아래로 있는 주날개의 보조날개들은 와이어로 링크되어 동시에 움직인다.

암 지지점
고무 밴드로 간단하게 구성된 서스펜션

당시엔 이처럼 고무 밴드의 탄성을 이용한 서스펜션이 주류였는데, 이 방식은 현재도 소형 경항공기에서 볼 수 있다. 또한, 좌우 바퀴를 고정하는 빔에는 암이 달려 붙어서 바퀴가 스트로크할 수 있도록 되어 있었다.

전투기의 탄생

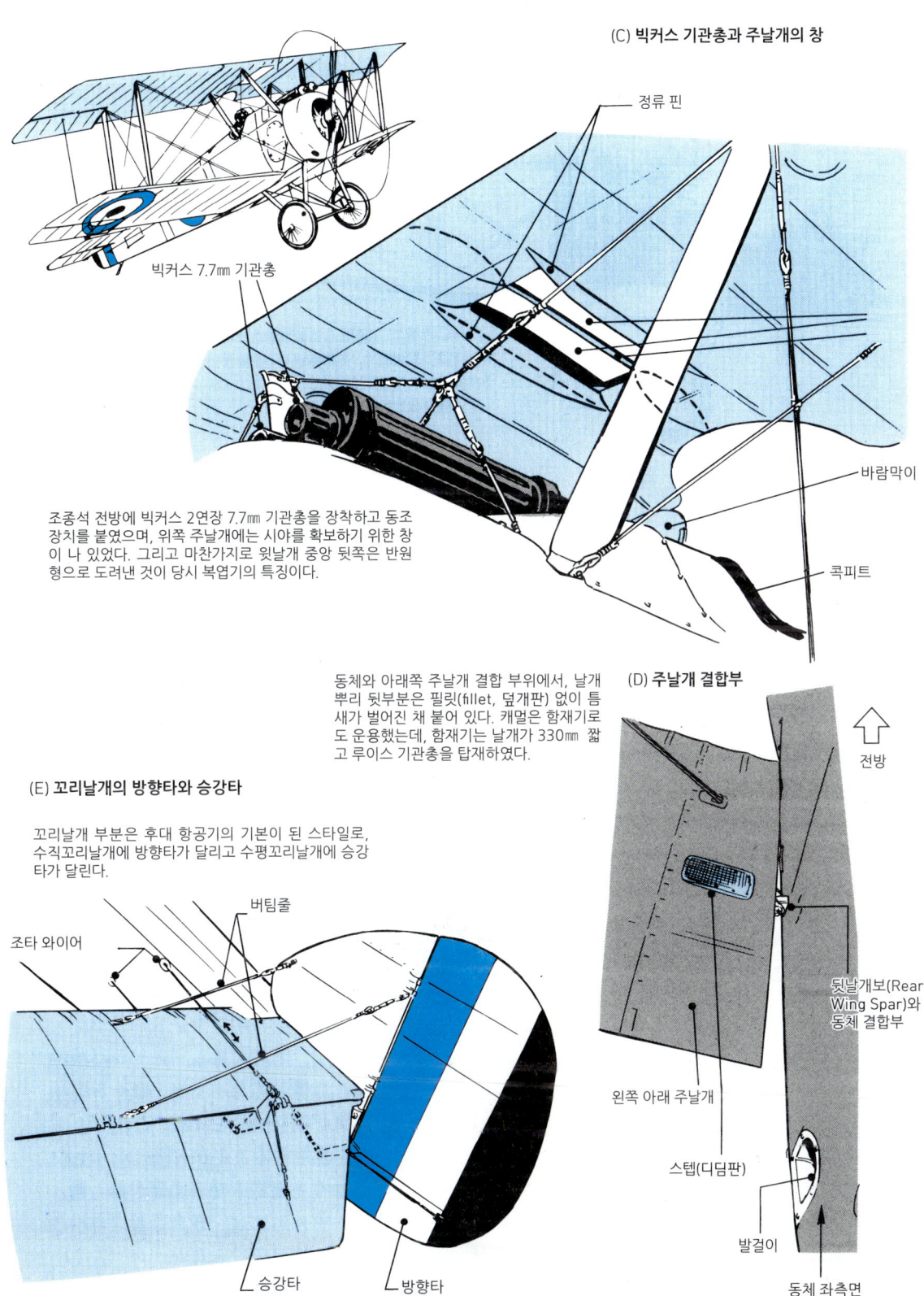

(C) 빅커스 기관총과 주날개의 창

- 정류 핀
- 빅커스 7.7㎜ 기관총

조종석 전방에 빅커스 2연장 7.7㎜ 기관총을 장착하고 동조장치를 붙였으며, 위쪽 주날개에는 시야를 확보하기 위한 창이 나 있었다. 그리고 마찬가지로 윗날개 중앙 뒷쪽은 반원형으로 도려낸 것이 당시 복엽기의 특징이다.

- 바람막이
- 콕피트

동체와 아래쪽 주날개 결합 부위에서, 날개 뿌리 뒷부분은 필릿(fillet, 덮개판) 없이 틈새가 벌어진 채 붙어 있다. 캐멀은 함재기로도 운용했는데, 함재기는 날개가 330㎜ 짧고 루이스 기관총을 탑재하였다.

(D) 주날개 결합부

- 전방
- 뒷날개보(Rear Wing Spar)와 동체 결합부
- 왼쪽 아래 주날개
- 스텝(디딤판)
- 발걸이
- 동체 좌측면

(E) 꼬리날개의 방향타와 승강타

꼬리날개 부분은 후대 항공기의 기본이 된 스타일로, 수직꼬리날개에 방향타가 달리고 수평꼬리날개에 승강타가 달린다.

- 조타 와이어
- 버팀줄
- 승강타
- 방향타

1-4. 프로펠러와 기관총 동조 장치 장착 이전의 전투기

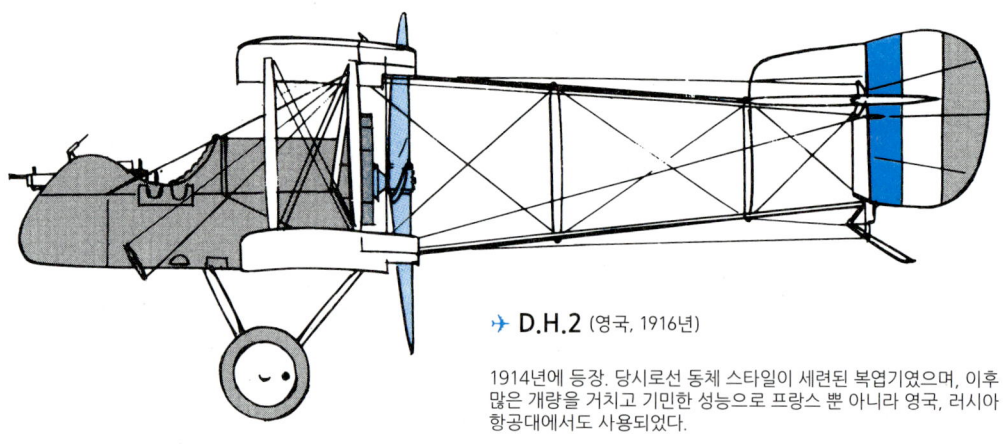

✈ D.H.2 (영국, 1916년)

1914년에 등장. 당시로선 동체 스타일이 세련된 복엽기였으며, 이후 많은 개량을 거치고 기민한 성능으로 프랑스 뿐 아니라 영국, 러시아 항공대에서도 사용되었다.

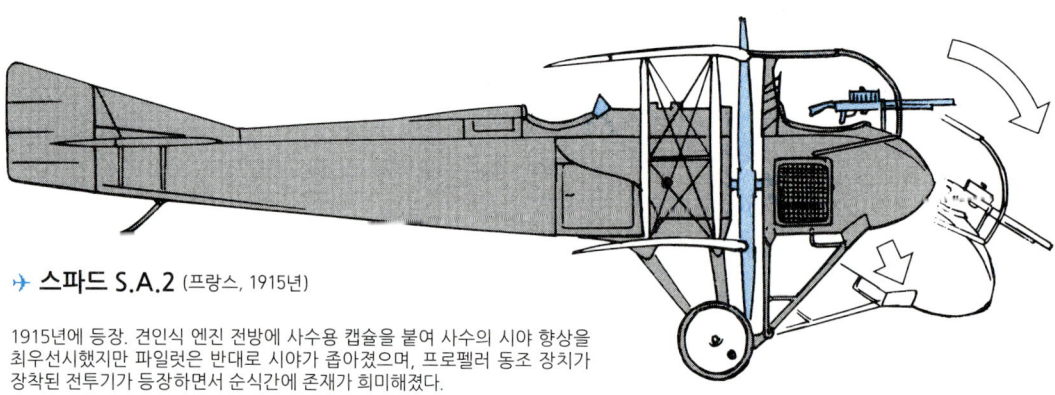

✈ 스파드 S.A.2 (프랑스, 1915년)

1915년에 등장. 견인식 엔진 전방에 사수용 캡슐을 붙여 사수의 시야 향상을 최우선시했지만 파일럿은 반대로 시야가 좁아졌으며, 프로펠러 동조 장치가 장착된 전투기가 등장하면서 순식간에 존재가 희미해졌다.

제1차 세계 대전으로 항공기의 유효성을 인식하게 되고, 초기의 주 임무인 정찰에서 벗어나 지상 폭탄 공격에도 쓰게 되자 항공기 간에 전투가 벌어지곤 했다. 기민하게 움직여대며 상대방의 후방으로 파고드는 수법이 유효했지만, 뭣보다도 기관총을 마음껏 퍼붓는 것이 중요했다. 초기에는 프로펠러 동조 장치가 장착되지 않았기에 어떡해야 프로펠러를 파손시키지 않고 발사할 수 있는가가 과제였다.

그래서 맨 먼저 등장한 것이, 영국의 D.H.2나 프랑스의 스파드 S.A.2 등에서 볼 수 있듯이 기관총을 프로펠러 전방, 바로 기체 맨앞에 놓는 푸셔식 엔진 배치였다. D.H.2는 단좌기였으므로 조종사가 사수 역할도 겸했지만, 복좌기인 스파드 S.A.2는 사수가 전방에 위치하고 프로펠러 정비 시에 사수석을 눕히도록 되어 있었다.

이처럼 동조 장치 등장 이전의 전투기는 프로펠러 위치보다 앞에다 사수석을 놓는 아이디어를 냈지만, 조종사의 전방 시야가 나빠지고 프로펠러 효율이 떨어지는 등 단점이 많아 모습을 감출 운명에 처했다.

다시 고안해낸 방식은, 프랑스의 모랑-솔니에 N처럼 전방에 있는 프로펠러에다 기관총에서 발사한 탄환이 닿더라도 튕겨낼 수 있는 쇠판을 붙이는 것이었다. 이렇게 하면 기총(기관총)을 연사할 수 있지만 기총을 확실히 고정할 필요가 있었다. 나중에 모랑-솔니에 전투기는 개량되며 프로펠러 동조 장치를 붙였다.

✈ 모랑 솔니에 N (프랑스, 1914년)

세련된 스타일의 단엽기로, 동체는 전형적인 스핀들 형상. 조종성이 좋고 상승 능력도 뛰어났다.

- 전장 6.70m
- 전폭 8.3m
- 전고 2.50m
- 최고 속도 165km/h (고도 2,000m)

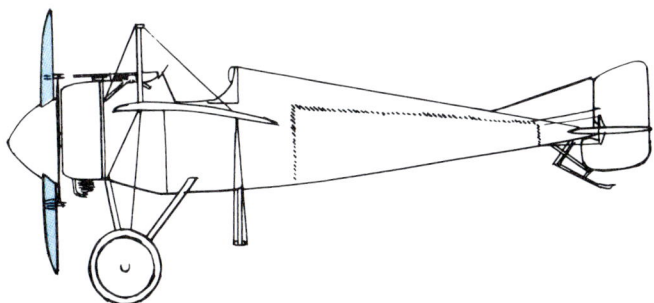

V자 단면 쇠판을 프로펠러에 부착하여, 여기에 탄이 맞더라도 튕겨내서 프로펠러를 보호했다.

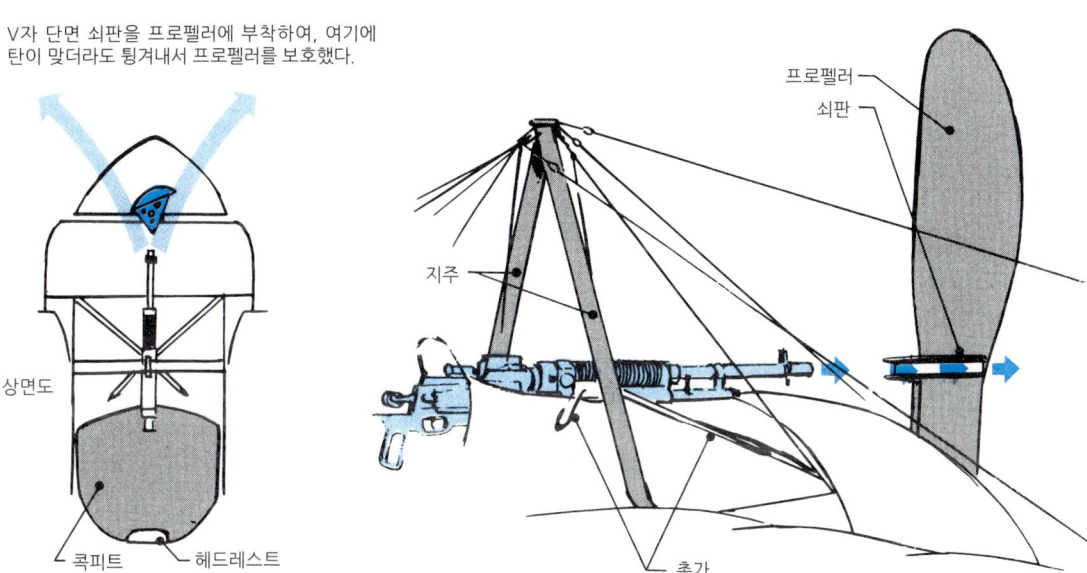

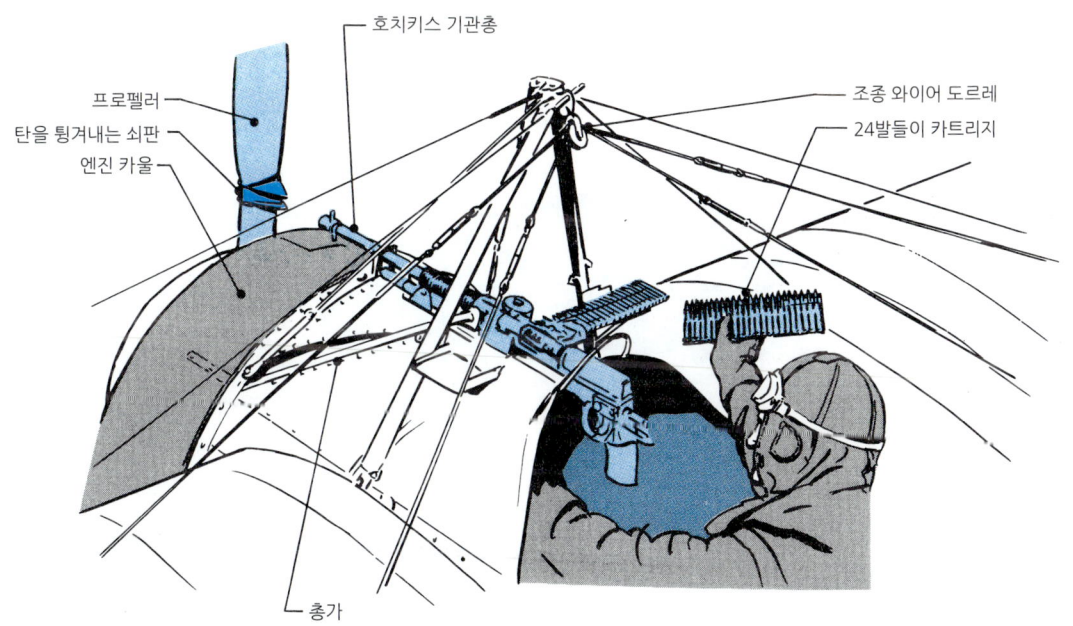

1-5. 동조 장치로 전투력이 향상된 전투기

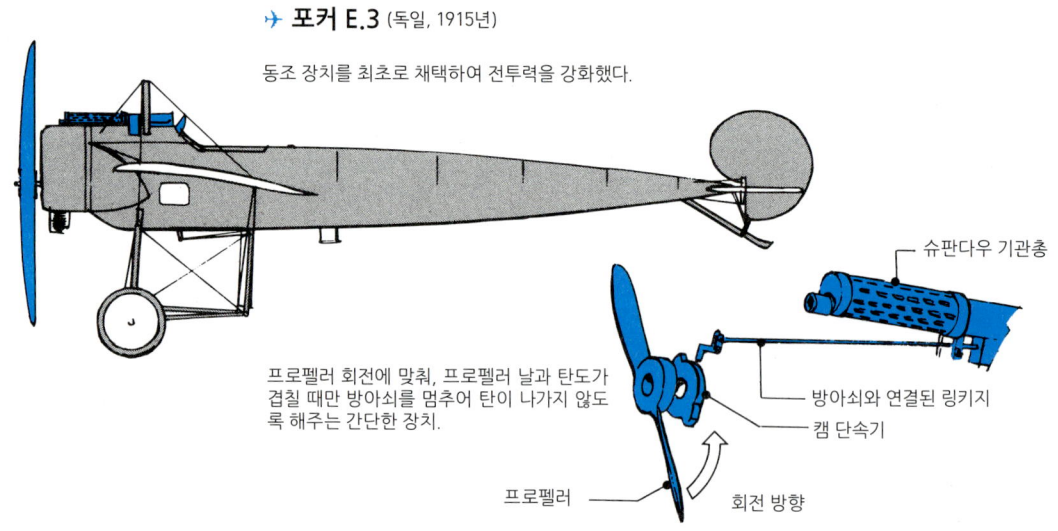

기관총과 프로펠러를 동조해주는 장치가 장착되면서 기관총은 새로운 시대를 맞이했다. 위 그림처럼 기계식 동조 장치를 단 독일제 포커 E·3는 1915년부터 16년 겨울까지 유럽 상공에선 절대무적으로 군림했다. 그러나 1916년 겨울이 되면서 영국이나 프랑스 같은 연합국 측도 동조 장치를 갖추자 포커 E.3의 우위성은 급속히 사라졌다. 그래서 독일 포커사는 2연장 슈판다우 기관총을 탑재한 Dr.I을 개발하여 1917년 여름에 일선 배치시켰다. 이 무렵부터 후세까지 전해지는 공중전이 화제가 되고, 하늘의 히어로(에이스)가 차례차례 탄생하고 공중전으로 스러지곤 했다

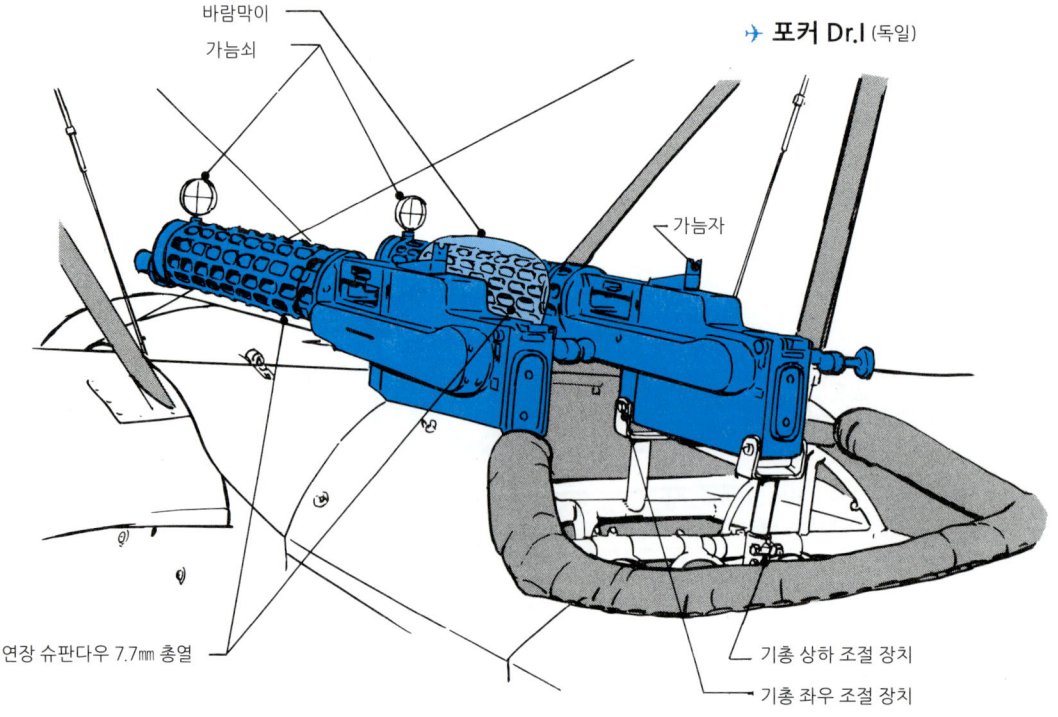

주날개 위에 장착한 루이스 기관총

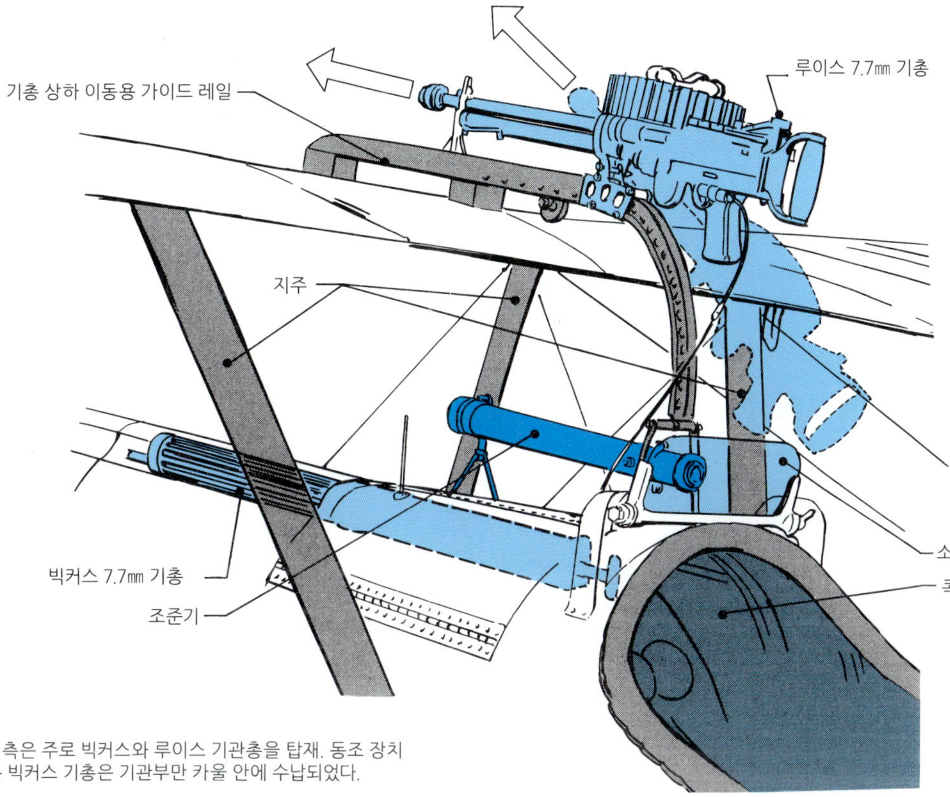

연합군 측은 주로 빅커스와 루이스 기관총을 탑재. 동조 장치가 붙은 빅커스 기총은 기관부만 카울 안에 수납되었다.

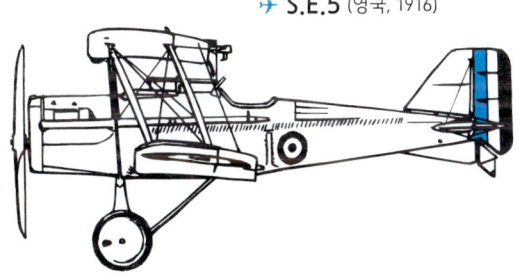

영국이 처음으로 동조 기관총을 탑재한 기체는 로열 에어크래프트사에서 제조한 S.E.5로, 1916년 11월에 첫 비행을 실시했다. 전투 능력을 높이고자 복좌식을 채택한 S.E.5는, 위쪽 주날개 위에다 이동식 기총을 탑재하였다. 실은, 동조 장치가 개발되고 실용화되기 이전에는 주날개 위에 탑재한 기관총이 프로펠러를 피해 발사할 수 있었기에 위력을 남김없이 발휘할 수 있었던 것이다. 기관총을 위쪽으로도 쏠 수 있고 프로펠러 회전 범위 밖으로 탄이 지나가므로, 이 방식은 동소 장시 재댁 이후에도 이어졌다.

이 S.E.5는 개량된 가이드 레일을 장착하여 날개 위아래로 이동할 수 있게 되면서 발사 방향을 바꿀 수도 있고, 탄창 교환도 조종사가 기관총을 가슴 높이까지 끌어내려 하게끔 되어 있었다. 물론, 이와 같은 이동식이 아니라 날개 위에 고정된 방식도 많이 보였다.

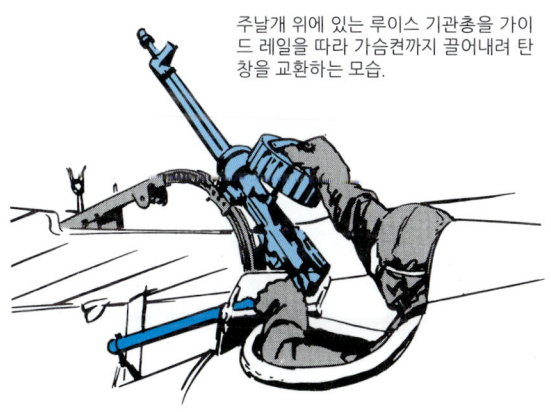

주날개 위에 있는 루이스 기관총을 가이드 레일을 따라 가슴켠까지 끌어내려 탄창을 교환하는 모습.

1-6. 후방 기총과 비행선 공격

✈ 브리스톨 파이터
(영국 1916년)

후방 총좌

　공중전에서 전투기의 약점은 뒤쪽으로부터의 공격이었다. 이 단점을 극복하고자 영국에선 브리스톨 파이터에다 동조 장치와 연동하는 빅커스 기관총을 기수에 장착하는 동시에 뒷좌석에 스카프식 선회 총가에 루이스 2연장 기관총을 탑재하였다. 따라서 독일군 전투기의 느닷없는 후방 공격을 물리쳐낼 수 있어야 했지만, 후방 기총의 사각을 파고드는 공격 때문에 실제로는 그다지 쓸모 있지는 않았던 것 같다. 브리스톨 파이터는 1916년에 취역하여 대전 후기에 활약했고, 나중에 전방 기총을 주력 무장으로 개선했는데 이것이 오히려 호평이었다.

　항공기보다 먼저 하늘을 난 비행선은, 이 시대에는 안정된 성능을 보이며 정찰용이나 지상 폭탄 투하 등에 빈번히 사용되었다. 따라서 비행선을 격추할 필요가 있었는데, 당시의 7.7㎜ 기관총으로 쏴도 가스 누출량엔 별다른 타격을 주지 못했다. 수많은 총알을 명중시켜도 추락하지 않기 때문에, 개중에는 항공기로 비행선을 들이받는 공격 시도마저 있었다. 그런 와중에 고안된 방법이 기구 비행선 공격용 르 프리외르 로켓탄이다. 유효 사거리 120m로 야간에 쳐들어오는 독일 체펠린 비행선에 대항하였다. 옆페이지 아래쪽에서 로켓탄을 장착한 것은 프랑스 전투기 뉴포르 11.

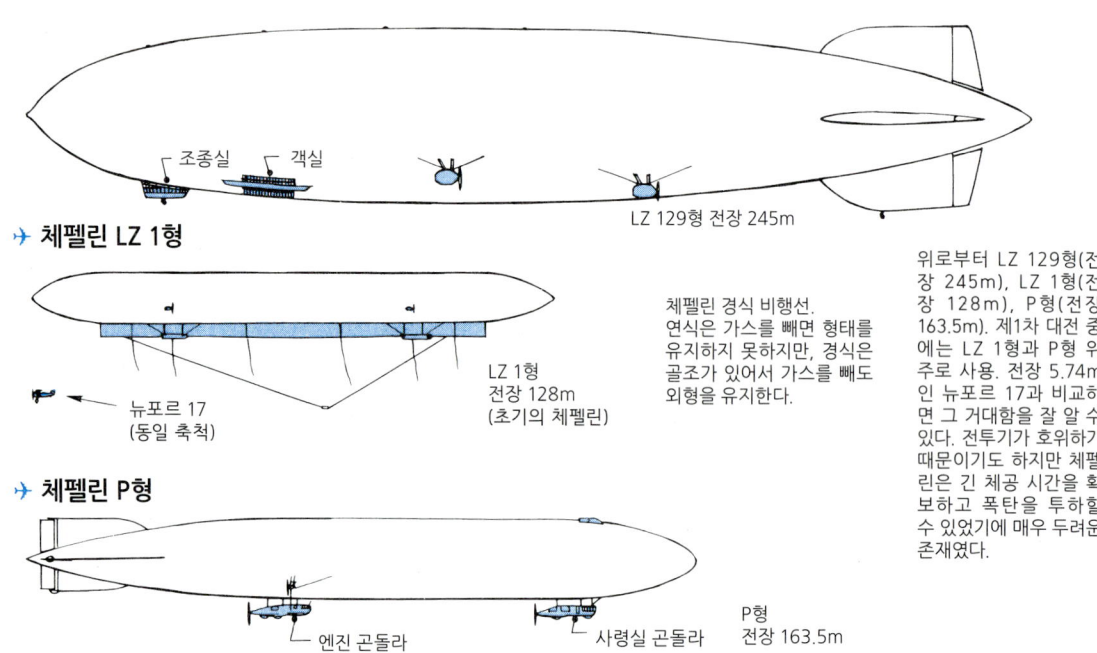

✈ 체펠린 LZ 129형

조종실　객실

LZ 129형 전장 245m

✈ 체펠린 LZ 1형

뉴포르 17
(동일 축척)

LZ 1형
전장 128m
(초기의 체펠린)

체펠린 경식 비행선. 연식은 가스를 빼면 형태를 유지하지 못하지만, 경식은 골조가 있어서 가스를 빼도 외형을 유지한다.

✈ 체펠린 P형

엔진 곤돌라　사령실 곤돌라

P형
전장 163.5m

위로부터 LZ 129형(전장 245m), LZ 1형(전장 128m), P형(전장 163.5m). 제1차 대전 중에는 LZ 1형과 P형 위주로 사용. 전장 5.74m인 뉴포르 17과 비교하면 그 거대함을 잘 알 수 있다. 전투기가 호위하기 때문이기도 하지만 체펠린은 긴 체공 시간을 확보하고 폭탄을 투하할 수 있었기에 매우 두려운 존재였다.

✈ 브리스톨 파이터의 후방 총좌

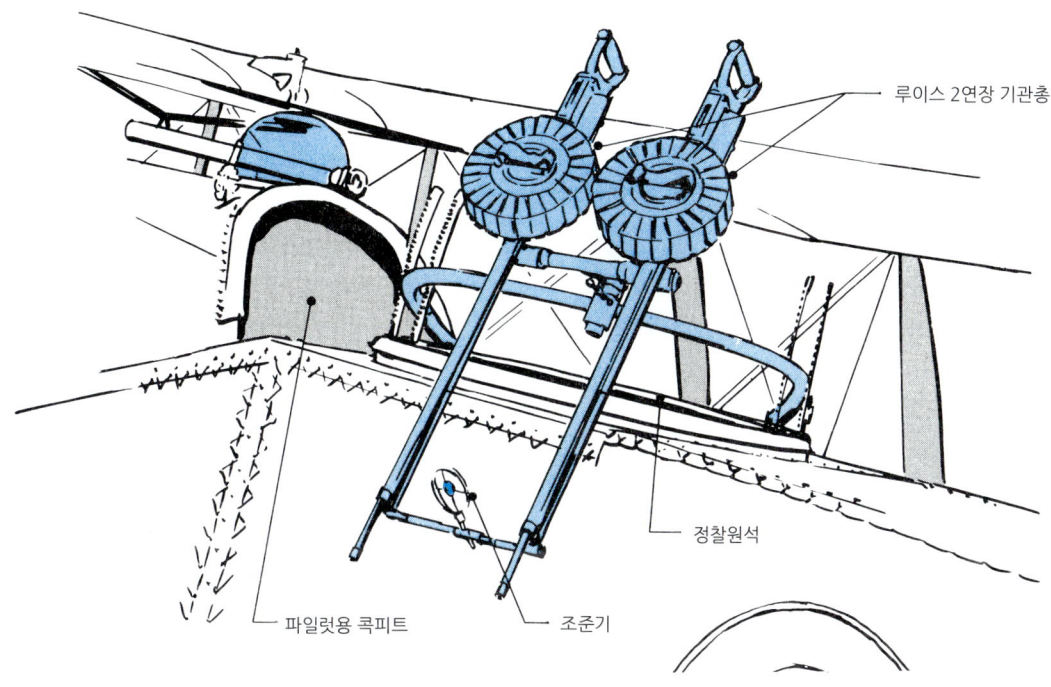

처음에는 이처럼 사수가 담당하는 후방 좌석용 무장을 중시하여 독일군을 당황케 했지만, 아군 피해도 적지 않았다. 영국인 취향인 '후방에 강력한 무기' 사상은 제2차 대전에서도 볼튼 폴 디파이언트로 재등장하지만 마찬가지로 별다른 효과는 없었다.

튜브형 런처는 주날개 지주에 장착되며 로켓탄 발사 후에도 남는다. 비행선 공격용 로켓탄의 유효 사거리는 120m로, 이 로켓으로 야간에 침투하는 비행선에 대항했다. 비행선은 독일의 체펠린이 유명하지만 영국이나 프랑스도 만들어서 사용하고 있었다.

✈ 뉴포르 11 (프랑스)의 로켓탄

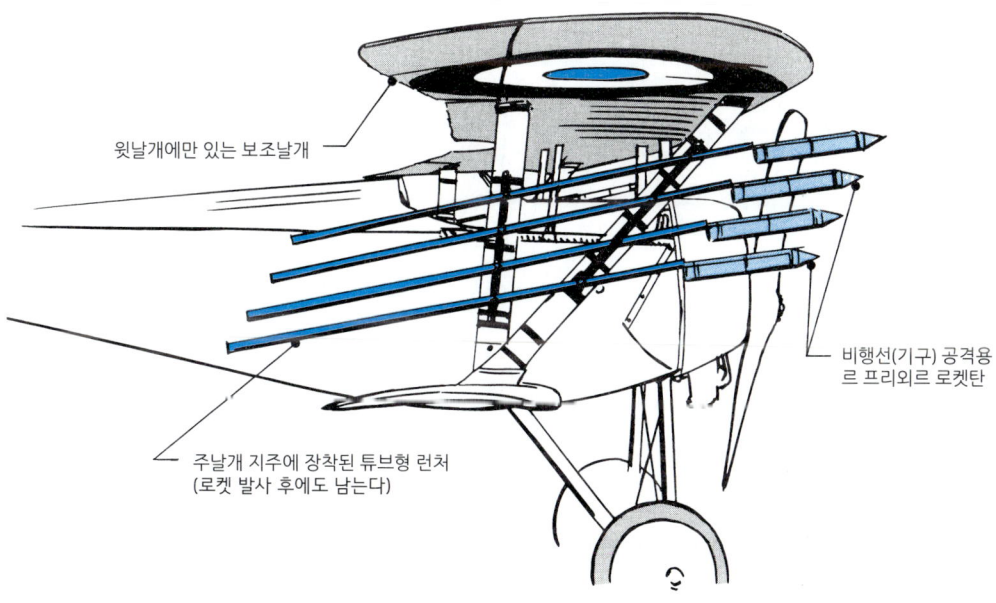

1-7. 팔츠 D-3의 세미 모노코크 구조

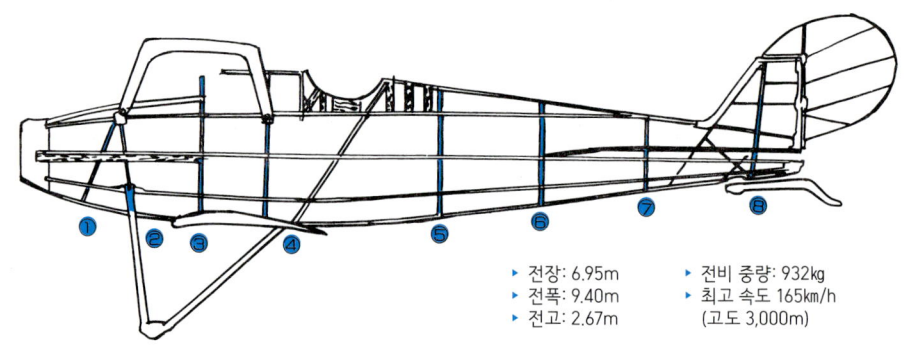

✈ 팔츠 D-3의 목제 세미 모노코크 프레임

▸ 전장: 6.95m
▸ 전폭: 9.40m
▸ 전고: 2.67m
▸ 전비 중량: 932kg
▸ 최고 속도 165km/h (고도 3,000m)

　초기의 항공기는 경량화 때문에 목재를 골조로 사용했지만, 강성을 확보하기 위해 금속도 일부 사용하고 있었다. 스피드를 올리거나 기민하게 움직이려 할 때도 가볍다는 것은 중요한 요소였다. 따라서 프레임이 지나치게 튼튼하기만 해서 쓸데없이 무거워지지 않도록 할 필요가 있었다. 독일의 팔츠 D-3는 1917년에 등장했는데, 세미 모노코크 구조와 세련된 동체 형상을 갖춘 전투기였다. 메르세데스 직렬 6기통 엔진을 탑재한 덕분에 전체적으로 스마트한 동체 형상에, 아랫날개의 버팀줄을 줄여 아래쪽 시야 확장을 배려한 복엽기이다. 전장 6.95m짜리 동체에 프레임을 7개, 꼬리날개에 지주(아래 그림의 ⑧)를 심고, 이를 앞뒤로 통하는 세로대(longeron)와 얽어 강도 보강재로 삼았다.

목제 모노코크 구조는, 앞뒤로 뻗은 세로대와 아래 그림의 둥근 격벽(Bulkhead)을 짜맞춰 강도와 강성을 확보하였다. 견고함을 확보하기 위해 격벽은 3겹짜리 합판을 썼으며, 응력이 걸리지 않는 부분은 구멍을 뚫어 경량화를 꾀했다.

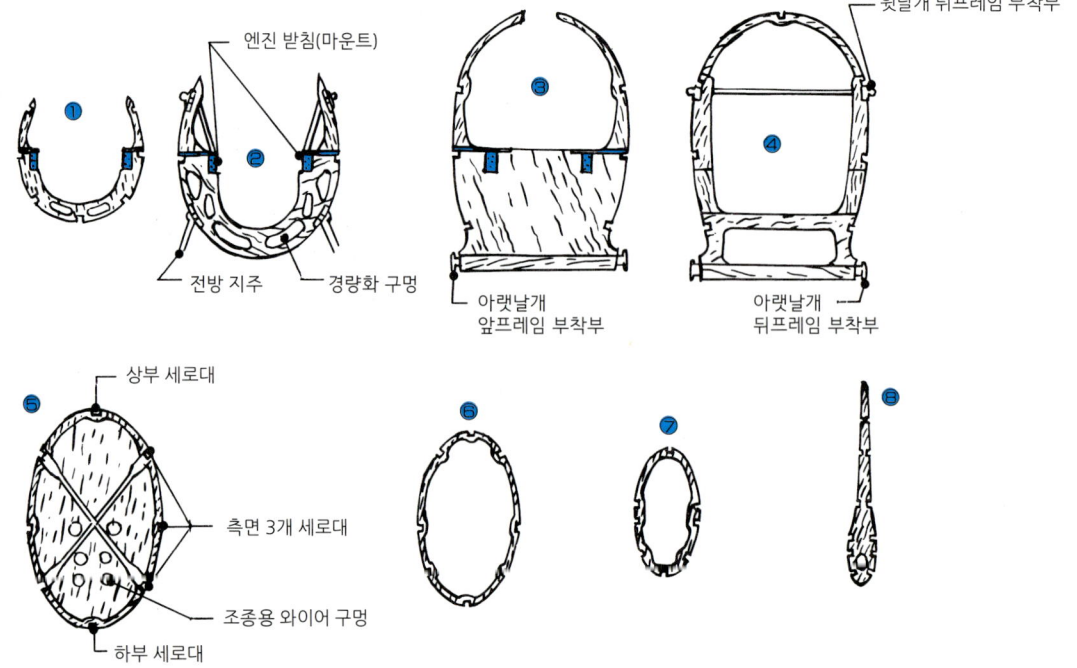

전투기의 탄생

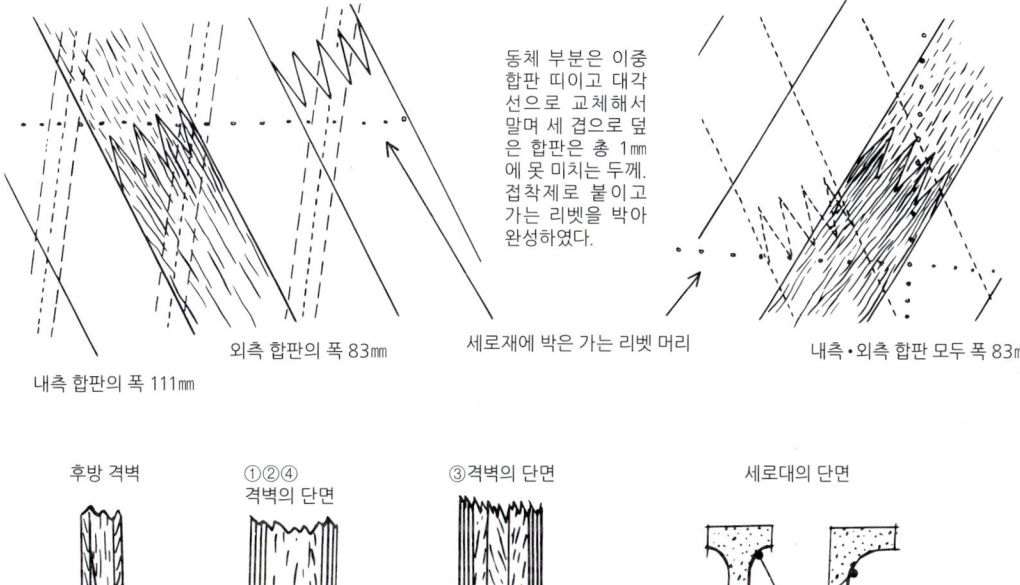

→ 조종석 부근의 합판 짜임새

→ 꼬리날개 부근의 합판 짜임새

동체 부분은 이중 합판 띠이고 대각선으로 교체해서 말며 세 겹으로 덮은 합판은 총 1㎜에 못 미치는 두께. 접착제로 붙이고 가는 리벳을 박아 완성하였다.

외측 합판의 폭 83㎜
내측 합판의 폭 111㎜
세로재에 박은 가는 리벳 머리
내측·외측 합판 모두 폭 83㎜

후방 격벽 ①②④ 격벽의 단면 ③격벽의 단면 세로대의 단면
경량화를 위해 파낸 홈

(세 겹 합판, 합판의 속 부분은 대각선 방향)

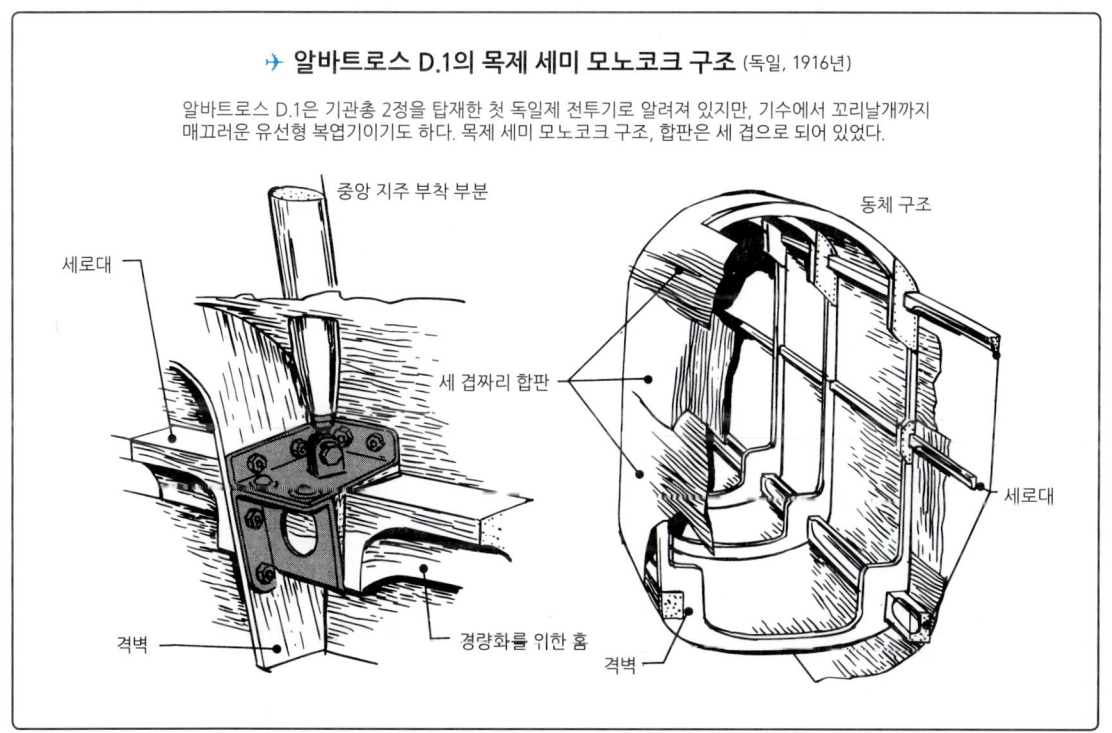

→ **알바트로스 D.1의 목제 세미 모노코크 구조** (독일, 1916년)

알바트로스 D.1은 기관총 2정을 탑재한 첫 독일제 전투기로 알려져 있지만, 기수에서 꼬리날개까지 매끄러운 유선형 복엽기이기도 하다. 목제 세미 모노코크 구조, 합판은 세 겹으로 되어 있었다.

중앙 지주 부착 부분
세로대
세 겹짜리 합판
동체 구조
세로대
격벽
경량화를 위한 홈
격벽

1-8. 포커 E3 및 Dr.I으로 보는 구리관 용접 프레임

→ 포커 E.3의 목제 리브

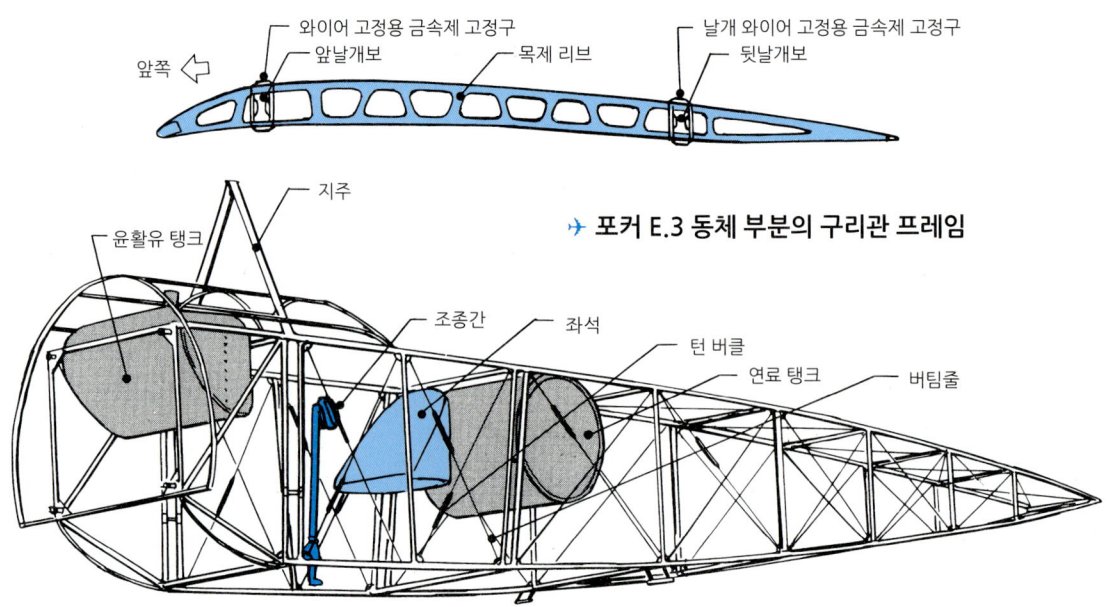

→ 포커 E.3 동체 부분의 구리관 프레임

독일의 주력 전투기 가운데 하나인 포커(E.3 및 Dr.I)은 구리관 용접 프레임이라는 것이 커다란 특징이었다. 여기에 목제 날개보를 끼워 강도를 얻으면서 주날개를 떠받쳤다. 이후, 단엽기가 많아지면서 주날개는 동체부와 외팔보식(Cantilever)으로 연결하게 되고, 이에 따라 와이어로 띠빗치는 방식은 급속히 사라져 간다. 또한, 포커 E.3는 단엽기, 아래 그림의 포커 Dr.I은 삼엽기이다.

→ 포커 Dr.I의 각 부분 프레임

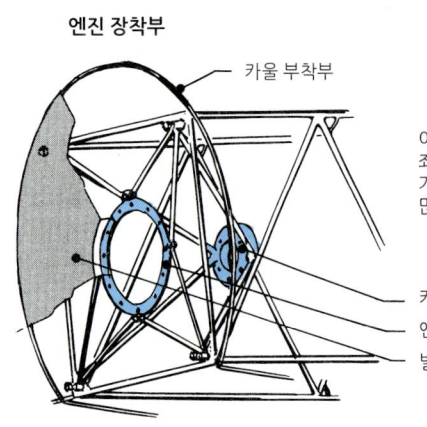

이 엔진 마운트 후방에 연료 탱크가 붙는다. 탱크는 좌우 양쪽으로 붙으며 좌측에 윤활유 18ℓ, 우측은 가솔린 72ℓ가 들어간다. 연료에 비해 윤활유 양이 많은데, 그 덕분에 2시간 반 정도 비행할 수 있었다.

무거운 엔진을 마운트하는 부분에 벌크헤드를 놓고 구리관 수도 늘려서 견고하게 떠받치도록 레이아웃되어 있다.

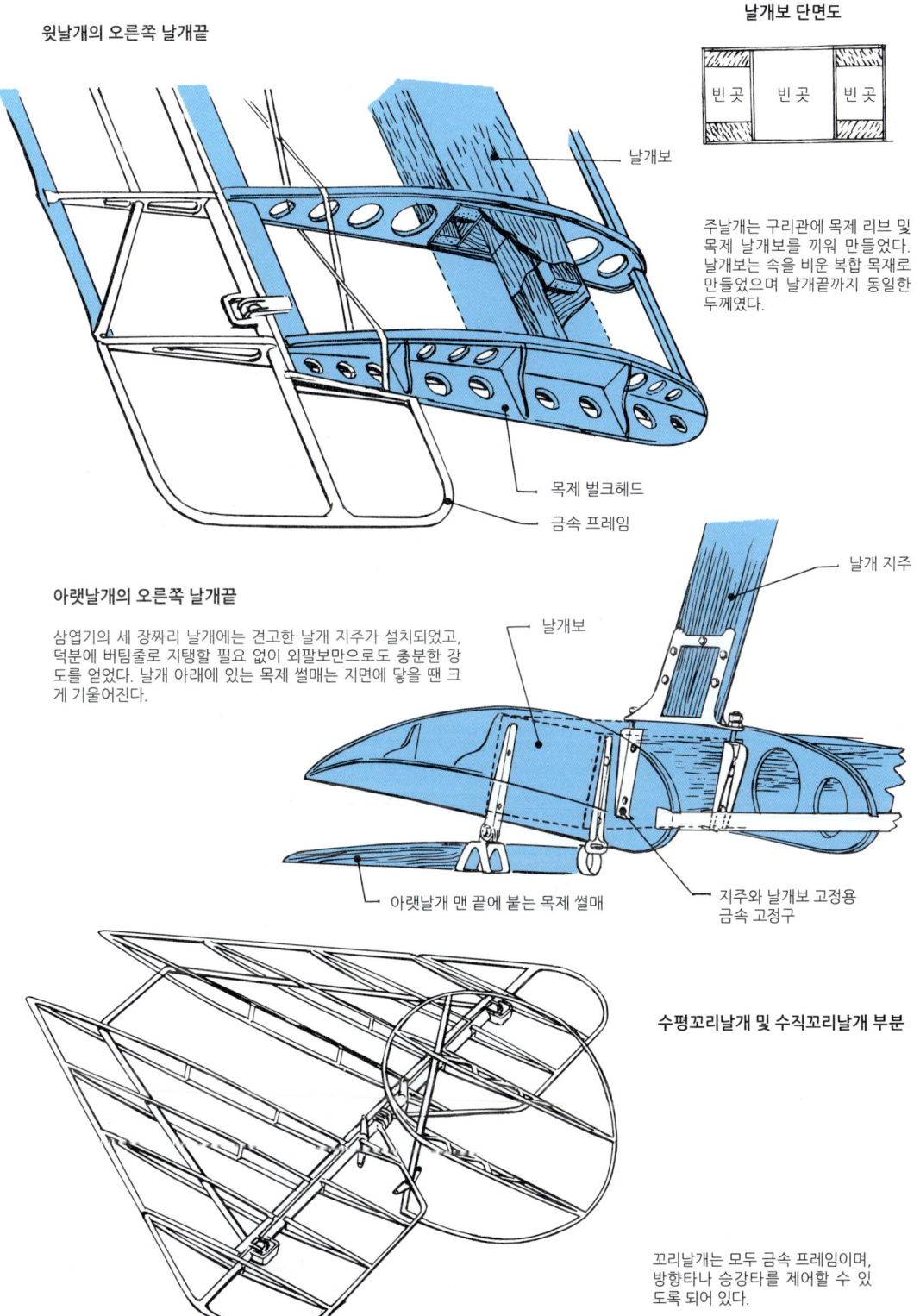

1-9. 레이디얼 로터리 엔진

✈ **클레르제 엔진** (프랑스)

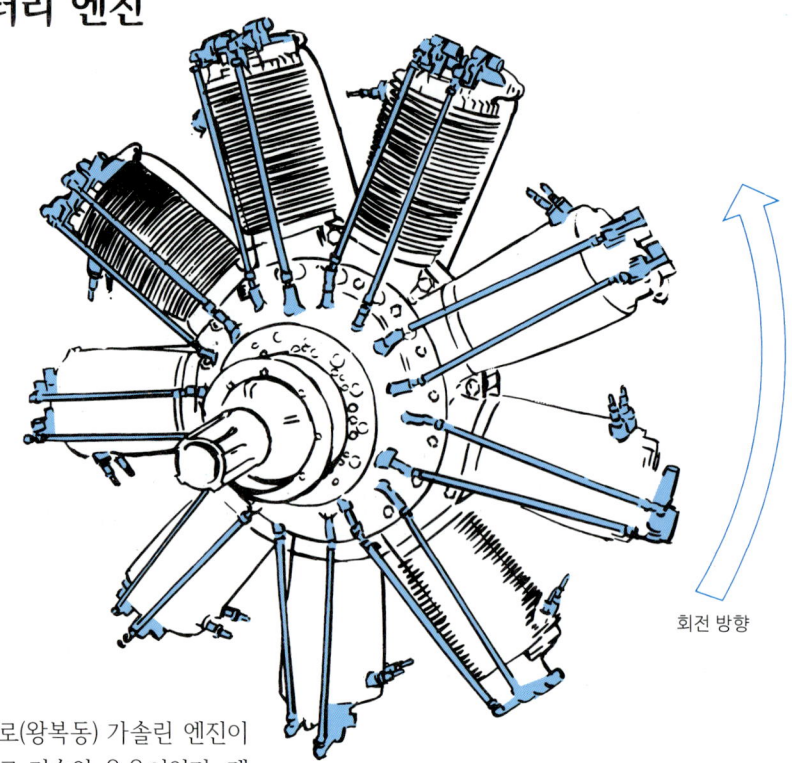

프랑스의 항공기 엔진 메이커 클레르제는 7기통 로터리 엔진을 제작하고 있었지만 출력 향상 요구에 응해 9기통 로터리 엔진을 개발, 여러 기체에 탑재하게 되었다. 배기량 15.3ℓ에 1200rpm에서 130ps를 냈다. 생산 시기는 1916년.

회전 방향

자동차용 엔진은 레시프로(왕복동) 가솔린 엔진이 주류가 되었는데, 항공기도 그 기술의 응용이었다. 대개는 직렬이나 V형 엔진 레이아웃인데, 항공기용으로는 방사상이나 별 모양(星形)이라고도 하는 로터리 엔진을 이 시대에 많이 볼 수 있다. 5기통, 7기통, 9기통 실린더가 방사상으로 뻗고 프로펠러와 함께 회전한다. 흡배기 밸브가 실린더 헤드에 있는 OHV식이고 냉각용 핀이 붙은 공랭식이다. 엔진 자체가 회전한 이유도 냉각력을 높이기 위해서였는데, 고출력 엔진이 요구되자 점차 대형화된 고정식 엔진이 되면서 로터리 엔진은 모습을 감추며 역사의 뒤안길로 사라졌다.

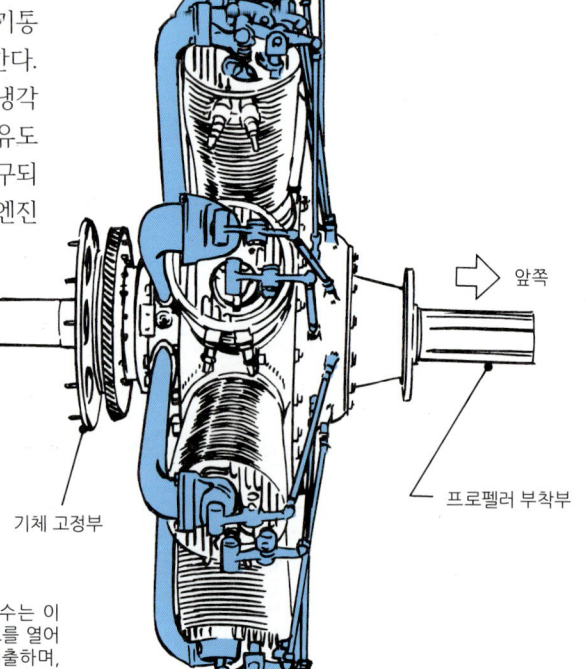

앞쪽

기체 고정부

프로펠러 부착부

당시의 방사상 로터리 엔진 다수는 이 클레르제처럼 배기관 없이 밸브를 열어 연소 가스를 바로 대기 중에 배출하며, 오일도 동시에 배출하는 방식이었다.

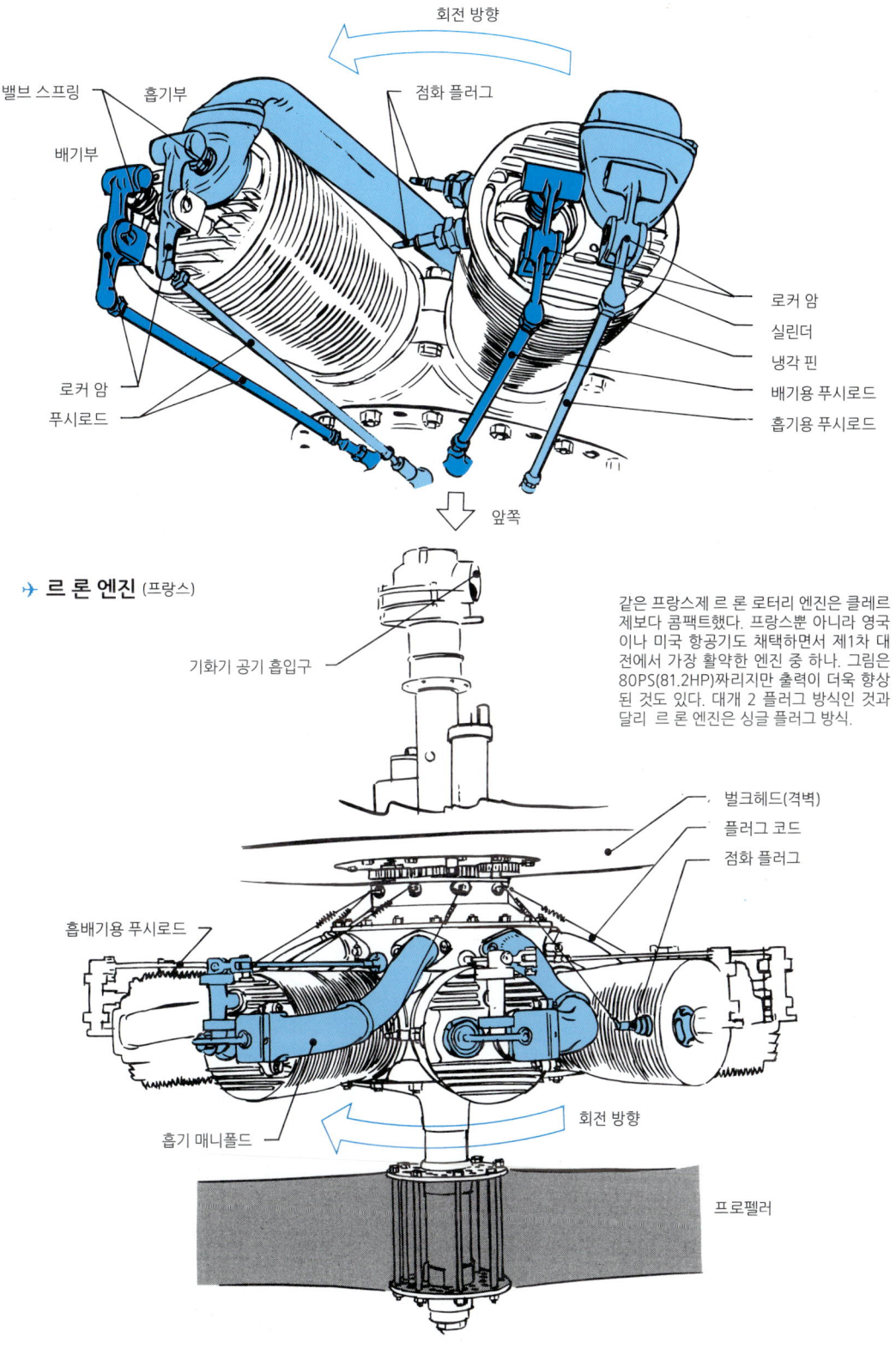

→ 르 론 엔진 (프랑스)

같은 프랑스제 르 론 로터리 엔진은 클레르제보다 콤팩트했다. 프랑스뿐 아니라 영국이나 미국 항공기도 채택하면서 제1차 대전에서 가장 활약한 엔진 중 하나. 그림은 80PS(81.2HP)짜리지만 출력이 더욱 향상된 것도 있다. 대개 2 플러그 방식인 것과 달리 르 론 엔진은 싱글 플러그 방식.

1-10. 상면도로 보는 각 기체의 형상 비교

전투기는 운동 성능을 따지게 되고 동체도 공기 역학을 고려하여 유선형이 되었다. 한편, 주날개는 양력을 높이려면 날개 면적을 늘릴 수밖에 없었으므로 복엽기가 많고, 개중에는 삼엽기도 존재했다. 삼엽기로 하면서 날개 폭을 줄여 콤팩트한 기체로 만들고 선회 성능이 향상되었다.

그러나 복엽기나 삼엽기는 파일럿의 하방 시야를 제한하는데다 공기 저항도 커진다. 마찬가지로 기관총으로 공중전을 벌이게 되자 단좌기는 조종사가 전투를 수행해야 하지만 복좌기는 크기를 키우면서 무게도 늘어날 수밖에 없다는 모순이 발생했다. 엔진 출력, 무장, 그리고 운동 성능 사이의 관계 때문에 저마다 제각각인 전투기가 개발되었다. 여기서는 같은 축척(1/150)으로 날개나 동체 형상을 비교한다. 왼쪽 위부터 오른쪽 아래 방향으로 대개 연대순이다.

마지막을 장식하는 독일의 융커스 D.1은 대전이 끝나는 1918년 후반에 소수가 전선에 배치되었기에 화려한 활약은 보이지 못했지만, 차세대 전투기를 예견케 할 만큼 획기적이었다. 습도나 온도, 시간 경과에 따라 변화가 심한 목재나 천을 주 재료로 만든 항공기가 대다수이던 시기에, 모노코크 구조에 두랄루민으로 만든 전금속제 단엽기는 획기적일 수밖에 없었다.

두랄루민이란, 기묘하게도 비행기 탄생과 거의 동시인 1906년에 독일인 빌름이 만들어낸 합금이다(참고로 두랄루민은 빌름의 회사가 있던 두렌과 알루미늄의 조어). 알루미늄에 구리 4%, 마그네슘 0.5%, 망간 0.5%, 규소 0.3%를 배합하면 가볍고도 강한 항공기용 금속이 만들어진다.

✈ **모랑 솔니에 N** (프랑스, 1914년)

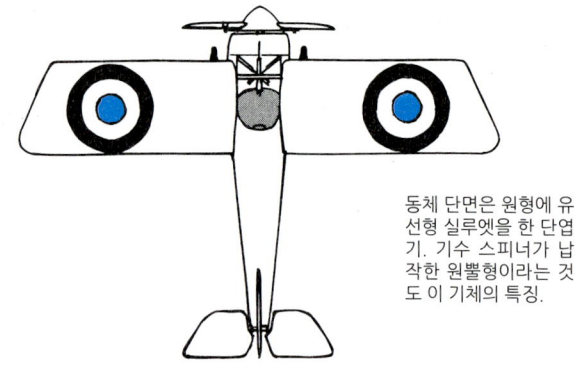

동체 단면은 원형에 유선형 실루엣을 한 단엽기. 기수 스피너가 납작한 원뿔형이라는 것도 이 기체의 특징.

✈ **에어코 D.H.2** (영국, 1915년)

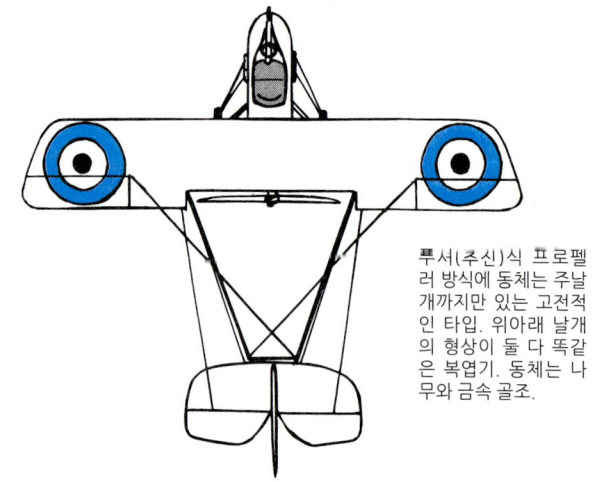

푸셔(추진)식 프로펠러 방식에 동체는 주날개까지만 있는 고전적인 타입. 위아래 날개의 형상이 둘 다 똑같은 복엽기. 동체는 나무와 금속 골조.

✈ **포커 E.3** (독일, 1915년)

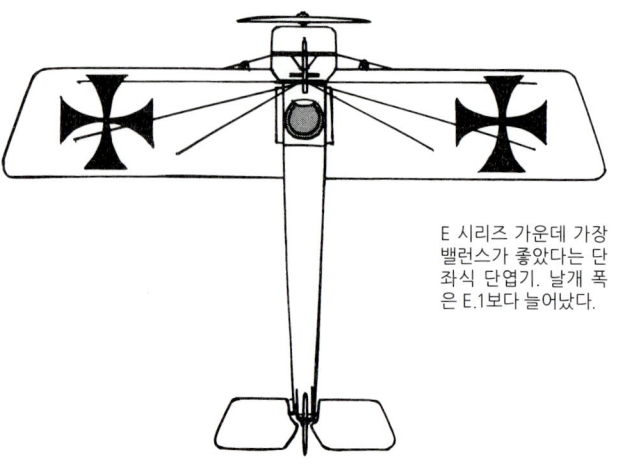

E 시리즈 가운데 가장 밸런스가 좋았다는 단좌식 단엽기. 날개 폭은 E.1보다 늘어났다.

전투기의 탄생

✈ 뉴포르 17 (프랑스, 1916년)

포커기와 호적수였던 뉴포르 17은 수많은 에이스를 낳았고 살짝 후퇴익이라는 점이 특징인 복엽기.

✈ 포커 Dr.I (독일, 1917년)

솝위드 삼엽기의 영향으로 개발된 독일제 경량 전투기. 하늘의 에이스로 칭송받은 리히트호펜의 탑승기였으며, 삼엽기의 강력한 상승력과 선회 능력으로 도그 파이트에 강했다.

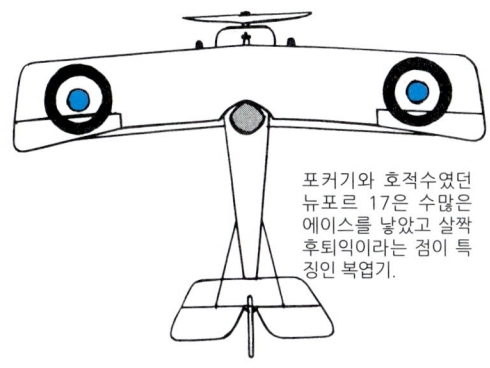
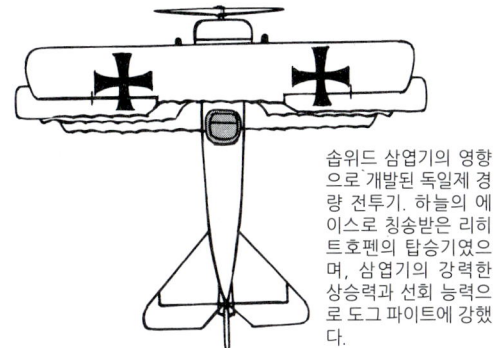

✈ 알바트로스 D.3 (독일, 1917년)

목제 모노코크 복엽기. 라디에이터를 윗날개에 붙였다. 날개 중심에 놓으면 피탄 시 파일럿이 뜨거운 물을 뒤집어 쓰게 되므로 위치를 어긋나게 한 것.

✈ 포커 D.7 (독일, 1918년)

프레임에 목재를 사용하지 않는다는 포커사의 전통대로 구리관 구조이다. 대전 말기에 등장한 최우수 독일 전투기이자 마지막 주력기였다.

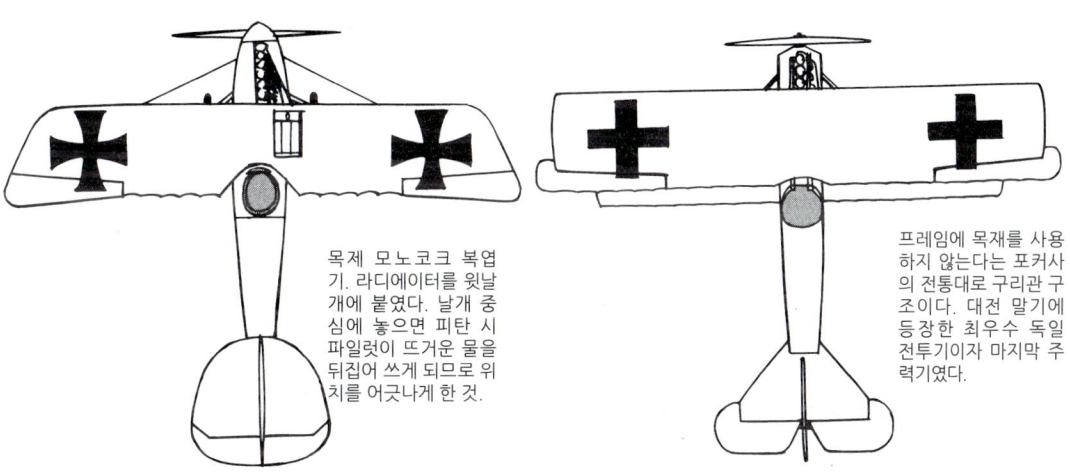

✈ 솝위드 트리플레인 (영국, 1917년)

삼엽기는 날개 크기를 줄이고 선회 성능을 높이며 상승 스피드도 높일 수 있었다. 소형 경량기의 전형으로 크게 영향을 끼쳤다.

✈ 융커스 D.1 (독일, 1918년)

금속제 항공기는 무거워서 날지 못한다는 상식을 깨뜨린 단엽기. 동체와 주날개 결합부 이외엔 지주가 없는 외팔보식 날개로, 이후 항공기의 원형이 되었다.

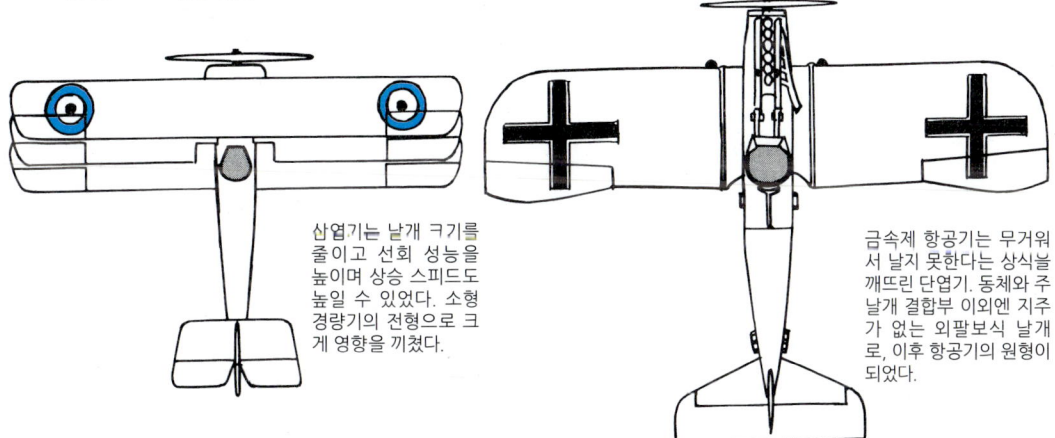

1-11. 각국기의 마크와 위장 도장

공중전이 벌어지면 후방에 보이는 전투기가 아군인지 적인지 식별할 필요가 있었다. 아직은 레이더 없이 파일럿의 시력이나 집중력에 의존하던 시대였다. 기체를 보고 피아를 식별할 수 있다고도 하지만, 개중에는 양쪽 모두 사용하는 기체도 있었으므로 도장색과 무늬로 식별하는 것이 일반적이었다. 주로 동체나 주날개, 수직꼬리날개에 국기를 연상케 하는 컬러링과 마크를 넣었다. 또한, 항공대나 파일럿 개인용 도장도 있었다. 이 시대의 전투기 컬러링은 대개 선명한데다 요란했다. 그리고 상대방을 현혹하려는 시도도 여러모로 있었는데, 똑바로 날아가는데도 기체가 왼쪽으로 선회하는 듯한 착각을 일으키거나 기체의 위치 관계를 불명확하게 하려는 위장 무늬를 칠한 것도 있었다.

연합군기를 대량으로 격추한 독일 에이스 에른스트 우데트의 탑승기(포커 Dr.I)는 빨간색과 흰색 스트라이프에 독일 십자 마크를 붙여 화려한 모습이었다.

연합군기는 다들 동체에 원형 마크를 그려 넣었다. 위로부터 미군(솝위드 캐멀), 벨기에(뉴포르 17), 러시아(뉴포르 17), 맨 아래는 독일 측 오스만 제국(터키)의 포커 아인데커.

이탈리아군이 사용한 뉴포르 17. 기체 전체는 프랑스처럼 은색 도프로 칠했지만 주날개 아랫면은 이탈리아 국기와 동일하게 적-백-록으로 칠했다.

독일과 더불어 연합군에 맞서 싸운 오스트리아-헝가리 제국의 푀닉스 D1. 꼬리날개에 합스부르크 왕관을 그려넣었다.

전투기의 탄생

✈ 솝위드 캐멀 (영국)

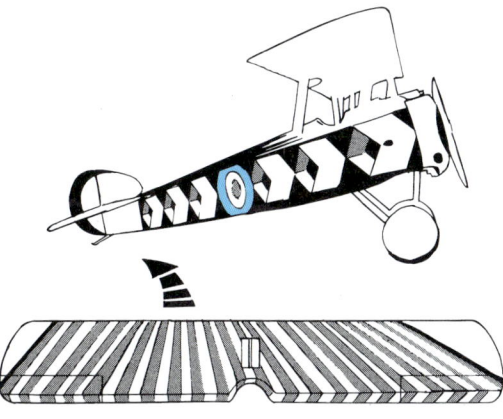

✈ 알바트로스 D.3 (독일)

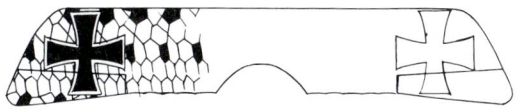

✈ 아비아텍 D.1 (오스트리아-헝가리 제국)

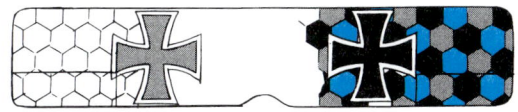

✈ 스파드 (프랑스)

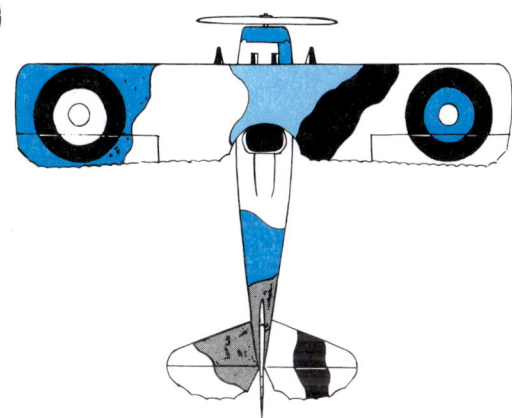

솝위드 캐멀은 위에서 볼 땐 둥그스름한 볼륨이지만 동체 측면은 평평한 형태인데, 도장 무늬를 이용해 기체가 전진할 때 선회하는 듯한 효과를 내고 있다. 주날개의 국적 마크마저 타원형인데, 이는 동체 도장과 마찬가지로 격렬하게 공중에서 움직일 때 한순간 착각을 일으키도록 한 것이다.

현재는 기본이라 할 각종 위장색을 칠하게 된 때는 제1차 대전 도중부터인데, 특히 독일을 선두로 각국에서 이른 시기부터 시도하였다. 위 그림처럼 6각형의 변형 패턴 배열(알바트로스 D.3, 독일), 정6각형에 여러 색을 교차 배열하는 방식(아비아텍 D.1, 오스트리아-헝가리 제국) 외에, 현재도 통용되는 위장 무늬(스파드, 프랑스) 등이 있었다.

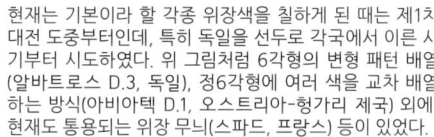

✈ 로젠지 (Lozenge) 도장의 변형 패턴

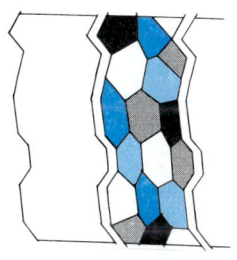
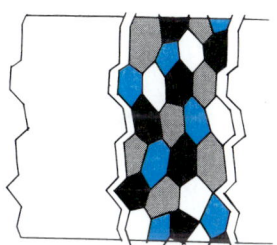
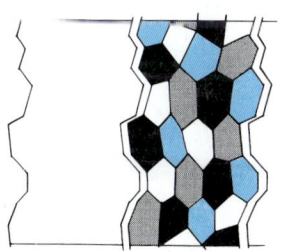
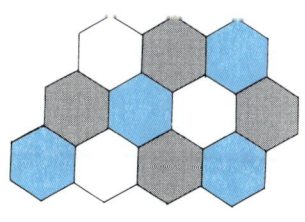

날개 상면에 5색으로 된 로젠지(6각형) 도장의 변형 패턴은 독일 전투기만의 독특한 도장이다. 색상 조합도 여러 가지이며, 날개 하면이나 동체 상하면까지 동일한 로젠지 도장으로 위장한 기체도 있다.

제2차 세계 대전 당시의 전투기
1930년대부터 45년까지의 시대를 중심으로

제1차 세계 대전에서 전투기의 유용성이 부각되면서 이 기간에 현저한 진보를 이루며, 스피드도 순식간에 200km/h대에 들어서고 공중전에서 에이스가 탄생하기에 이르렀다. 대전이 끝나고 찾아온 평화와 더불어 전투기 개발 템포는 느려졌지만, 이윽고 각국이 군비 증강을 꾀하고 1930년대에 들어서면서 엔진 출력 증대나 기체 구조 및 제조 기술 향상에 따라 속도를 비롯한 각종 성능도 크게 향상하였다.

비행 속도 상승에 따라 이전엔 그다지 문제가 되지 않던 공기 저항 경감이 중요한 과제로 부각되었다. 날개, 바퀴다리, 카울링이나 바람막이 형상을 얼마나 잘 다듬는가가 문제가 되었다. 주날개는, 이전까진 날개 면적을 키우면서도 기체를 작게끔 하고자 복엽이나 삼엽 방식을 채택했지만 비행 속도가 올라가면서 단엽식이 주류가 되었다. 지주 버팀줄을 없애도 강성을 확보할 수 있는 프레임을 제조하고 동체는 경량화

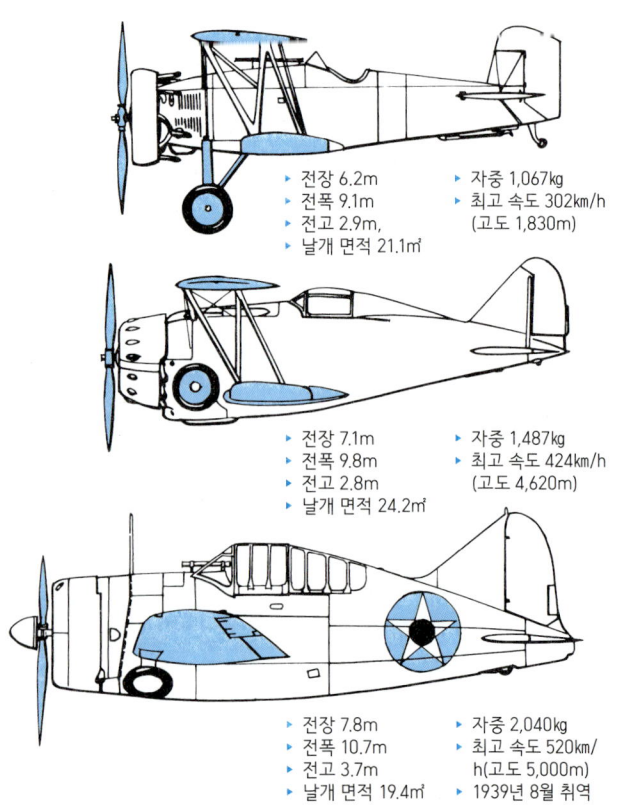

✈ 보잉 F4B-2

1920년대부터 30년대까지 제작된 복엽기. 1938년에 현역에서 물러나는데, 이미 시대에 뒤처진 고정식 바퀴다리에 복엽기 형태였다.

▸ 전장 6.2m
▸ 전폭 9.1m
▸ 전고 2.9m,
▸ 날개 면적 21.1㎡
▸ 자중 1,067kg
▸ 최고 속도 302km/h (고도 1,830m)

✈ 그루먼 F2F

F4B를 대신하여 취역한 기체가 그루먼 F2F로, 마찬가지로 복엽기이지만 수납식 바퀴다리였다. 미군기에서 곧잘 볼 수 있는 둥그스름한 동체이며, 이 기체가 미 해군의 마지막 복엽기가 되었다.

▸ 전장 7.1m
▸ 전폭 9.8m
▸ 전고 2.8m
▸ 날개 면적 24.2㎡
▸ 자중 1,487kg
▸ 최고 속도 424km/h (고도 4,620m)

✈ 브루스터 F2A 버펄로

미 해군의 함상 전투기에선 단엽기보다 수납식 바퀴다리가 먼저 등장했다. 미 해군기 계보에서 그루먼 F3F와 F4F 사이에 끼인 브루스터 F2A 버펄로가 고정식 바퀴다리과 복엽 구조에서 탈피한 첫 전투기로 역사에 이름을 남기고, 이후 그루먼도 뒤따르게 되었다.

▸ 전장 7.8m
▸ 전폭 10.7m
▸ 전고 3.7m
▸ 날개 면적 19.4㎡
▸ 자중 2,040kg
▸ 최고 속도 520km/h(고도 5,000m)
▸ 1939년 8월 취역

요구에 맞춰 세미 모노코크 구조가 주류가 되었다. 바퀴다리는 심플한 경량 고정식에서 복잡하지만 공기 저항이 작은 수납식으로 변해갔다. 물론, 엔진 출력 향상으로 도모했던 목표인 무장의 충실함이나 기능성 향상도 추구하였다.

항모를 차례차례 건조하면서 함재기의 역할과 중요성 또한 인식하게 되었다. 항모가 베이스가 되면서 행동 반경도 그만큼 넓어지지만, 제한된 공간에 이착륙해야만 하므로 기동성과 동시에 콤팩트함도 요구되었다. 한편으로 항속 거리가 긴 폭격기가 만들어지는데, 이들 폭격기는 연료 탱크를 키우는 것만이 아니라 무게가 나가는 각종 무장을 충실히 갖추게 되면서 기체 또한 점점 커졌다. 공기 밀도가 희박한 고고도에서 엔진 출력이 저하하지 않도록 배기 터빈을 붙인 엔진이 등장하면서 레시프로 항공기는 한계까지 성능을 발휘했다. 그 한편으론, 고속화의 한계가 드러난 레시프로 엔진을 대신할 파워 유닛으로서 제트 엔진을 얹는 항공기 개발에 착수하며 새로운 시대를 예견하게끔 하는 기체가 등장하기에 이르렀다.

무장 또한 주류였던 7.7㎜ 기관총을 넘어 12.7㎜나 더욱 큰 대구경 기관포가 등장하게 되었다. 이는 파괴력 향상이라기보다는 방탄이나 장갑의 충실화에 대항하고자 한 결과였다. 방탄 쪽에 앞선 연합국 측에 맞서 독일이나 일본은 대구경포를 채택할 수밖에 없었지만, 이는 거꾸로 전투기의 기동성을 저하시켰다.

어쨌든 레시프로기가 정점에 섰던 때는 제2차 대전 기간이었다. 주류가 제트기로 옮아가고 음속을 넘는 시대로 들어서자, 그 이전에 완결된 전투기 형식이자 이후의 기술적 진보라는 점에서는 레시프로기에서 눈여겨볼 것은 없다. 그러나 바로 그 점이 오늘날에도 대전 당시의 레시프로기에 매력을 느끼게 하는 원인이기도 하다.

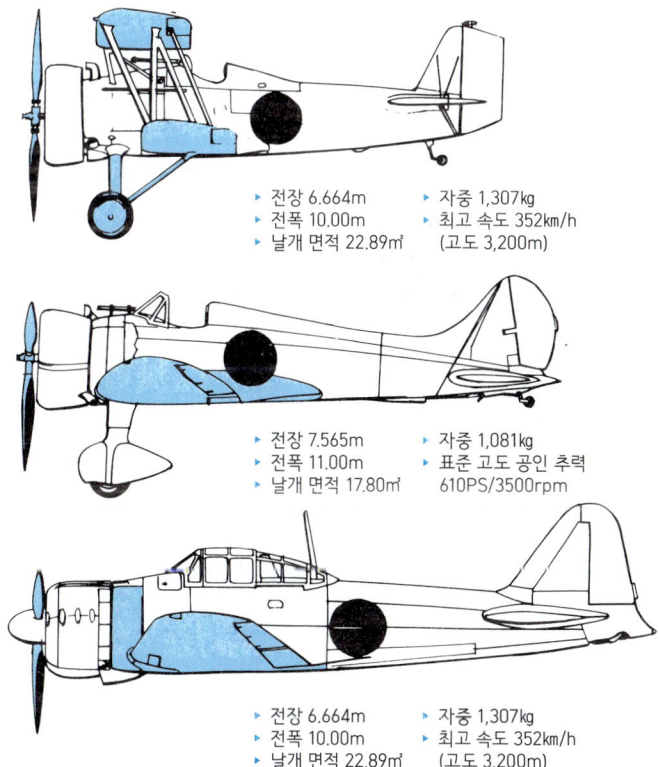

▶ 전장 6.664m ▶ 자중 1,307kg
▶ 전폭 10.00m ▶ 최고 속도 352km/h
▶ 날개 면적 22.89㎡ (고도 3,200m)

▶ 전장 7.565m ▶ 자중 1,081kg
▶ 전폭 11.00m ▶ 표준 고도 공인 추력
▶ 날개 면적 17.80㎡ 610PS/3500rpm

▶ 전장 6.664m ▶ 자중 1,307kg
▶ 전폭 10.00m ▶ 최고 속도 352km/h
▶ 날개 면적 22.89㎡ (고도 3,200m)

✈ 나카지마 95식 함상 전투기

일본 해군의 마지막 고정식 바퀴다리 복엽기. 1936년에 취역한 95식 함상 전투기는 90식의 차기 전투기로 개발되었다. 항속 거리를 늘리고자 주날개 밑에 보조 연료 탱크 2개를 장착했는데, 해상에서 불시착했을 때 연료를 버리면 플로트로도 기능할 수 있도록 고안한 결과이다. 엔진도 600HP로 강력해졌다.

✈ 미쓰비시 96식 함상 전투기

함상 전투기가 착륙 속도 관계로 양력을 높이기 쉬운 복엽기가 주류이던 시기에, 미쓰비시의 호리코시 기사가 지휘하는 설계 팀이 외팔보식 저익 및 전금속제 응력 외피 구조로 공기 역학 특성과 경량화를 도모하여 개발한 기체가 96식 함상 전투기였다. 이 덕분에 일본도 세계 수준을 따라잡을 수 있었다고도 한다. 전투기로서는 일본 해군의 마지막 고정식 바퀴다리 기체였다.

✈ 미쓰비시 0식 함상 전투기

미 해군은 단엽식보다 수납식 바퀴다리를 우선 채택했지만, 일본은 반대로 단엽식을 우선했다. 단엽식이면서 수납식 바퀴다리 기체는 1940년에 제식화된 0식 함상 전투기가 처음이다.

제1차 대전에서 병기로서 항공기의 유용성을 인식한 일본은, 서양 선진국을 따라잡기 위해 적극적으로 기술을 도입했다. 주로 영국과 독일로부터 습득하여 자국산화를 꾀했다. 바다로 둘러싸인 일본은 함상 전투기에 주목하였고 첫 일본제 전투기인 해군 10식이 완성된 때는 1921년이었다. 10식은 구미 각국이 육상기를 개조해서 함재기로 사용하던 시대에 영국인 기사를 채용하여 처음부터 함재기로 개발되었다. 첫 비행은 1921년 12월. 이 이착함 테스트 또한 처음부터 항공모함으로 건조(타국은 기존 함선을 항모로 개조)된 '호쇼'에서 실시하였으며 영국인 해군 대위의 조종으로 성공. 일본인 파일럿의 이착함은 이듬해 3월이었다. 미쓰비시와 나카지마를 중심으로 다치가와, 가와니시 등 여러 항공사가 우수한 인재를 모아 일본 군부와 공동으로 수많은 전투기를 개발 및 제조하게 되었다. 특히 서양 각국과의 이해 대립이 점점 심각해지고 전시 체제가 강화되면서 독자 개발이란 길을 걸을 수밖에 없게 되었다. 이 기간에 군비 감축 조약으로 주력함 보유량에 제한을 받기에 이르자 제한이 없는 항공기로 병력을 채우고자 하였다. 같은 시기에 서양 각

✈ 일본 해군 10식 함상 전투기

제1차 대전이 끝난 지 얼마 되지도 않았던 시기라 기체 스타일과 구조 모두 영국기의 판박이이다. 엔진도 영국에서 들여온 도면을 바탕으로 미쓰비시에서 제작한 수랭식 V8에 공인 출력 300HP였다.

- ▶ 전장 6.706m
- ▶ 전폭 9.296m
- ▶ 전고 2.946m
- ▶ 주날개 면적 27.62㎡
- ▶ 자중 790kg
- ▶ 최고 속도 128노트
- ▶ 무장 7.7mm 기관총×2

✈ 미쓰비시 0식 함상 전투기 (21형)

일명 제로센. 세계 수준에 이른 96식과 마찬가지로 호리코시 주임 기사가 개발하였고, 1940년 9월에 중국에서 96식 육상 공격기를 호위하며 적기 27기를 모두 격추하는 첫 전과를 거두었다.

- ▶ 전장 9.05m
- ▶ 전폭 12.00m
- ▶ 전고 3.509m
- ▶ 주날개 면적 22.44㎡
- ▶ 자중 1,680kg
- ▶ 최고 속도 288노트 (고도 4,550m)

제2차 세계대전당시의 전투기

✈ 나카지마 1식 전투기 하야부사 (1형)

제로센과 나란히 일본의 주력 전투기. 경량이며 높은 상승력과 선회 성능으로 어필했다.

- 전장 8.832m
- 전폭 11.437m
- 전고 3.085m
- 자중 1,5800kg
- 최고 속도 492km/h

✈ 나카지마 4식 전투기 하야테 (키-84)

제로센이나 하야부사 이상의 성능을 목표로 개발. 장갑 및 무장을 충실히 하면서 설계보다 중량이 늘어났으며, 1944년 여름부터 전선에서 모습을 드러냈다.

- 전장 9.74m
- 전폭 11.30m
- 전고 3.385m
- 주날개 면적 21.00㎡
- 자중 2,660kg
- 최고 속도 624km/h (고도 6,500m)

국이 함상 전투기의 착함 속도 문제로 양력을 높이기 쉬운 복엽기에서 벗어나지 못하던 가운데, 일본은 외팔보식 저익에 가느다란 동체, 얇고 타원형인 금속제 주날개, 표면에 요철이 없는 접시머리 리벳을 사용한 단엽기 96식 함상 전투기를 1936년에 완성하였고 451km/h라는 고속을 기록하면서 세계와 어깨를 나란히 하게 되었다. 이후 위 그림처럼 0식 함상 전투기(1939년)나 하야부사(1939년) 등 일본이 자랑하는 전투기를 만들어냈다.

그러나 이윽고 서양 각국은 2,000마력급 엔진을 얹은 신형기를 속속 등장시키는데 반해, 일본은 제로센(0식)이나 하야테를 대체할 진보된 신기술 전투기를 두입할 수 없있다. 하야테(1943년)는 나가지마 항공사가 축적해 온 기술을 한데 모아 '대동아 결전기'로 개발했지만, 대전 말기였기에 품질 관리 미비로 트러블이 속출하여 기대했던 전과를 거두지 못했다. 기술력 차이라기보단, 종합적인 전쟁 수행력이라는 점에서 서양과 맞설 수 없었다고 해야 할 것이다.

같은 시기에 개발된 피아트 CR.42나 메서슈미트 Bf109는 두드러지게 대조되는 모습이다. 제2차 대전에 등장한 마지막 복엽기 CR.42 팔코는 고정식 바퀴다리에 개방식 콕피트로 구식 느낌이 물씬했지만, 덕분에 완성도는 높고 기동성도 뛰어나며 430km/h라는 고속을 기록했다. 한편, Me109는 1935년에 첫 비행, 37년에 부대 배치되었고 2차 대전 발발과 동시에 독일의 전격전 승리에 공헌했다. 뒤를 잇는 포케불프 190과 더불어 독일군의 주력 전투기였는데, 두 기종 모두 개발 당시의 성능이 당시 각국 전투기보다 뛰어났다는 점이 오히려 발목을 붙잡아 기술력은 충분하면서도 차기 고성능 전투기 개발과 실용화에 뒤처지는 결과를 낳게 되었다. 선진적인 제트기 메서슈미트 Me262, 로켓 엔진을 장착한 코메트 등 독일의 기술력이 후대의 항공기 기술에 크게 영향을 끼쳤다는 것은 널리 알려진 이야기이다.

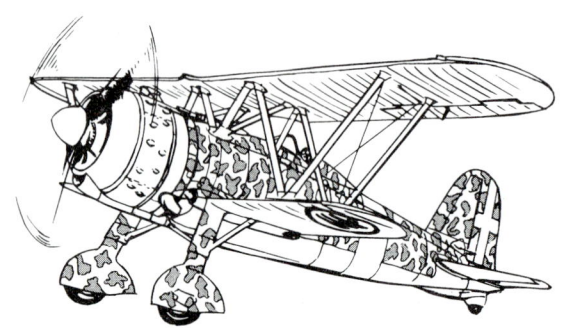

✈ 피아트 CR.42 팔코 (이탈리아)

이탈리아는 개방식 바람막이와 운동성이 뛰어난 복엽기에 집착했다. 이탈리아 공군은 이 기체에 12.7㎜ 기관총 6정을 장착하였고, 대전 후에는 연습기로 사용했다.

- 전장 8.3m
- 전폭 9.7m
- 전고 3.3m
- 자중 1,716kg
- 최고 속도 430km/h (고도 5,980m)

✈ 메서슈미트 Bf109G (독일)

고정식 바퀴다리와 개방식 바람막이가 시대였던 1935년에 수납식 다리와 밀폐형 캐노피로 첫 비행, 1937년에 부대 배치되면서 스페인 내전을 비행 실험장 삼아 우수성을 과시했다.

- 전장 9.05m
- 전폭 9.92m
- 전고 3.46m
- 자중 2,700kg
- 상승 출력 1100HP
- 최고 속도 623km/h
- 상승 한도 11,750m

제2차 세계대전당시의 전투기

✈ 리퍼블릭 P-47 선더볼트

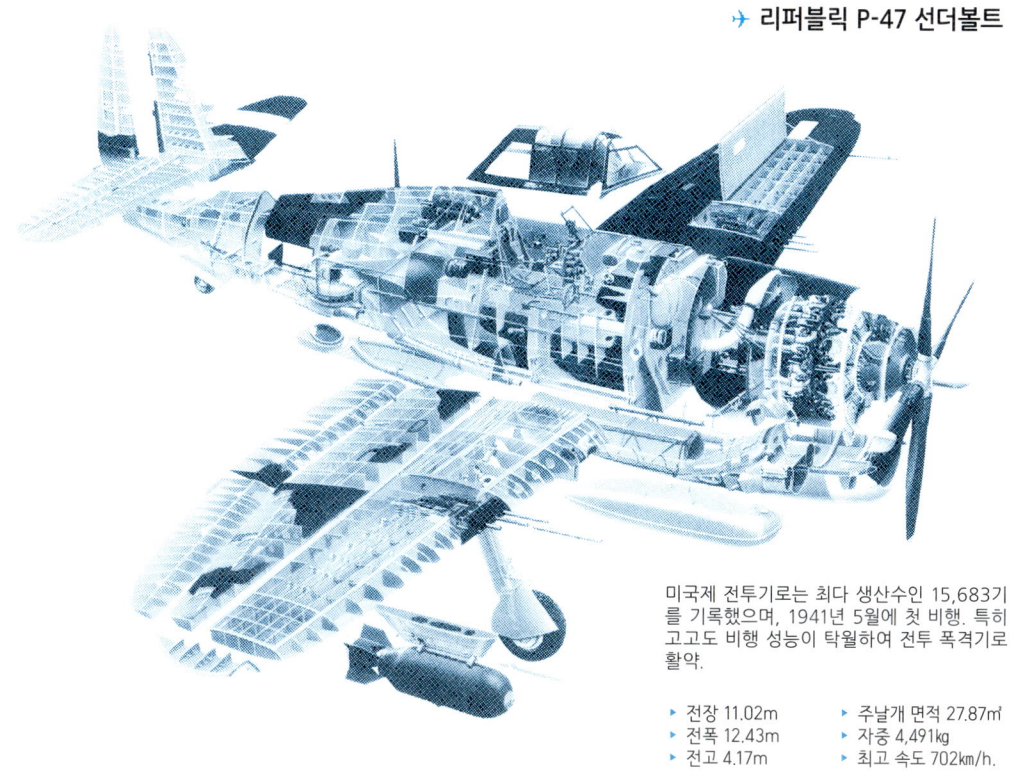

미국제 전투기로는 최다 생산수인 15,683기를 기록했으며, 1941년 5월에 첫 비행. 특히 고고도 비행 성능이 탁월하여 전투 폭격기로 활약.

- 전장 11.02m
- 전폭 12.43m
- 전고 4.17m
- 주날개 면적 27.87㎡
- 자중 4,491kg
- 최고 속도 702km/h.

✈ 노스아메리칸 P-51 머스탱

주날개는 층류익(날개시위※ 앞에서부터 40~50% 지점에서 최대 두께가 되는 날개)를 채택, 공기 저항을 감소하였고 냉각기(라디에이터)가 동체 밑에 장착되었다.

- 전장 9.83m
- 전폭 11.28m
- 전고 3.71m
- 주날개 면적 21.75㎡
- 자중 3,234kg
- 최고 속도 703km/h (고도 7,620m)

※역주: 익현(chord)이라고도 하며, 날개 앞전 꼭짓점과 뒷전 꼭짓점을 직선으로 연결한 가상 선.

영국은 대전 초기에는 독일기에 대항할 수 없었지만, 명기 스핏파이어를 계속 개량하여 1940년의 배틀 오브 브리튼(BOB)에서 우위를 차지하게 되었다. 한편, 제1차 대전에선 눈여겨볼 만한 전투기가 없었던 미국도 성능 좋은 기체를 다수 개발하여 저력을 보였다. 대표적인 육군 항공대 전투기로 리퍼블릭 P-47 선더볼트와 노스아메리칸 P-51 머스탱이 있다.

15,683기가 생산된 P-47은 그야말로 미국식이라 할 굵은 동체에 무거운 기체이며, 인터쿨러가 부착된 터보 엔진을 얹었다. P-51 머스탱은 영국 롤스로이스의 명품 엔진인 멀린 V12를 패커드에서 라이선스 제작하여 탑재하고 공기 저항을 줄인 설계로 제2차 대전 당시 최우수 전투기라고도 불리며, 대전 후인 1950년의 한국 전쟁에도 출동하여 지상 공격에 사용되었다.

2-1. 수상 전투기

전투기는 정비된 활주로에서 이착륙하는 것이 기본 조건이지만, 아무 데나 비행장을 만들 수는 없다. 그래서 생각해 낸 것이 수상 전투기이다. 바다가 거칠 때는 예외지만, 잔잔한 해상은 광대한 활주로가 되고 기체를 계류해둘 수도 있다. 그리고 육지에다 활주로를 만드는 사이에도 전투에 대처할 수 있다. 특히 일본은 서양처럼 기계화가 발달하지 않아 활주로를 인해전술로 건설했기 때문에 특히 시간이 걸리므로 수상 전투기 필요성이 컸다.

독일이나 영국에서도 플로트를 붙여 테스트를 했지만, 수상 전투기를 본격적으로 전력화한 곳은 일본 뿐이었다. 그러나 바퀴(다리) 대신 붙인 플로트는 자그마한 상처만 나도 물이 스며들어 수몰될 가능성이 있는데다. 플로트와 지주가 비행 중에 공기 저항을 일으켜 동일한 기체일 경우엔 최고 속도가 느렸다. 제로센의 533.4km/h에 비해 2식 수상 전투기는 436km/h에 불과했다.

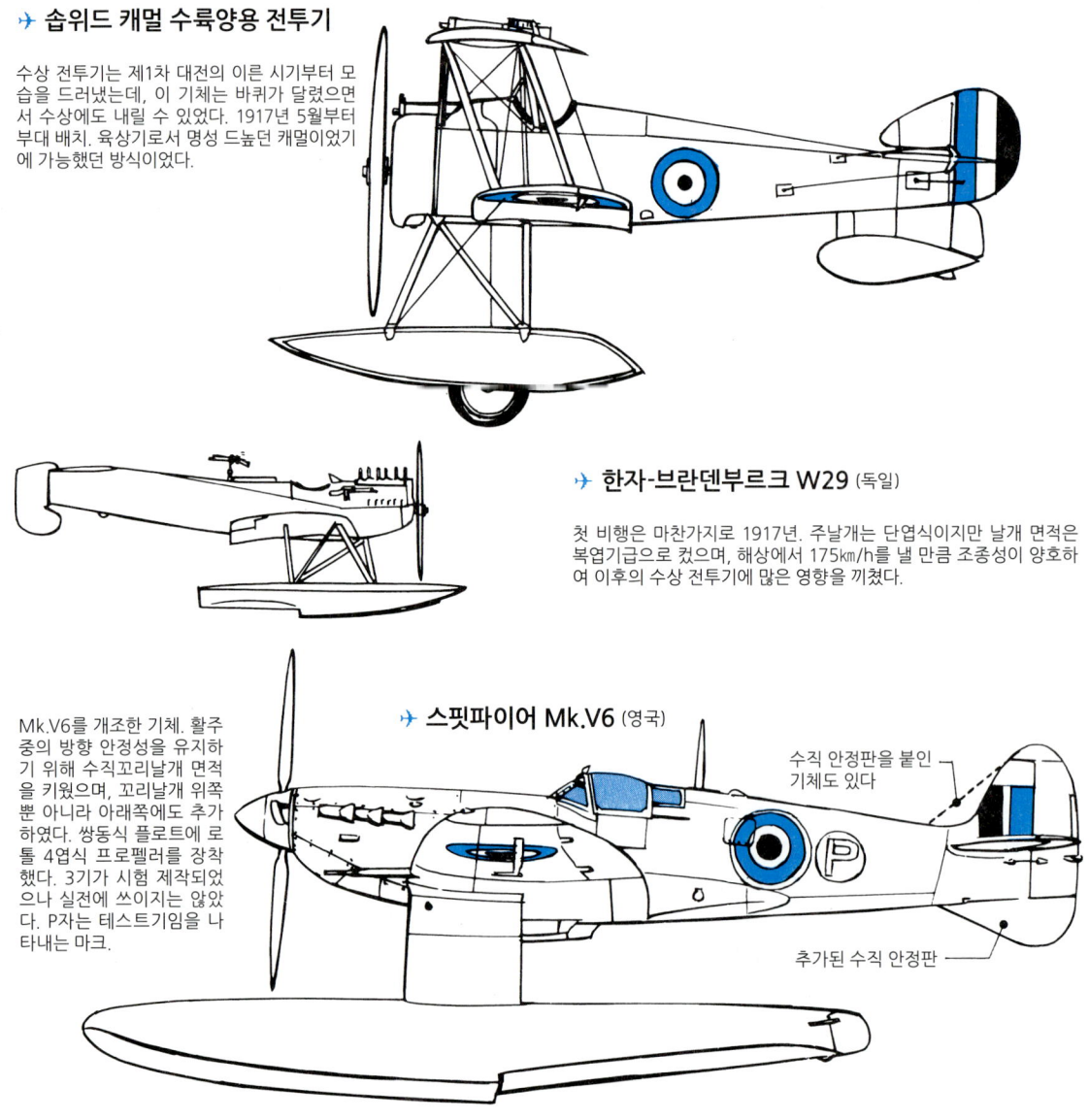

✈ 솝위드 캐멀 수륙양용 전투기

수상 전투기는 제1차 대전의 이른 시기부터 모습을 드러냈는데, 이 기체는 바퀴가 달렸으면서 수상에도 내릴 수 있었다. 1917년 5월부터 부대 배치. 육상기로서 명성 드높던 캐멀이었기에 가능했던 방식이었다.

✈ 한자-브란덴부르크 W29 (독일)

첫 비행은 마찬가지로 1917년. 주날개는 단엽식이지만 날개 면적은 복엽기급로 컸으며, 해상에서 175km/h를 낼 만큼 조종성이 양호하여 이후의 수상 전투기에 많은 영향을 끼쳤다.

✈ 스핏파이어 Mk.V6 (영국)

Mk.V6를 개조한 기체. 활주 중의 방향 안정성을 유지하기 위해 수직꼬리날개 면적을 키웠으며, 꼬리날개 위쪽 뿐 아니라 아래쪽에도 추가하였다. 쌍동식 플로트에 로톨 4엽식 프로펠러를 장착했다. 3기가 시험 제작되었으나 실전에 쓰이지는 않았다. P자는 테스트기임을 나타내는 마크.

수직 안정판을 붙인 기체도 있다

추가된 수직 안정판

제2차 세계대전당시의 전투기

✈ 2식 수상 전투기

- 총 생산 대수: 372기
- 엔진: 사카에 12형
- 상승 출력: 940HP
- 최고 속도: 436km/h
- 고도: 4,300m
- 무장: 20mm 기관포×2, 7.7mm 기관총×2
- 폭탄: 30~60kg×2

개발 기간을 단축하고자, 신예기 제로센을 개조하여 수상 전투기로 만들어 태평양의 섬 곳곳에 배치하였다. 바퀴다리를 떼어내고 플로트를 장착, 수직꼬리날개 면적도 키웠다. 플로트에 스텝을 설치하여 이수(離水) 능력을 높였다.

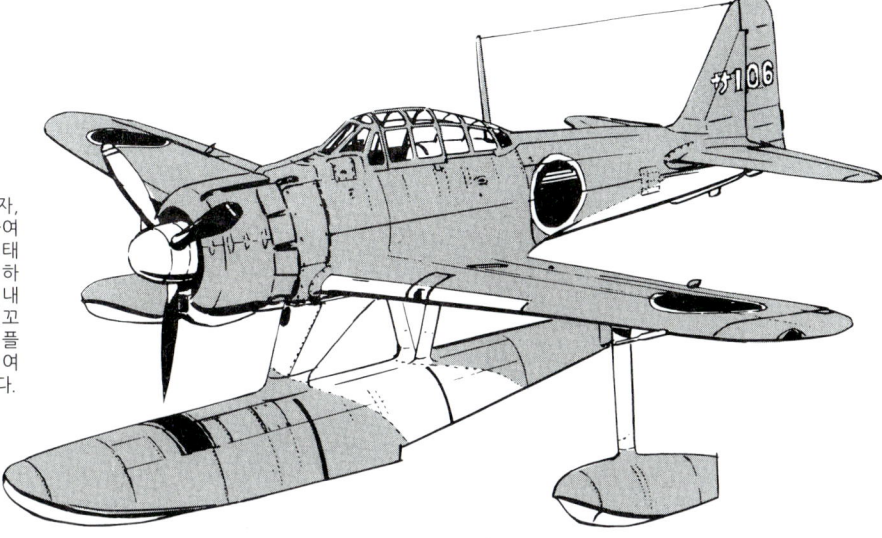

✈ 가와니시 수상 전투기 '교후'

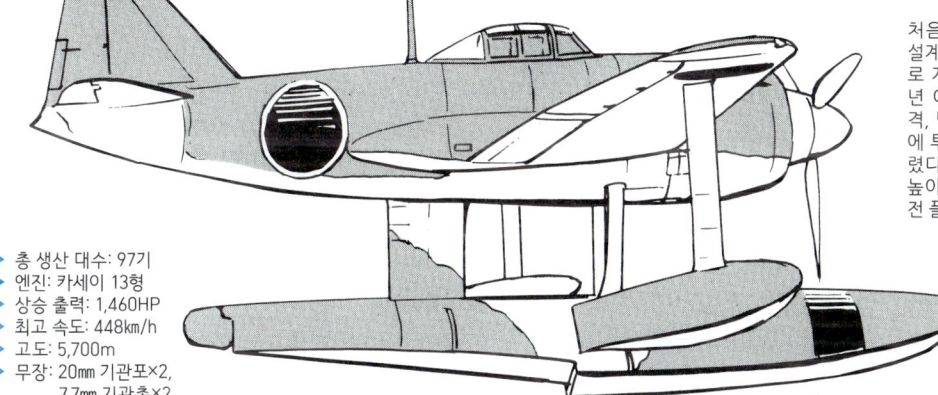

처음이자 마지막으로 설계부터 수상 전투기로 개발된 기체. 1943년 여름부터 배치, 요격, 방공, 대잠 공격 등에 투입되어 전과를 올렸다. 공중전 성능을 높이고자 자동식 공중전 플랩을 채택하였다.

- 총 생산 대수: 97기
- 엔진: 카세이 13형
- 상승 출력: 1,460HP
- 최고 속도: 448km/h
- 고도: 5,700m
- 무장: 20mm 기관포×2, 7.7mm 기관총×2
- 폭탄: 30kg×2

✈ 컨베어 XF2Y-1 시다트 (미국)

초음속으로 비행하는 수상 제트 전투기로 계획하였으며 델타익. 플로트를 사용하지 않고 기체를 띄운다. 이수 시에는 동체에 수납된 하이드로 스키를 내어 그대로 슬로프를 써서 자력으로 발착할 수 있다. 하이드로 스키는 여러 형상이 테스트되었다.

고도 11,000m에서 최고 속도 1,330km/h. 전장 16.02m

2-2. 장거리(쌍발) 전투기 (1)

전투 지역이 확장되고 적 시설 공격을 위한 폭격이 중시되면서, 폭격기를 호위하는 전투기의 항속 거리를 늘리라는 요구가 높아졌다. 제2차 대전 직전의 단발기는 그런 임무를 수행할 수 없었으므로, 각국은 폭격기를 수행할 수 있는 쌍발 장거리 전투기 개발을 서둘렀다. 쌍발에다 기수에 강력한 무장을 탑재하는 만능 전투기로 설계된 이 기종들은 이윽고 전투기의 주류가 될 것으로 여겨지며, 폭격기 호위 뿐 아니라 적 폭격기 격파 및 공중전에서 격퇴 능력, 장거리 항속 능력을 요구받았다. 그러나 요구를 충족하려면

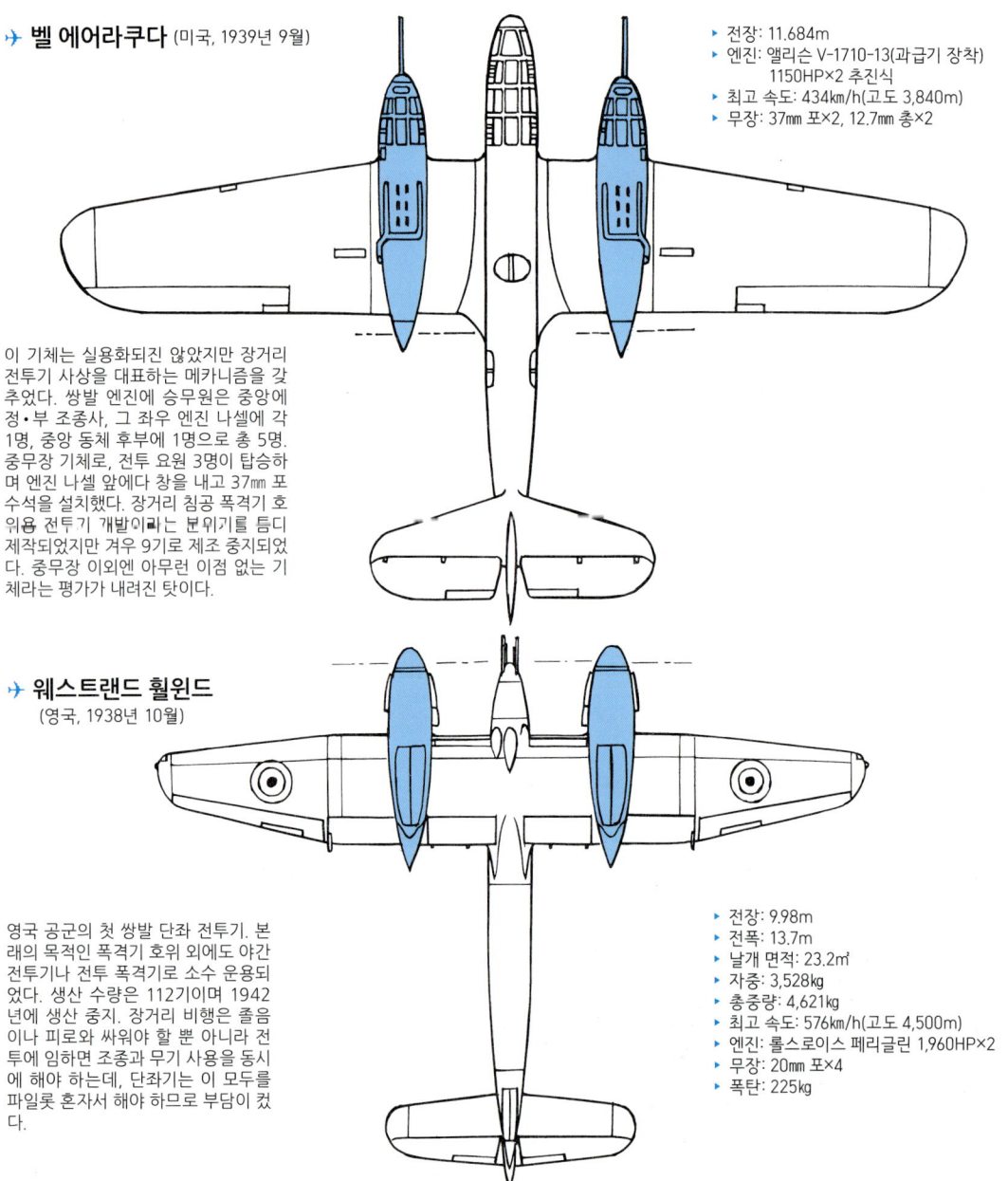

✈ 벨 에어라쿠다 (미국, 1939년 9월)

- 전장: 11.684m
- 엔진: 앨리슨 V-1710-13(과급기 장착) 1150HP×2 추진식
- 최고 속도: 434km/h(고도 3,840m)
- 무장: 37mm 포×2, 12.7mm 총×2

이 기체는 실용화되진 않았지만 장거리 전투기 사상을 대표하는 메카니즘을 갖추었다. 쌍발 엔진에 승무원은 중앙에 정·부 조종사, 그 좌우 엔진 나셀에 각 1명, 중앙 동체 후부에 1명으로 총 5명. 중무장 기체로, 전투 요원 3명이 탑승하며 엔진 나셀 앞에다 창을 내고 37㎜ 포 수석을 설치했다. 장거리 침공 폭격기 호위용 전투기 개발이라는 분위기를 틈디 제작되었지만 겨우 9기로 제조 중지되었다. 중무장 이외엔 아무런 이점 없는 기체라는 평가가 내려진 탓이다.

✈ 웨스트랜드 훨윈드 (영국, 1938년 10월)

영국 공군의 첫 쌍발 단좌 전투기. 본래의 목적인 폭격기 호위 외에도 야간 전투기나 전투 폭격기로 소수 운용되었다. 생산 수량은 112기이며 1942년에 생산 중지. 장거리 비행은 졸음이나 피로와 싸워야 할 뿐 아니라 전투에 임하면 조종과 무기 사용을 동시에 해야 하는데, 단좌기는 이 모두를 파일럿 혼자서 해야 하므로 부담이 컸다.

- 전장: 9.98m
- 전폭: 13.7m
- 날개 면적: 23.2㎡
- 자중: 3,528kg
- 총중량: 4,621kg
- 최고 속도: 576km/h(고도 4,500m)
- 엔진: 롤스로이스 페리글린 1,960HP×2
- 무장: 20㎜ 포×4
- 폭탄: 225kg

제2차 세계대전당시의 전투기

연료를 많이 싣는 수밖에 없었는데 기체 중심 부근에 그럴만한 공간을 확보하기는 곤란했고, 싣는다 해도 무장 충실화 요구와 더불어 기체 무게를 늘리게 되므로 출력 대 중량비(Power-Weight Ratio)가 떨어질 수밖에 없었다. 이 때문에 비행 성능이 악화하고 둔중해져 이도 저도 아닌 전투기가 되고 말았다. 따라서 항속 거리가 긴 단좌 제공 전투기가 출현하자 쌍발기는 폭격기 호위 임무에서 물러나고, 긴 항속 거리를 살려 정찰이나 대지 공격, 야간 전투기로 쓰이게 되었다. 대전 말기에는 레이더 탑재기로도 사용되는 등 전투기로는 돋보이진 못했지만 여러 방면에서 맡은 바 역할을 다했다.

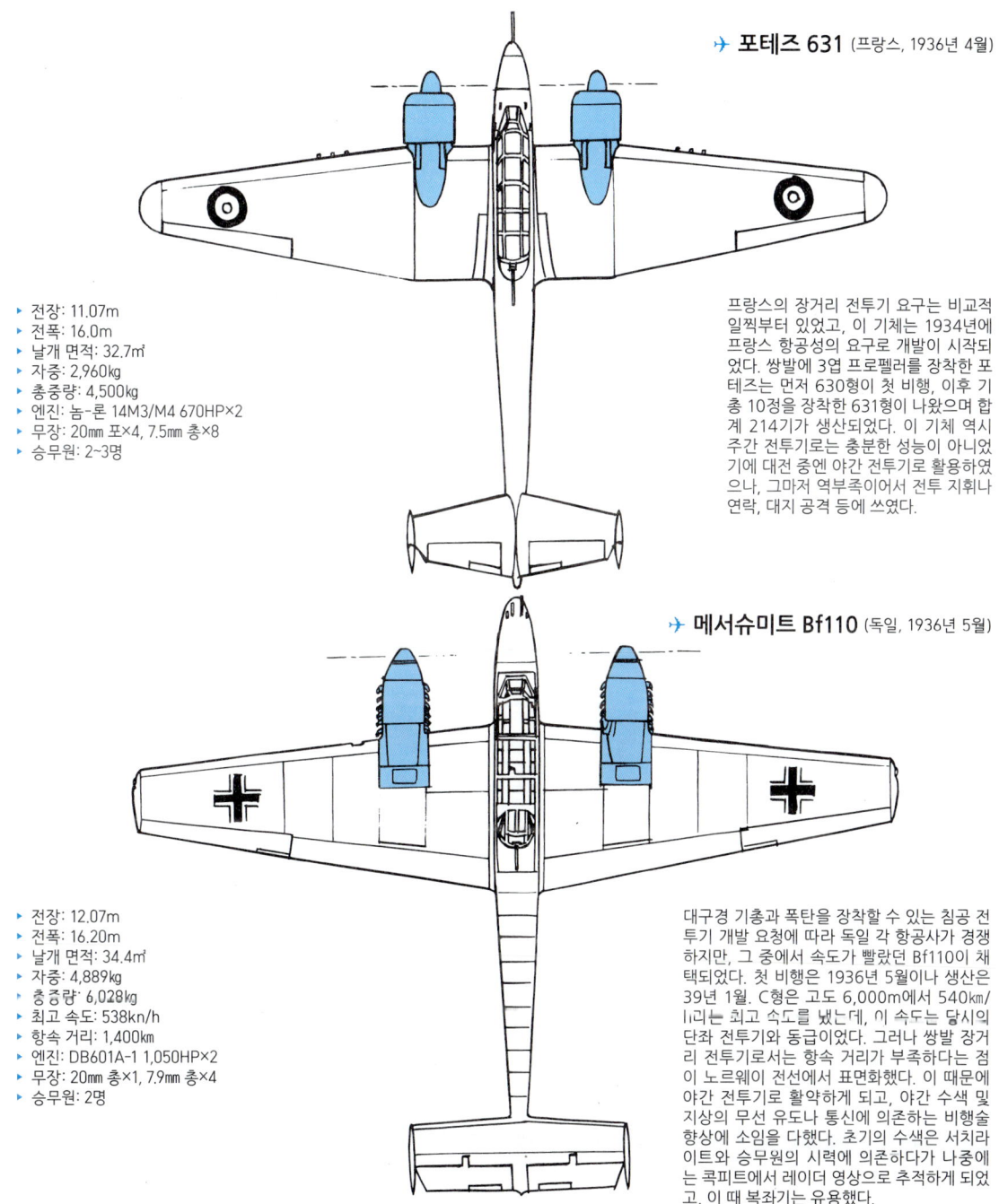

✈ 포테즈 631 (프랑스, 1936년 4월)

- 전장: 11.07m
- 전폭: 16.0m
- 날개 면적: 32.7㎡
- 자중: 2,960kg
- 총중량: 4,500kg
- 엔진: 놈-론 14M3/M4 670HP×2
- 무장: 20mm 포×4, 7.5mm 총×8
- 승무원: 2~3명

프랑스의 장거리 전투기 요구는 비교적 일찍부터 있었고, 이 기체는 1934년에 프랑스 항공성의 요구로 개발이 시작되었다. 쌍발에 3엽 프로펠러를 장착한 포테즈는 먼저 630형이 첫 비행, 이후 기총 10정을 장착한 631형이 나왔으며 합계 214기가 생산되었다. 이 기체 역시 주간 전투기로는 충분한 성능이 아니었기에 대전 중엔 야간 전투기로 활용하였으나, 그마저 역부족이어서 전투 지휘나 연락, 대지 공격 등에 쓰였다.

✈ 메서슈미트 Bf110 (독일, 1936년 5월)

- 전장: 12.07m
- 전폭: 16.20m
- 날개 면적: 34.4㎡
- 자중: 4,889kg
- 총중량: 6,028kg
- 최고 속도: 538kn/h
- 항속 거리: 1,400km
- 엔진: DB601A-1 1,050HP×2
- 무장: 20mm 총×1, 7.9mm 총×4
- 승무원: 2명

대구경 기총과 폭탄을 장착할 수 있는 침공 전투기 개발 요청에 따라 독일 각 항공사가 경쟁하지만, 그 중에서 속도가 빨랐던 Bf110이 채택되었다. 첫 비행은 1936년 5월이나 생산은 39년 1월. C형은 고도 6,000m에서 540km/h라는 최고 속도를 냈는데, 이 속도는 당시의 단좌 전투기와 동급이었다. 그러나 쌍발 장거리 전투기로서는 항속 거리가 부족하다는 점이 노르웨이 전선에서 표면화했다. 이 때문에 야간 전투기로 활약하게 되고, 야간 수색 및 지상의 무선 유도나 통신에 의존하는 비행술 향상에 소임을 다했다. 초기의 수색은 서치라이트와 승무원의 시력에 의존하다가 나중에는 콕피트에서 레이더 영상으로 추적하게 되었고, 이 때 복좌기는 유용했다.

2-3. 장거리(쌍발) 전투기(2)

✈ 록히드 P-38 (미국, 1939년 1월)

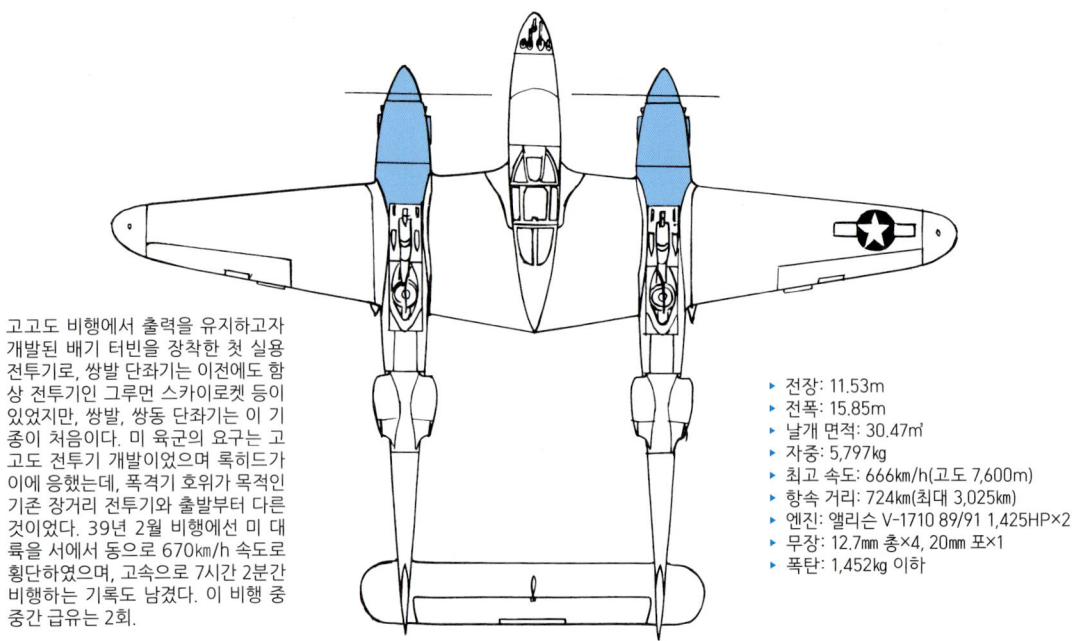

고고도 비행에서 출력을 유지하고자 개발된 배기 터빈을 장착한 첫 실용 전투기로, 쌍발 단좌기는 이전에도 함상 전투기인 그루먼 스카이로켓 등이 있었지만, 쌍발, 쌍동 단좌기는 이 기종이 처음이다. 미 육군의 요구는 고고도 전투기 개발이었으며 록히드가 이에 응했는데, 폭격기 호위가 목적인 기존 장거리 전투기와 출발부터 다른 것이었다. 39년 2월 비행에선 미 대륙을 서에서 동으로 670km/h 속도로 횡단하였으며, 고속으로 7시간 2분간 비행하는 기록도 남겼다. 이 비행 중 중간 급유는 2회.

- ▶ 전장: 11.53m
- ▶ 전폭: 15.85m
- ▶ 날개 면적: 30.47㎡
- ▶ 자중: 5,797kg
- ▶ 최고 속도: 666km/h(고도 7,600m)
- ▶ 항속 거리: 724km(최대 3,025km)
- ▶ 엔진: 앨리슨 V-1710 89/91 1,425HP×2
- ▶ 무장: 12.7mm 총×4, 20mm 포×1
- ▶ 폭탄: 1,452kg 이하

✈ 나카지마 해군 23형 견투기 '겟고' (1945년 5월)

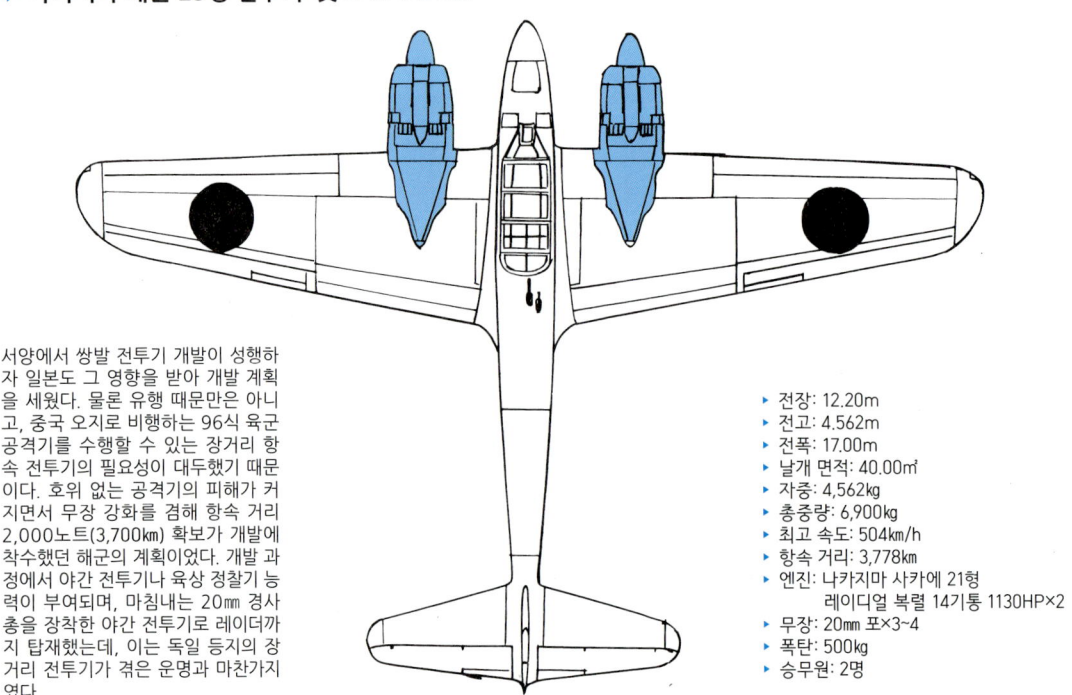

서양에서 쌍발 전투기 개발이 성행하자 일본도 그 영향을 받아 개발 계획을 세웠다. 물론 유행 때문만은 아니고, 중국 오지로 비행하는 96식 육군 공격기를 수행할 수 있는 장거리 항속 전투기의 필요성이 대두했기 때문이다. 호위 없는 공격기의 피해가 커지면서 무장 강화를 겸해 항속 거리 2,000노트(3,700km) 확보가 개발에 착수했던 해군의 계획이었다. 개발 과정에서 야간 전투기나 육상 정찰기 능력이 부여되며, 마침내는 20mm 경사총을 장착한 야간 전투기로 레이다까지 탑재했는데, 이는 독일 등지의 장거리 전투기가 겪은 운명과 마찬가지였다.

- ▶ 전장: 12.20m
- ▶ 전고: 4.562m
- ▶ 전폭: 17.00m
- ▶ 날개 면적: 40.00㎡
- ▶ 자중: 4,562kg
- ▶ 총중량: 6,900kg
- ▶ 최고 속도: 504km/h
- ▶ 항속 거리: 3,778km
- ▶ 엔진: 나카지마 사카에 21형 레이디얼 복럴 14기통 1130HP×2
- ▶ 무장: 20mm 포×3~4
- ▶ 폭탄: 500kg
- ▶ 승무원: 2명

✈ 노스아메리칸 P-82B 트윈 머스탱 (미국, 1945년 10월)

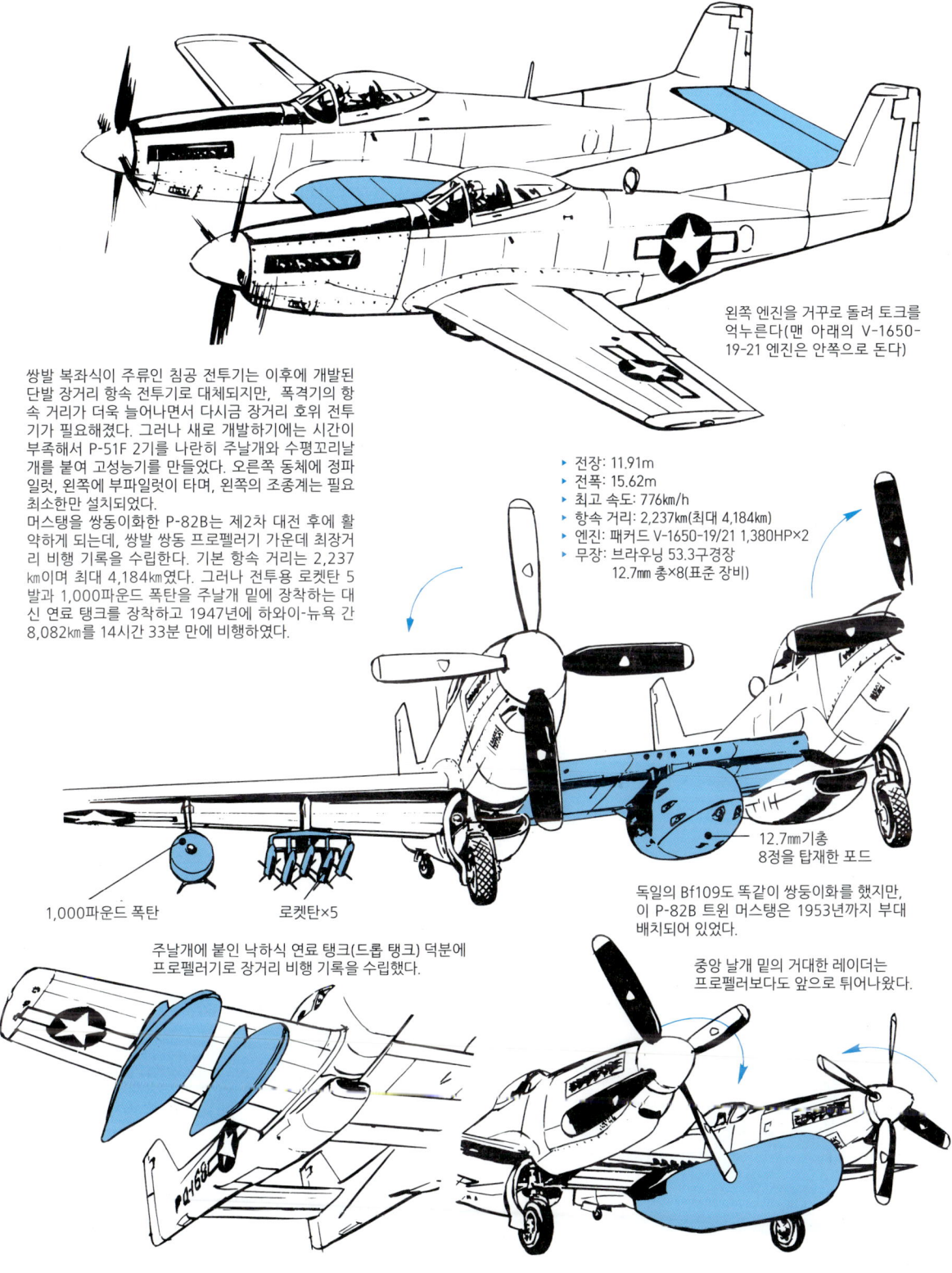

왼쪽 엔진을 거꾸로 돌려 토크를 억누른다(맨 아래의 V-1650-19-21 엔진은 안쪽으로 돈다)

쌍발 복좌식이 주류인 침공 전투기는 이후에 개발된 단발 장거리 항속 전투기로 대체되지만, 폭격기의 항속 거리가 더욱 늘어나면서 다시금 장거리 호위 전투기가 필요해졌다. 그러나 새로 개발하기에는 시간이 부족해서 P-51F 2기를 나란히 주날개와 수평꼬리날개를 붙여 고성능기를 만들었다. 오른쪽 동체에 정파일럿, 왼쪽에 부파일럿이 타며, 왼쪽의 조종계는 필요 최소한만 설치되었다.

머스탱을 쌍동이화한 P-82B는 제2차 대전 후에 활약하게 되는데, 쌍발 쌍동 프로펠러기 가운데 최장거리 비행 기록을 수립한다. 기본 항속 거리는 2,237㎞이며 최대 4,184㎞였다. 그러나 전투용 로켓탄 5발과 1,000파운드 폭탄을 주날개 밑에 장착하는 대신 연료 탱크를 장착하고 1947년에 하와이-뉴욕 간 8,082㎞를 14시간 33분 만에 비행하였다.

▶ 전장: 11.91m
▶ 전폭: 15.62m
▶ 최고 속도: 776km/h
▶ 항속 거리: 2,237km(최대 4,184km)
▶ 엔진: 패커드 V-1650-19/21 1,380HP×2
▶ 무장: 브라우닝 53.3구경장 12.7mm 총×8(표준 장비)

12.7mm기총 8정을 탑재한 포드

1,000파운드 폭탄

로켓탄×5

독일의 Bf109도 똑같이 쌍동이화를 했지만, 이 P-82B 트윈 머스탱은 1953년까지 부대 배치되어 있었다.

주날개에 붙인 낙하식 연료 탱크(드롭 탱크) 덕분에 프로펠러기로 장거리 비행 기록을 수립했다.

중앙 날개 밑의 거대한 레이더는 프로펠러보다도 앞으로 튀어나왔다.

2-4. 야간 전투기(1)

제1차 대전 당시에는 야간 전투기는 단순히 적의 눈을 속이고자 눈에 띄지 않도록 칠만 했고, 특별한 기능을 갖추지는 않았다. 그러나 적 폭격기가 습격해 오는 빈도가 높아지면서, 이를 요격하기 위한 야간 전투기 필요성도 점차 커졌다. 그러나 민첩성이 뛰어나고 항속거리가 긴 단발 전투기가 출현하자 이에 대항할 수 없는 쌍발 전투기는 기수의 여유 공간을 이용해 무장을 탑재하고 야간 임무로 돌리는 경우가 늘었다. 대구경 포를 탑재하고 움직임이 둔한 쌍발기는 민첩한 단좌기가 주름잡는 주간에는 나설 자리가 없었다. 특히 독일이나 일본은 수세에 몰리면서 쌍발 전투기는 야간 전투기로 운용하는 방법 외엔 도리가 없었다고 할 수 있다.

야간 전투기는, 자신의 모습을 적에게 들키지 않도록 한밤중의 까마귀처럼 전체를 검게 칠해 눈에 띄지 않도록 했다. 또한, 배기구로 뿜어져 나오는 불꽃이 밤하늘에 훤하게 보이지 않도록 갖가지 아이디어를 궁리하기도 했다. 그리고 야간 비행을 매끄럽게 할 수 있도록 아직 신뢰성이 그리 높지 않던 레이더를 기수에 탑재하고 레이더 요원을 태웠다. 레이더는 파장이 길고 대형 레이더 안테나를 쓰는 것과 짧은 파장을 쓰는 것이 있었다. 안테나 뿐 아니라 송신기나 수신기 성능의 우열이 레이더의 성능을 좌우했다.

✈ 호커 허리케인의 하면 도장

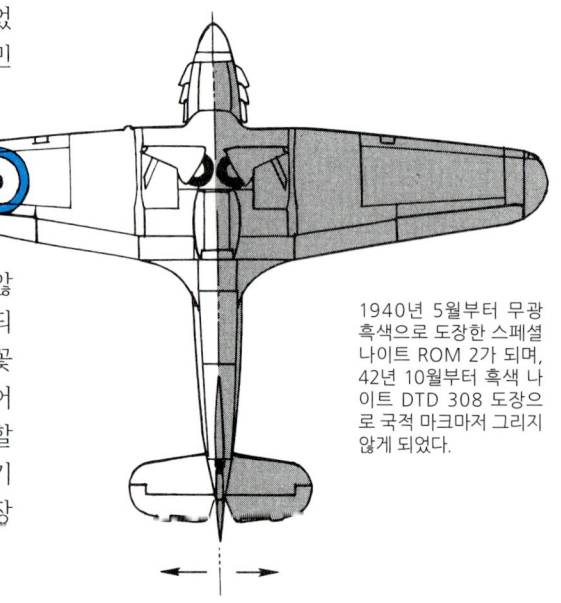

1940년 5월부터 무광 흑색으로 도장한 스페셜 나이트 ROM 2가 되며, 42년 10월부터 흑색 나이트 DTD 308 도장으로 국적 마크마저 그리지 않게 되었다.

✈ 솝위드 캐멀 야간 전투기 중대의 도장

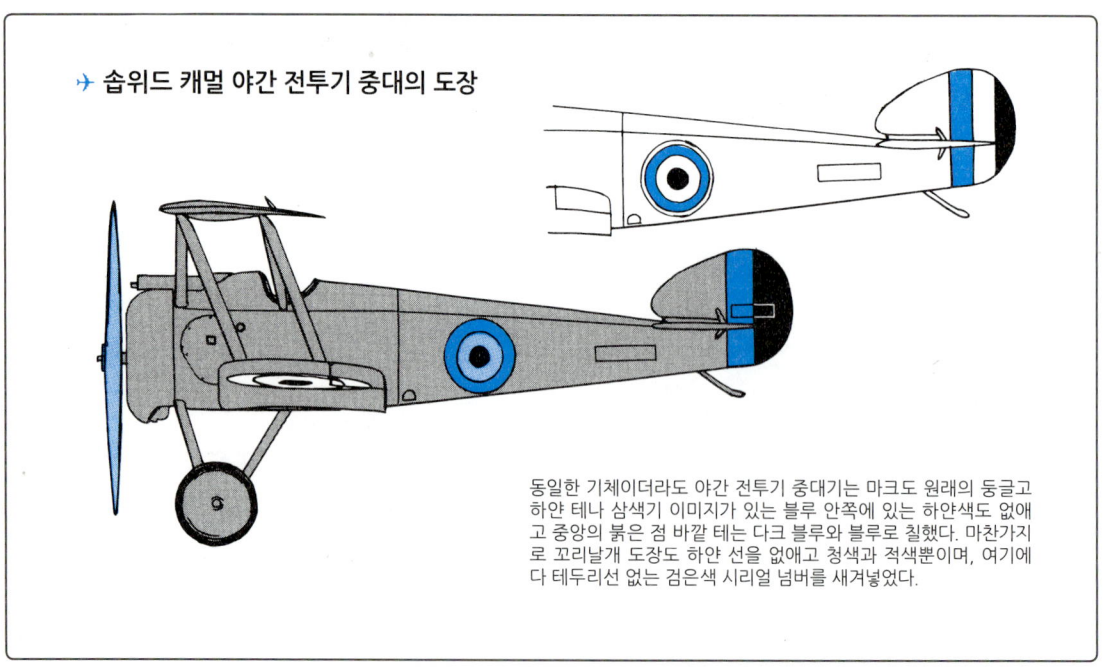

동일한 기체이더라도 야간 전투기 중대기는 마크도 원래의 둥글고 하얀 테나 삼색기 이미지가 있는 블루 안쪽에 있는 하얀색도 없애고 중앙의 붉은 점 바깥 테는 다크 블루와 블루로 칠했다. 마찬가지로 꼬리날개 도장도 하얀 선을 없애고 청색과 적색뿐이며, 여기에다 테두리선 없는 검은색 시리얼 넘버를 새겨넣었다.

제2차 세계대전당시의 전투기

✈ 브리스톨 보 파이터 Mk.I (영국)

콕피트
공기 흡입구
레이더 안테나
소염 배기관
화살표형 안테나

오일 쿨러 공기 흡입구
소염 배기관
기수 하면 20㎜ 기관포 4문

칠흑같은 어둠 속에 보이는 배기염은 딱 좋은 표적이므로 소염 배기관을 붙이고 이마저 가능한 한 뒤로 빼내서 배기염이 밝아지지 않도록 했으며, 배기구는 여러 군데 작게 내서 눈에 안 띄도록 처리했다. 여러 군데 뚫린 작은 배기구는 기체 하면에 다수 설치되도록 배치했다.
배기 가스가 한 방향으로 나오지 않는 방염형 배기관 형태이며 배기염이 분산되므로 소염 효과가 높아진다. 그러나 배기 가스는 고온이므로 이 부분은 고품질 재료를 사용. 그리고 파일럿이 현혹되지 않도록 방염 핀을 붙이기도 하였다.

✈ 포케불프 Fw190 (독일)

안테나 지주
시동 크랭크 마개
방염 핀
배기구
에어 덕트 벌지
방염형 배기관
냉각 공기 유량 조절 셔터

2-5. 야간 전투기(2)

✈ 노스롭 P-61 블랙 위도

오른쪽 그림은 뒤쪽에서 본 모습으로, 중앙부의 콜트-브라우닝 12.7㎜ 기총 4정은 360° 선회한다. 제너럴 일렉트로닉스제 원격 조작 동력식 총좌이다. 프로펠러는 커티스 일렉트로닉스제로 지름 3.7m짜리 풀 페더링. 표준 도장은 전체 유광 검정이며, 시리얼 넘버는 적색으로 적었다.

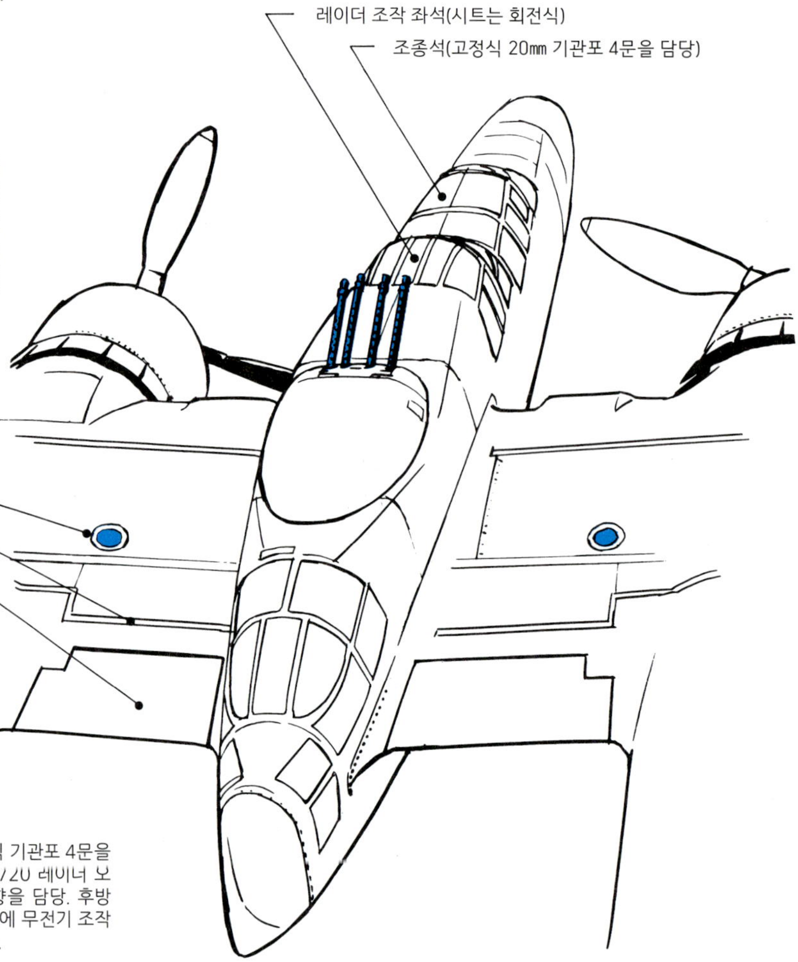

- 전장: 15.12m
- 전폭: 20.12m
- 날개 면적: 61.53㎡
- 자중: 10,600kg
- 총중량: 16,400kg
- 항속 거리: 2,200km

조종사석은 전방에 있고, 선회 및 고정식 기관포 4문을 담당한다. 중앙의 진방 기총수는 SCR-720 레이너 오실로스코프 조작과 선회 기총의 앞방향을 담당. 후방 기총수는 뒷방향 공간을 담당하는 동시에 무전기 조작도 맡는다. 기총수석은 모두 선회식이다.

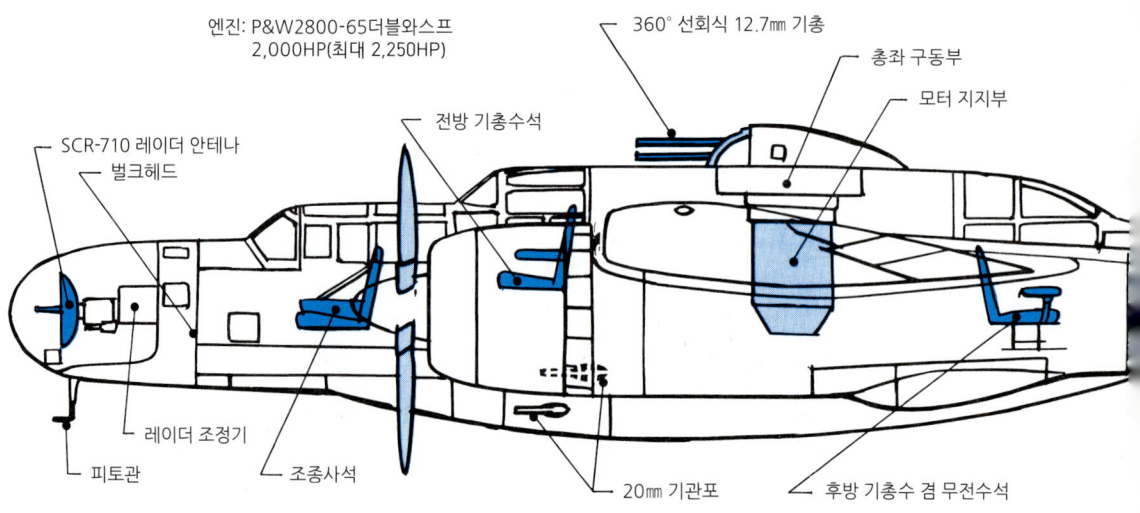

✈ 메서슈미트 Bf110의 레이더 탐지 장치

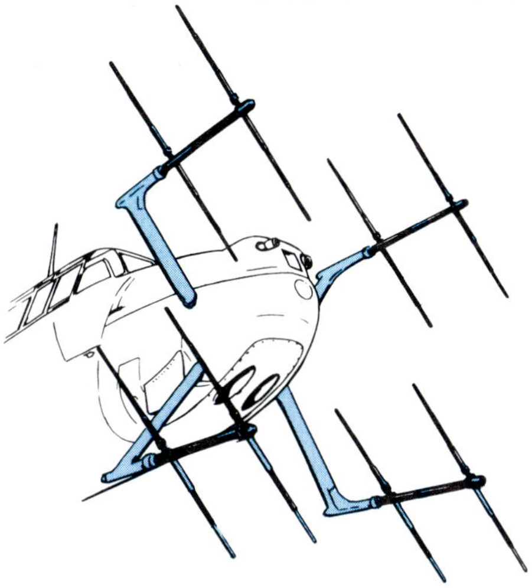

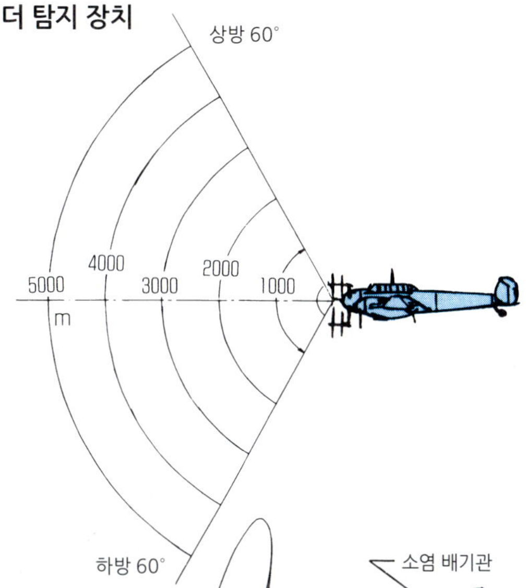

영국 본토 항공전(Battle Of Britain) 이후, 이용 가치가 사라진 Bf110은 야간 전투기가 되었다. 소염 배기관을 붙이고 레이더 안테나(FuG220SN-2d)를 장착하였다. 안테나의 유효 탐지 범위는 300~5,000m이며, 상하좌우 방향으로 각각 120°, 맨 밑의 안테나는 눈에 띄도록 백-적-백으로 칠해서 주의를 환기하였다. 이 안테나는 사슴뿔이라고 불렸는데, 공기 저항이 커서 60㎞/h 정도 속도를 떨어뜨렸다. 그러나 후발 주자인 P-61의 레이더는 파장이 짧고 작은 물체도 정확히 찾아낼 수 있을 만큼 뛰어난 레이더였다.

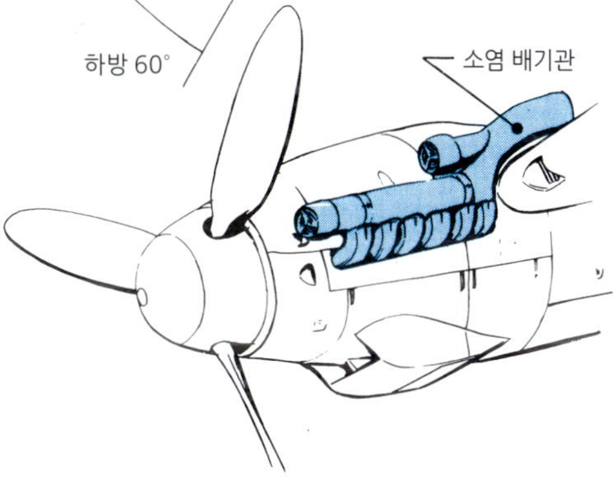

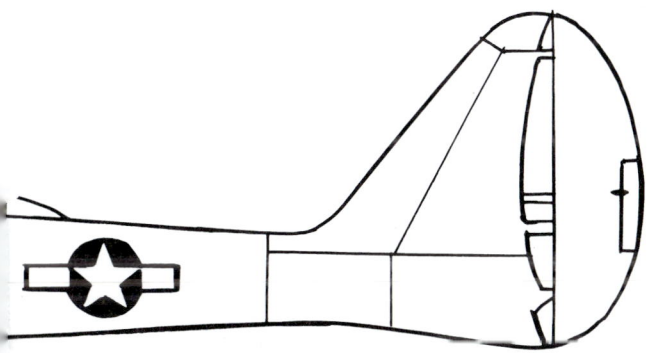

야간 전투기는 쌍발 전투기가 대다수를 차지했는데, 1940년의 영국 본토 항공전에서 독일기의 야간 공습에 대항하고자 미 육군은 고성능 야간 전투기 필요성을 느껴 개발에 착수했다. 처음부터 레이더를 탑재한 세계 최초 야간 전투기 P-61은 첫 비행이 42년 5월. 그리고 같은 해에 시제기를 추가 제작하여 43년 1월부터 414 NFS(야간 전투 비행대)를 편성하였다. 43년 말에는 태평양, 44년에는 유럽에도 그 모습을 드러냈다. 쌍발에 중앙 동체는 3인승, 동체 앞뒤로 기총수를 배치했다. 전장 15m가 넘는 거대한 전투기였다.

2-6. 야간 전투기(3) 겟코

　일본 해군의 '겟코'는 장거리 호위용 다좌 전투기라는 새로운 개념을 적용하여 개발되었는데, 공중전 성능은 높았지만 소기의 목표에 못 미쳐 야간 전투기로 활로를 뚫었다. 기체는 전체를 검정색으로 칠하고 꼬리날개 앞이나 히노마루(일장기), 시리얼 넘버 등은 붉은색으로 그려넣었다.

　겟코가 위력을 발휘하게 된 때는 경사총을 탑재하면서부터이다. 1942년 라바울에서 B-17의 야간 습격에 손을 대지 못하다가 이에 대항하고자 20㎜ 기관포 2문을 전방 상향 30°로 고정하여 탑재한다. 일선 지휘관 고조노 중령이 이 아이디어를 냈다. 일본군 수뇌부는 처음에는 호의적이지 않았지만, 중령의 열의로 3기에 경사총을 탑재하여 43년 5월에 부대 배치. 훈련 직후에 벌어진 실전에서 이전까지 손대지도 못했던 B-17을 2기 격추하면서 2식 육상 정찰기는 '겟코'로 명명되고 경사총 탑재 야간 전투기가 되었다.

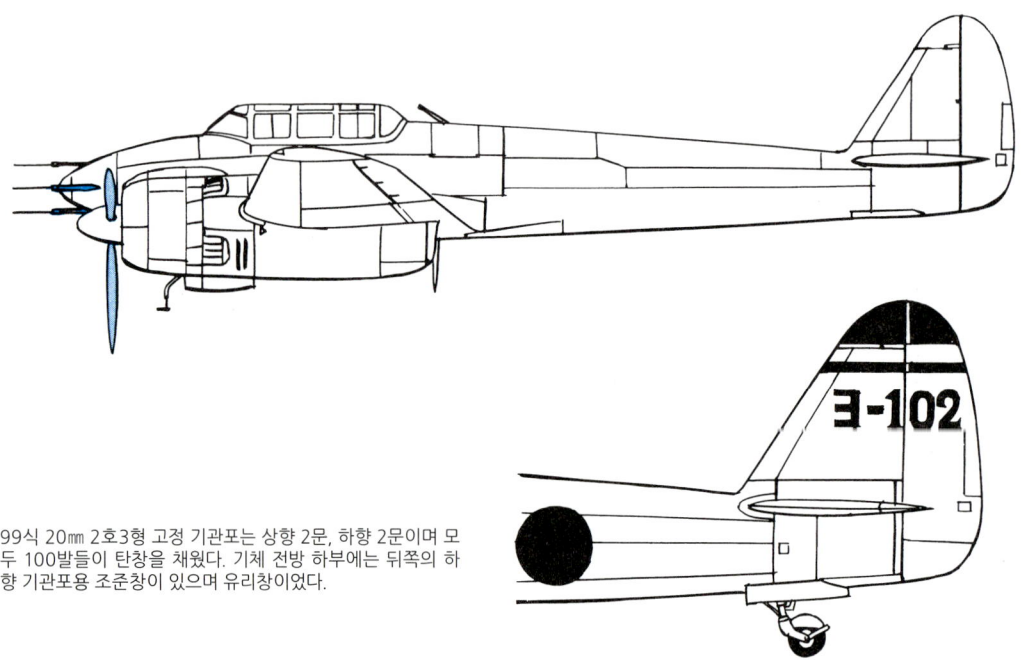

99식 20㎜ 2호3형 고정 기관포는 상향 2문, 하향 2문이며 모두 100발들이 탄창을 채웠다. 기체 전방 하부에는 뒤쪽의 하향 기관포용 조준창이 있으며 유리창이었다.

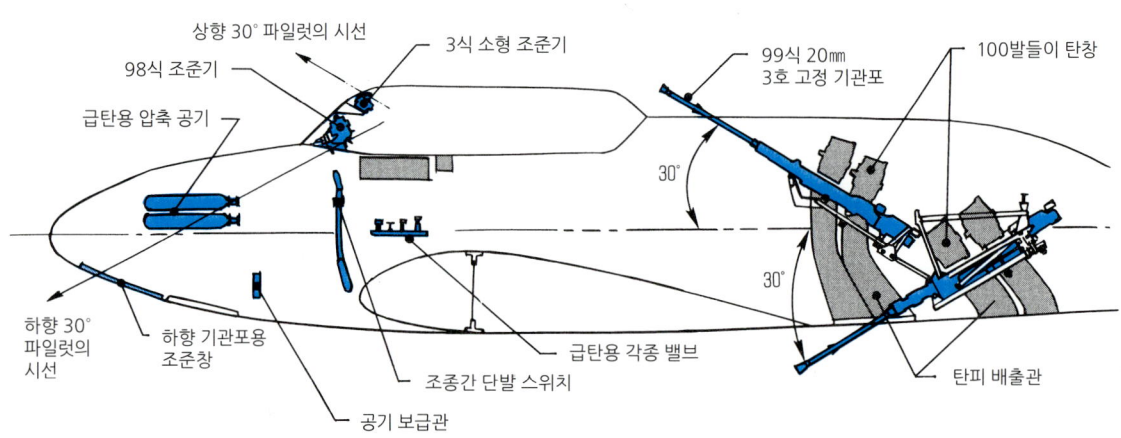

✈ 겟코의 경사총 사용법

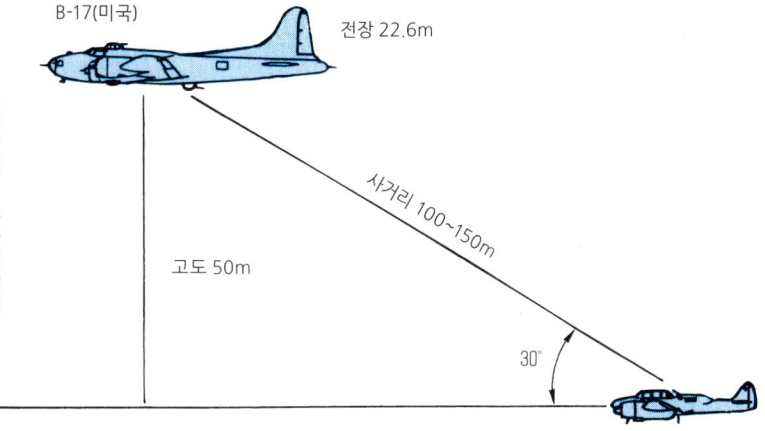

전장 12.17m인 겟코가 전장 22.6m인 B-17을 맞추려면 고도는 50m 정도 아래에서 사거리 100~150m에 위치할 필요가 있는데, 이 위치가 요격할 때 가장 맞추기 쉬웠다. 그러나 이 경사총 아이디어에 일본 본토의 군 수뇌부는 반신반의하고 있었다. 성과가 보이자 태평양 전쟁 말기에 겟코는 일본 본토 상공을 공습하는 B-29에 맞서는 야간 전투기로 활약하며 생애를 다했다.

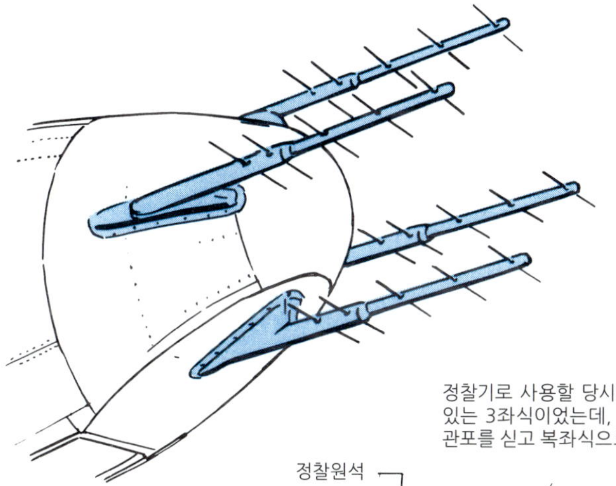

야간 전투기는 레이더를 탑재할 필요가 있었으며, 겟코도 FD-2 레이더 안테나를 장비하였다.

정찰기로 사용할 당시에는 후방에 전신원석이 있는 3좌식이었는데, 이를 폐지하고 20㎜ 기관포를 싣고 복좌식으로 바꿨다.

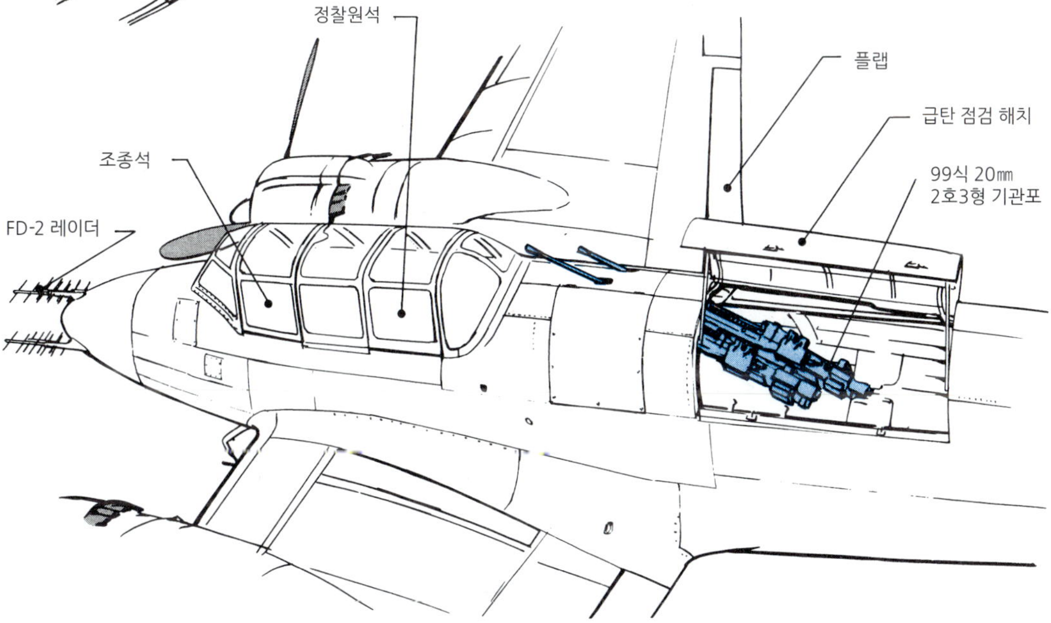

- 정찰원석
- 조종석
- FD-2 레이더
- 플랩
- 급탄 점검 해치
- 99식 20㎜ 2호3형 기관포

2-7. 구리관 구조로 된 전투기, 호커 허리케인

모노코크 구조에 금속제 외판을 씌운 전투기 구조가 주류가 되어 가는 와중에, 제1차 대전식 골조의 대명사인 구리관 골조를 채택한 전투기가 제2차 대전 중에도 적은 수나마 활약했다. 프랑스의 모랑-솔니에 406이나 이탈리아의 피아트 CR.32 등과 더불어 성공작이라고 할 기체가 영국의 호커 허리케인이다. 콕피트 후방은 타원형 프레임과 구리관으로 모양을 짜맞추고 수많은 세로지(Stringer)를 배치하여 강성을 확보하였다. 외피는 당시에도 구식화된 천으로 감싸는 방식 위주였다. 구리관 골조 구조인 동체 측면은 트러스 구조이며, 이전의 구리관 기체 구조에서 얻은 경험을 살려 개량을 가해 중량을 늘리지 않으면서도 강성와 경량화의 밸런스를 고려하였다. 1935년의 첫 비행에서 고전적인 구조였지만 성능에서 뒤떨어지는 않았고, 1940년 여름 영국 본토 상공에서 독일과 결전을 벌일 때 스핏파이어와 더불어 독일기와 호각세를 보였다. 이후에도 개량이 이어져 45년까지도 현역으로 활약했다. 엔진은 롤스로이스제 멀린 V형 12기통 엔진을 탑재하였다.

영국 공군의 첫 단엽 단좌식 저익 전투기이나 아직은 복엽기 이미지가 남아 있다. 그러나 엔진을 포함하여 전체 밸런스를 잘 다듬어 성능은 얕볼 수 없었다.

→ **호커 허리케인** (영국)

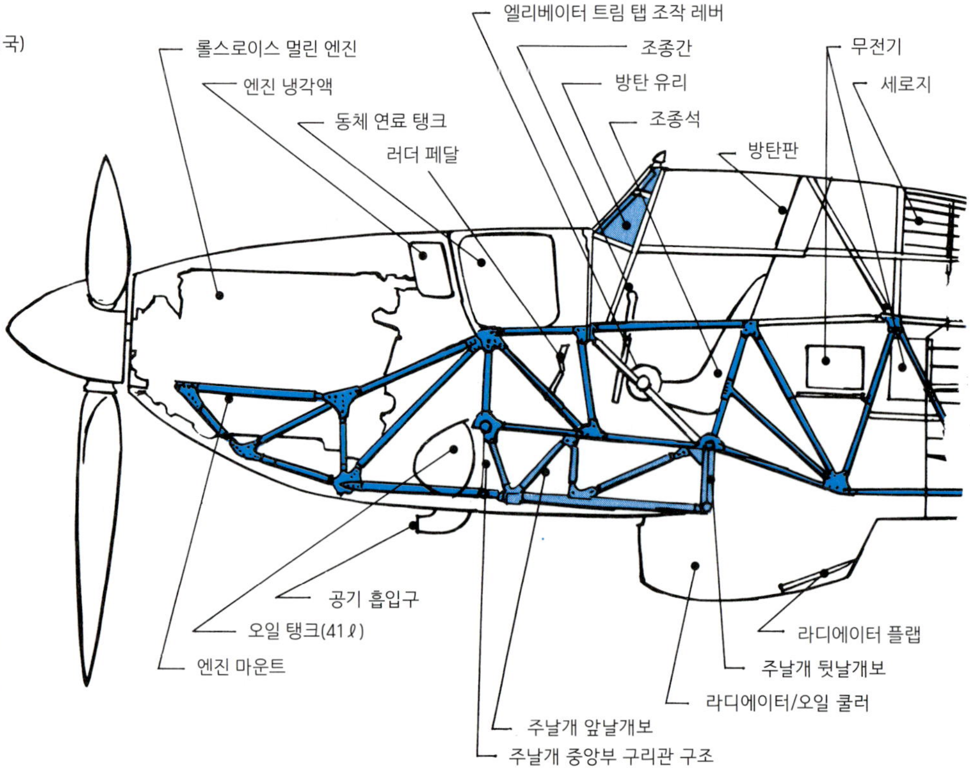

롤스로이스 멀린 엔진은 구리관에 마운트된다. 파이프는 동체를 가로질러 뻗으며, 트러스 구조로 강성을 확보하며 기체 변형을 막아 성능을 최대한 발휘했다.

- 롤스로이스 멀린 엔진
- 엔진 냉각액
- 동체 연료 탱크
- 러더 페달
- 엘리베이터 트림 탭 조작 레버
- 조종간
- 방탄 유리
- 조종석
- 무전기
- 세로지
- 방탄판
- 공기 흡입구
- 오일 탱크(41ℓ)
- 엔진 마운트
- 주날개 앞날개보
- 주날개 중앙부 구리관 구조
- 라디에이터 플랩
- 주날개 뒷날개보
- 라디에이터/오일 쿨러

✈ 콕피트 후방의 구리관 구조

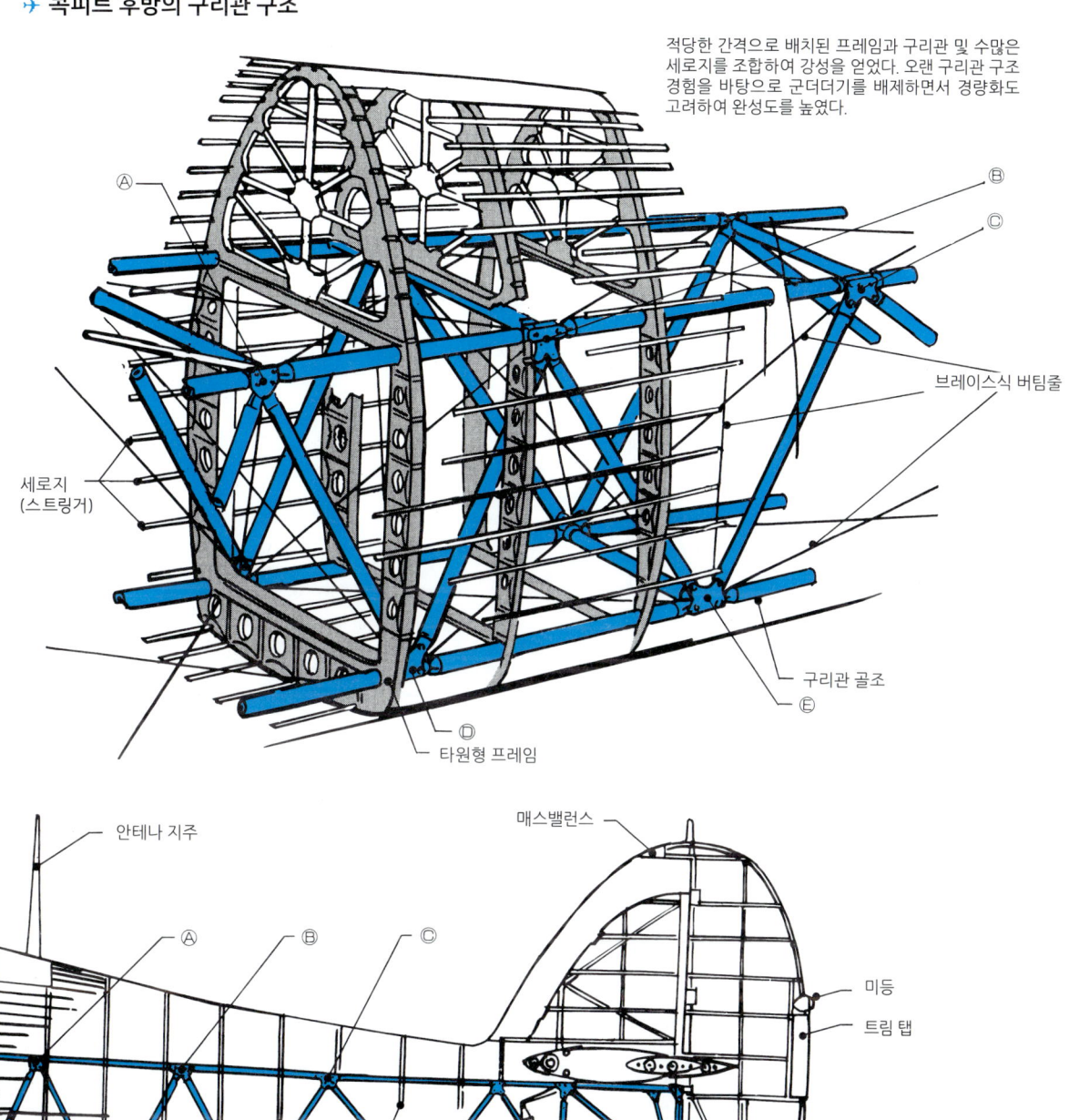

적당한 간격으로 배치된 프레임과 구리관 및 수많은 세로지를 조합하여 강성을 얻었다. 오랜 구리관 구조 경험을 바탕으로 군더더기를 배제하면서 경량화도 고려하여 완성도를 높였다.

2-8. 목제 전투기 - 성공과 실패 사례

전략 물자를 유효하게 쓰기 위해 일본이나 독일뿐 아니라 영국 및 소련에서도 목재를 다용한 전투기 개발이 이뤄졌다. 레시프로기 시대의 종언과 함께 목제 항공기도 모습을 감추게 되지만, 제2차 대전 중에는 수는 적어도 몇몇 시도가 있었다. 그 가운데 목재 다용도 기체의 성공 사례인 DH98 모스키토는 1940년 11월에 첫 비행을 실시했다. 이 당시의 최고 속도는 640km/h였으며, 원래는 폭격기로 개발했지만 도중부터 정찰 전투기로 변경하여 41년 5월에 완성했다. 독일은 이 고공 고속기에 손을 쓸 수 없었고, 모스키토는 화려한 전과를 거뒀다. 한편, 일본에선 금속재 부족 때문에 태평양 전쟁 말기엔 '대동아 결전기' 하야테의 목제화를 시도하며, 다치가와 항공사에서 기-106으로 개발하였다. 44년 9월에 일단 완성은 하지만 중량이 크게 늘어 제 성능을 발휘하지 못했기에 시제기 3기를 끝으로 중지하였다.

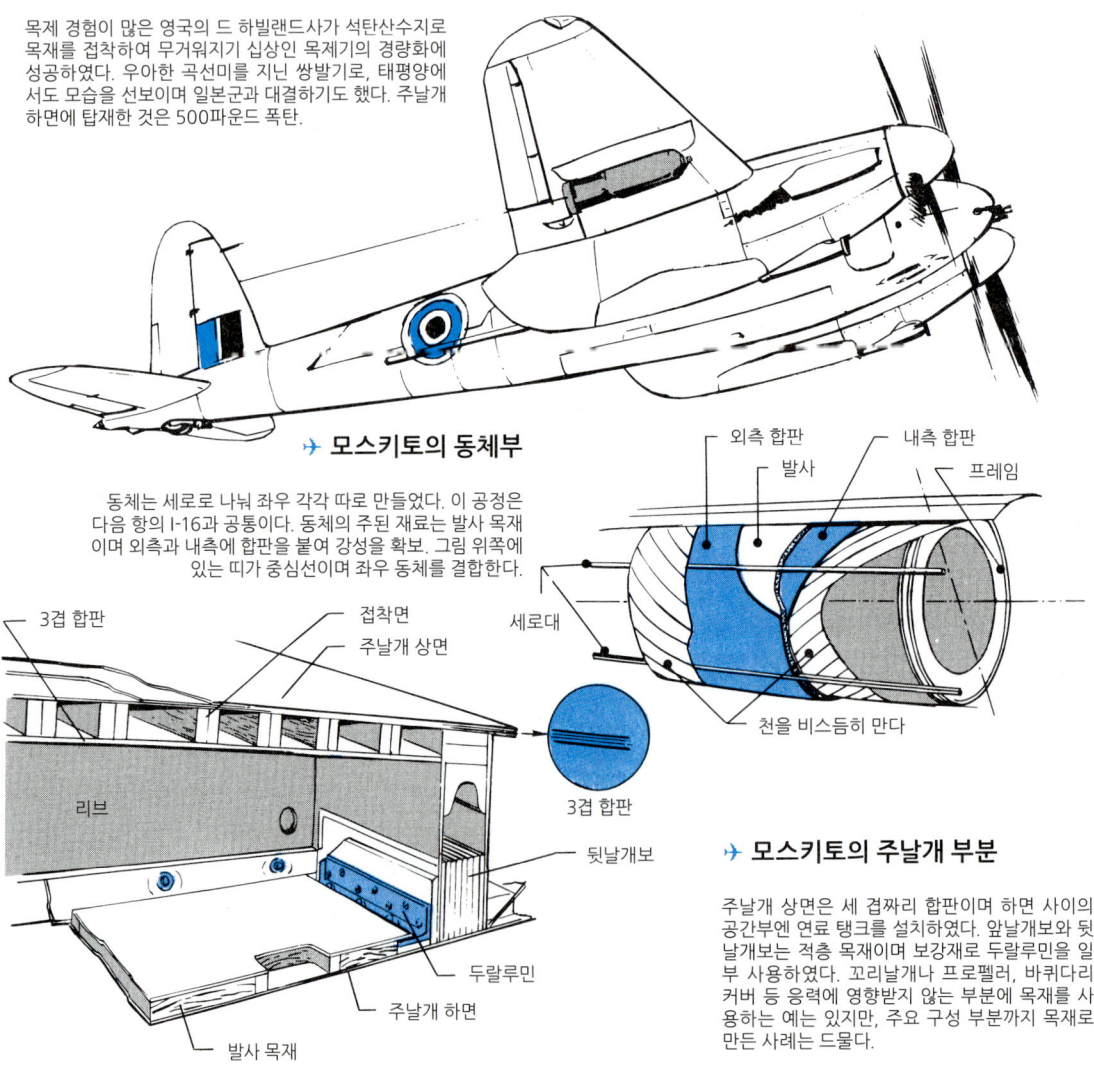

✈ DH98 모스키토 (영국)

목제 경험이 많은 영국의 드 하빌랜드사가 석탄산수지로 목재를 접착하여 무거워지기 십상인 목제기의 경량화에 성공하였다. 우아한 곡선미를 지닌 쌍발기로, 태평양에서도 모습을 선보이며 일본군과 대결하기도 했다. 주날개 하면에 탑재한 것은 500파운드 폭탄.

✈ 모스키토의 동체부

동체는 세로로 나눠 좌우 각각 따로 만들었다. 이 공정은 다음 항의 I-16과 공통이다. 동체의 주된 재료는 발사 목재이며 외측과 내측에 합판을 붙여 강성을 확보. 그림 위쪽에 있는 띠가 중심선이며 좌우 동체를 결합한다.

✈ 모스키토의 주날개 부분

주날개 상면은 세 겹짜리 합판이며 하면 사이의 공간부엔 연료 탱크를 설치하였다. 앞날개보와 뒷날개보는 적층 목재이며 보강재로 두랄루민을 일부 사용하였다. 꼬리날개나 프로펠러, 바퀴다리 커버 등 응력에 영향받지 않는 부분에 목재를 사용하는 예는 있지만, 주요 구성 부분까지 목재로 만든 사례는 드물다.

제2차 세계대전당시의 전투기

✈ 폴리카르포프 I-16

1933년에 첫 비행에 성공하였고, 제2차 대전 당시 소련에서 가장 많이 활약한 목제 모노코크 동체 전투기. 프레임 11장과 세로대 4개는 소나무로 만들었으며 자작나무제 판재로 접착한 외판에 시폰을 붙였다. 꼬리날개도 캔버스천을 씌웠는데, 1번 프레임보다 앞쪽은 금속제, 주날개도 처음엔 캔버스제였다 개량을 거듭하며 금속판으로 변화했다. 이 I-16은 세계 최초로 수납식 바퀴다리 구조를 채택한 단엽 전투기이며, 초기형은 밀폐형 캐노피 구조였다.

- ▸ 전장 6.2m
- ▸ 전고 2.6m
- ▸ 날개 면적 15㎡
- ▸ 자중 1,490kg
- ▸ 최고 속도 525km/h
- ▸ 순항 속도 300km/h

폴크스예거(국민전투기)로 불리는 단발 제트 엔진 전투기로, 목재와 금속재를 겸용했기에 완전 목제기는 아니지만 심플한 구조로 양산성을 높이려 하였다. 제트 엔진을 등에 얹은 직선익식 소형 경량기. 전장 9.25m, 전폭 7.2m, 전고 2.55m, 자중 1,800kg. 지하 공장에서 양산하여 부대 배치했는데 참전 직전에 전쟁이 끝나서 기회가 없었다고 알려졌다. 그러나 나중에 발견된 자료에 따르면, He162 배치 비행대가 영국기 2기를 격추했다는 기록이 있다.
무장은 20㎜ 기관포×2, 사출 좌석을 설치하였다.

✈ He162 잘라만더

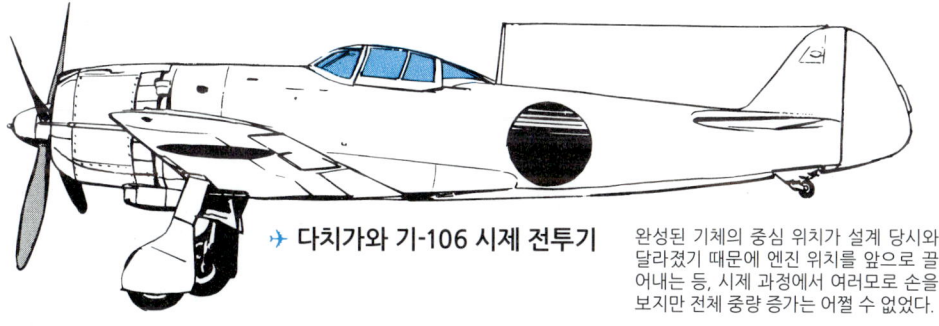

✈ 다치가와 기-106 시제 전투기

완성된 기체의 중심 위치가 설계 당시와 달라졌기 때문에 엔진 위치를 앞으로 끌어내는 등, 시제 과정에서 여러모로 손을 보지만 전체 중량 증가는 어쩔 수 없었다.

✈ 제로센의 목재 낙하식 보조 연료 탱크

이른바 쓰고 버리는 낙하 탱크(드롭 탱크)는 금속제였는데, 52형 이후부터는 목재를 사용했다. 52형 및 52을형에 쓰인 증가 연료 탱크(리저브 탱크)는 모두 330ℓ들이. 동체 중심선 밑에 장착하며 이곳의 연료를 우선 사용, 다 쓰거나 전투에 돌입하면 떼어내 떨어뜨린다.

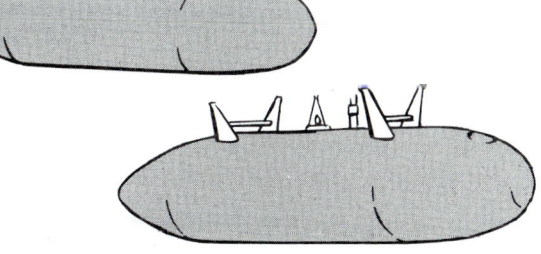

2-9. 무장(1) 기관총/기관포

공중전이 벌어지면, 적보다 유리한 위치를 잡을 수 있는가 하는 여부, 요컨대 탑재한 기관총이나 기관포의 기능을 충분히 발휘할 수 있는 발사 태세에 얼마나 빨리 들어갈 수 있는가 하는 여부가 승패를 가른다. 무장의 내용도 관여하긴 하지만, 상대보다 뛰어난 속도와 상승 및 급강하, 좋은 선회성 등 성능 좋은 기체이어야 함은 당연하다. 더욱이 항속 거리 확보나 고공에서도 성능 저하 없을 것 등의 조건이 덧붙는다. 출력대 중량비가 좋고 민첩하게 기동할 수 있어야 한다. 한편으로는 무장 강화, 사수를 태우면 후방 사격이 가능하다는 점 등 대형기의 전투력 향상도 꾀했다. 특히 항속 거리를 늘리고자 쌍발기를 개발하지만, 결과적으로 단발에 단좌식 전투기가 공중전에서 유리하다는 점이 증명되었다.

무장에 관해서도, 제1차 대전부터 한동안 7.7mm 기관총이 주류였지만, 전투기의 성능 향상에 따라 방탄 유리나 방탄 강판을 채택하여 장갑화되면서 기체도 견고해지고, 이에 대응하여 대구경 총포를 채택하게 된다. 미국에선 콜트-브라우닝 12.7mm 기총이 주류가 되지만, 독일에선 20mm 기관포, 또는 30mm 포로 대

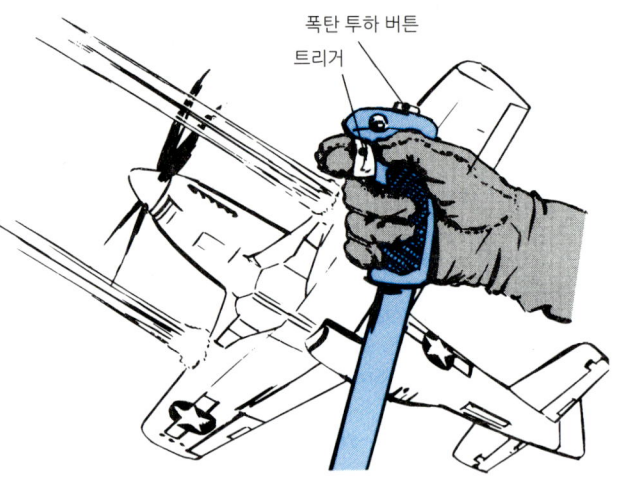

✈ P-51 머스탱의 조종간

폭탄 투하 버튼
트리거

단좌기의 경우에는, 파일럿이 조종간에 있는 트리거나 스로틀 위치에 있는 레버를 당겨 기총이나 기관포를 발사하였다. 기체 제어 조작과 더불어 뛰어난 시력과 반사 신경이 에이스의 조건이다.

구경화되었다. 일본에서도 마찬가지로 대구경화 되는데, 이유는 역시 상대방의 장갑이 그만큼 충실해졌기 때문이다. 한편, 미국은 12.7mm 기총으로도 상대에 치명상을 입힐 수 있었다.

✈ **Mk.108 30mm 기관포** (독일) 독일의 주력 30mm 포이며 전장 1,050mm. 프레스 부품을 다용한 소형 경량 전투기용이지만 탄도 불량으로 유효 사거리가 짧았다.

✈ **MGFF 20mm 기관포** (독일) 전장 1,370mm이며, 포신이 짧고 드럼식 탄창이라 휴대 탄수가 적다는 것이 단점이었다. 스위스 욀리콘 20mm의 라이선스 생산품.

✈ **99식 2호4형 20mm 기관포** (일본) 제로센 52형 이후부터 주날개에 탑재된 벨트 급탄식 기관포. 포신이 길어지면서 단총신인 1호1형의 포구 속도 600m/s에서 750m/s로 빨라졌으며, 밸런스가 좋아지면서 집탄성도 향상되었다.

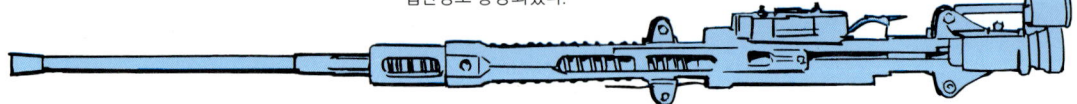

제2차 세계대전당시의 전투기

그러나 예를 들어 12.7㎜ 기총이라도 탄환까지 포함하면 무게는 크게 늘어나며 조종성도 변화하기 때문에 파일럿에겐 좋을 리가 없었다. 메서슈미트 Me109 경우에는, 기총을 늘린 타입은 무게도 늘어나 대전투기용으로는 쓰지 못하고 오로지 폭격용으로만 사용했을 정도다. 아주 조금이라도 무게가 늘어나면 조종성에 민감하게 영향을 끼치는 것이다.

✈ 콜트-브라우닝 M2 12.7㎜ 기관총

미국 전투기 다수가 채택했던 기관총으로, 발사 속도나 집탄성이 뛰어났다. 총구 보호용 플러그는 첫 발 발사와 동시에 날아간다.

✈ 스핏파이어 Mk.Vb에 탑재한 이스파노 Mk.1 20㎜ 기관포

이스파노 Mk.1 20㎜ 기관포는 전장 2,380㎜에 중량 46.27㎏. 주날개에 탑재하면 탄창 드럼은 위아래로 크게 튀어나오게 되며, 이를 감싸는 벌지 덮개가 추가되었다. 공기역학적인 단점을 최소화하기 위해 벌지는 물방울형 덮개인 경우가 많다.

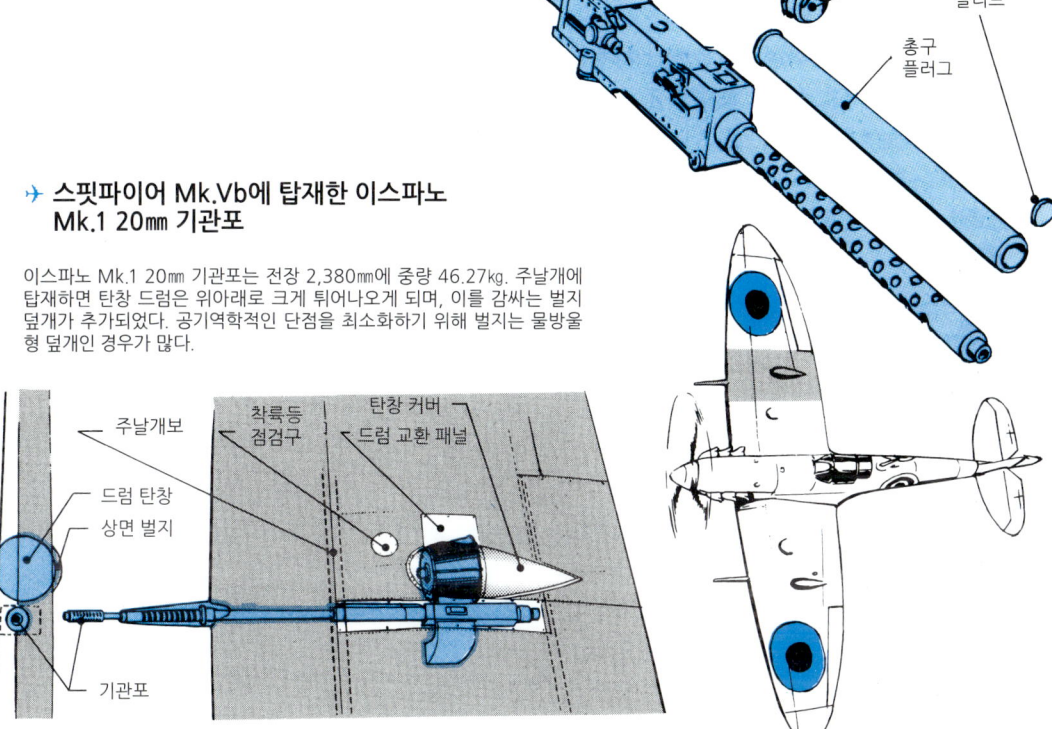

✈ 커티스 P40E 워호크의 기관총 테스트 광경

전투기의 꼬리 부분을 크레인으로 들어올려 수평을 맞추고 테스트 사격이나 훈련을 실시한다. 테일기어식은 이밖에도 목제 간이 행거를 써서 포대 위에 얹기만 하고 간단하게 수평을 맞추기도 한다. 거의 전방 300m 지점에서 탄도가 교차하며 탄도가 한 점에 모이도록 조정하였다. 이 그림에선 꼬리 부분을 와이어로 고정하고 기수가 위로 들리는 것을 막고자 추를 매달았다.

2-10. 무장(2) 기관총/기관포의 탄도

　명중률을 높이기 위해 선회식 기총은 적어지고 고정식 기총이 주류가 되었지만, 탄도를 어찌 하는가가 문제가 되었다. 그림의 A/B/C는 모두 프로펠러 영향권 밖에 장착된 기총의 경우인데, A나 B처럼 탄도 직진이나 탄도 확산형은 효율이 좋지 않고, C처럼 한 곳에 집중하는 것이 바람직하다. 적 파일럿이나 라디에이터, 연료 탱크 같은 위크 포인트를 의식적으로 노리는 것이 중요하며, 이 때문에 핀포인트에 집중하는 편이 효과가 있다. 이 경우, 서양에선 300m 앞에 탄도가 집중하도록 조정하는 것이 일반적이었다. 한편, 일본 해군은 대개 200m 앞에 맞추었는데, 어느 경우이건 파일럿에 따라 집중점 거리 조정에 차이를 두곤 했다. 이렇게 조정된 집중점보다 표적이 멀어지면 탄환은 퍼져서 위력은 감소한다.

　D와 같은 쌍발 전투기 경우에는 무장을 기수에 모을 수 있으므로 어떤 거리에서도 집중포화를 퍼부

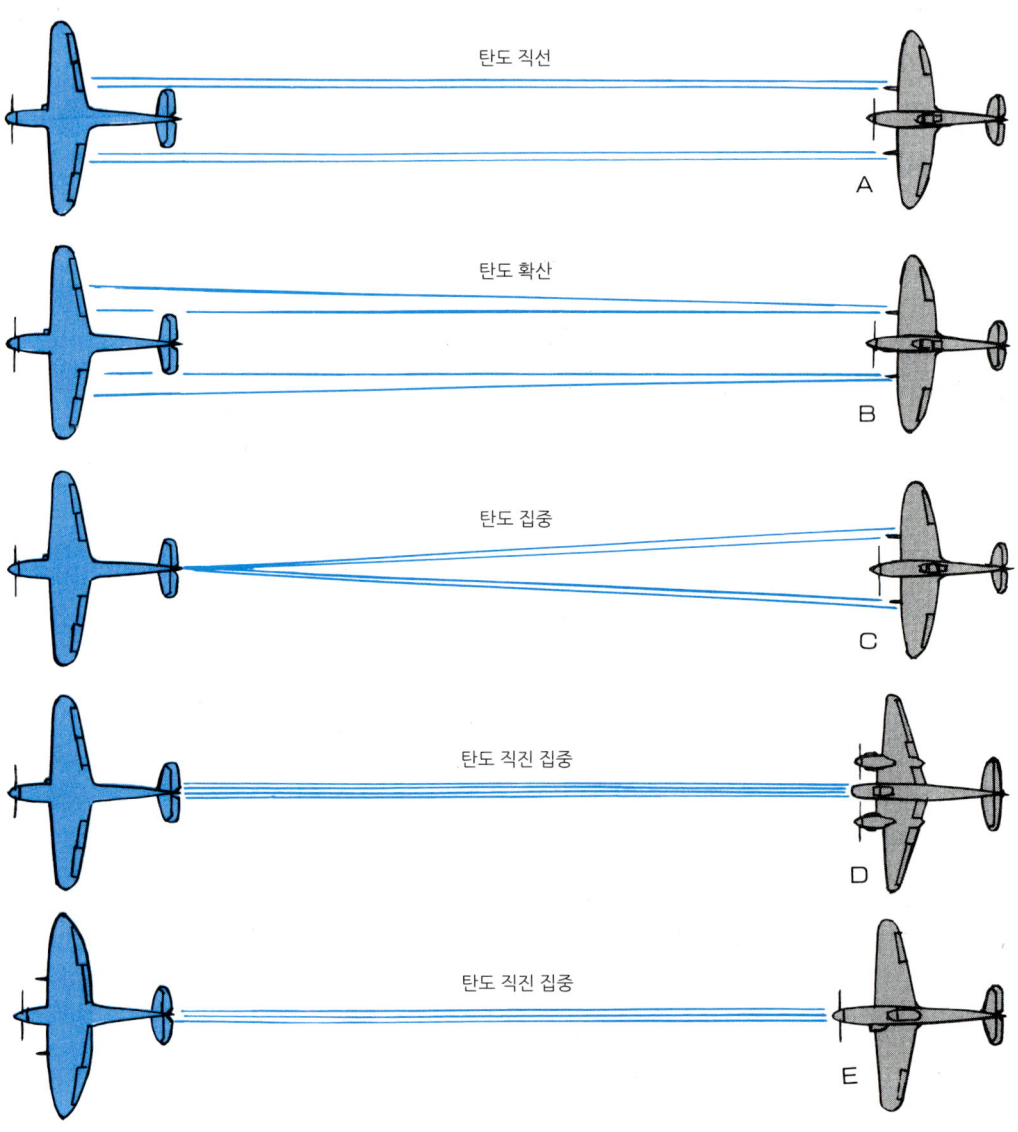

✈ 기관총의 탄도 (옆에서 보았을 때의 탄도와 상하 방향 조정)

아래 표는 포케불프 190A-8/R1에 장착한 MG131 13㎜ 기총과 MG151 20㎜ 포의 탄도를 나타낸 것. 가로축은 총구로부터 발사된 사거리이며 세로축은 탄환의 상하 방향을 가리킨다. 이 그림에선 사거리와 상하 방향 단위가 다르므로 탄도 곡선은 과장되어 그려졌지만, 실제로는 직선에 가깝다. MG131은 30m와 400m 지점에서 조준선과 교차하며, MG151은 140m와 550m 지점에서 조준선과 교차하도록 총구를 위쪽으로 향하도록 조정하였다.

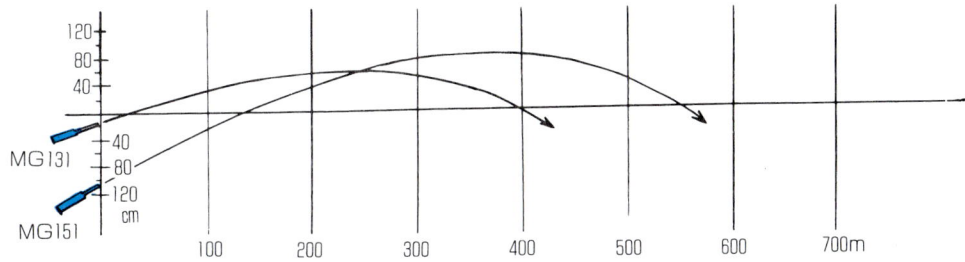

을 수 있었다. 그러나 쌍발기는 무겁고 둔중하므로 단발기를 상대로 공중전을 벌이는 일은 거의 있을 수 없는 일이었다.

E처럼 기수와 스피너 중심에서 사격하는 경우에도 직진과 집중성이 좋으므로 상대와의 거리에 관계없이 탄도를 집중할 수 있었다. 그러나 이 경우, 기총 수량을 늘리기가 곤란한 동시에 대구경화도 어렵다고 할 수 있다. 일본에선 탄도를 '화선(火線)'이라 칭했다.

✈ P-40E에 장착한 브라우닝 M2 12.7㎜ 기총의 탄도 조정

12.7㎜ 기총을 좌우 주날개에 3정씩 장착하고, 프로펠러 영향권 밖에서 전방 300m 지점에서 탄도가 교차하도록 조정한다. 제2차 대전 후반에 등장한 미군 전투기는 총구를 기수가 아니라 프로펠러 영향권 바깥에 장착하는 경우가 많았다.

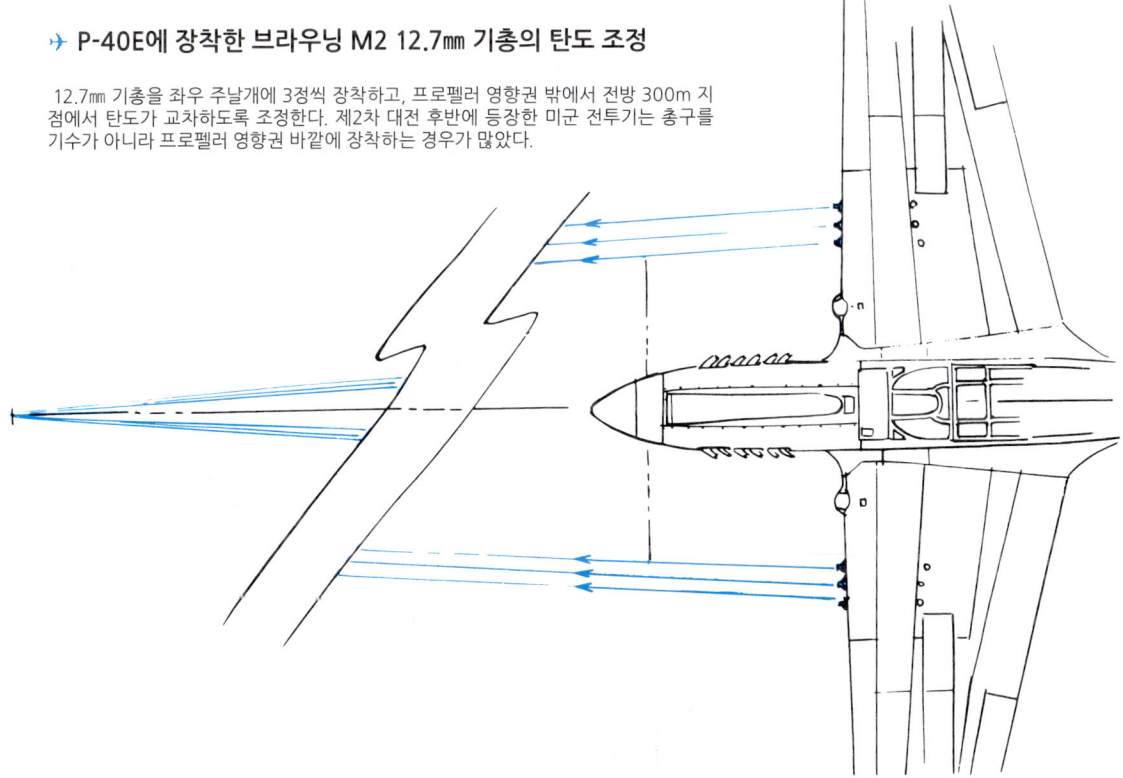

2-11. 무장(3) 프로펠러 바깥의 소구경 다기총 방식

일본과 독일 추축국 측, 미국과 영국 연합국 측은 장갑에 대한 사상에 서로 차이가 있었다. 연합국 측은 충분한 장갑을 씌울 수 있다는 이유도 있었겠지만, 장갑이 적은 독일이나 일본을 상대로 한 발에 녹아웃 펀치를 먹이기보다는 소구경 다기총으로 수많은 잽을 먹이는 편이 유리하다는 생각을 하고 있었다. 이 경우엔 프로펠러 영향권을 피해 주날개에 장착하는 사격이 주류가 되며, 동일한 기총을 여러 정 장착하는 이 방식은 복잡한 메커니즘이 필요 없고 발사 탄수를 늘릴 수 있다는 장점으로 일본과 독일을 압도했다.

일본 육군 항공기가 20mm 기관포 없이 태평양 전쟁에 돌입하여 연합국 측 대형 폭격기에 고전한 사실은 잘 알려졌다. 제로센 경우에는 처음부터 기수 상면에 7.7mm 2정, 주날개에 20mm 2정을 갖추었지만, 그래도 부족해서 52을형부터는 날개 안쪽에도 13mm 2정을 추가했다. 마찬가지로 독일도 명중률 높은 기수나 스피너 축에 장착했는데, 구조가 복잡해지고 휴대 탄수에 제약이 생기는 단점이 있어도 콕피트 부근에 기총을 배치하는 방식에 집착했다.

✈ 스핏파이어 Mk.I

그림은 초기 타입. 수명이 길고 여러 번 개량을 거듭해서 무장도 변형이 많다.

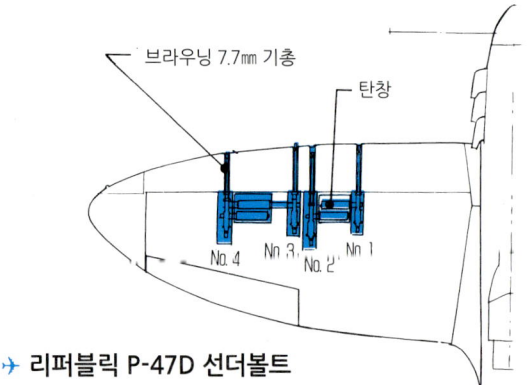

✈ 리퍼블릭 P-47D 선더볼트

같은 연합국 측에서도 미국은 안쪽 1번 기총을 맨 앞으로 빼내고 바깥쪽 기총으로 갈수록 탄띠 폭만큼 뒤로 밀어내는 식으로 탄창 크기를 키웠다. 이는 후속기인 P-51 머스탱이나 F6F 헬켓, F4U 커세어 등에서도 볼 수 있는 미군기만의 특징이다.

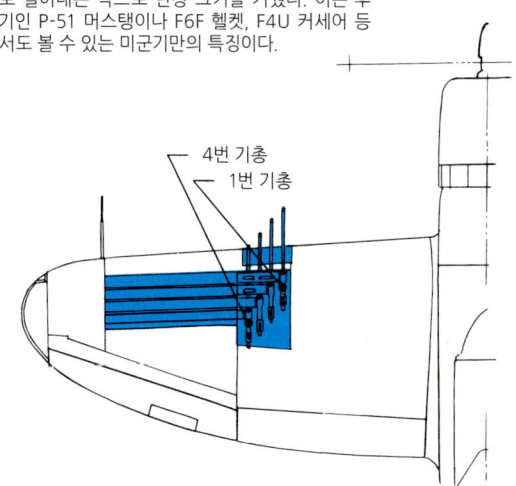

✈ 0식 함상 전투기 52을형

20mm 포 바깥 쪽에도 13mm 총을 얹어 화력을 강화했다.

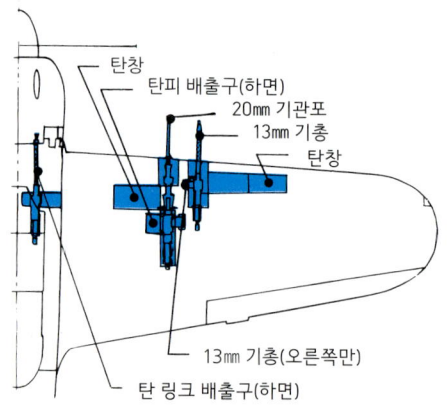

✈ 포케불프 Fw190A-7/8

기수 상면에 13mm MG131×2, 주날개 부근과 날개 바깥쪽에 20mm MG151 4문을 탑재하고 방어가 철벽같은 4발 중폭격기를 공격했다.

제2차 세계대전당시의 전투기

✈ 한 쪽 날개로만 발사할 때 기체에 생기는 스키드

주날개에 있는 기총으로 탄환을 발사하면, 그 반동으로 기체는 후퇴하는 반작용이 생긴다. 좌우 3정씩 있는 기총 가운데 한쪽 날개의 기총이 고장 났을 경우, 1정이라면 살짝 요잉(yawing)하는 정도로 끝나지만 2~3정이 고장났다면 스키드를 일으킨다. 이 때문에 한 쪽 날개의 기총에 트러블이 생겼을 때에는 연사하지 않고 단시간 발사(점사)를 반복하여 스키드를 막았다.

✈ P-51 머스탱의 급탄

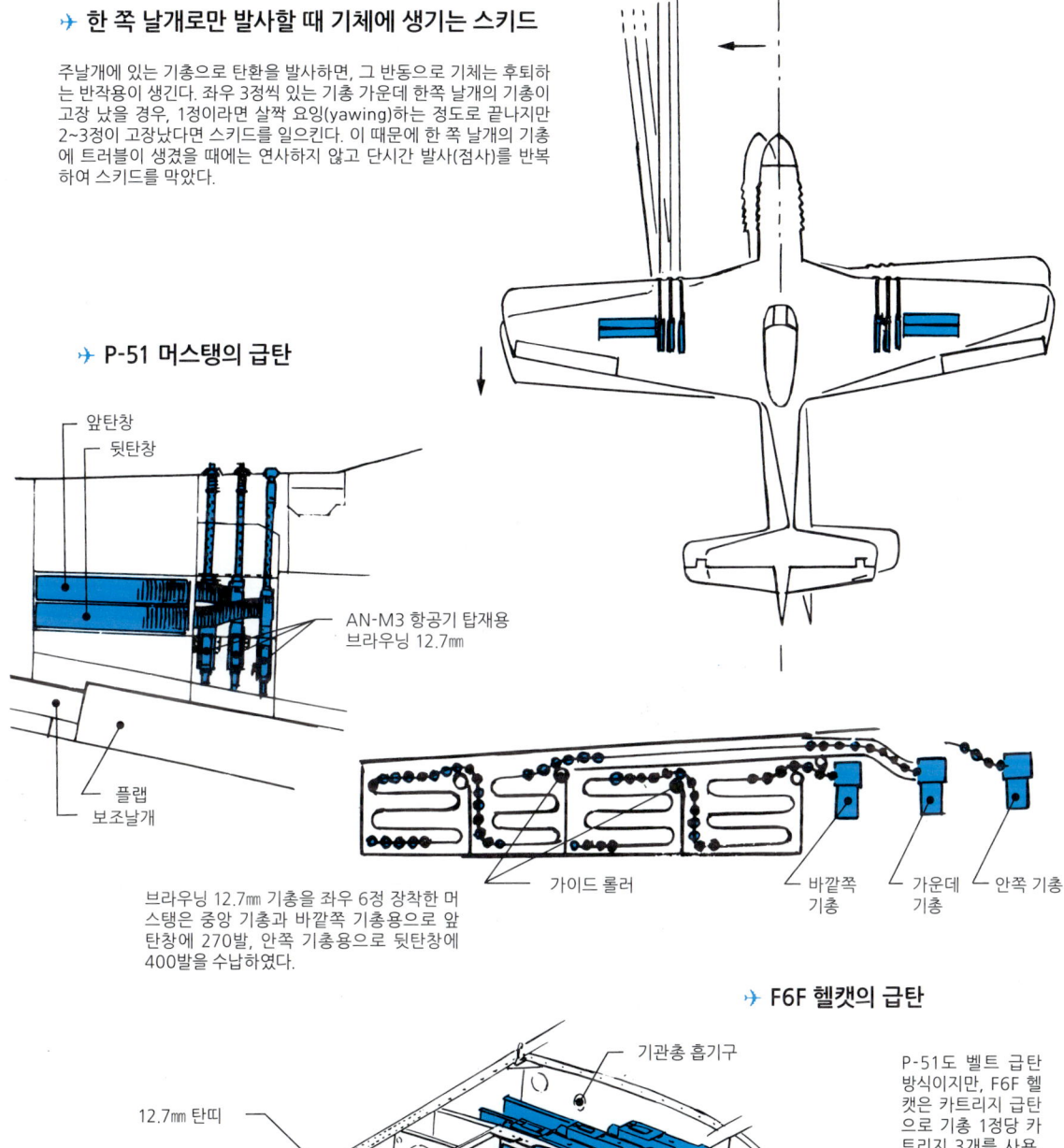

브라우닝 12.7mm 기총을 좌우 6정 장착한 머스탱은 중앙 기총과 바깥쪽 기총용으로 앞탄창에 270발, 안쪽 기총용으로 뒷탄창에 400발을 수납하였다.

✈ F6F 헬캣의 급탄

P-51도 벨트 급탄 방식이지만, F6F 헬캣은 카트리지 급탄으로 기총 1정당 카트리지 3개를 사용. 각 카트리지는 탄띠로 이어지며 400발씩이므로 총 1,200발이 된다. 취급의 용이성은 벨트식보다 뛰어났다.

2-12. 무장(4) 기수 중심부의 장비

프로펠러 영향권 바깥에 기총을 배치하면 문제없지만, 기수에 화기를 장착하려면 여러모로 아이디어가 필요해진다. 여기서는 독일기와 미군기에서 시도된 두 가지 예를 든다. 메서슈미트 Bf109E-2는 기수의 역V형 엔진의 V 뱅크 사이에다 포신과 프로펠러 축을 잇는 블래스트 튜브를 설치했다. 기수 중심부에 배치할 순 있었지만 1정만 장착할 수 있었으므로 화력이 충분한 MGFF/M20mm 기관포를 선정하였다. 미국의 벨 P-39 에어코브라도 기수에 37mm 기관포를 배치했는데, 대신 엔진을 콕피트 바로 뒤에 배치했다는 점이 눈길을 끈다. 이른바 미드십 레이아웃인데, 이 덕분에 기수부터 콕피트 바로 앞까지의 단면적을 줄일 수 있고 가장 무거운 엔진을 기체 중심 가까이 배치할 수 있으므로 질량의 집중을 꾀할 수 있었다. 엔진축을 연장해서 프로펠러를 회전시키지만, 연장축 중심에 대구경 기관포를 장착했다. 게다가 기수 상면에 12.7mm 기총 2정을 얹어 연합군기에선 드물게도 기수에 무장을 집중한 전투기가 되었다. 물론 쌍발기는 다음 쪽의 P-38F 라이트닝이나 Bf110E-2처럼 기수에다 무장을 집중할 수 있다는 것이 커다란 이점이었다.

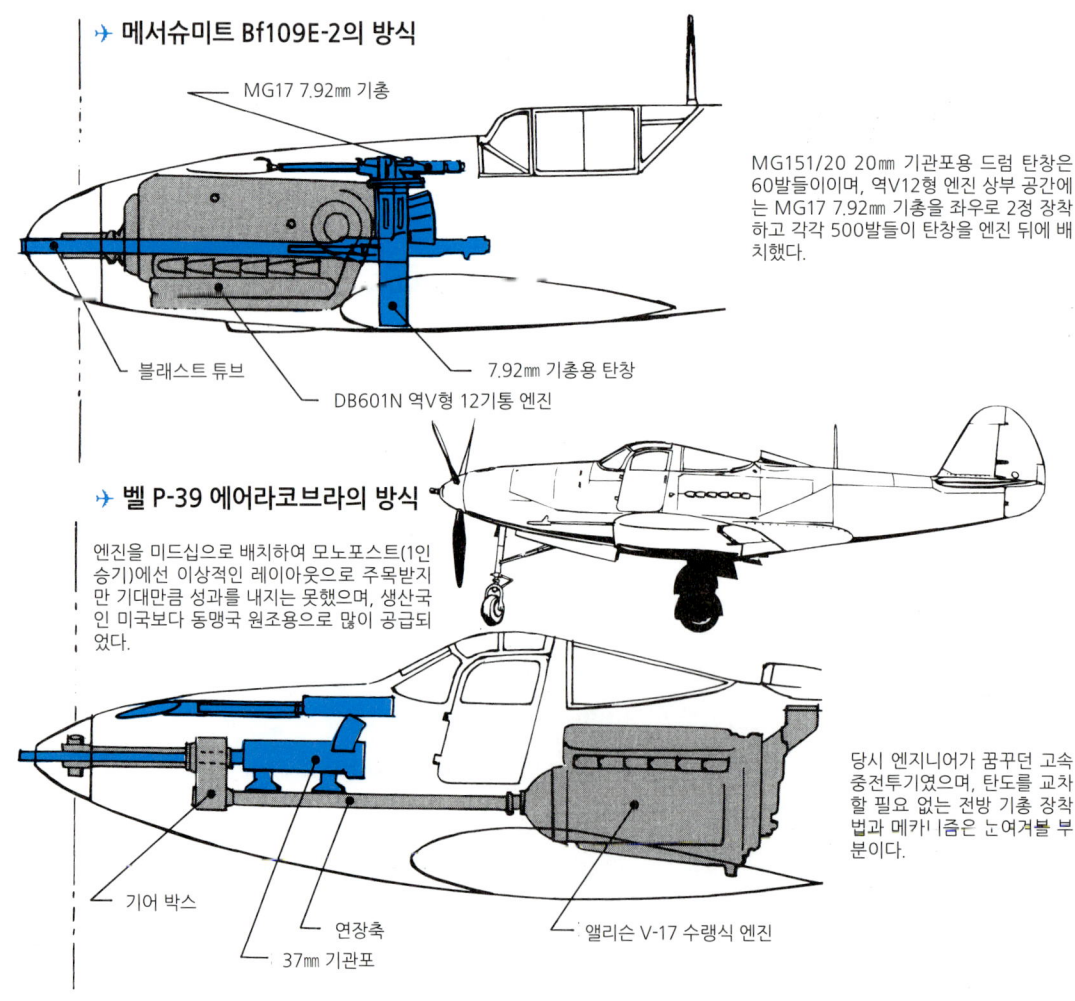

→ 메서슈미트 Bf109E-2의 방식
- MG17 7.92mm 기총
- 블래스트 튜브
- DB601N 역V형 12기통 엔진
- 7.92mm 기총용 탄창

MG151/20 20mm 기관포용 드럼 탄창은 60발들이이며, 역V12형 엔진 상부 공간에는 MG17 7.92mm 기총을 좌우로 2정 장착하고 각각 500발들이 탄창을 엔진 뒤에 배치했다.

→ 벨 P-39 에어라코브라의 방식

엔진을 미드십으로 배치하여 모노포스트(1인승기)에선 이상적인 레이아웃으로 주목받지만 기대만큼 성과를 내지는 못했으며, 생산국인 미국보다 동맹국 원조용으로 많이 공급되었다.

- 기어 박스
- 연장축
- 37mm 기관포
- 앨리슨 V-17 수랭식 엔진

당시 엔지니어가 꿈꾸던 고속 중전투기였으며, 탄도를 교차할 필요 없는 전방 기총 장착법과 메카니즘은 눈여겨볼 부분이다.

제2차 세계대전당시의 전투기

✈ 볼튼 폴 P-82 디파이언트Ⅰ의 후방 사격

1940년에 독일군을 상대로, 단발기이면서도 의표를 찌르는 후방 공격으로 큰 전과를 거두었다. 독일기는 교범에 충실한 공격을 걸었다가 생각지도 못한 반격을 받자 어찌할 바를 몰랐다. 이처럼 의표를 찌르는 방식은 상대가 대책을 세우기 전까지는 큰 전과를 거둘 수 있다는 견본이기도 하다. 조종사 후방에 탑재한 브라우닝 7.7㎜ 기관총 4정은 전방으로 선회하여 쏠 수도 있었다. 기총 선회에 장애물인 사수석 앞뒤 페어링을 제거한 기체도 있다.

✈ 록히드 P-38F 라이트닝의 무장

세계 최초로 배기 터빈을 실용화한 전투기로 알려진 P-38F 라이트닝은 20㎜ 기관포와 12.7㎜ 기총 4정용으로 대형 탄창을 탑재하여 무장 또한 강력한 기체였다. 기체의 중량 증가를 파워로 커버한 것이다.

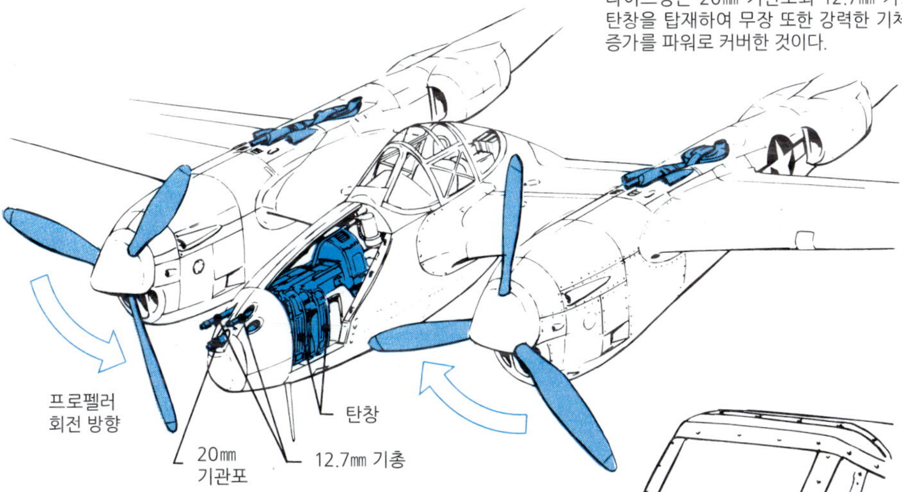

- 프로펠러 회전 방향
- 20㎜ 기관포
- 탄창
- 12.7㎜ 기총

✈ 메서슈미트 Bf110C의 무장

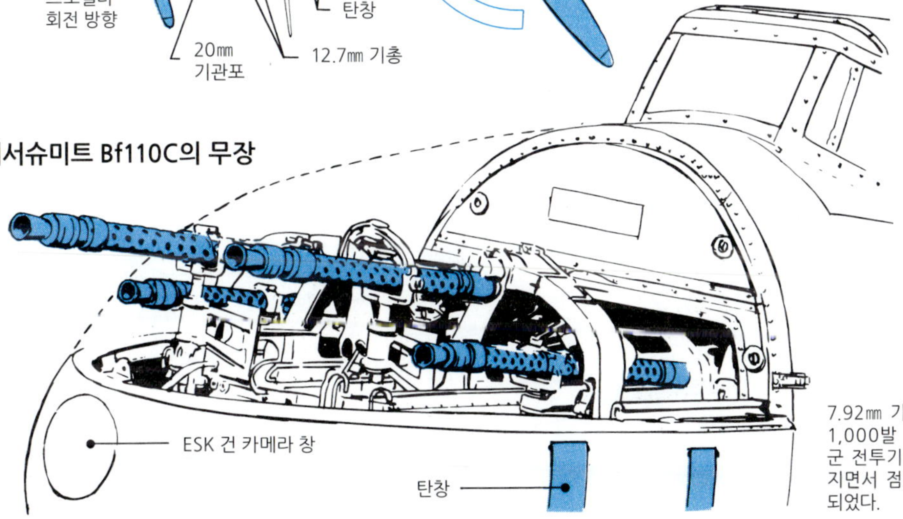

- ESK 건 카메라 창
- 탄창

7.92㎜ 기총 4정의 총탄을 1,000발 탑재했지만, 연합군 전투기의 방비가 견실해지면서 점점 먹혀들지 않게 되었다.

2-13. 무장(5) 대구경 포

　독일과 일본은 대형 폭격기의 대규모 편대에 대항하고자 대구경포를 탑재할 수밖에 없었다. 장갑을 충실히 두른 연합국 측 대형 폭격기는 7.7㎜는 말할 것도 없고 12.7㎜ 탄이 명중하더라도 구멍만 날 뿐이라 격추할 수 없었기 때문이다. 그래서 한 발의 위력이 강한 탄이 필요했고 대구경포를 탑재할 수밖에 없었다. 대함용이나 대지 공격을 제외하고도 대구경포가 필요하다는 것은, 그만큼 수세에 몰렸다는 사실을 의미하기도 한다.

　대구경포는 발사할 때의 진동이 커서 기체 밸런스를 흐트러뜨리는 경향이 있다. 적재 탄수도 적을 수밖에 없고 무거운 포를 얹으므로 운동성도 악화하지만, 그래도 대구경포를 탑재할 수밖에 없었다. 장거리 호위 전투기로 개발된 독일과 일본의 쌍발 전투기들은 기수 중앙부에 대구경포를 탑재할 여유가 있었기에 개조를 받아 폭격기를 격추하는 임무를 부여받게 되었다는 것은 앞서 적은 바대로이다.

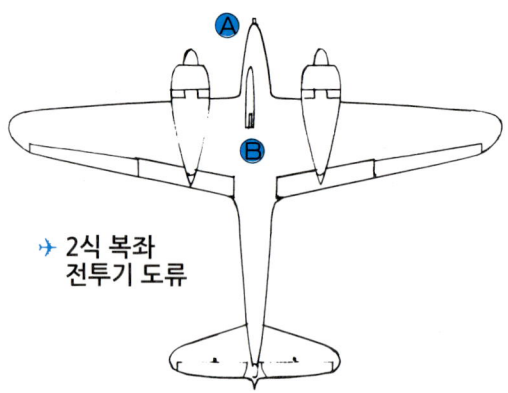

→ 2식 복좌 전투기 도류

기수와 동체 하면에 각각 20㎜ 포를 장착했지만 더 큰 대구경포를 달아야 할 필요가 생겼기에, 특수한 사례로 기수는 20㎜ 포 그대로지만 동체 하면에 기다란 골을 내고 그 부분에 '기-45 개량형' 37㎜ 포를 장착. 포신 후방 부분에는 기관부를 수납하기 위해 각진 벌지를 설치한 기체도 있었다.

→ 기수의 대구경포

37㎜ 전차포를 항공기용으로 개수한 '기-45' 개량형 포를 동체 하면, 20㎜ 호203포를 기수에 탑재. 기체도 12.7㎜ 기총을 탑재했을 때부다 느렸지만, 그레도 모지리시 포신 끝을 노출한 모습이 되었다.

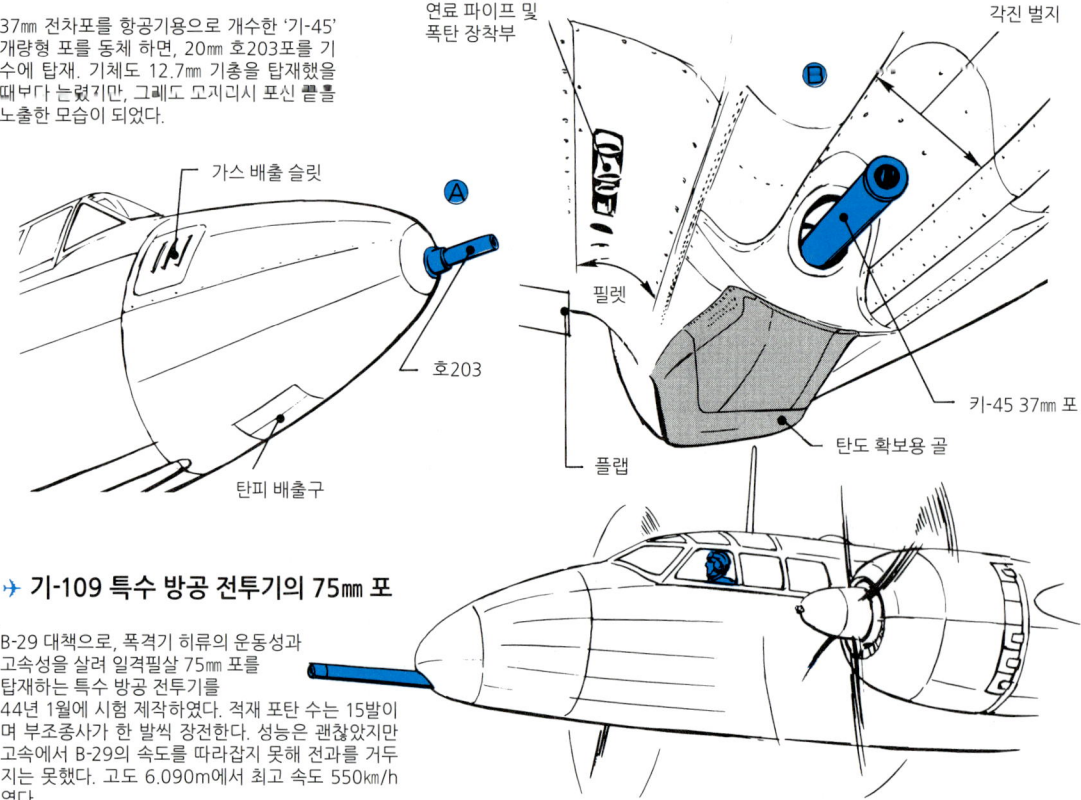

→ 기-109 특수 방공 전투기의 75㎜ 포

B-29 대책으로, 폭격기 히류의 운동성과 고속성을 살려 일격필살 75㎜ 포를 탑재하는 특수 방공 전투기를 44년 1월에 시험 제작하였다. 적재 포탄 수는 15발이며 부조종사가 한 발씩 장전한다. 성능은 괜찮았지만 고속에서 B-29의 속도를 따라잡지 못해 전과를 거두지는 못했다. 고도 6.090m에서 최고 속도 550㎞/h였다.

제2차 세계대전당시의 전투기

✈ 모스키토 FB-18의 대구경포

영국의 대구경포 탑재기이지만, 독일이나 일본처럼 적 폭격기 대응용이 아니라 주로 함선이나 지상 공격에 쓰였다. 이후 모스키토는 1944년 7월부터 로켓탄을 장착하게 되었다. 57㎜ 포로 거둔 전과는 없으며, 44년 말부터 45년에 걸쳐 노르웨이 방면에서 적함을 로켓탄으로 공격하여 3척을 침몰시켰다.

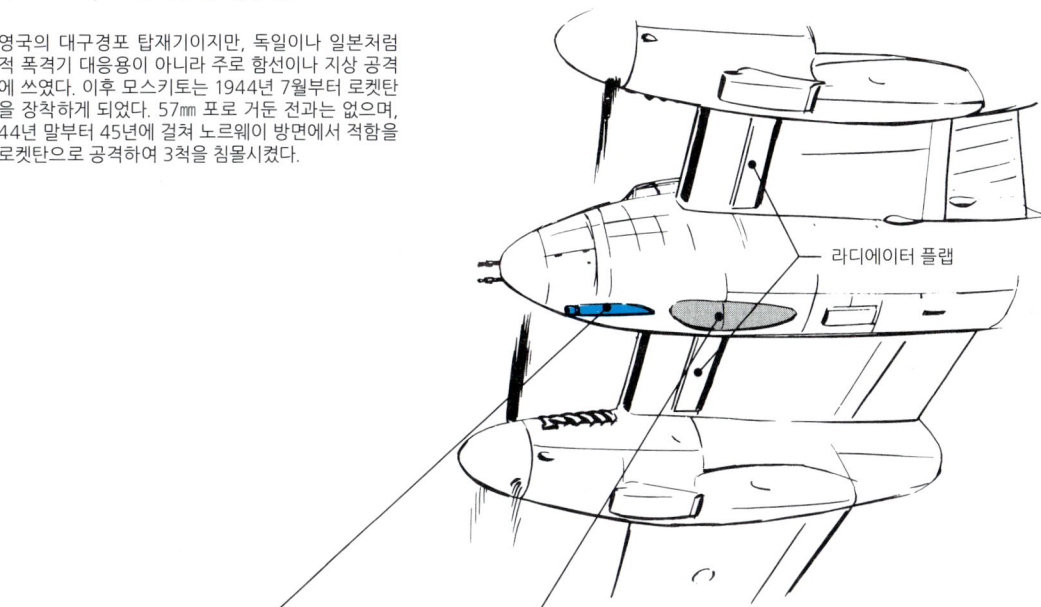

- 라디에이터 플랩
- 몰린스 57㎜ 포의 포신
- 포 기관부 벌지

✈ 메서슈미트 Me262A의 대구경포

세계 최초 실용 제트 전투기로 유명한 Me262A는 기수에 30㎜ 기관포 4문을 탑재했다. 위쪽 2문은 각각 100발, 아래쪽 2문은 각각 80발씩 총 360발을 실을 수 있었다. 엔진이 기수에 없기 때문에 탑재할 수 있었던 무장이다.

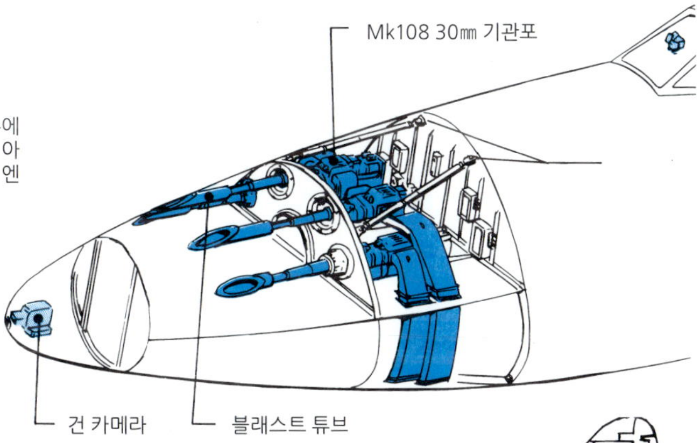

- Mk108 30㎜ 기관포
- 건 카메라
- 블래스트 튜브

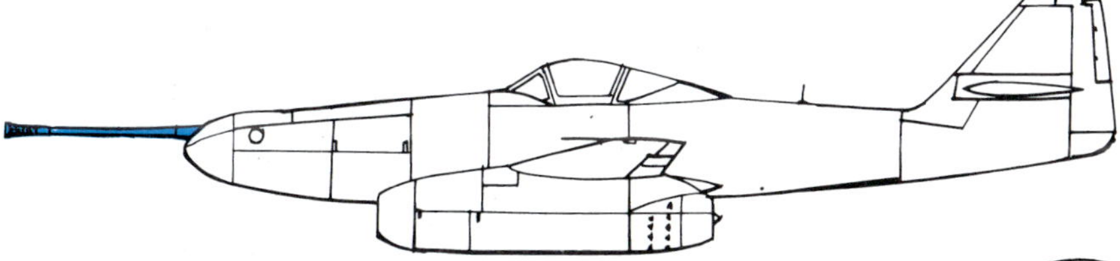

✈ 마우저 Mk214A 50㎜ 기관포

대전 말기에 접어들자 Me262A는 마우저 Mk214A 50㎜ 기관포를 탑재하였다. 포신이 2m나 앞으로 돌출했으며 몇 차례 실전 테스트를 거쳤지만 전과를 거두는 데까지는 이르지 못했다. 적재 탄수는 45발이었다.

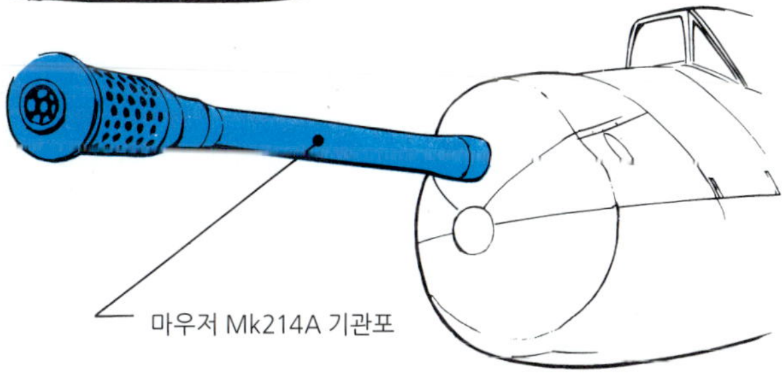

- 마우저 Mk214A 기관포

2-14. 무장(6) 로켓탄 및 런처

이미 제1차 대전 당시부터 로켓탄이 쓰였고 강력한 파괴력으로 주목을 받고 있었다. 총포류와 비교할 때 화약량이 많으므로 위력은 상당히 크다. 그래서 제2차 대전에서도 후반에 접어들면서 연합국 측만이 아니라 독일이나 일본도 로켓탄을 사용하는 전투기가 늘었다.

적의 대규모 편대 한가운데를 공격할 때 로켓탄은 매우 유효했다. 그리고 비교적 큰 함선 공격에도 쓰였고 대지 공격에서도 교량이나 철도 시설 파괴 등에 사용되었다. 파괴력은 대형 폭탄 쪽이 크지만, 총포류는 위력은 떨어지더라도 비행 중에 자유 낙하시키는 폭탄보다는 명중률이 훨씬 높았다. 영국 공군은 독일과 싸우면서 대지 공격을 중시하여 로켓탄을 유효하게 사용하였다. 로켓은 총포류 같은 기관부가 없는데다 비교적 경량이므로 기체의 기동성이 그리 악화하지 않는다는 이점도 있었다. 주날개 하면의 런처에 매달린 로켓탄은 발사 시엔 분사하며 가속하고, 기관총 탄환의 탄도보다는 부정확해도 표적을 향해 직진한다.

→ **P-47 선더볼트의 로켓탄과 런처**

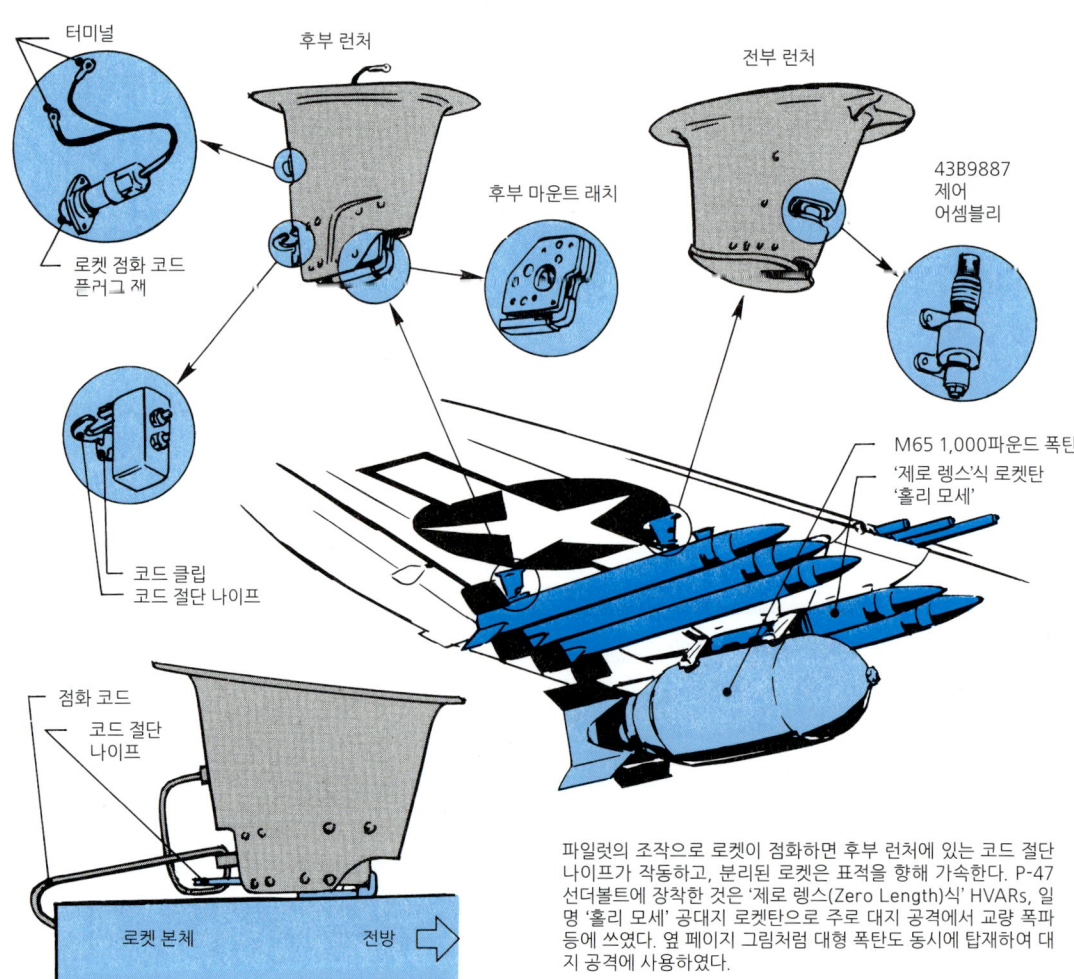

파일럿의 조작으로 로켓이 점화하면 후부 런처에 있는 코드 절단 나이프가 작동하고, 분리된 로켓은 표적을 향해 가속한다. P-47 선더볼트에 장착한 것은 '제로 렝스(Zero Length)식' HVARs, 일명 '홀리 모세' 공대지 로켓탄으로 주로 대지 공격에서 교량 폭파 등에 쓰였다. 옆 페이지 그림처럼 대형 폭탄도 동시에 탑재하여 대지 공격에 사용하였다.

제2차 세계대전당시의 전투기

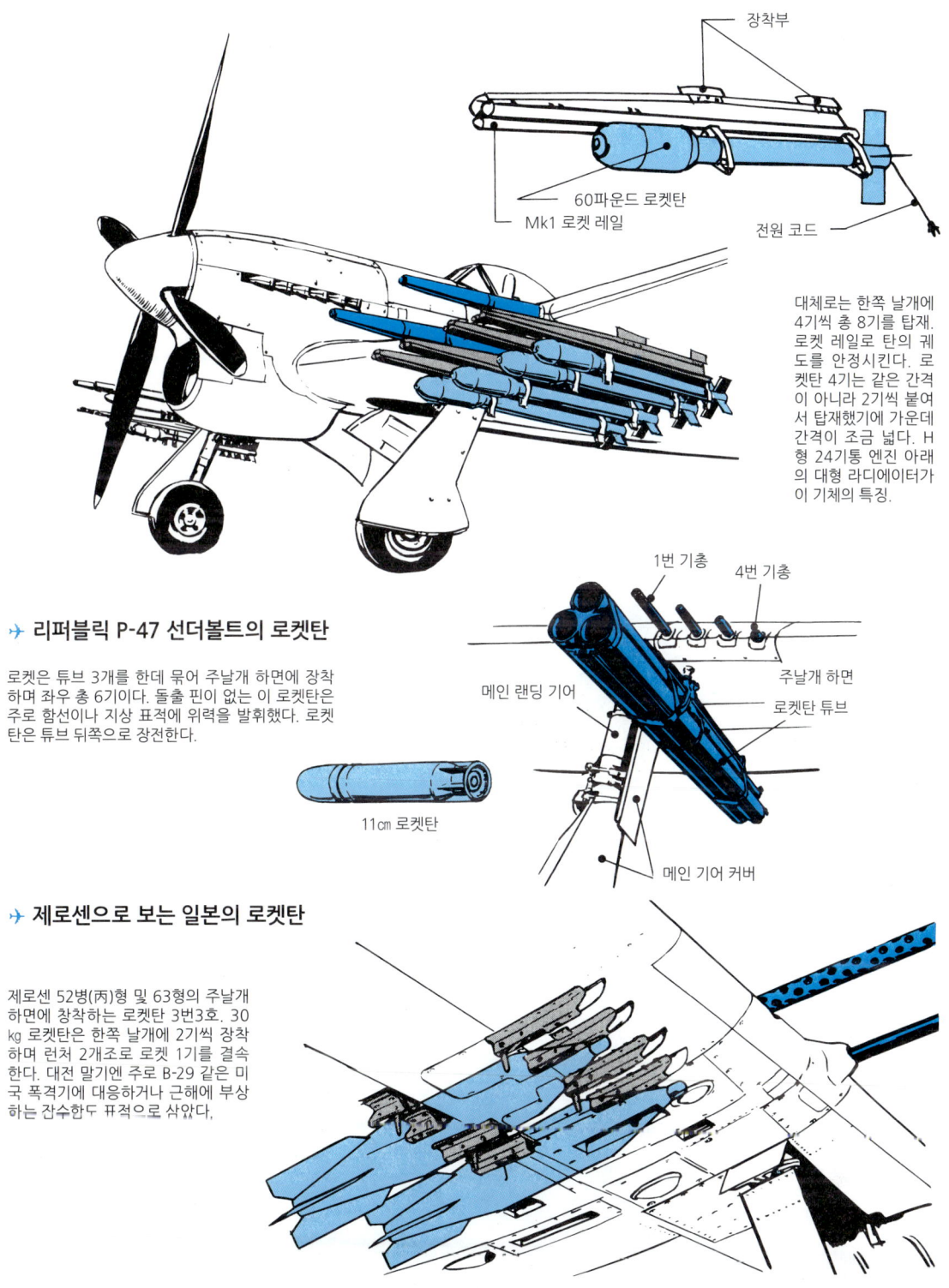

→ 호커 타이푼 1B에 탑재한 로켓탄

장착부
60파운드 로켓탄
Mk1 로켓 레일
전원 코드

대체로는 한쪽 날개에 4기씩 총 8기를 탑재. 로켓 레일로 탄의 궤도를 안정시킨다. 로켓탄 4기는 같은 간격이 아니라 2기씩 붙여서 탑재했기에 가운데 간격이 조금 넓다. H형 24기통 엔진 아래의 대형 라디에이터가 이 기체의 특징.

→ 리퍼블릭 P-47 선더볼트의 로켓탄

로켓은 튜브 3개를 한데 묶어 주날개 하면에 장착하며 좌우 총 6기이다. 돌출 핀이 없는 이 로켓탄은 주로 함선이나 지상 표적에 위력을 발휘했다. 로켓탄은 튜브 뒤쪽으로 장전한다.

11㎝ 로켓탄

1번 기총
4번 기총
주날개 하면
로켓탄 튜브
메인 랜딩 기어
메인 기어 커버

→ 제로센으로 보는 일본의 로켓탄

제로센 52병(丙)형 및 63형의 주날개 하면에 창착하는 로켓탄 3번3호. 30㎏ 로켓탄은 한쪽 날개에 2기씩 장착하며 런처 2개조로 로켓 1기를 결속한다. 대전 말기엔 주로 B-29 같은 미국 폭격기에 대응하거나 근해에 부상하는 잠수함도 표적으로 삼았다.

2-15. 무장(7) 로켓탄 및 폭장

독일의 로켓탄은 영국과 달리 공대공, 요컨대 공중전에서 사용하는 것이 많았다. 특히 Me262가 활약한 제2차 대전 말기에는 연합국 측 항공 편대를 겨냥하여 로켓탄을 발사해서 일거에 격추하는 전법을 취했다. 이 때문에 주날개 밑에 목제 런처를 장착하고, R4M 로켓탄을 한쪽 날개 당 12발씩 총 24발이라는 다량으로 탑재한 기체도 있었다. 발사하면 600~800m 앞에서 적 폭격기를 뒤덮을 수 있을 만한 지름 30m 짜리 원이 되도록 조정되어 있었다. 핀포인트로 로켓 1기를 쏘는 것이 아니라 폭격기 대군 한폭판에서 폭발시키는 것이 목적이었다.

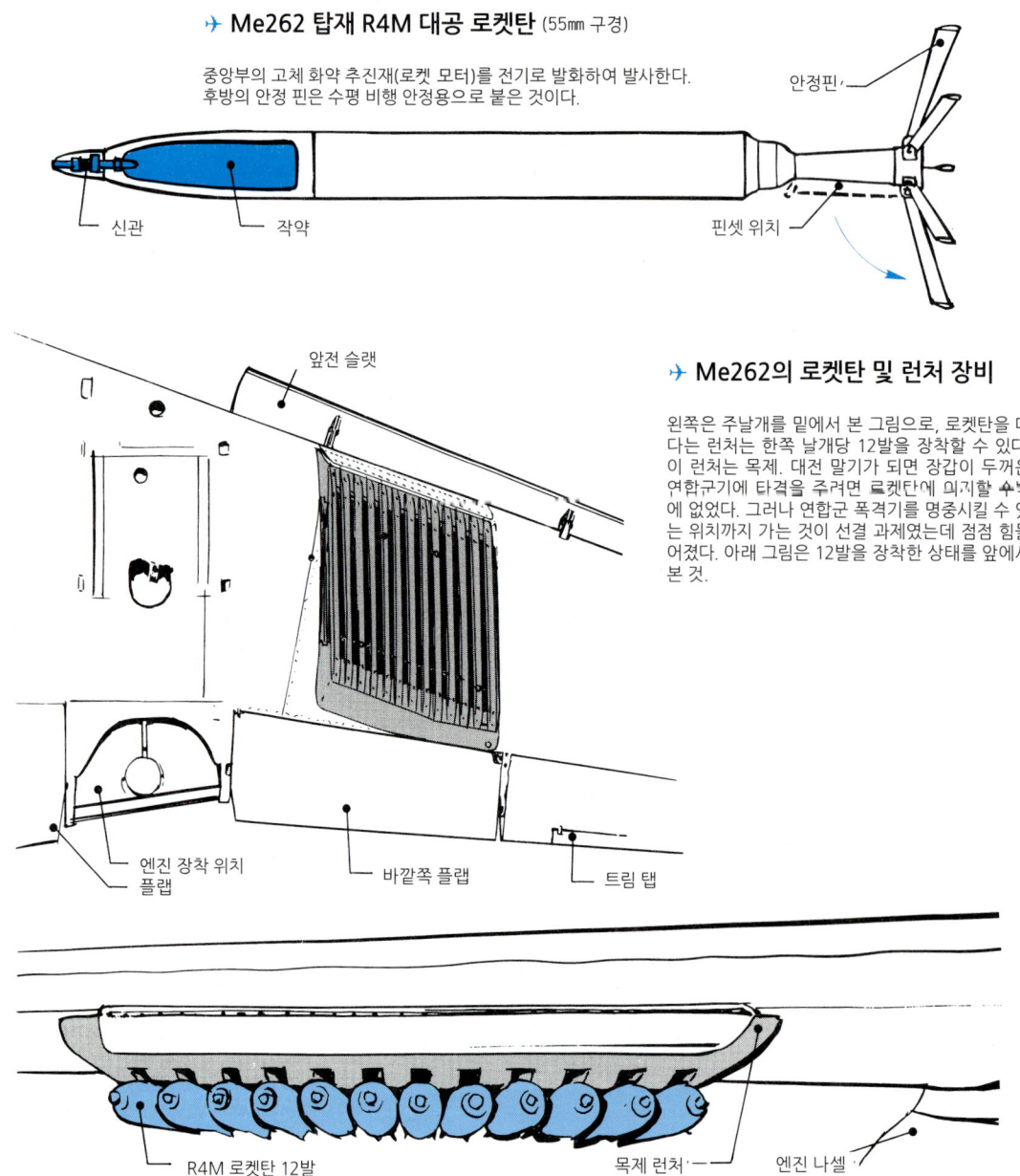

Me262 탑재 R4M 대공 로켓탄 (55㎜ 구경)

중앙부의 고체 화약 추진재(로켓 모터)를 전기로 발화하여 발사한다. 후방의 안정 핀은 수평 비행 안정용으로 붙은 것이다.

Me262의 로켓탄 및 런처 장비

왼쪽은 주날개를 밑에서 본 그림으로, 로켓탄을 매다는 런처는 한쪽 날개당 12발을 장착할 수 있다. 이 런처는 목제. 대전 말기가 되면 장갑이 두꺼운 연합군기에 타격을 주려면 로켓탄에 의지할 수밖에 없었다. 그러나 연합군 폭격기를 명중시킬 수 있는 위치까지 가는 것이 선결 과제였는데 점점 힘들어졌다. 아래 그림은 12발을 장착한 상태를 앞에서 본 것.

✈ 포케불프 Fw190의 로켓탄

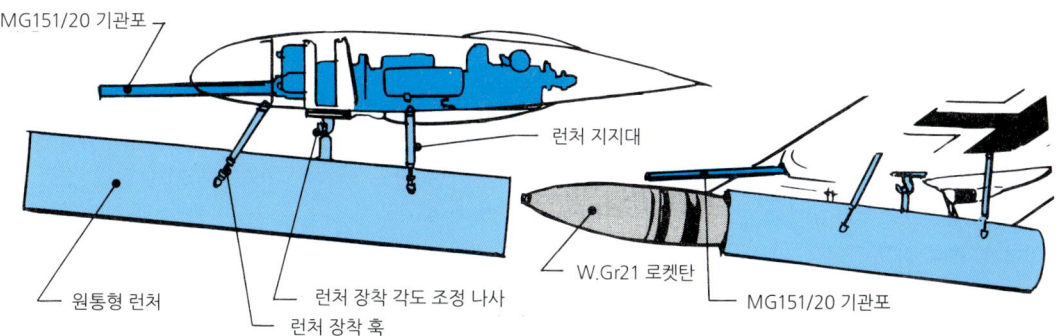

- MG151/20 기관포
- 런처 지지대
- W.Gr21 로켓탄
- MG151/20 기관포
- 원통형 런처
- 런처 장착 각도 조정 나사
- 런처 장착 훅

대형 폭격기용으로 사용된 공대공 W.Gr21 로켓탄은 탄두 중량 41kg, 전체 중량 112.5kg, 구경 210㎜라는 특대 사이즈. 발사 후 500~1,000m에서 폭발하게끔 되어 있었다. 런처는 원통형이며 안쪽에는 L자 단면 레일 세 줄이 나 있고, 장전은 4명이서 밀어 넣었다. 장전하고 나면 옆에서는 로켓탄은 보이지 않는다.

✈ P47 선더볼트의 폭장 탑재 상태

P-47 동체 하면에 장착한 500파운드 폭탄과 30파운드 클러스터 폭탄 3×8(24발). 합계 1,220파운드(약 544kg)가 되는데, 2,500파운드까지 폭탄을 달 수 있었다.

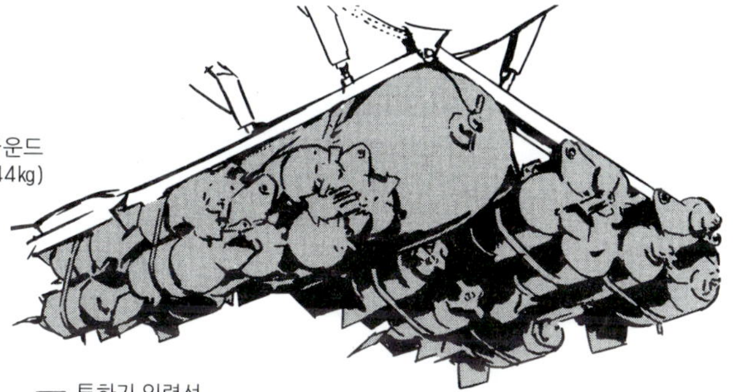

✈ 메서슈미트 Me262의 폭탄 현가 랙

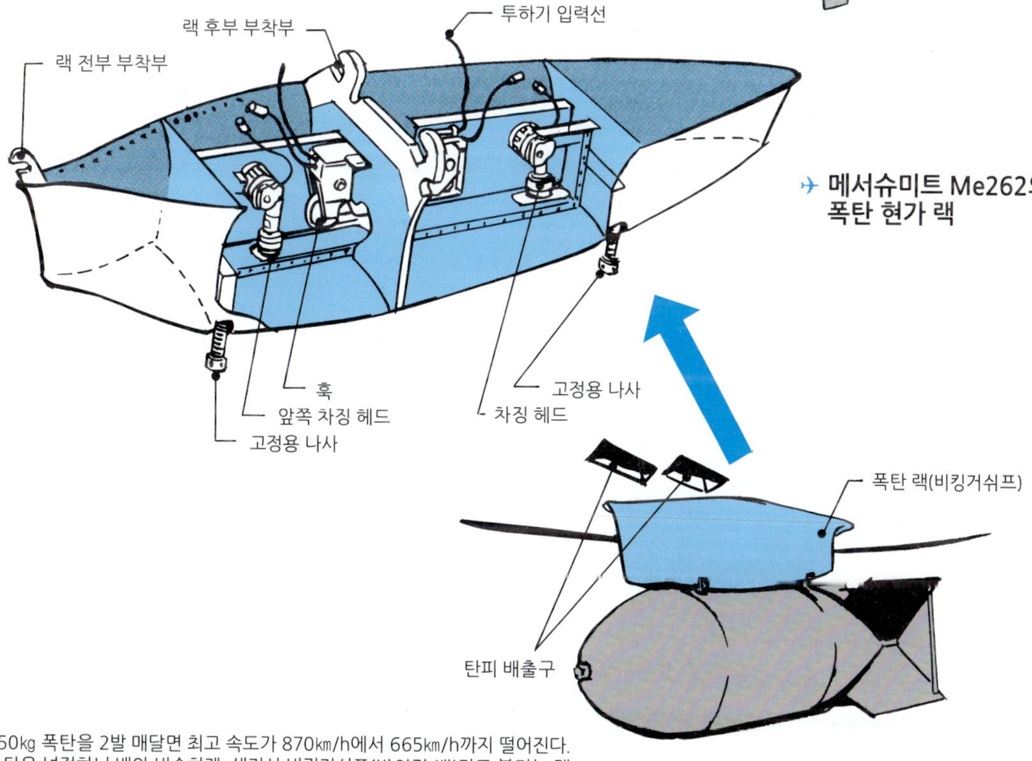

- 랙 후부 부착부
- 투하기 입력선
- 랙 전부 부착부
- 훅
- 앞쪽 차징 헤드
- 고정용 나사
- 고정용 나사
- 차징 헤드
- 폭탄 랙(비킹거쉬프)
- 탄피 배출구

250kg 폭탄을 2발 매달면 최고 속도가 870km/h에서 665km/h까지 떨어진다. 폭탄은 넓적하니 배와 비슷하게 생겨서 비킹거쉬프(바이킹 배)라고 불리는 랙에다 매달았다.

2-16. 무장(8) 조준기와 발사 레버

　제1차 대전 당시는 아래 그림처럼 콕피트 전방 카울 위에 얹은 기관총 가늠자에 눈을 대는 직접 조준이 대다수였다. 이후 일본에서 사용하게 된 것은 2.5 배율 경통식 조준기. 조준할 때는 한쪽 눈을 감고 몸을 앞으로 수그릴 필요가 있었다. 그러나 주변 상황에 신경 써야 하는 공중전에선 괴로운 자세가 될 수 밖에 없기에 이후엔 광상 반사식 조준기가 등장했다. 이 방식은 헤드업 디스플레이의 기원이라 할 만한 것으로, 일본에선 하야부사 II형 및 제로센부터 사용하였다. 눈은 조준기를 통해 앞하늘을 노려보며 오른손은 조종간을 쥐고 왼손은 스로틀 레버에 붙인 기총 발사 레버에 댄 채 적을 쫓는다. 이 순간 때문에 전투기는 존재하는 것이다.

✈ 제1차 대전 당시의 조준기

✈ 경통식 조준기

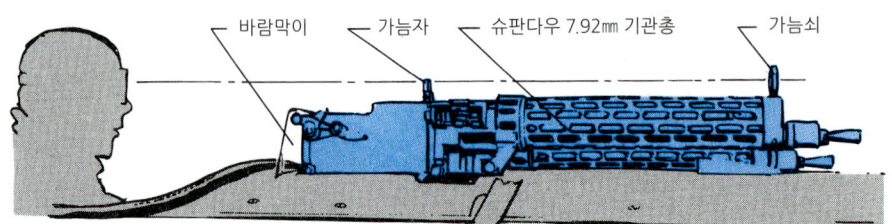

하야부사나 쇼키 초기형까지 쓰였다. 전방 고정쇠는 상하 방향, 후방 고정쇠는 좌우 방향으로 조정할 수 있는데, 기상 상황에 좌우되는 렌즈 밝기 및 먼지나 이물질이 곧잘 껴서 쓰기 어려웠다.

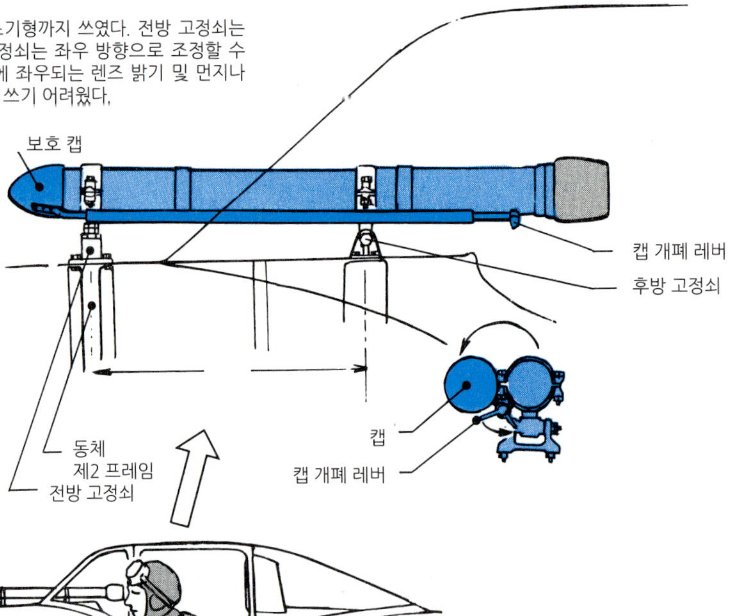

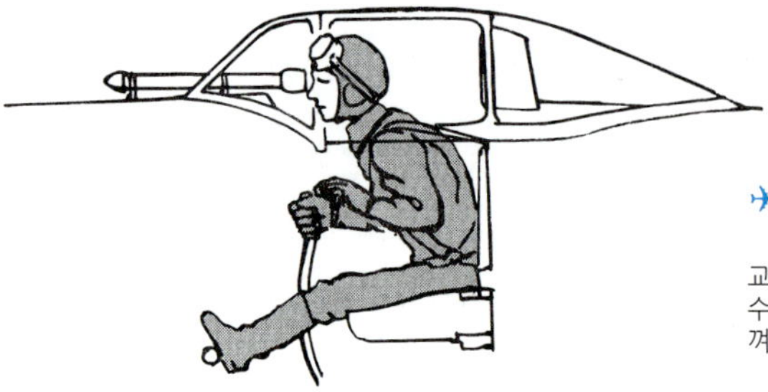

✈ 경통식 조준기 장착 시 조종사의 사격 자세

교전 시에는 조준기 캡을 벗기고 표적을 겨냥하려면 고개를 앞으로 수그릴 필요가 있다. 하늘이 어두우면 보기 어렵고 렌즈에 먼지 등이 껴서 그다지 쓰기 편한 물건은 아니었다.

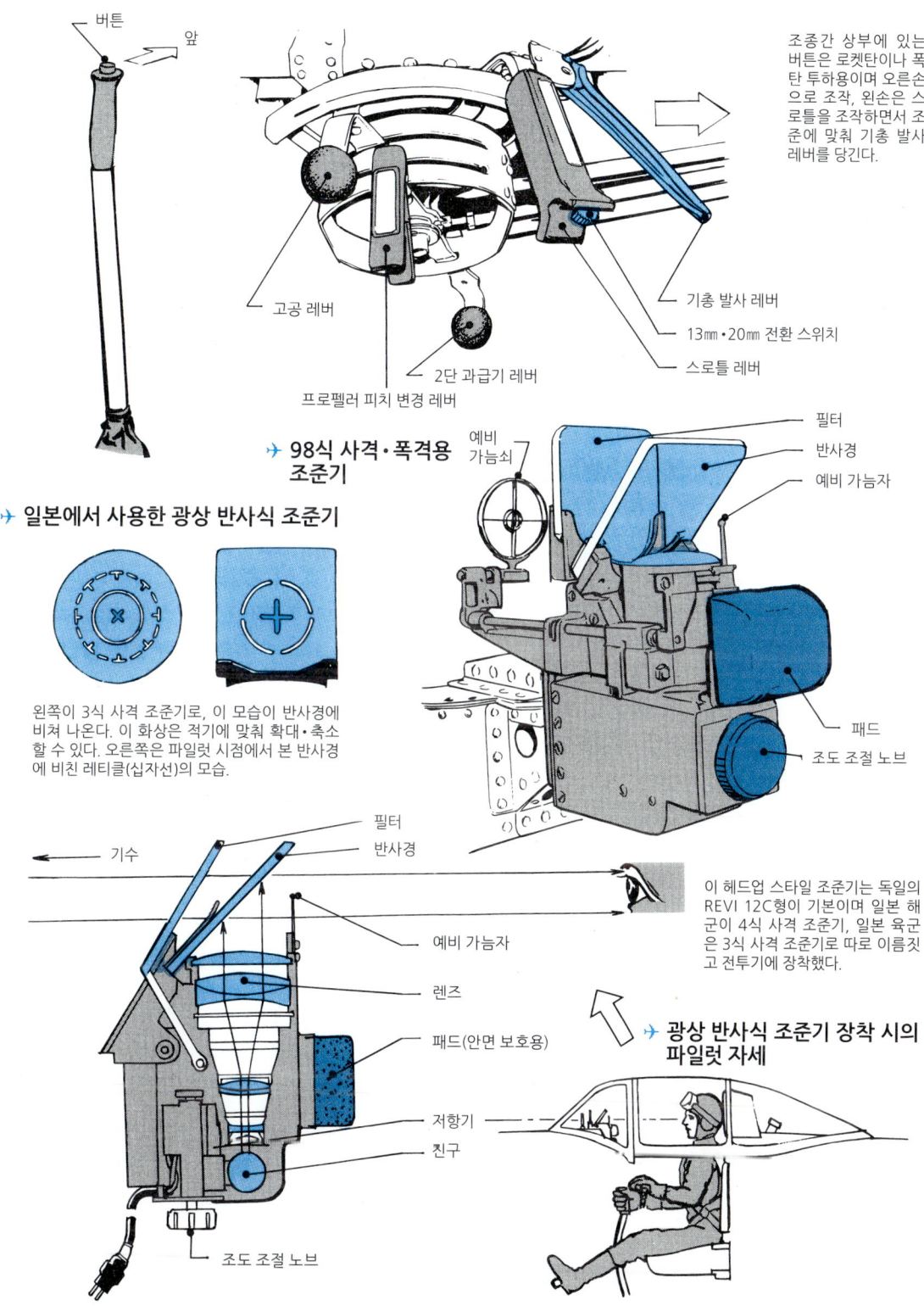

2-17. 비행 제어 장치(1)

공중전을 유리하게 이끌려면, 자유자재로 자세를 바꿀 수 있도록 조종성이 좋아야 한다. 파일럿의 의도를 기체가 충실하게 따라줘야만 유리한 위치를 차지하고 한 발 먼저 사격할 수 있게 된다. 잠깐이라도 늦어지면 목숨을 잃고, 기체를 제어하면서 사격할 여유가 안 생기면 싸움에서 이길 수 없다.

이를 충족하기 위해 되도록이면 기체 무게 중심 가까이에 중량물을 배치할 필요가 있다. 중량물은 엔진, 탄약, 폭탄 및 로켓탄, 그 밖에 파일럿이나 무게에 변화가 생기는 연료 탱크 등을 들 수 있다. 만약 연료 탱크가 중심점에서 멀리 있다면 가득 찬 상태와 반 이하로 빈 상태에서 조종성이 크게 달라진다. 이론상은 그렇지만 비행기의 형태상 모든 중량물을 중심점 가까이 배치하기는 어려웠고, 전체 밸런스를 잡기가 쉽지 않았다. 그러나 출력 대 중량비와 더불어 밸런스의 우열이 비행 조종성을 좌우한다.

파일럿은 다음 세가지 조종면을 조종간이나 풋 바로 제어한다.

① **기수를 좌우로 돌리는 방향타 - 러더**
② **상승과 하강을 담당하는 승강타 - 엘리베이터**
③ **날개를 좌우로 기울이는 보조날개 - 에일러론**

이 세 조종면이 항공기의 주요 조작 장치이지만, 조정면 각각에 미조정 장치인 탭이 붙거나 주날개 후방에 플랩이 붙는다. 이들은 별도 항목으로 설명하지만 그 밖에도 조종에 관여하는 것으로는 스포일러나 이어 브레이크가 있다. 스포일러는 주날개보다 조금 뒤쪽에 설치되고, 스포일러를 쓰면 양력이 감소하여 기수를 내리지 않고 수평 상태로 강하할 수 있다. 한쪽씩 쓰면 보조날개 기능이 감소할 때 이를 대신할 수도 있다. 그리고 고속으로 내리꽂는 급강하 시에도 지나치게 속도가 오르지 않도록 동체 뒤쪽에다 유압으로 작동하는 공기 저항판을 붙일 경우에는 에어 브레이크나 다이브 브레이크라 일컫는다.

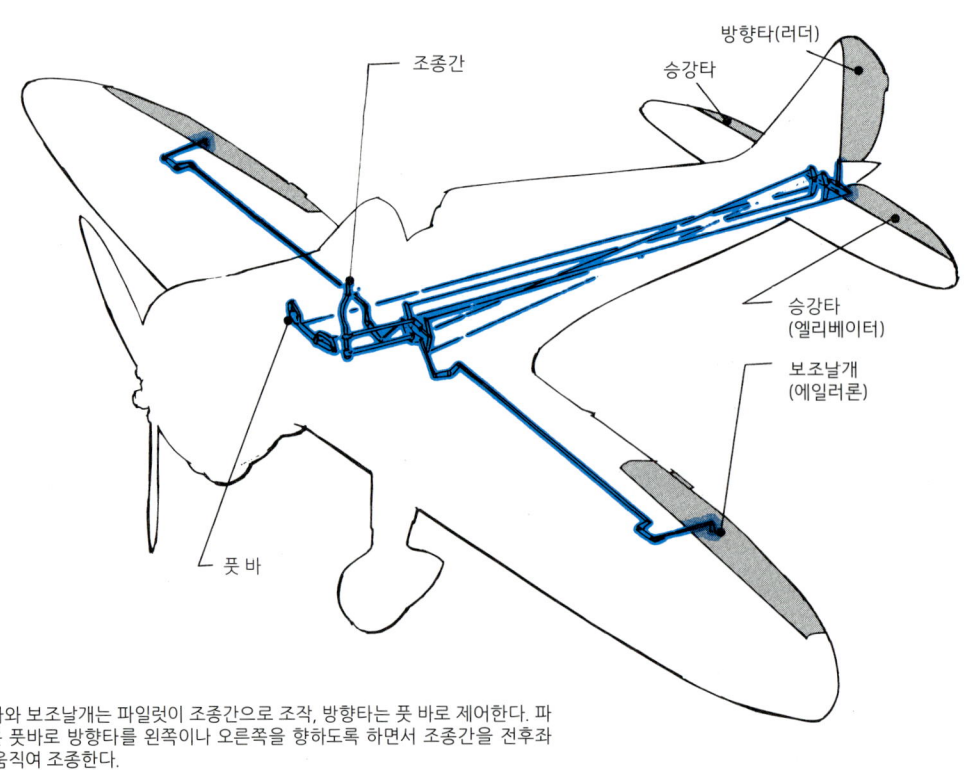

승강타와 보조날개는 파일럿이 조종간으로 조작, 방향타는 풋 바로 제어한다. 파일럿은 풋바로 방향타를 왼쪽이나 오른쪽을 향하도록 하면서 조종간을 전후좌우로 움직여 조종한다.

제2차 세계대전당시의 전투기

✈ 항공기의 3차원 기동

실제로는 풍향이나 속도에 따른 공기 저항 등으로 말미암아 방향타가 정확히 정면을 향하는데도 직진하지 않을 수 있다. 기체의 특성에 따라 미묘하게 다르기도 하므로, 이를 파악해서 제어하는 것이 에이스의 조건 중 하나라 할 수 있다.

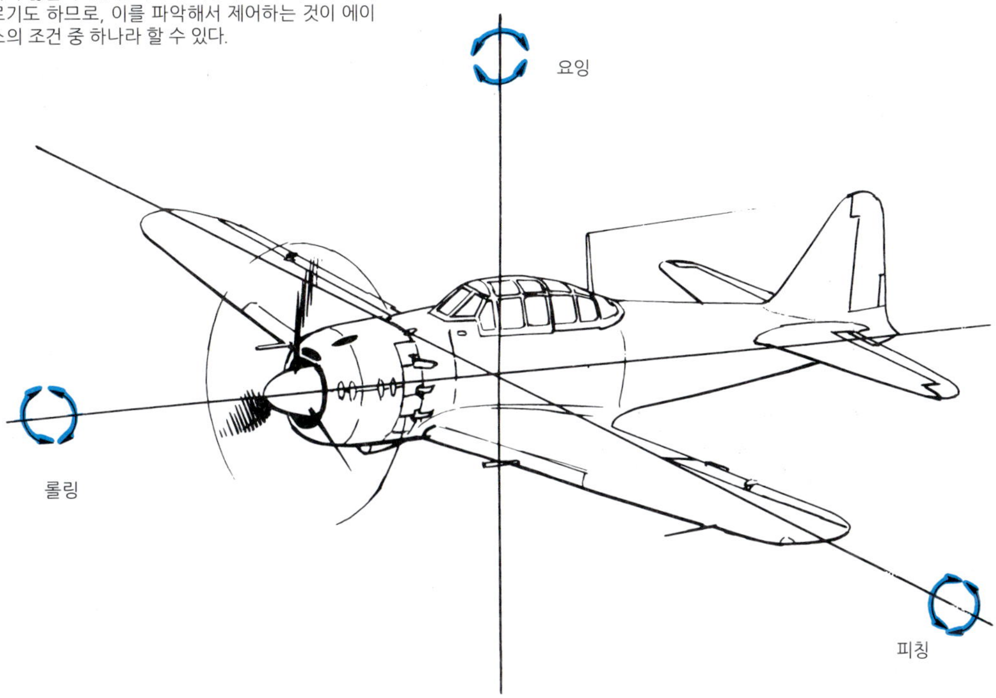

요잉

롤링

피칭

✈ 보조날개 (에일러론) 조작

아래는 세 조정면 각각의 단독 조작을 나타낸다.

에일러론을 위아래로 움직여 주날개를 좌우로 기울인다. 이는 조종간을 좌우로 기울여 조작하는데, 오른쪽으로 기울이면 왼쪽 보조날개가 내려가면서 양력이 증가하여 왼날개가 올라가고 오른날개는 내려간다. 왼쪽으로 기울이면 그 반대가 되며 오른날개가 위로, 왼날개가 아래로 내려간 상태가 된다.

에일러론이 내려가면 날개가 올라간다.

에일러론이 올라가면 날개가 내려간다.

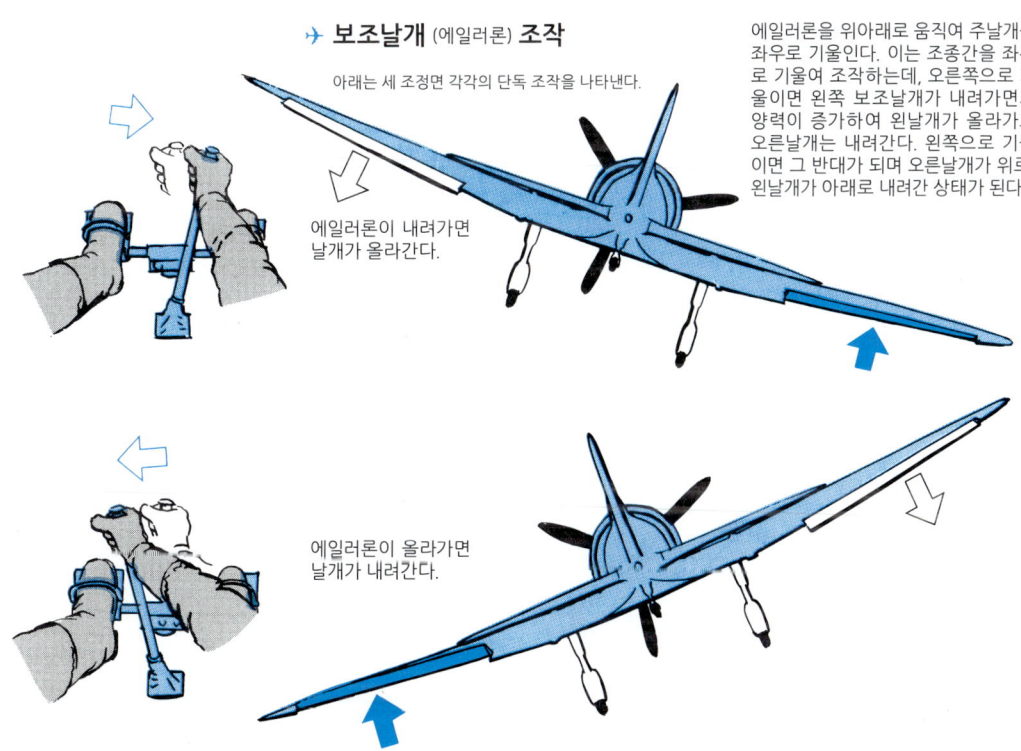

2-18. 비행 제어 장치(2)

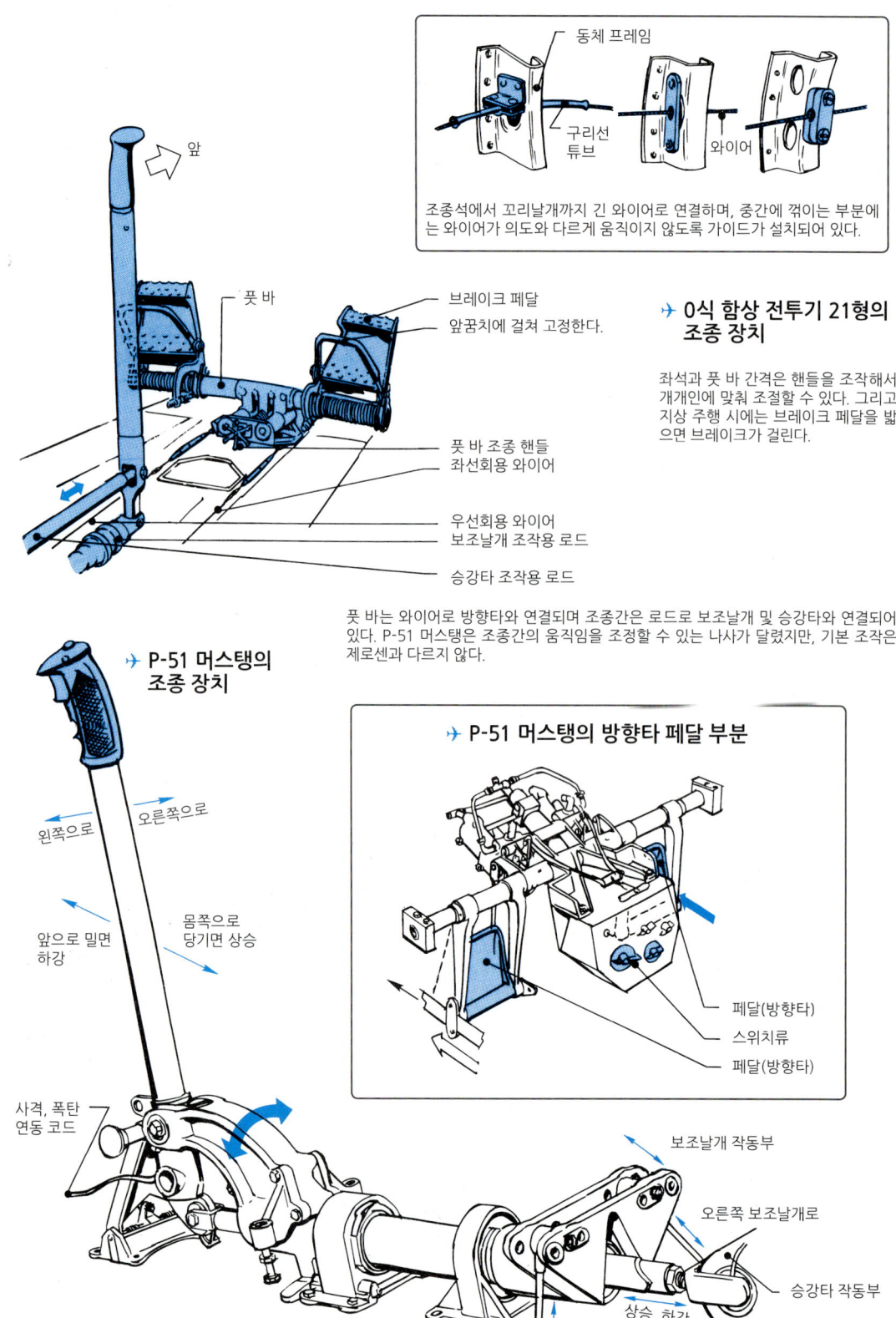

조종석에서 꼬리날개까지 긴 와이어로 연결하며, 중간에 꺾이는 부분에는 와이어가 의도와 다르게 움직이지 않도록 가이드가 설치되어 있다.

✈ **0식 함상 전투기 21형의 조종 장치**

좌석과 풋 바 간격은 핸들을 조작해서 개개인에 맞춰 조절할 수 있다. 그리고 지상 주행 시에는 브레이크 페달을 밟으면 브레이크가 걸린다.

풋 바는 와이어로 방향타와 연결되며 조종간은 로드로 보조날개 및 승강타와 연결되어 있다. P-51 머스탱은 조종간의 움직임을 조정할 수 있는 나사가 달렸지만, 기본 작동은 제로센과 다르지 않다.

✈ **P-51 머스탱의 방향타 페달 부분**

제2차 세계대전당시의 전투기

✈ 방향타 (러더) 조작

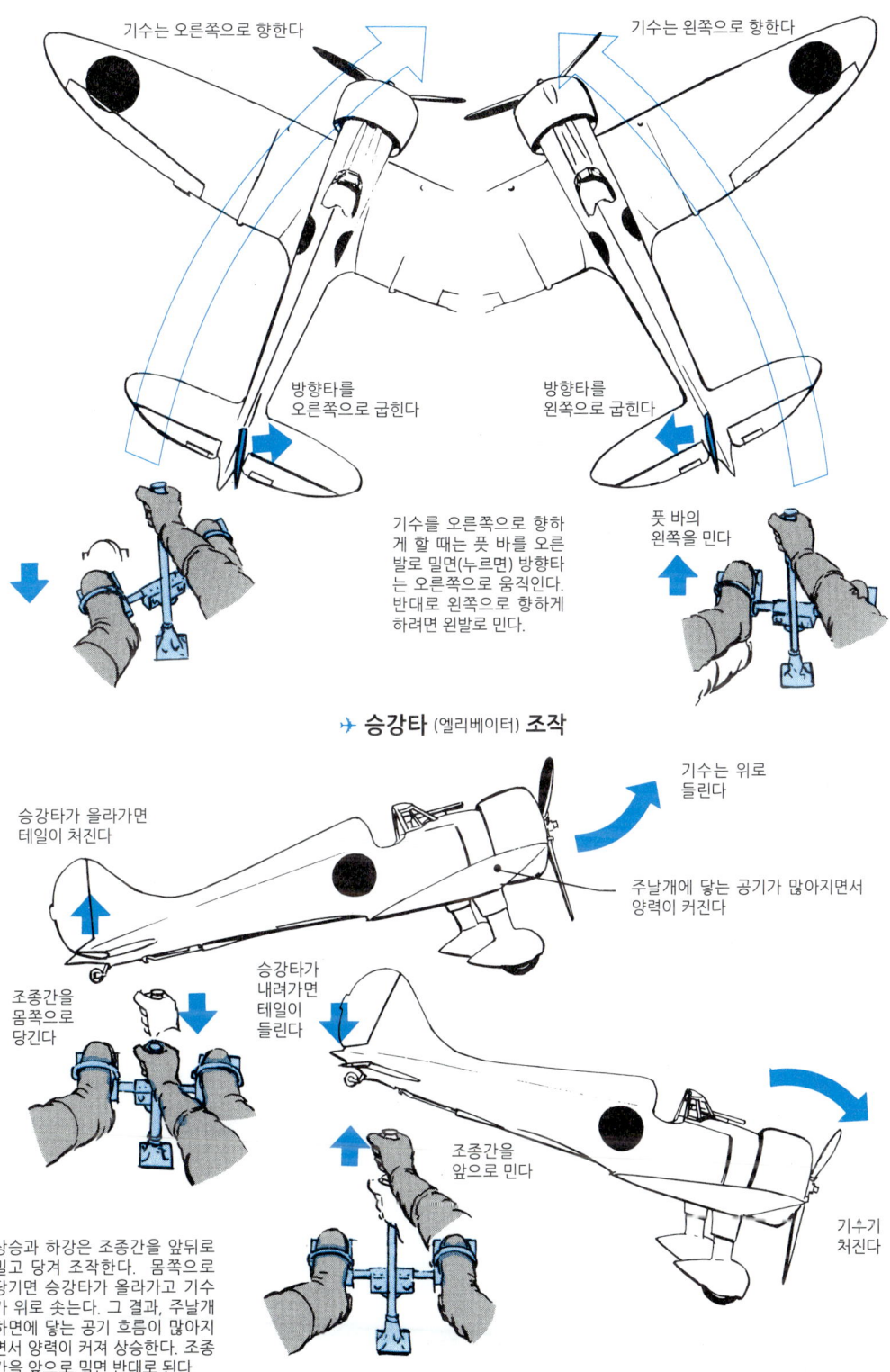

기수는 오른쪽으로 향한다

기수는 왼쪽으로 향한다

방향타를 오른쪽으로 굽힌다

방향타를 왼쪽으로 굽힌다

기수를 오른쪽으로 향하게 할 때는 풋 바를 오른발로 밀면(누르면) 방향타는 오른쪽으로 움직인다. 반대로 왼쪽으로 향하게 하려면 왼발로 민다.

풋 바의 왼쪽을 민다

✈ 승강타 (엘리베이터) 조작

승강타가 올라가면 테일이 처진다

기수는 위로 들린다

주날개에 닿는 공기가 많아지면서 양력이 커진다

조종간을 몸쪽으로 당긴다

승강타가 내려가면 테일이 들린다

조종간을 앞으로 민다

기수기 처진다

상승과 하강은 조종간을 앞뒤로 밀고 당겨 조작한다. 몸쪽으로 당기면 승강타가 올라가고 기수가 위로 솟는다. 그 결과, 주날개 하면에 닿는 공기 흐름이 많아지면서 양력이 커져 상승한다. 조종간을 앞으로 밀면 반대로 된다.

75

2-19. 비행 제어 장치(3) 플랩

플랩은 날개 바깥쪽에 있는 보조날개 바로 옆, 동체 쪽에 가까운 날개 뒤끝에 설치한다. 처음에는 플랩을 아래로 굽혀 양력을 키우고, 이착륙 시 속도를 낮춰, 활주 거리를 줄이려는 의도에서 나왔다. 이후에는 플랩도 단순히 아래로만 굽혀지는 것이 아니라, 뒤쪽으로 펼쳐지면서 굽혀지는 방식이 개발되었다. 이 방식은 날개 면적을 키우는 효과가 있어서 플랩의 효과를 극대화할 수 있었다. 플랩은 이착륙 뿐 아니라 공중전 때도 사용하기에 따라서는 선회 반경을 줄일 수 있었다(플랩 종류와 작동은 79페이지 참조).

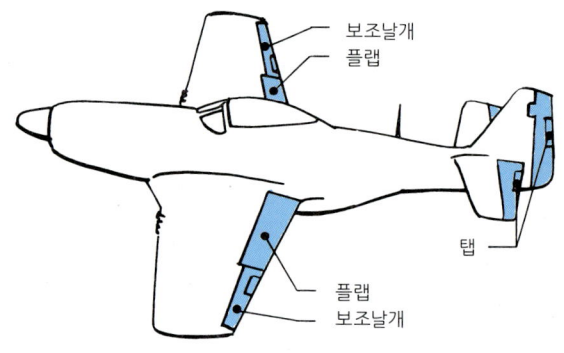

✈ P-51 머스탱의 플랩 작동 구조 및 플랩

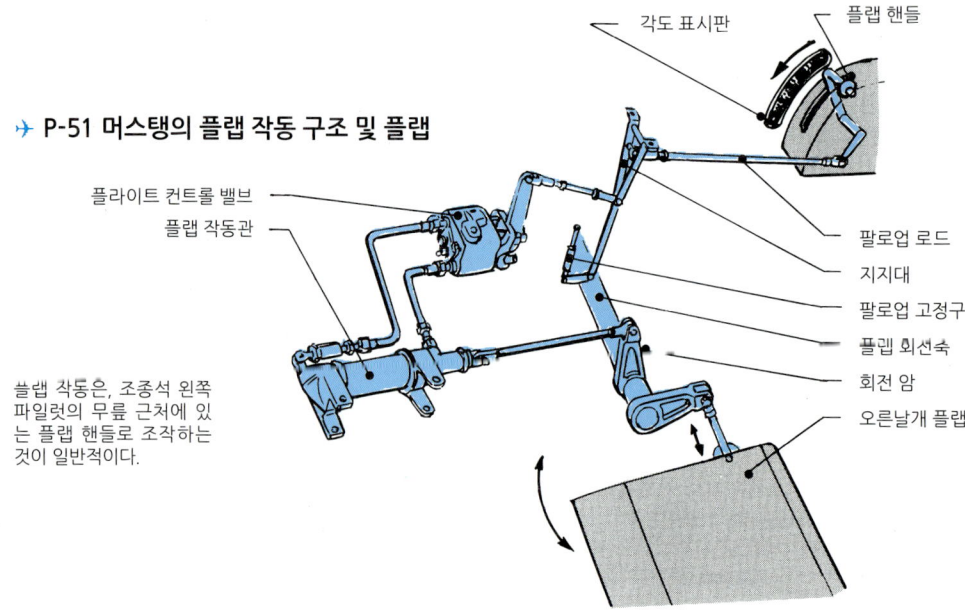

플랩 작동은, 조종석 왼쪽 파일럿의 무릎 근처에 있는 플랩 핸들로 조작하는 것이 일반적이다.

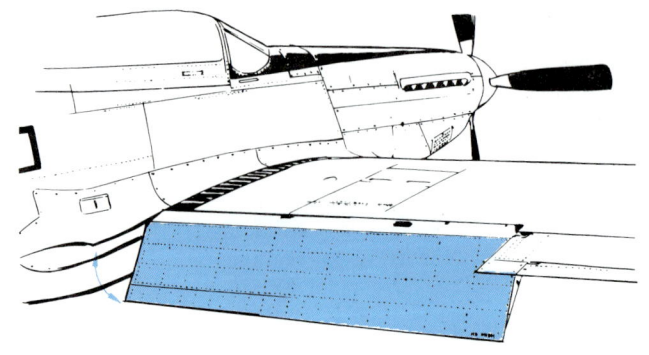

항공기 속도가 빨라지면서 신형 전투기의 주날개는 작아져만 갔다. 이를 보완하고자 개발된 플랩은 점점 커졌다. 그림은 플레인(단순 굽힘) 타입이며 최대 굽힘 각도는 47°이다.

제2차 세계대전당시의 전투기

✈ 96식 함상 전투기의 플랩

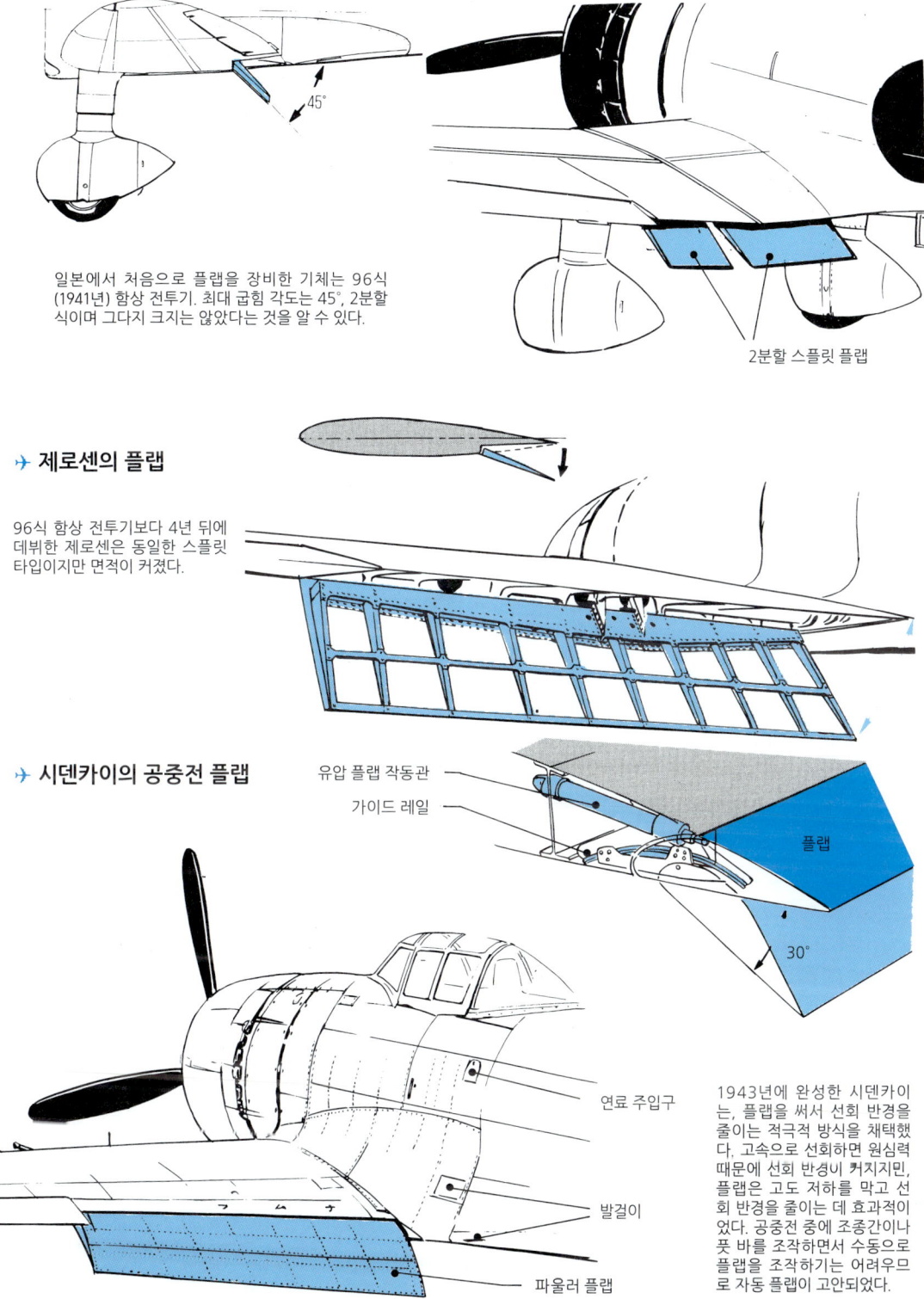

일본에서 처음으로 플랩을 장비한 기체는 96식 (1941년) 함상 전투기. 최대 굽힘 각도는 45°, 2분할 식이며 그다지 크지는 않았다는 것을 알 수 있다.

2분할 스플릿 플랩

✈ 제로센의 플랩

96식 함상 전투기보다 4년 뒤에 데뷔한 제로센은 동일한 스플릿 타입이지만 면적이 커졌다.

✈ 시덴카이의 공중전 플랩

유압 플랩 작동관
가이드 레일
플랩
30°

연료 주입구
발걸이
파울러 플랩

1943년에 완성한 시덴카이는, 플랩을 써서 선회 반경을 줄이는 적극적 방식을 채택했다. 고속으로 선회하면 원심력 때문에 선회 반경이 커지지만, 플랩은 고도 저하를 막고 선회 반경을 줄이는 데 효과적이었다. 공중전 중에 조종간이나 풋 바를 조작하면서 수동으로 플랩을 조작하기는 어려우므로 자동 플랩이 고안되었다.

2-20. 비행 제어 장치(4) 탭

　수평 직진 순항 비행 중에는 조종간은 뉴트럴(중립) 위치에 놓지만, 기체의 직진을 유지한다는 것은 의외로 어렵다. 항공기는 전후좌우 중량 밸런스나 설계 및 제작에 따른 특성이나 개체별 차이 등이 있다. 이를 조정해서 직진을 유지하게끔 해주는 것이 탭의 역할이다. 탭은 방향타나 승강타 끝에 붙으며, 탭 자체는 매우 작지만 지렛대 원리가 작용하므로 효과는 크다. 탭은 고정식도 있지만 대개는 트림 탭 방식이며, 파일럿의 왼발켠에 있는 조정 노브로 각도를 조정할 수 있도록 되어 있다. 그리고 속도가 높아질수록 조타하는 데 큰 힘이 필요해지므로 이 저항력을 줄이고 의도대로 힘을 줄 수 있도록 혼 밸런스(Horn Balance)가 붙는다.

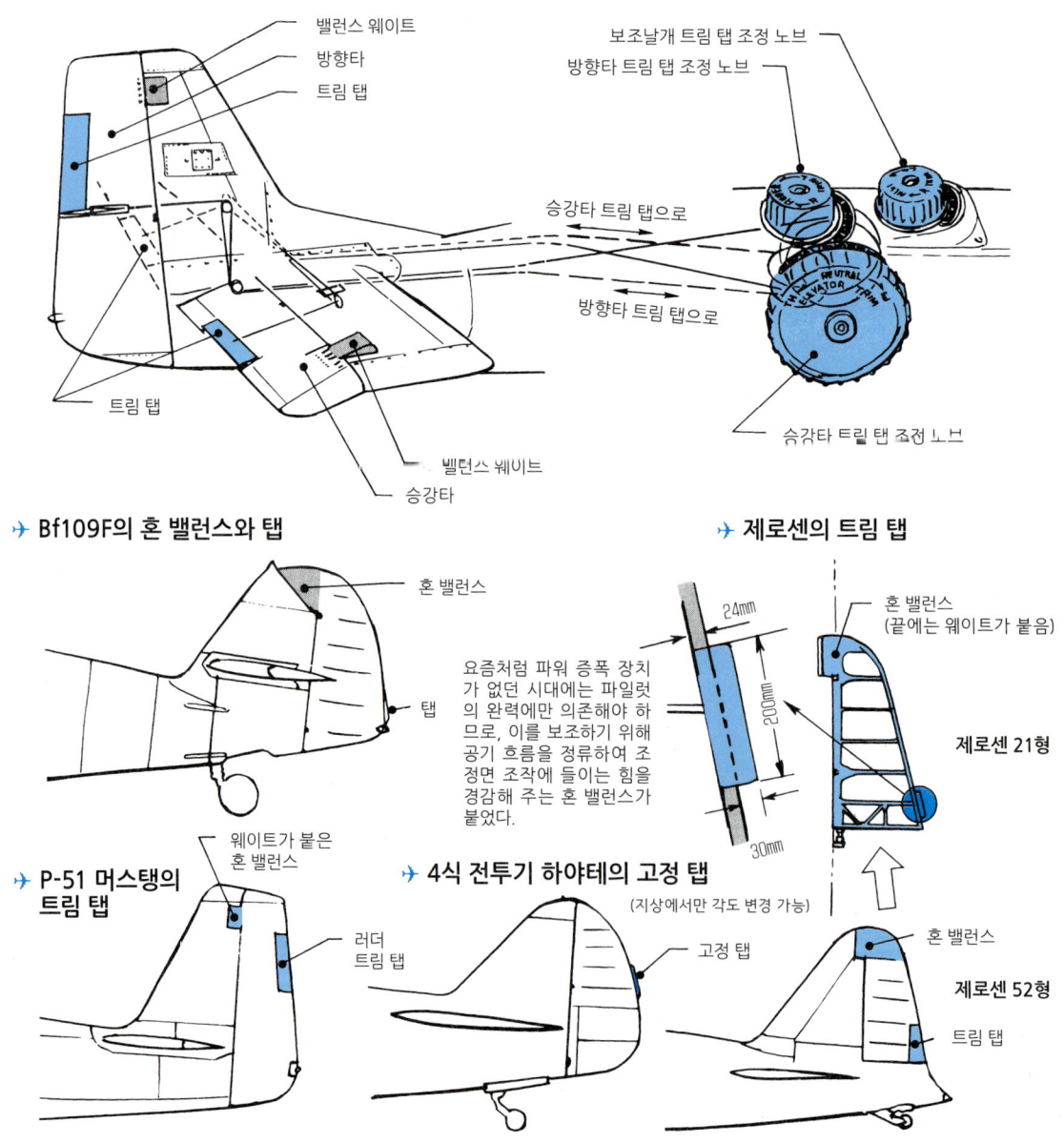

✈ 탭의 종류와 작동

플랩과 마찬가지로 탭도 시간이 지나며 점점 진화했다. 고정 탭은 순항 속도로 날 때는 좋지만 가감속 시에는 밸런스가 변화하여 뉴트럴로 직진할 수 없게 된다는 점이 지적되어 파일럿이 조정할 수 있도록 되었고, 기능을 더욱 추가하여 파일럿의 조작을 보조하는 역할을 하기에 이른다.

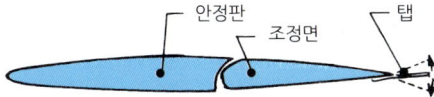

- 고정 탭: 비행 중에 기내에서 조정할 수 없으며 지상에서 플라이어 같은 공구로 각도를 조정하고 비행 테스트를 되풀이하면서 밸런스를 잡는다. 현재도 경기행기에선 이런 방식을 볼 수 있다.

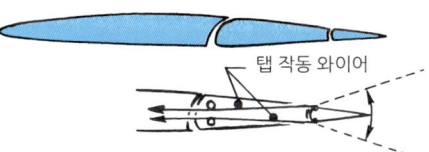

- 트림 탭: 와이어로 조종석과 연결되며 속도 변화에 따라 조정할 수 있음.

- 밸런스 탭: 기체를 기울일 때 적은 힘으로 조종할 수 있도록 조정면과 연동하는 장치를 붙임.

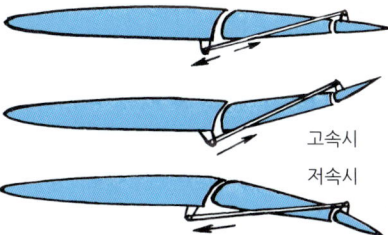

- 안티 서보 탭: 밸런스 타입과 반대로 지나치게 가벼운 조정면을 적당히 무겁게 해서 밸런스를 맞춘다. 조정면에 관여하지 않고 탭에 발생하는 힘으로 조정면을 움직인다.

- 스프링 탭: 저속에선 스프링의 장력으로 의도한 위치에 오며, 속도가 올라가면 풍압으로 움직인다. 조종계와 연동하지 않는다.

✈ 플랩의 종류와 작동

여기서는 뒷전 플랩에 관해 설명하는데, 가장 심플한 플레인형부터 상당히 복잡한 것까지 가지각색이며 최신 제트기에 쓰이는 것도 있다.

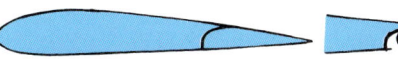

- 플레인 플랩: 단순히 뒷전을 내리기만 하므로 구조도 간단하고 소형기에 쓰이는 타입.

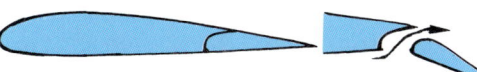

- 슬로티드 플랩: 플랩이 후퇴하면서 내려갈 때 생긴 슬롯을 통과한 공기가 플랩 상면을 흐르게 하여 커다란 양력을 얻을 수 있다.

- 스플릿 플랩: 뒷전 하면만 내려가는 간단 구조.

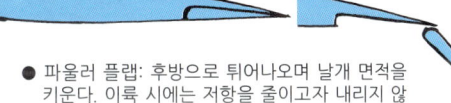

- 파울러 플랩: 후방으로 튀어나오며 날개 면적을 키운다. 이륙 시에는 저항을 줄이고자 내리지 않는 방법도 있다.

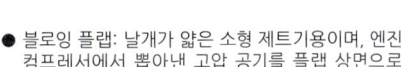

- 블로잉 플랩: 날개가 얇은 소형 제트기용이며, 엔진 컴프레서에서 뽑아낸 고압 공기를 플랩 상면으로 분출하고 경계층 제어로 높은 양력을 얻는다.

- 더블 슬로티드 플랩: 슬로티드 타입을 분할하여 캠버각을 완만하게 한다.

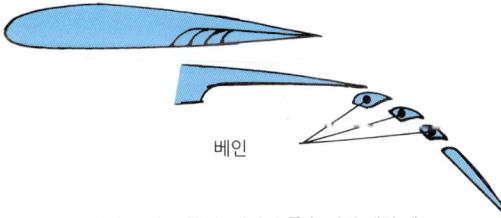

- 멀티 슬로티드 플랩: 베인 수를 늘려서 내릴 때 R(곡면)이 형성되도록 하여 양력 효과를 높인다. 복잡해지므로 대형기용.

2-21. 프로펠러의 변천과 작동

공기를 가르고 전진하는 것이 프로펠러의 역할이다. 동력식 항공기는 처음에는 목제로 된 2날(블레이드) 프로펠러로 시작했으며, 이윽고 금속 날이 되고 프로펠러 자체의 형상도 변하고 날의 개수도 늘어났다. 그뿐 아니라 속도가 올라감에 따라 프로펠러의 피치 각도 커졌다.

고도가 높으면 공기가 희박해지므로 더욱 많은 공기를 후방으로 보내야 할 필요가 있으므로 프로펠러 날을 더욱 비틀면서 고효율을 추구하였다. 그러면서 속도에 맞춰 프로펠러의 피치를 자유자재로 바꿀 수 있는 가변 피치 프로펠러가 등장하였다. 이 방식은 저속에선 피치를 낮추고 고속에선 피치를 높일 수 있지만, 엔진 회전이나 저항 변화에 따라 피치 각을 바꿔야 하므로 이를 수동 조정해야만 했다. 그래서 엔진에 조속기(Governor)를 붙이고 일정한 회전수로 돌면서 비행 상황에 맞춰 피치 각을 자동으로 조정하는 정속 프로펠러가 등장하여 제2차 대전 당시 주류가 되었다. 또한, 평소에는 진행 방향에 맞춰진 프로펠러를 역피치로 바꿔 자력으로 후진할 수 있는 기능을 갖춘 기체도 등장하며, 이 방식은 대형기에서 많이 채택한 메카니즘이다.

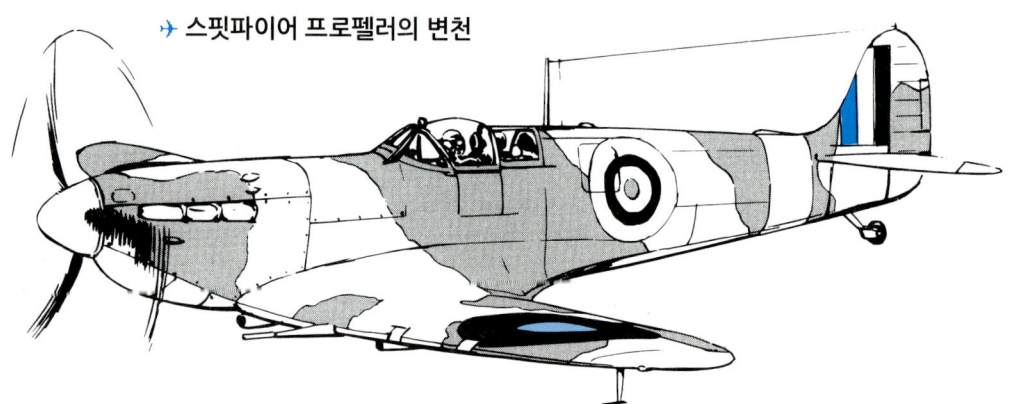

✈ **스핏파이어 프로펠러의 변천**

Mk.I의 웨이브리지제 고정 피치 프로펠러는 목제 2날짜리였는데, 엔진 출력 향상과 수직꼬리날개 부착각의 변화에 맞춰 프로펠러 블레이드 개수도 증가일로 양상을 보였다. 멀린 III형 1,060HP 엔진 장착 Mk.I은 2단 가변 피치 방식이었으며, 최고 속도를 661km/h까지 높인 Mk.IX는 4날 프로펠러였다. 그리고 1947년까지 생산된 시파이어 Mk.45는 복잡하기 그지없는 2중 반전 6날 프로펠러까지 채택했다.

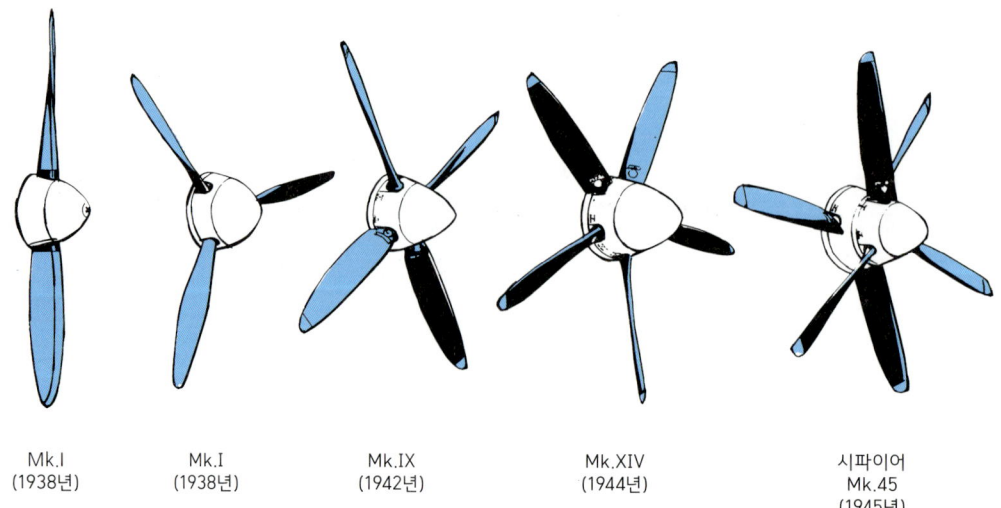

Mk.I (1938년)　Mk.I (1938년)　Mk.IX (1942년)　Mk.XIV (1944년)　시파이어 Mk.45 (1945년)

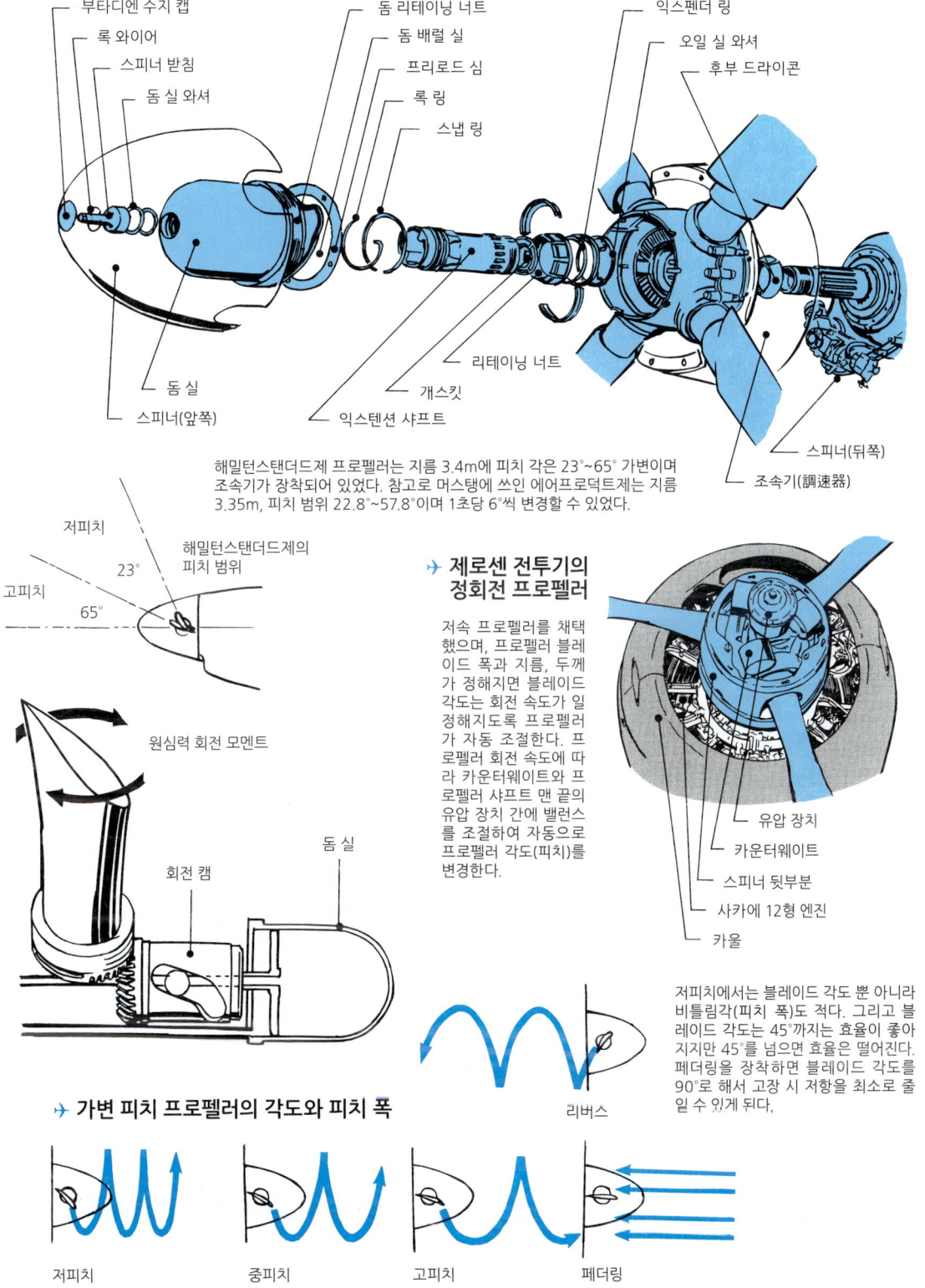

2-22. 콕피트 및 조종석

✈ 스핏파이어 Mk.VII의 콕피트

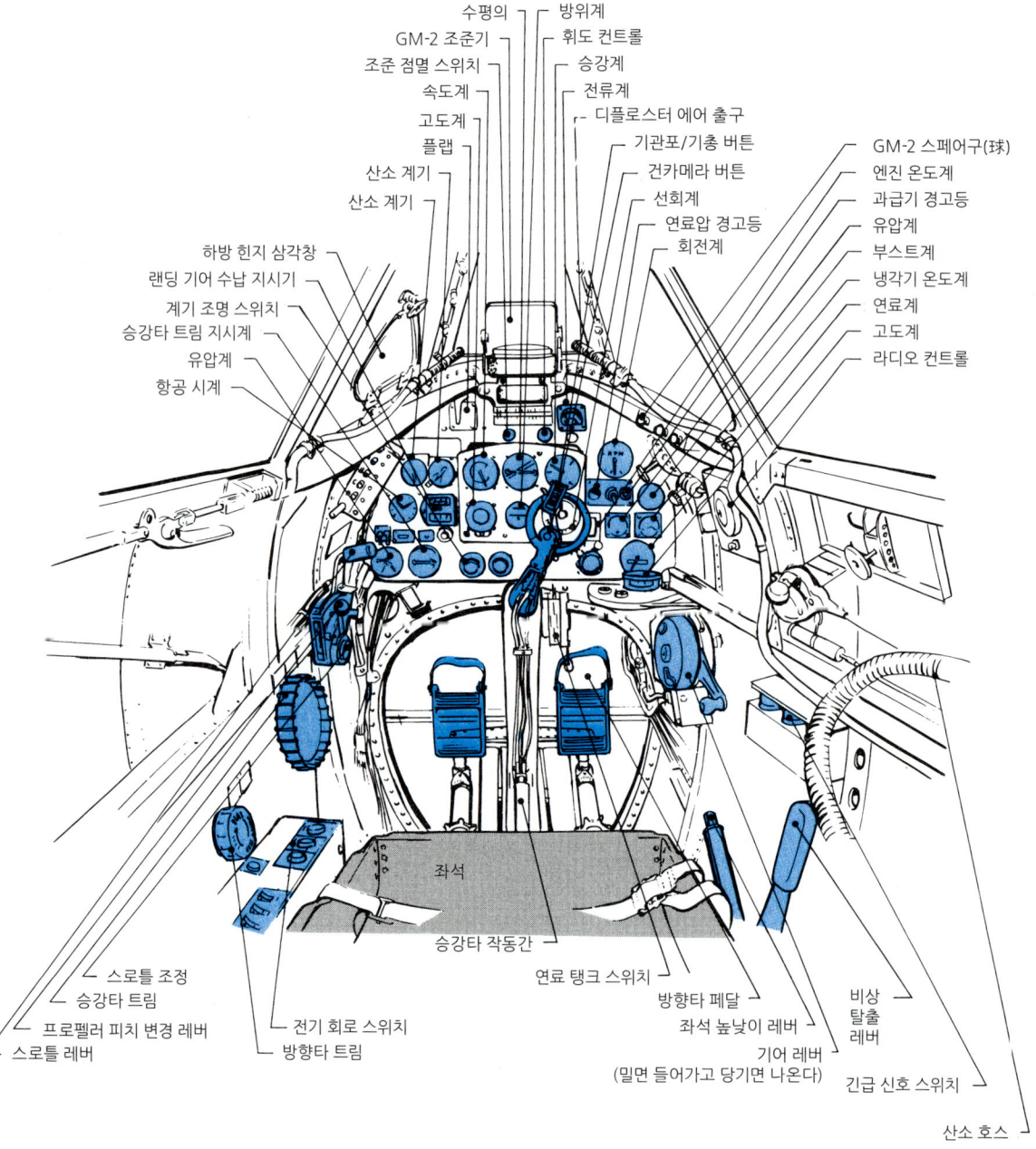

수평의
GM-2 조준기
조준 점멸 스위치
속도계
고도계
플랩
산소 계기
산소 계기

방위계
휘도 컨트롤
승강계
전류계
디플로스터 에어 출구
기관포/기총 버튼
건카메라 버튼
선회계
연료압 경고등
회전계

GM-2 스페어구(球)
엔진 온도계
과급기 경고등
유압계
부스트계
냉각기 온도계
연료계
고도계
라디오 컨트롤

하방 힌지 삼각창
랜딩 기어 수납 지시기
계기 조명 스위치
승강타 트림 지시계
유압계
항공 시계

좌석
승강타 작동간

스로틀 조정
승강타 트림
프로펠러 피치 변경 레버
스로틀 레버

전기 회로 스위치
방향타 트림

연료 탱크 스위치
방향타 페달
좌석 높낮이 레버
기어 레버
(밀면 들어가고 당기면 나온다)

비상
탈출
레버
긴급 신호 스위치
산소 호스

수많은 계기가 즐비한 미터 패널은 정교한 분위기를 자아낸다. 기체나 형식별로 차이가 나는 것이야 당연하지만, 이 스핏파이어 Mk.VII은 조준기 아래 패널 중앙부에 모인 6개 미터의 사용 빈도수가 높으며 중요하다. 조종간은 위쪽의 그립(링 모양)만 좌우로 꺾는 방식이며, 앞뒤 방향(승강타 제어)으로는 바닥판에 축이 있고 조종간 전체가 움직이는 일반적 방식이다. 계기판이 붙은 프레임은 강성 확보를 위해 파일럿의 다리가 통하는 개구부를 비좁은 터널 형태로 만들었고, 따라서 좌우 페달 간격도 좁다.

제2차 세계대전당시의 전투기

✈ 제로센의 슬라이드식 캐노피

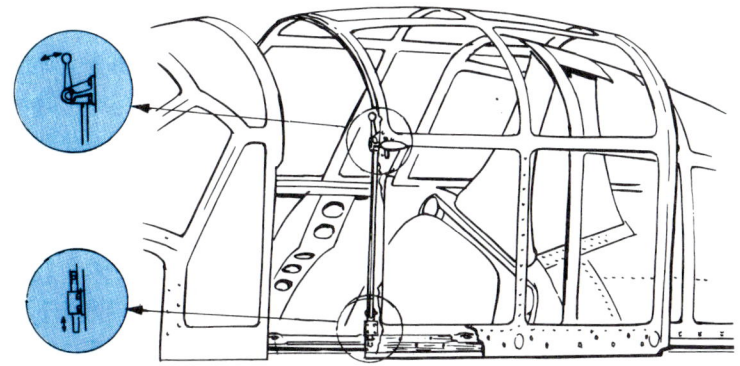

앞뒤로 슬라이드하는 캐노피는 기체가 뒤집어져 파일럿이 갇히는 경우를 대비하여 외부에서 록을 해제할 수 있게 되어 있다.

✈ 스핏파이어 Mk.VII의 좌석

제로센이나 스핏파이어 모두 테일기어식 단발기이므로, 지상 이동이나 이착륙 시에는 좌석 레버를 당겨 좌석을 높여서 시야를 확보한다. 좌석 높낮이는 대개 유압으로 조절하지만 개중에는 제로센처럼 고무줄 방식도 있다.

조종석은 쾌적성도 요구되긴 하지만 파일럿의 생명을 지키려는 고민과 노력도 담겨 있다. 아래 그림(왼쪽)의 제로센 시트는 일반적인 방식이며 낙하산은 엉덩이 밑에 깔다. 대전 말기의 시트(오른쪽)는 등 뒤에 천으로 된 오렌지색 백이 있고 백 안에는 서바이벌 용품이 들어 있다. 백에서 튀어나온 붉은색 손잡이를 당기면 압축 공기로 고무 보트가 만들어진다. 돛과 돛대, 낚싯바늘, 식물-어류 도감(식용이나 독성 여부를 알기 위해) 등도 들어 있었다고 한다.

✈ 긴급 상황용 백을 장비한 좌석

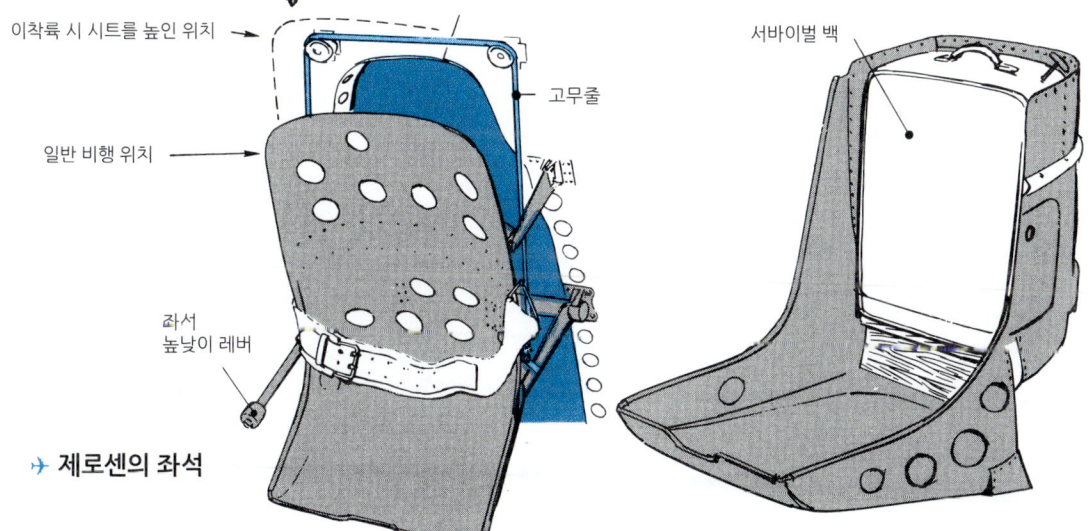

✈ 제로센의 좌석

2-23. 캐노피의 변천(1)

초기의 전투기 조종석은 개방형이라 바람이 들이치는 것이 당연했고, 포커 D.VIII처럼 파일럿의 얼굴에 바람이 닿지 않도록 소형 바람막이를 덧댄 기체가 점점 늘어났다. 그러나 고속으로 고공을 나는 시대가 되자 공기역학(공력)을 고려한 밀폐형 캐노피가 등장한다. 1930년대 후반부터 등장하는데, 처음에는 시야가 나쁘고 압박감도 있는데다 직접 기류를 느낄 수 없다는 이유 등을 들먹이며 파일럿이 외면하는 사례가 많았던 듯하다. 때문에 밀폐형으로 완성했다가 도중에 개방형으로 되돌린 사례도 있었다. 시기적으로는 복엽기가 모습을 감추고 단엽 저익기 시대로 접어들 무렵이며, 수납식 바퀴다리를 도입한 시기하고도 맞물린다. 개방형 복엽기의 경우, 전복 시에 윗날개가 롤바 역할을 하지만 단엽 저익기는 파일럿의 머리를 보호할 방법도 마련해야만 했다. 그리고 점점 밀폐형 캐노피가 주류가 되긴 하지만, 같은 기체에서도 형상에 개량을 가하는 한편으론 끝끝내 동일한 형상을 고수하는 등 갖가지 양상을 띠었다.

✈ 글로스터 글래디에이터 (영국의 마지막 복엽 전투기)

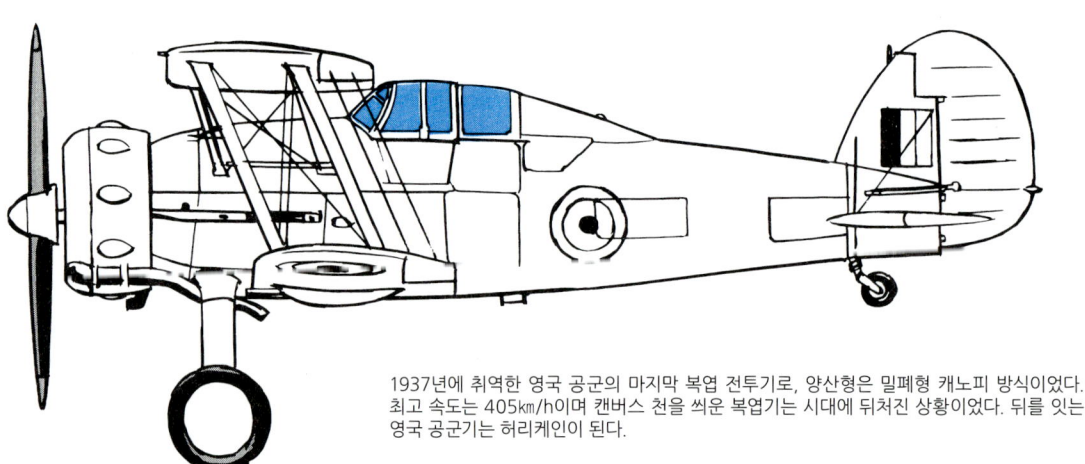

1937년에 취역한 영국 공군의 마지막 복엽 전투기로, 양산형은 밀폐형 캐노피 방식이었다. 최고 속도는 405㎞/h이며 캔버스 천을 씌운 복엽기는 시대에 뒤처진 상황이었다. 뒤를 잇는 영국 공군기는 허리케인이 된다.

✈ 마키 MC.200 사에타 (이탈리아)

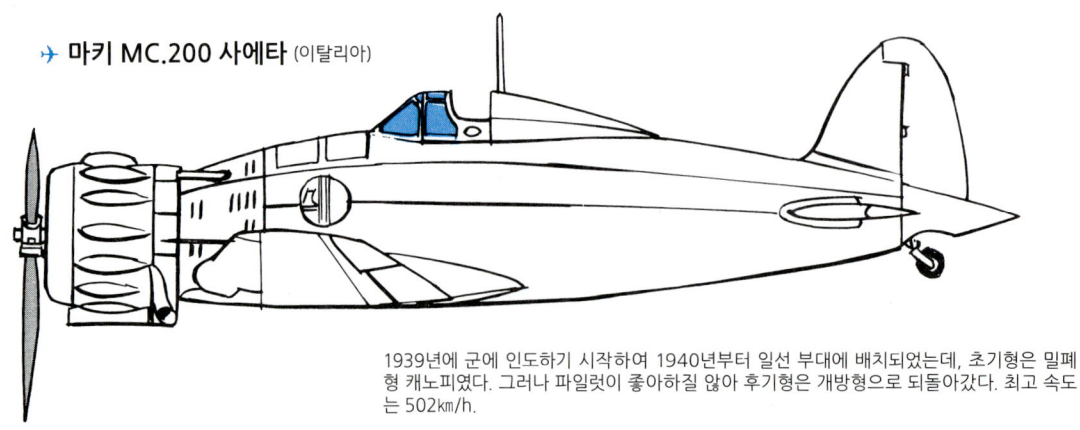

1939년에 군에 인도하기 시작하여 1940년부터 일선 부대에 배치되었는데, 초기형은 밀폐형 캐노피였다. 그러나 파일럿이 좋아하질 않아 후기형은 개방형으로 되돌아갔다. 최고 속도는 502㎞/h.

제2차 세계대전당시의 전투기

✈ 메서슈미트 Bf109 (독일)

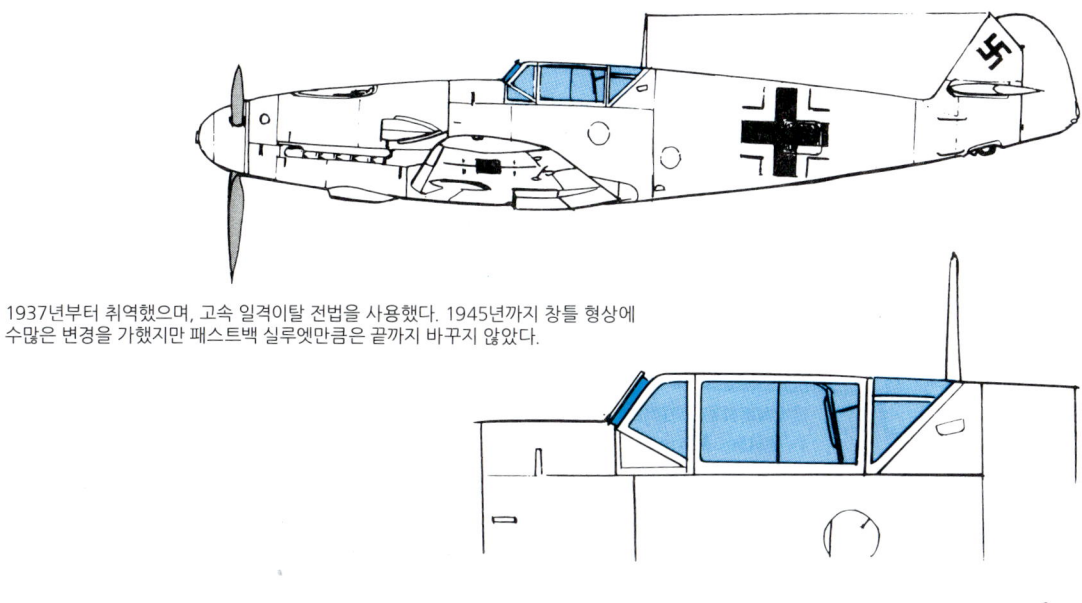

1937년부터 취역했으며, 고속 일격이탈 전법을 사용했다. 1945년까지 창틀 형상에 수많은 변경을 가했지만 패스트백 실루엣만큼은 끝까지 바꾸지 않았다.

✈ 리퍼블릭 P-47 선더볼트 (미국)

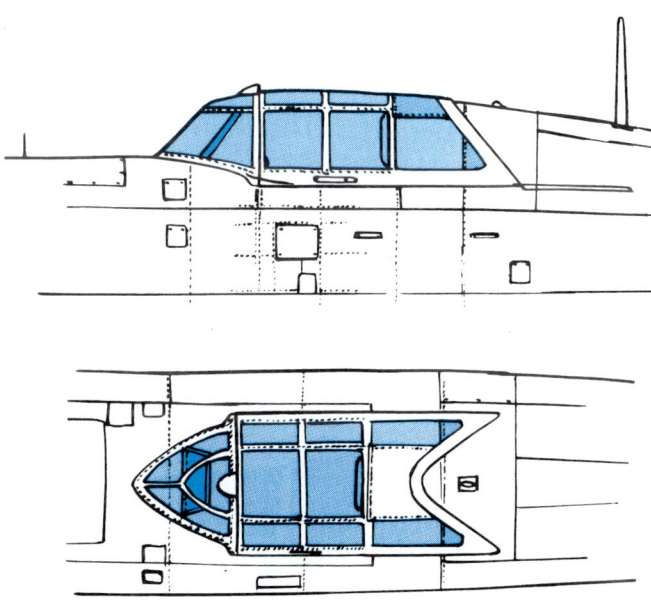

앞캐노피 위쪽에 백미러를 붙이고, 2분할된 정면 유리창 안쪽에 방탄 유리가 있다. P-47의 패스트백 스타일은 따로 '레이저백(Razor-Back)이라 불린다.

넓은 시야와 공기역학을 동시에 추구하며 밸런스를 잡고자 고안된 형태가 배처럼 앞끝이 뾰족한 캐노피. P-47 선더볼트의 캐노피 형태는 정류 효과가 좋아 보이나 당시는 비스듬한 평면 유리가 캐노피 프런트 스크린의 주류이던 시대였고, 훗날 몇몇 제트기에서 다시금 보이게 된다. 이후, 캐노피는 아래 그림처럼 물방울형 캐노피로 진화했다.

일본 전투기가 경량화를 우선시한 것과 정반대로 이 P-47은 굵직한 동체에 일반 단엽기의 2배 이상 무거운 중전투기였지만, 이를 고출력 엔진으로 커버하는 방식이었다.

85

2-24. 캐노피의 변천(2)

✈ **미쓰비시 96식 함상 전투기** (일본의 첫 저익 단엽기)

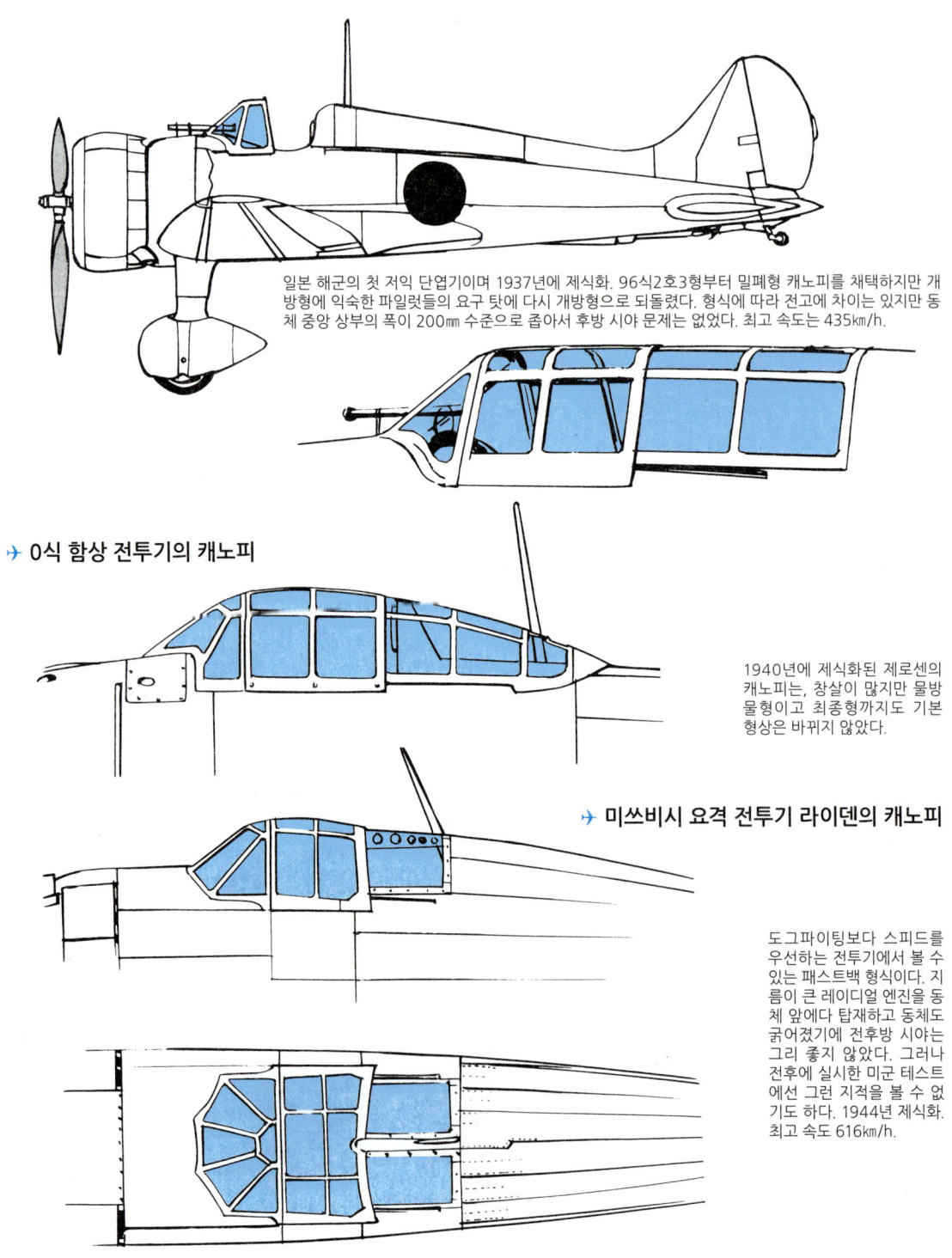

일본 해군의 첫 저익 단엽기이며 1937년에 제식화. 96식2호3형부터 밀폐형 캐노피를 채택하지만 개방형에 익숙한 파일럿들의 요구 탓에 다시 개방형으로 되돌렸다. 형식에 따라 전고에 차이는 있지만 동체 중앙 상부의 폭이 200㎜ 수준으로 좁아서 후방 시야 문제는 없었다. 최고 속도는 435㎞/h.

✈ **0식 함상 전투기의 캐노피**

1940년에 제식화된 제로센의 캐노피는, 창살이 많지만 물방울형이고 최종형까지도 기본 형상은 바뀌지 않았다.

✈ **미쓰비시 요격 전투기 라이덴의 캐노피**

도그파이팅보다 스피드를 우선하는 전투기에서 볼 수 있는 패스트백 형식이다. 지름이 큰 레이디얼 엔진을 동체 앞에다 탑재하고 동체도 굵어졌기에 전후방 시야는 그리 좋지 않았다. 그러나 전후에 실시한 미군 테스트에선 그런 지적을 볼 수 없기도 하다. 1944년 제식화. 최고 속도 616㎞/h.

제2차 세계대전당시의 전투기

1938년에 데뷔한 스핏파이어는 메서슈미트 Bf109나 포케불프 Fw190과 벌인 공중전으로 널리 유명하다. 엔진을 비롯한 각종 성능 향상 개량을 수차례 거치며 영국의 주력 전투기로 자리매김했지만 제2차 대전 이후에도 한동안 현역기로 취역하고 있었다. 그런 사정 때문인지 캐노피 형상도 상당한 변화를 거듭했다. 처음에는 고전적인 패스트백 스타일이었지만 점차 둥그스름해지다 결국에는 전형적인 물방울(티어드롭)형이 된다. 초기형의 최고 속도는 525km/h였으나 멀린 61 엔진을 얹은 Mk.VII은 687km/h로 향상. 더욱이 최종형은 720km/h를 넘는 속도를 기록했다. 이와 같은 캐노피 변천 양상은 다음 페이지의 P-51 머스탱에서도 볼 수 있다.

✈ 스핏파이어의 캐노피 변천

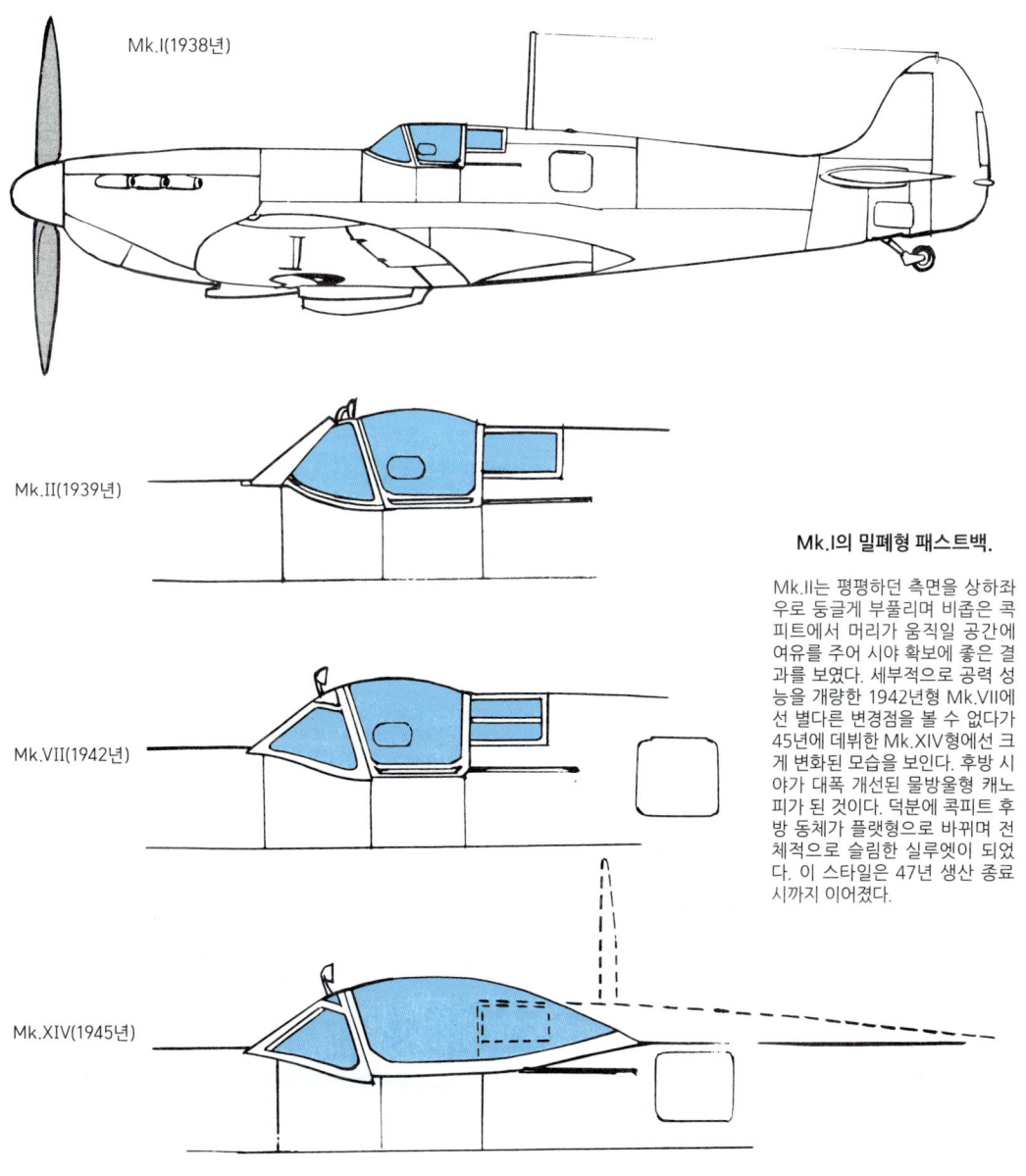

Mk.I의 밀폐형 패스트백.

Mk.II는 평평하던 측면을 상하좌우로 둥글게 부풀리며 비좁은 콕피트에서 머리가 움직일 공간에 여유를 주어 시야 확보에 좋은 결과를 보였다. 세부적으로 공력 성능을 개량한 1942년형 Mk.VII에선 별다른 변경점을 볼 수 없다가 45년에 데뷔한 Mk.XIV형에선 크게 변화된 모습을 보인다. 후방 시야가 대폭 개선된 물방울형 캐노피가 된 것이다. 덕분에 콕피트 후방 동체가 플랫형으로 바뀌며 전체적으로 슬림한 실루엣이 되었다. 이 스타일은 47년 생산 종료 시까지 이어졌다.

2-25. 캐노피 및 승강 장치

✈ P-51 머스탱의 캐노피 변천

패스트백형 캐노피

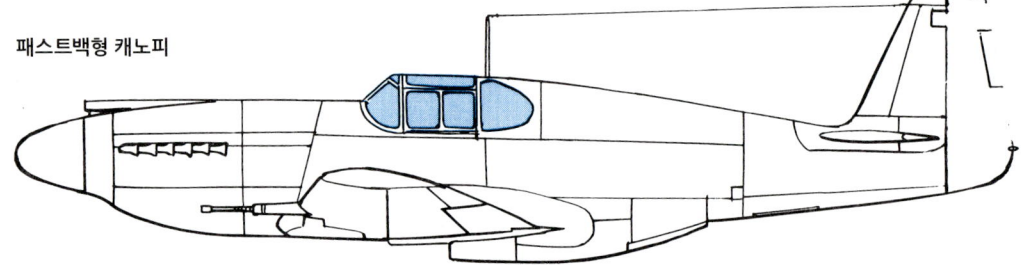

멀콤형 캐노피

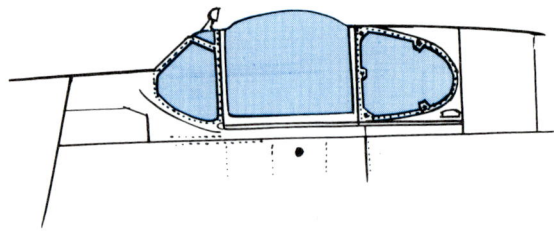

1942년에 데뷔. 미군의 비공식 호칭은 아파치였지만 영국 공군이 명명한 머스탱이 훨씬 유명하다. 앨리슨 1710-81 엔진을 탑재한 I형은 패스트백 캐노피였지만, P-51B(1944년)는 시야를 개선한 말콤 캐노피로 교체하였다. 그러나 그 바로 뒤에 출현한 P-51D는 물방울형 캐노피가 되었다. 이에 맞춰 콕피트와 후방 동체를 재설계하였고 창살을 없앤 캐노피가 출현했다. P-51도 이 이후부턴 같은 스타일을 유지했다.

물방울형 캐노피

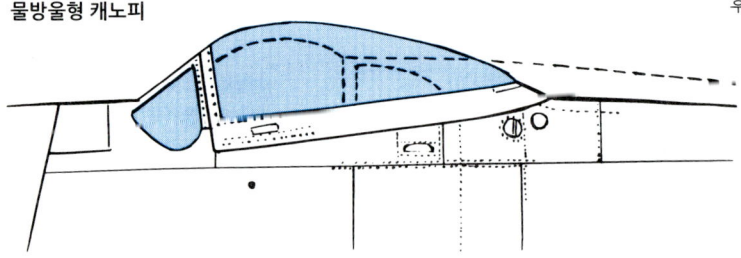

✈ P-51 머스탱의 콕피트 개폐 방식

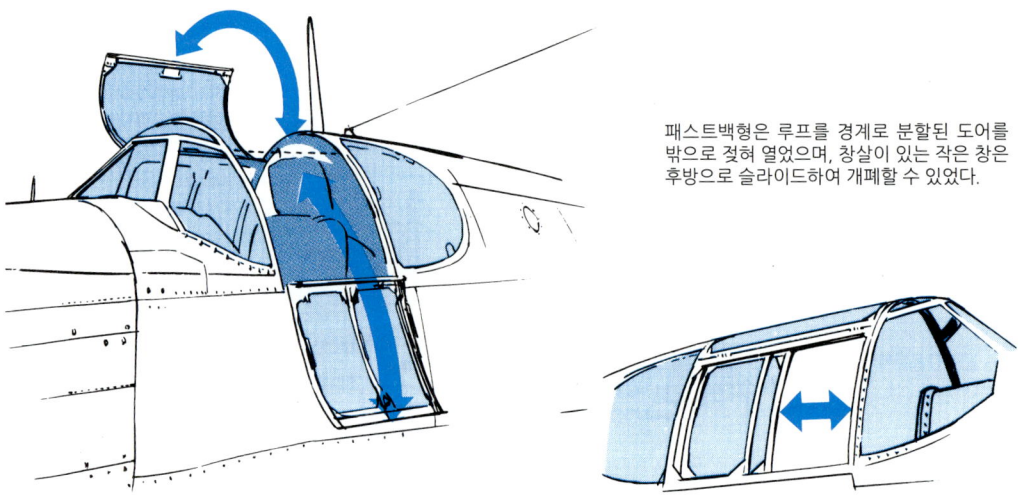

패스트백형은 루프를 경계로 분할된 도어를 밖으로 젖혀 열었으며, 창살이 있는 작은 창은 후방으로 슬라이드하여 개폐할 수 있었다.

제2차 세계대전당시의 전투기

✈ 스핏파이어의 탑승용 도어

도어는 왼쪽에만 있는데, 비좁은 콕피트에 앉을 때 도움이 된다. 캐노피는 슬라이드식이며 앞뒤로 이동할 수 있다. 도어는 캐노피 레일 아래쪽에 있지만 힘이 걸리는 부분을 절개한 구조라 강성 확보에는 불리했다.

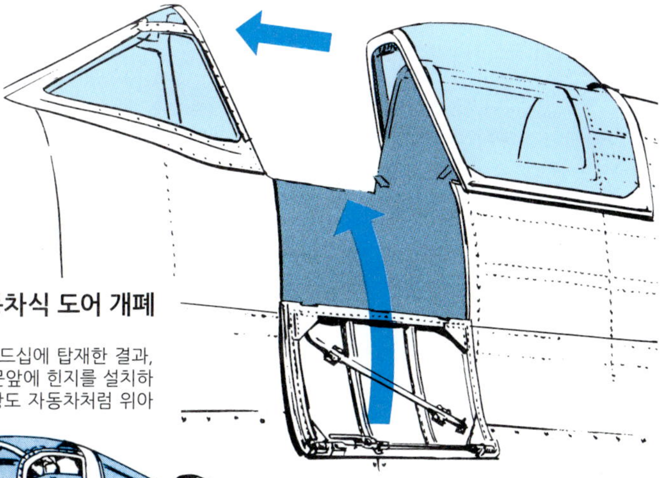

✈ 벨 P-39 에어라코브라의 자동차식 도어 개폐

엔진을 콕피트 바로 뒤쪽 미드십에 탑재한 결과, 승강용 도어는 자동차처럼 문앞에 힌지를 설치하고 옆으로 개폐. 도어 유리창도 자동차처럼 위아래로 여닫힌다.

✈ 미쓰비시 전투기 히엔의 동체 (좌석) 치수

일본은 레이디얼 엔진을 탑재한 기체가 다수이기에 동체 폭을 좁히고자 고심했는데, 이 기체만큼은 수랭식 엔진을 탑재한 탓에 좌석도 상당히 비좁고 시트 둘레로 세로대가 통하는 등 콤팩트화에 들인 노력이 엿보인다.

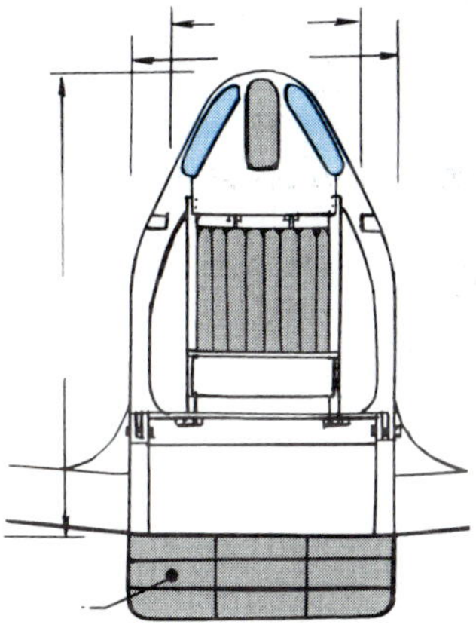

✈ 2식 단좌 전투기 쇼키의 캐노피 주변

쇼키는 지름 1,263㎜짜리 공랭식 레이디얼 엔진 하-109를 탑재했다고는 여겨지지 않을 만큼 동체 좌우를 콤팩트하게 좁혔다. 캐노피 위치에서 동체 폭 1m, 콕피트 출입구 폭은 60㎝에도 채 못미쳤던 것이다(모두 추정 치수). 탈출용 쪽문을 설치한 것은 전복 시에 콕피트로부터 탈출하기 편하게 하려는 이유 때문이며, 평소에는 쪽문은 닫은 채 캐노피만 후방으로 슬라이드해서 타고내린다.

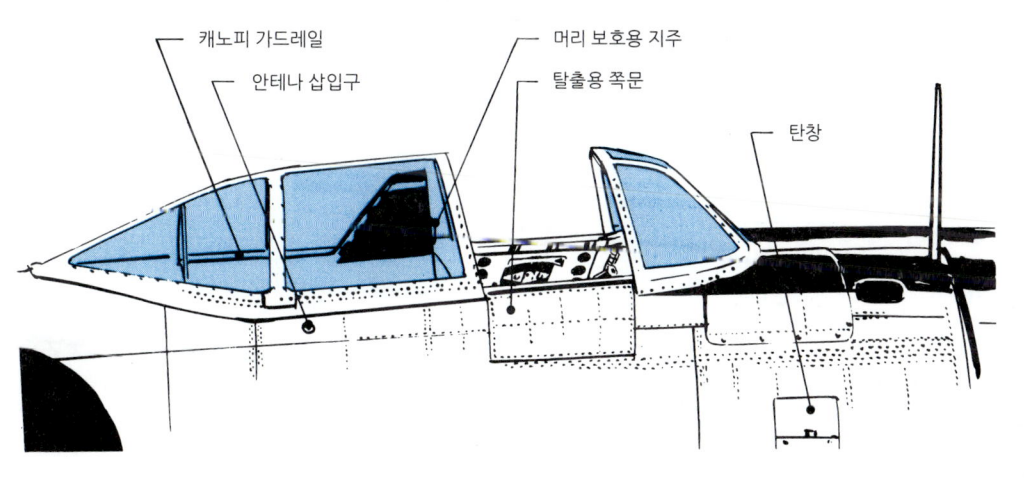

캐노피 가드레일 — 머리 보호용 지주
안테나 삽입구 — 탈출용 쪽문
— 탄창

2-26. 주날개의 구조

고속화 추세와 더불어 날개 면적은 늘리지 않아도 괜찮았지만, 날개에 걸리는 압력은 커져서 강도나 강성 확보와 동시에 경량화라는 상반된 요소를 둘 다 충족시켜야 한다는 기술상의 과제가 대두했다. 더욱이 주날개에는 기총 탑재나 연료 탱크용 공간 확보라는 조건이 더해져, 설계 및 제작에서 그러한 기술적인 문제를 극복해야만 했다. 대다수 전투기는 골조가 되는 날개보나 외판은 강도를 높인 초초두랄루민(ESD)을 사용하고 있다. 골조의 단면은 대개 I자 구조인데, 일부는 상자형 단면도 있고 주날개 외판 두께도 힘이 걸리는 곳과 그렇지 않은 곳에 차이를 두는 식으로 대응한다. 충분한 강도를 얻으면서도 가벼워야만 하므로 리브나 벌크헤드 부분도 경량화를 위해 구멍을 내거나 일부는 트러스 구조를 선택하는 등 고심의 흔적을 곳곳에서 볼 수 있다.

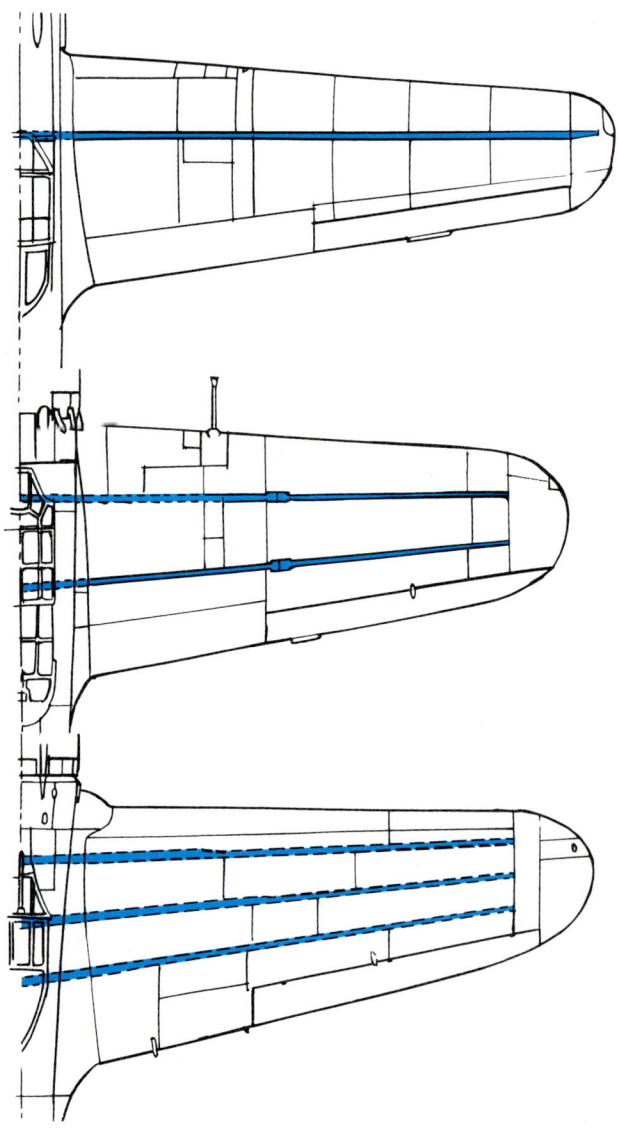

✈ 3식 전투기 히엔

강도 확보용 날개보는 1개 뿐이지만 상자형 단면이며 좌우 날개를 관통한다. 날개보의 너비(길이 방향)는 일정하지만 두께(높이 방향)는 힘이 걸리는 기체 중심에 가까워질수록 두껍다. 심플하면서도 강도를 올리는 데 성공한 사례다.

✈ 0식 전투기 52형

날개보는 2개이며 I자형 단면이다. 재료 또한 초초두랄루민을 사용하였다. 안날개와 바깥날개 결합부엔 결합용 나사 구멍이 나 있고, 그 부분은 강도가 떨어지지 않도록 날개보의 폭을 넓혔다.

✈ 1식 전투기 하야부사

세 줄짜리 날개보는 I자 단면이며 위에 외판을 덮는 구조인데, 초기에 주날개 파손으로 말미암은 추락 사고가 일어났다. 세 줄짜리 날개보 치곤 강도가 부족하고 급강하하면 주날개에 주름이 가서 속도도 제한되었다. 날개보의 간격이 좁아서 기관총을 주날개에 설치할 수 없으므로 무장은 기수의 12.7㎜ 기총 2정(1형은 7.7㎜ 2정)이 고작일 만큼 빈약한 수준이었다. 연료 탱크도 날개보에 맞춰 좌우로 긴 형상이었다.

✈ 히엔의 주날개 외판 두께 분석

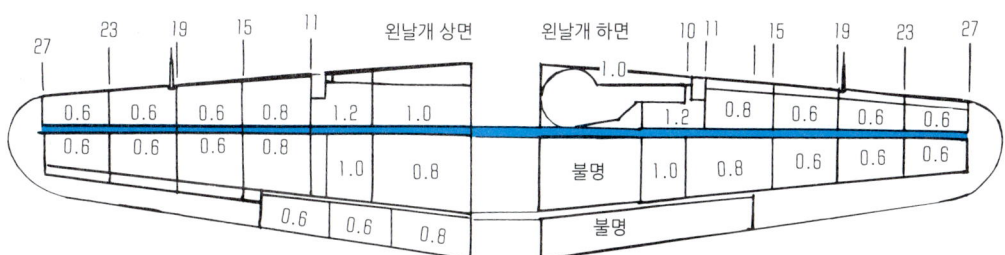

1g이라도 가볍게 하고자 주날개 외판 두께도 필요 최소한이 된다. 당연하지만 힘이 걸리는 날개뿌리 부분과 앞전 부근은 두꺼운 판재를 쓰고, 익단과 뒤쪽으로 갈수록 얇아진다. 위 그림에서 일렬 숫자들은 리브 번호.

✈ 제로센의 주날개 구조

I자 단면 날개보와 외판이 공기 저항을 적게 받도록 표면을 매끈하게 다듬고, 강성을 높이기 위해 리브는 트러스 구조를 채택했다.

좌우 날개는 테이퍼 날개에 익단은 심플한 포물선 형상이며, 접합면은 면적을 늘려 강도 확보를 꾀했다.

꼬리날개 형상이 다르다

어떤 형태가 더 뛰어나다고는 할 수 없지만, 꼬리날개도 형상은 저마다 크게 다르다. 나카지마 전투기들은 수직꼬리날개가 수평꼬리날개보다 뒤쪽에 있는데, 이는 세로 방향 안정성과 사격 명중률을 높이기 위해서라고 한다. 한편, 커세어는 수직꼬리날개가 수평꼬리날개보다 앞에 있는데, 그렇다고 사격 안정성이 떨어진다는 불만은 들리지 않았다.

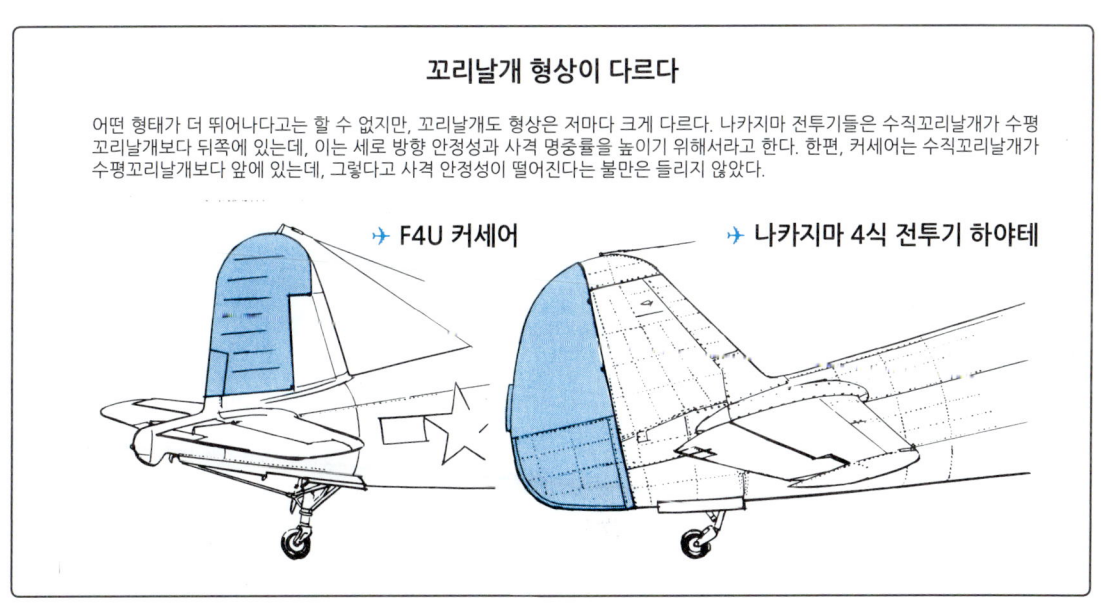

✈ F4U 커세어　　✈ 나카지마 4식 전투기 하야테

2-27. 히엔으로 보는 동체 부위의 구조

일본 전투기는 대개 급강하 속도에 한계가 있고, 속도 증가에 따라 진동이나 방향타 움직임에 문제가 있거나 날개에 주름이 생기는 단점이 있는데다 최악의 경우에는 공중 분해되기도 하였다. 그러나 히엔은 주날개의 상자형 날개보를 비롯하여 심플하면서도 견고한 구조가 특징일만큼 터프한 기체였다. 동체는 타 기체의 사례와 마찬가지로 메인 세로대 4개가 강성 확보의 핵심이 되고, 이들 세로대가 기수 부위에서 엔진 마운트 역할을 맡는다. 그리고 동체 제12 프레임 위치를 기점으로 둘로 나눠 따로 생산하고 마지막에 이 부분만 결합하면 동체가 완성된다.

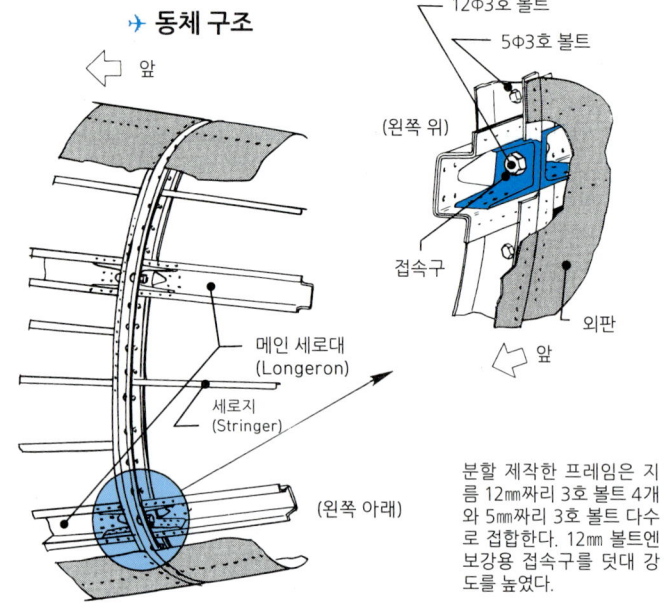

✈ 동체 구조

메인 세로대 (Longeron)
세로지 (Stringer)
(왼쪽 위)
접속구
외판
(왼쪽 아래)
12Φ3호 볼트
5Φ3호 볼트
앞

분할 제작한 프레임은 지름 12㎜짜리 3호 볼트 4개와 5㎜짜리 3호 볼트 다수로 접합한다. 12㎜ 볼트엔 보강용 접속구를 덧대 강도를 높였다.

✈ 주날개와 동체 접합부

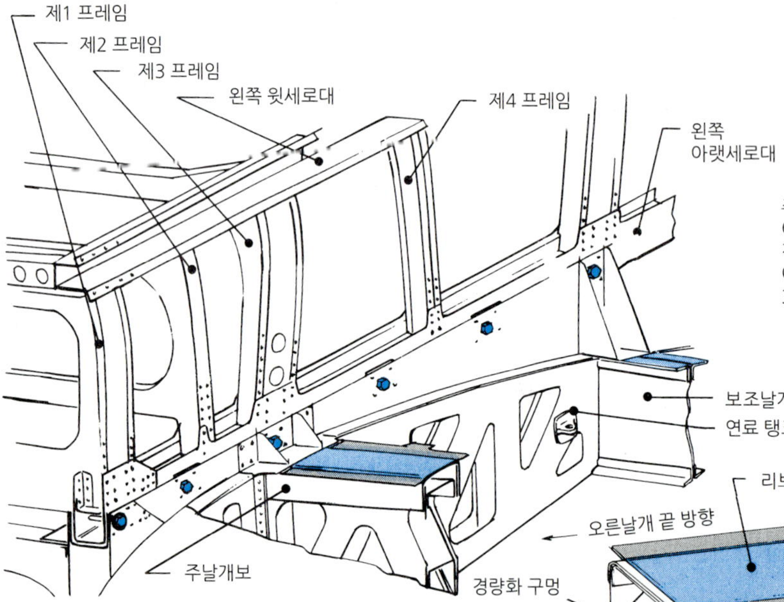

주날개와 동체 결합부는 가장 힘을 많이 받는 부위로, 한쪽에 볼트 6개로 체결한다. 힘이 걸리는 부분은 볼트도 굵어지며, 6개 볼트는 16㎜, 12㎜, 10㎜ 3가지 굵기를 사용하였다.

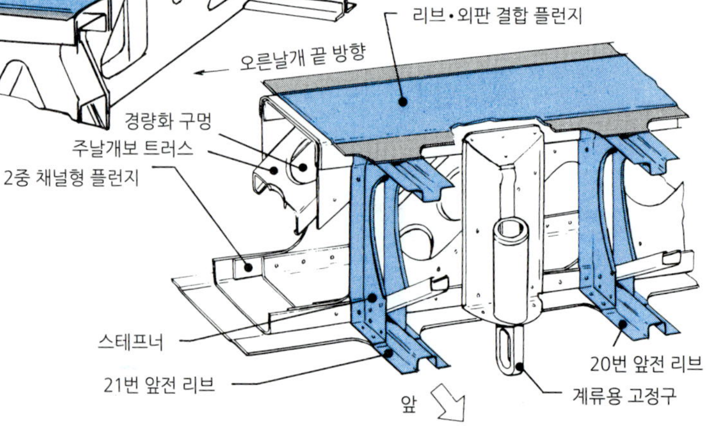

제1 프레임
제2 프레임
제3 프레임
왼쪽 윗세로대
제4 프레임
왼쪽 아랫세로대
주날개보
보조날개보
연료 탱크 장착구
리브·외판 결합 플런지
오른날개 끝 방향
경량화 구멍
주날개보 트러스
2중 채널형 플런지
스테퍼너
21번 앞전 리브
20번 앞전 리브
계류용 고정구
앞

✈ 주날개의 상자형 단면 형상

주날개보는 대개 I자 단면형이지만 상자형은 폐쇄 단면 구조이므로 강도나 강성 확보에 유리하며, 이는 히엔의 견고한 구조의 밑바탕이 되었다고 해도 좋다. 이 날개보 위에다 날개 외판을 리벳으로 고정하였다.

✈ 세미 모노코크 엔진 마운트부

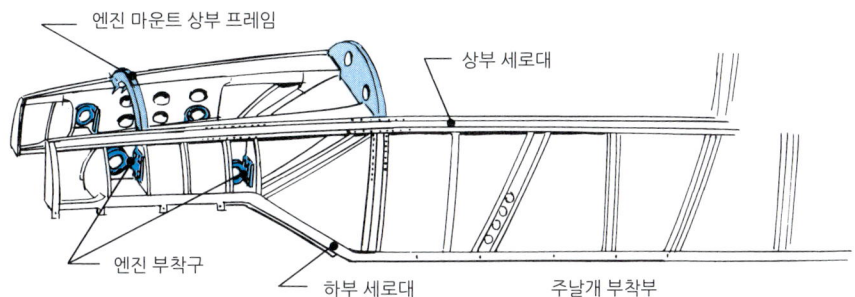

주날개 부착부로부터 앞쪽으로 뻗는 하부 세로대는 기수 부분에서 휘면서 엔진을 마운트한다. 세로대 4개로 엔진을 둘러싸며 튼튼히 고정하는 것이다.

✈ 엔진 부착구의 앞부분 단면

세로대 4개는 각각 1군데씩, 총 4군데에 엔진 마운트용 고정구가 붙는다. 이 고정구는 원형이며 중심에는 축이 관통한다. 엔진의 진동을 억제하기 위해 축을 흡진 고무가 감싸는 구조이다. 공랭식 엔진 경우도 마운트 방식은 마찬가지로, 메인 세로대 4개와 엔진 마운트를 접속하여 엔진을 결합한다.

수평 안정판 뒷들보 단면

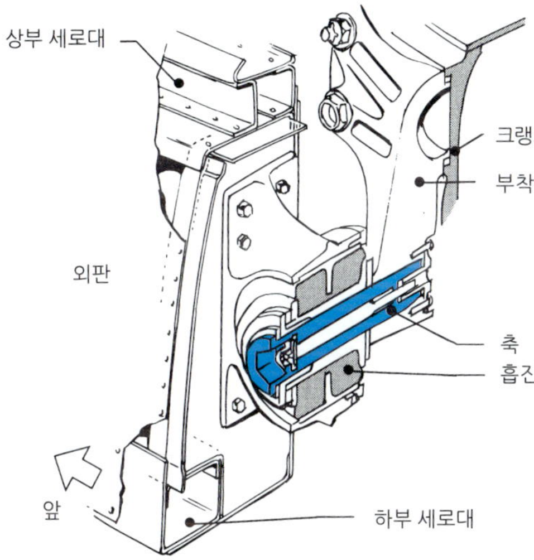

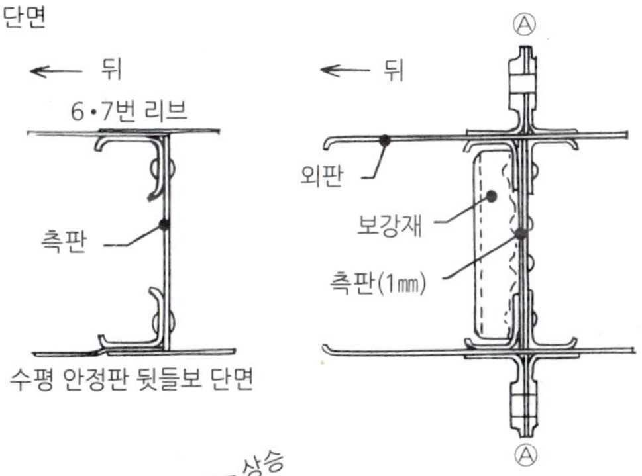

✈ 수평 안정판 뒷들보 및 승강타 샤프트

(뒷들보를 뒤쪽에서 본 모습)

안정된 움직임을 유지하려면, 비행 제어와 관계된 부분은 작동을 원활하게 하기 위해 유격이나 저항이 없도록 고정이나 보호를 확실히 할 필요가 있다.

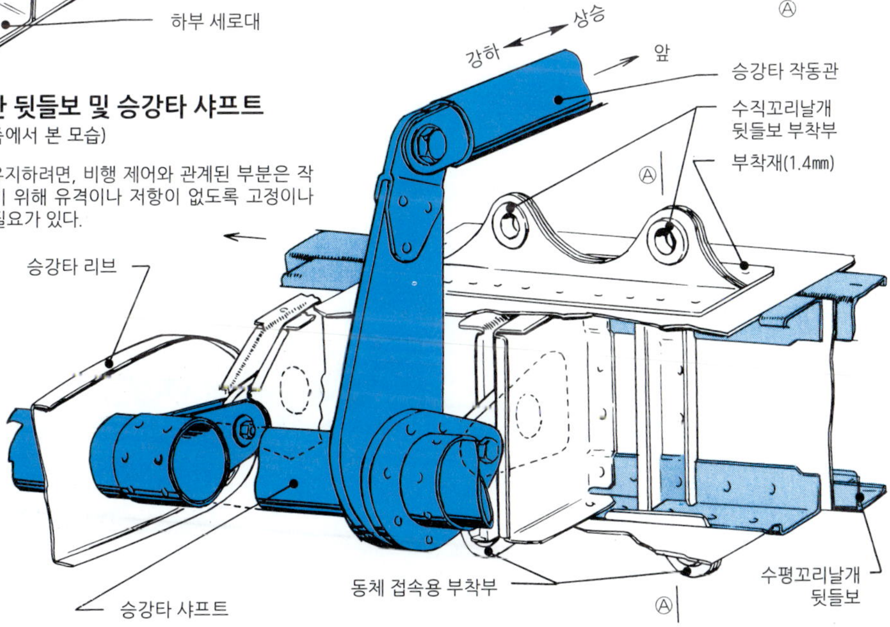

2-28. 방탄 장치 및 탑승원 보호

방탄은 파일럿 보호가 최우선 사항이며, 다음으로 화재를 막기 위한 연료 탱크 보호나 엔진 및 냉각계 보호, 탄약 폭발을 막기 위한 방탄 장치 등을 생각할 수 있다. 피탄 가능성이 큰 기체 후방은 파일럿의 머리, 연료 탱크 피탄으로 인한 누출 방지가 중점사항, 그리고 기체 전방에 쏟아지는 포화에 대비하여 방탄 유리 캐노피로 파일럿의 안면을, 계기판 앞쪽에 방탄판을 설치하여 가슴을 보호한다. 엔진 자체는 총탄으로부터 파일럿을 보호하기도 하지만 피탄으로 인한 트러블은 치명적일 가능성도 있으므로 카울 부분을 방탄재로 감싼 기체도 있다. 어느 방식이든 정면과 후방 보호가 기본이며, 횡방향(측면)과 탄약 보호가 그다음, 그리고 나서 기체 하면을 강화한다. 요컨대 중요도와 피탄 확률의 차이가 방탄 두께를 결정하는 기준이 되는 것이다.

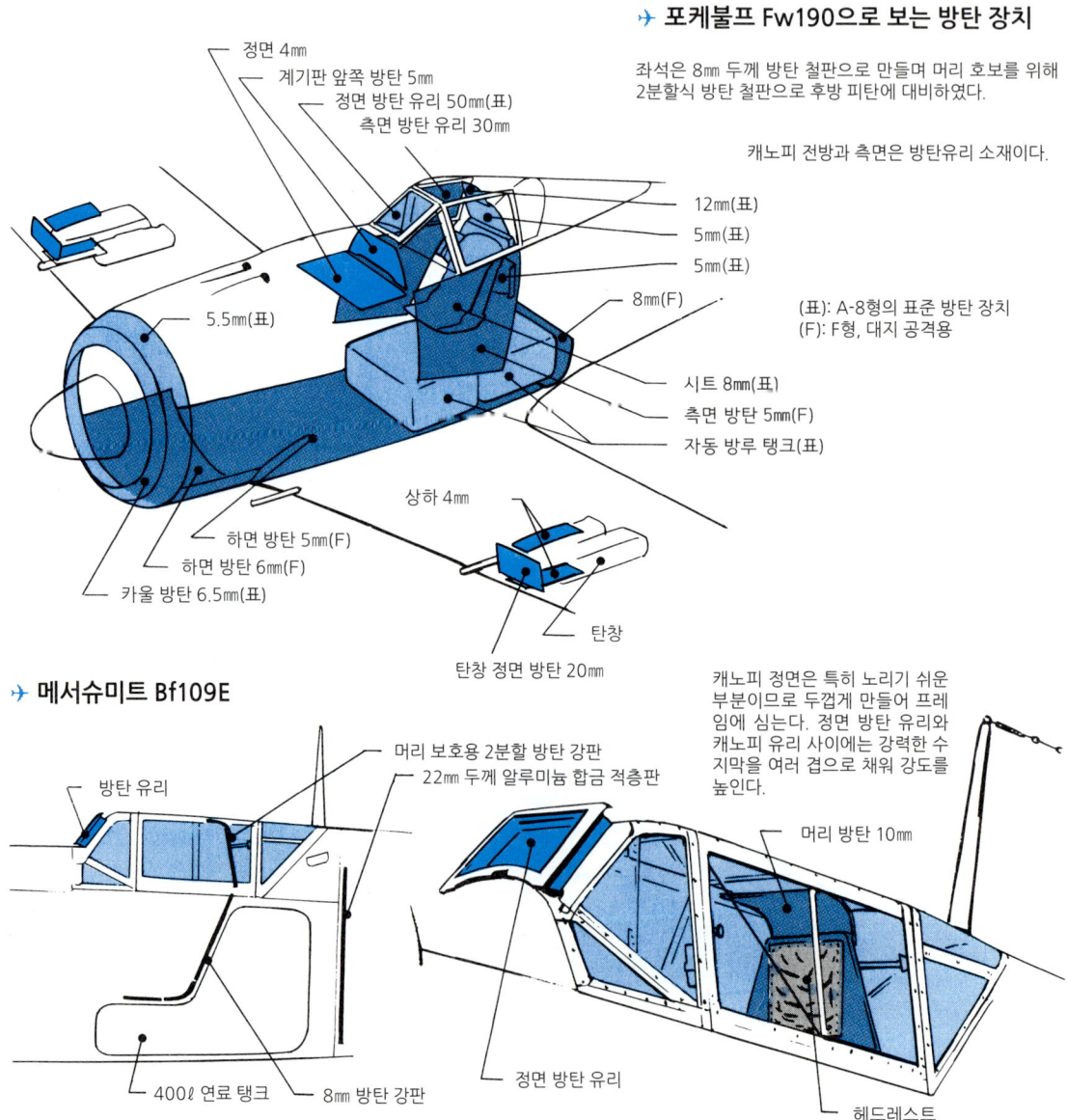

제2차 세계대전당시의 전투기

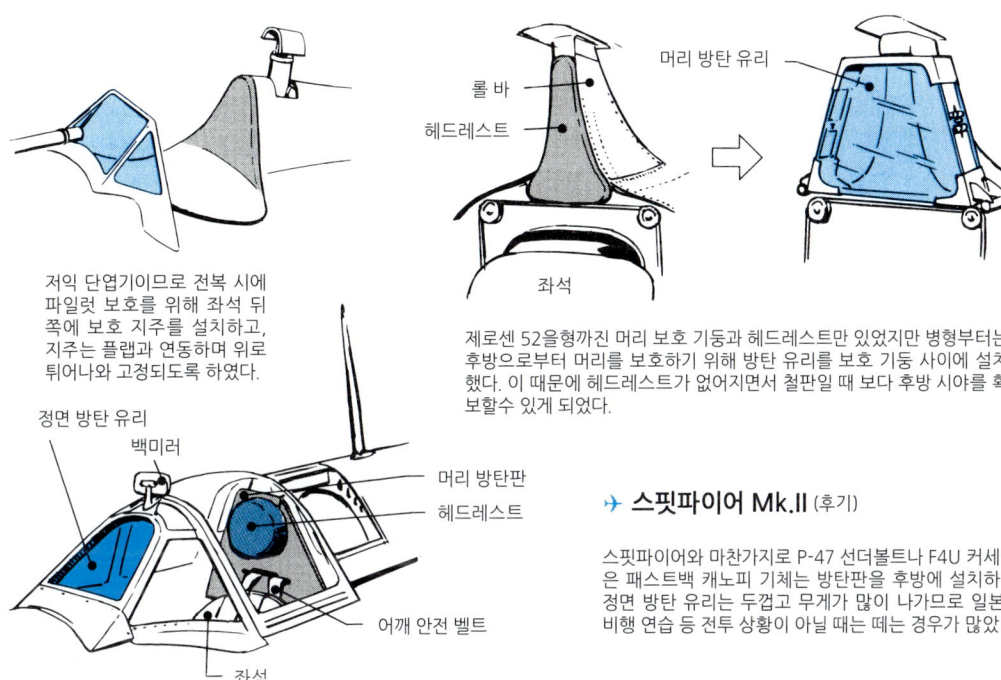

✈ 96식 함상 전투기의 머리 보호용 지주

저익 단엽기이므로 전복 시에 파일럿 보호를 위해 좌석 뒤쪽에 보호 지주를 설치하고, 지주는 플랩과 연동하며 위로 튀어나와 고정되도록 하였다.

✈ 제로센 52형의 머리 보호

제로센 52을형까진 머리 보호 기둥과 헤드레스트만 있었지만 병형부터는 후방으로부터 머리를 보호하기 위해 방탄 유리를 보호 기둥 사이에 설치했다. 이 때문에 헤드레스트가 없어지면서 철판일 때 보다 후방 시야를 확보할수 있게 되었다.

✈ 스핏파이어 Mk.II (후기)

스핏파이어와 마찬가지로 P-47 선더볼트나 F4U 커세어 같은 패스트백 캐노피 기체는 방탄판을 후방에 설치하였다. 정면 방탄 유리는 두껍고 무게가 많이 나가므로 일본기는 비행 연습 등 전투 상황이 아닐 때는 떼는 경우가 많았다.

✈ 97식 전투기의 탈출용 동체 하면 해치

밀폐형 중 기체가 뒤집혔을 때 탈출 공간을 확보할 수 없을 경우를 대비해 동체 하면에 탈출용 해치를 설치한 기체가 있었다. 시트 등받이를 넘기고 하면 해치 록을 해제하여 연다. 그러나 조종석 후방에 무전기나 가스 봄베 등을 탑재하면서 하면 해치는 사용하지 않게 되었다.

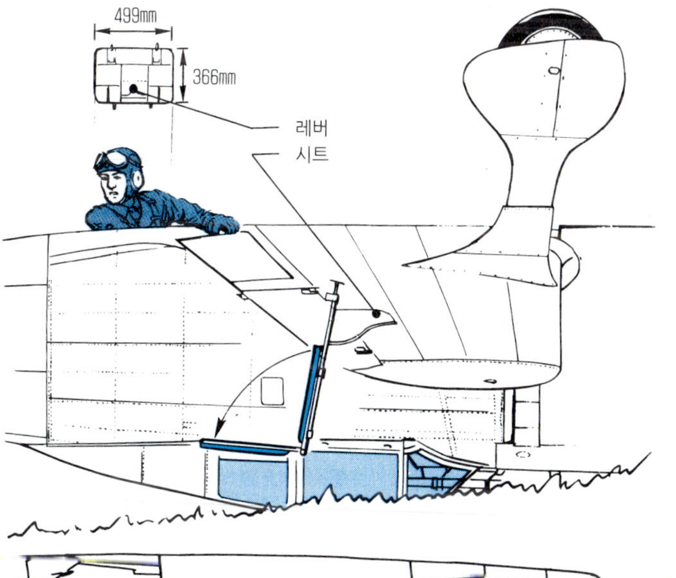

✈ 2식 단좌 전투기 쇼키의 전복 시 탈출 도어

전복 시 캐노피를 열 수 있더라도 기체와 지면 사이의 공간이 좁아 탈출하기 곤란한 경우를 대비하여, 콕피트 좌우의 탈출용 도어를 열 수 있었다. 그러나 이 위치엔 세로대가 지나가므로 강도상 커다란 개구부를 확보하기는 어렵다.

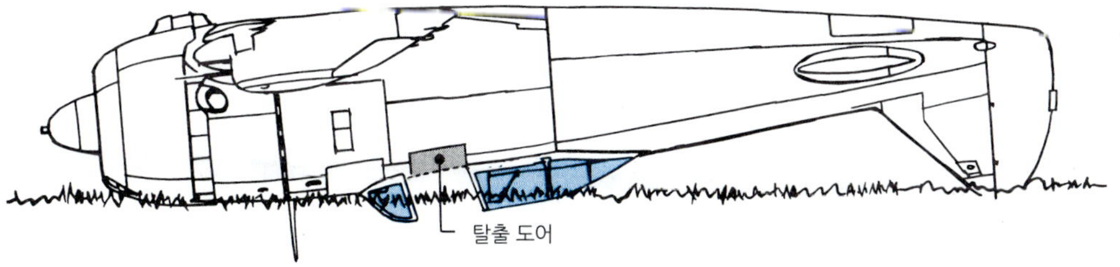

2-29. 제동 장치(어레스팅 훅)와 바퀴

제2차 대전 중에 공기 저항에 불리했던 고정식 바퀴다리에서 수납식 바퀴다리로 변하는 변화의 물결이 있었지만, 구조적으로는 고정식 쪽이 심플하고 경량이라는 이점이 있었다.

아래 그림에서 일본의 첫 단엽 전투기인 96식 함상 전투기는 고정식 바퀴다리이다. 설계 당시 주바퀴는 500×125㎜로 소형이었지만 실용화했을 당시엔 650×125㎜로 대형화되었다. 이 시대의 타이어는 고압(5kg/㎠ 정도)이었는데 초원이나 진창에서 이착륙할 때는 저압 타이어를 따로 마련하였다. 주바퀴는 드럼 브레이크 방식이었는데, 기다란 육상 활주로에선 괜찮지만 항모 갑판에선 충분한 제동력을 낼 수 없었다. 항모 갑판 길이는 소형 항모는 200m, 대형이라도 250m 정도에다 이마저 다 쓸 순 없다. 고작해야 1/3 길이(70~80m)로 착륙해내야만 했고, 이 때문에 항모 갑판에는 기체를 훅으로 붙잡는 제동끈을 설치해 놓았다. 이 끈으로 활주를 강제로 세우고, 그래도 서지 않는 기체는 바다로 떨어지지 않도록 펼쳐 놓은 캐치 네트에 걸리게끔 한 것이다.

✈ 96식 함상 전투기의 주바퀴와 브레이크

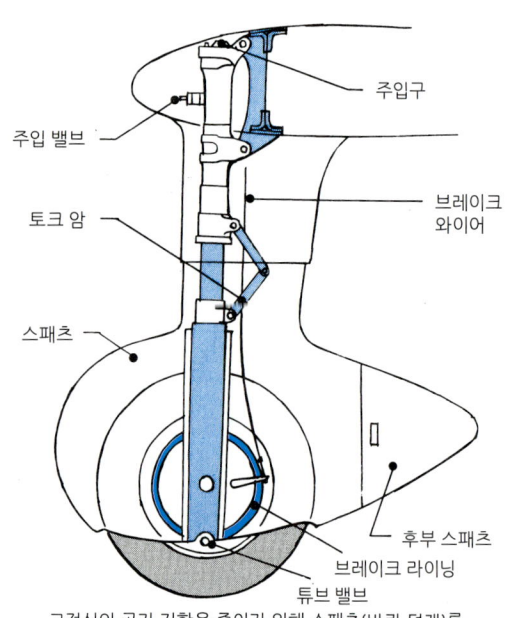
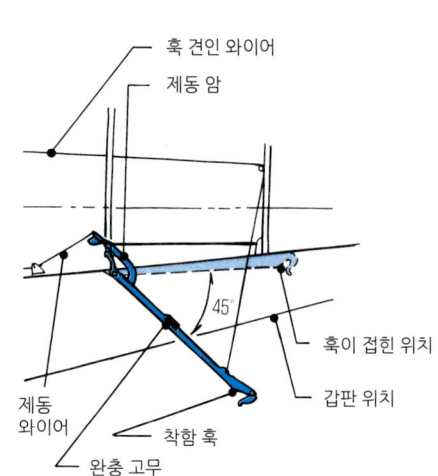

고정식의 공기 저항을 줄이기 위해 스패츠(바퀴 덮개)를 부착하고 충격을 흡수하기 위해 서스펜션을 장착했다.

96식2호3형 함상 전투기의 착함 속도는 108㎞/h 정도이며, 연료 탱크에 거의 잔량이 없는 상태이더라도 1,300㎏나 하는 기체를 겨우 50m 활주 길이로 확실하게 멈춰 세워야만 했다.

✈ 제1차 대전 당시의 썰매식 브레이크

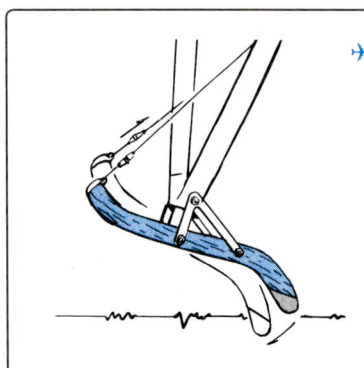

초기에는 바퀴에 브레이크가 없는 기체가 많았고, 대개 착륙 속도 50㎞/h 정도에 경량(1,000㎏ 정도)인데다 활주로는 비포장이나 풀밭에 있었기에 썰매식 브레이크를 썼다. 초기의 브레이크는 꼬리바퀴 대신 붙인 꼬리썰매이며, 왼쪽 그림의 타우베처럼 지면을 파고들며 제동하는 타입과 오른쪽의 팔츠 D-3(1917)처럼 썰매 끝이 지면을 누르는 타입이 있었다.

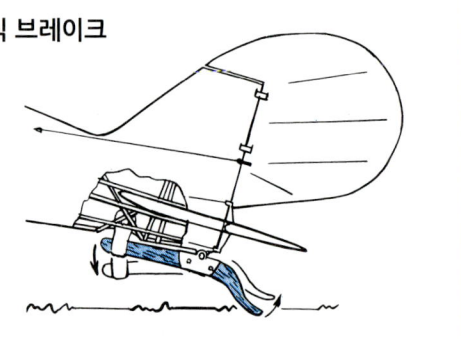

✈ 제로센의 착함 훅

훅의 형상은 같지만, 훅 암의 단면은 역T자형이며 재질은 초초두랄루민에 굵기도 키웠고 크롬몰리브덴 강판으로 보강하였다. 제동 와이어를 빼낼 땐 그림처럼 훅을 뒤집어 돌린다.

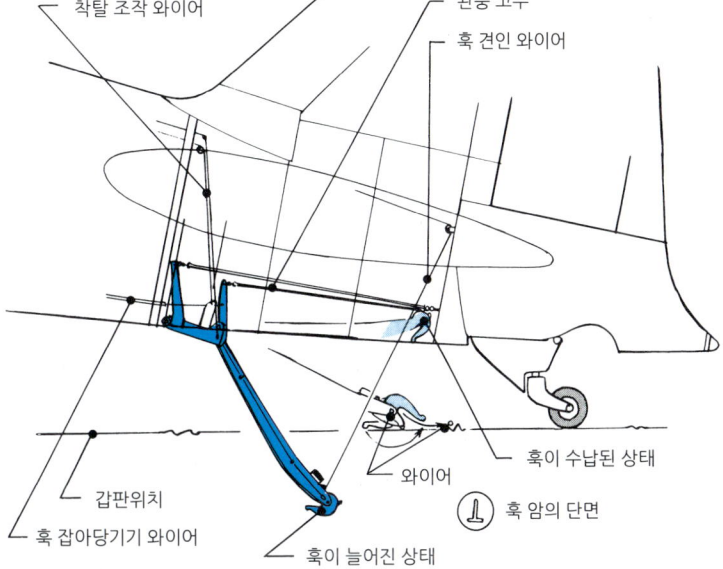

✈ 96식 함상 전투기의 꼬리바퀴

꼬리날개의 정면 투영 면적은 그다지 크지 않지만 공기 저항을 조금이라도 줄이고자 96식은 스패츠를 부착하였다. 그러나 이 이후로는 고정식 꼬리바퀴에 스패츠를 붙인 것은 볼 수 없게 되었다.

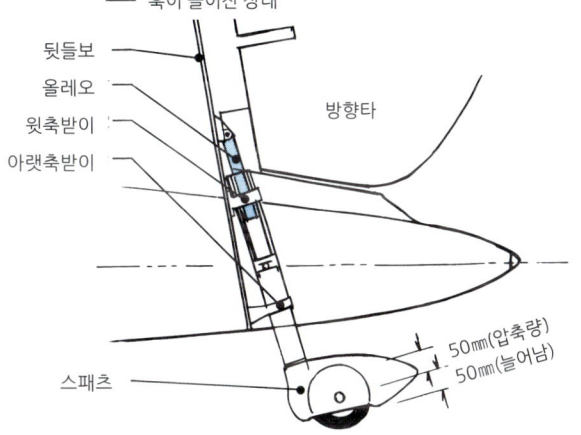

✈ 항모 히류의 함미 비행 갑판 부분

항모 갑판에는 제동끈이 몇 겹이나 펼쳐져 있는데, 팽팽한 와이어 양 끝에는 감쇠 장치가 붙어서 쇼크를 완화하도록 되어 있다. 그렇지만 기체에 손상을 끼치지 않는 범위에서만 그러하며 기체가 받는 충격은 결코 작지 않다. 일본의 카야바 방식(구레 방식)은 최대 제동 속도 30m/s, 최대 비행기 중량 4000kg, 최대 제동 거리 40m, 최대 감속도 2G, 재사용은 12초가 걸리는 사양이었다.

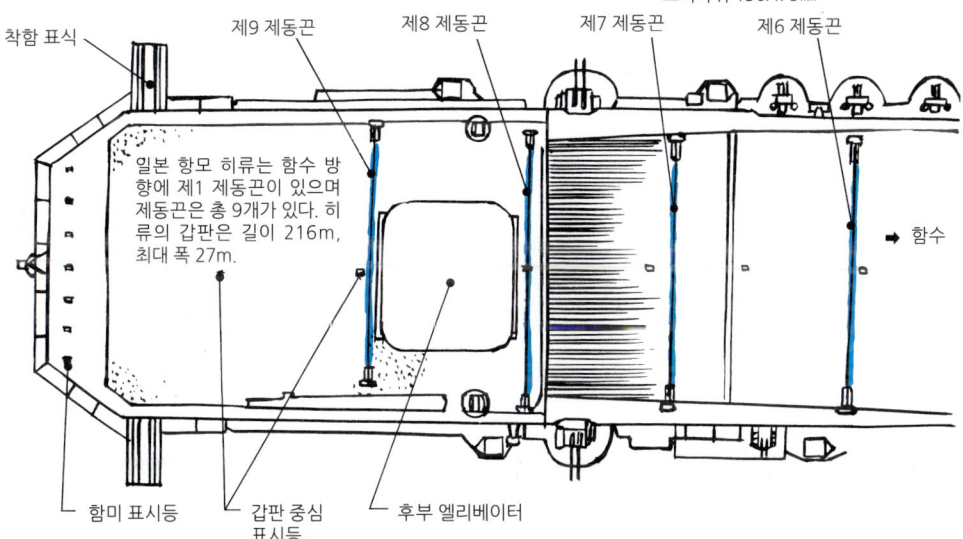

2-30. 엔진(1) 종류와 교체

제2차 대전 말기에 등장한 제트 엔진 항공기는 이윽고 그 고속 성능으로 레시프로 전투기를 퇴출시키지만, 대전 당시의 주류였던 레시프로(피스톤 왕복동) 엔진도 성능 향상에 매진한 결과로 기통수가 늘고, 심지어 고고도 비행에서 파워다운하지 않도록 과급기를 장착하는 발전 양상마저 나타났다. 물론 파워업 뿐 아니라 신뢰성 및 생산성 향상도 요구되었다.

→ **레이디얼형 5기통 엔진**

방사상으로 실린더를 배열한 레이디얼 엔진은 그 모양 때문에 성형(星型, 별 모양) 엔진이라고도 하며, 항공기 특유의 엔진 형식이다. 그림과 같은 5기통은 드물고 7기통이나 9기통짜리가 많다. 파워업 요구에 맞추고자 복렬식이 되면서 14기통이나 18기통, 심지어 36기통까지 있었다.

→ **역V형 엔진 탑재기**

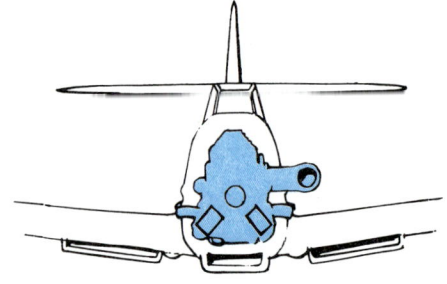

역V형 엔진은 폭이 좁은 크랭크 케이스가 위에 위치하므로 시야가 좋아지고 기수에 기관총을 배치할 때 좋은 방식이었다.

→ **V형 엔진 탑재기**

V형은 밸런스가 좋은 12기통이 많으며, 동체 길이도 어느 정도 길어진다. 그림은 패커드-멀린 수랭식 V12의 표준 배치를 나타낸다.

→ **레이디얼 엔진 탑재기**

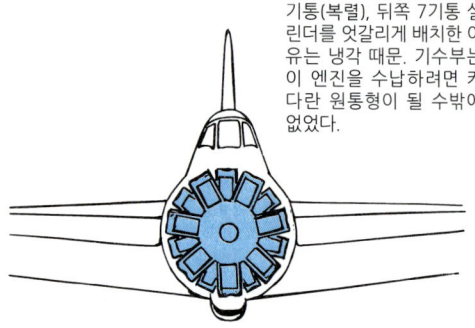

일본은 공랭식 레이디얼이 많았다. 그림은 사카에 14기통(복렬), 뒤쪽 7기통 실린더를 엇갈리게 배치한 이유는 냉각 때문. 기수부는 이 엔진을 수납하려면 커다란 원통형이 될 수밖에 없었다.

→ **H형 엔진 탑재기**

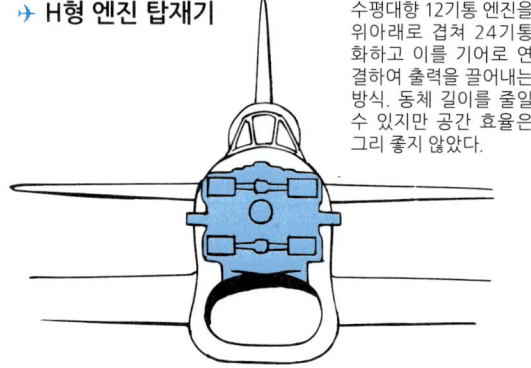

수평대향 12기통 엔진을 위아래로 겹쳐 24기통화하고 이를 기어로 연결하여 출력을 끌어내는 방식. 동체 길이를 줄일 수 있지만 공간 효율은 그리 좋지 않았다.

✈ 3식 전투기 히엔과 5식 전투기 (키-100)

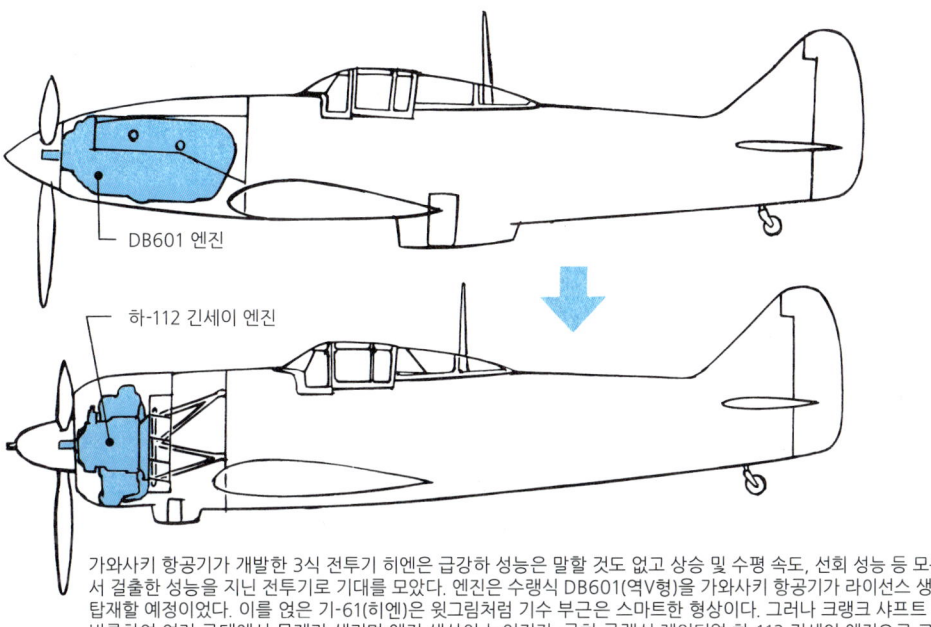

가와사키 항공기가 개발한 3식 전투기 히엔은 급강하 성능은 말할 것도 없고 상승 및 수평 속도, 선회 성능 등 모든 면에서 걸출한 성능을 지닌 전투기로 기대를 모았다. 엔진은 수랭식 DB601(역V형)을 가와사키 항공기가 라이선스 생산하여 탑재할 예정이었다. 이를 얹은 기-61(히엔)은 윗그림처럼 기수 부근은 스마트한 형상이다. 그러나 크랭크 샤프트 가공을 비롯하여 여러 군데에 문제가 생기며 엔진 생산이 늦어지자, 급히 공랭식 레이디얼 하-112 긴세이 엔진으로 교체하게 되었다. 최대 폭 840㎜인 동체에 지름 1,218㎜나 하는 엔진을 탑재해야 하므로 대규모 개조 작업이 되었고, 이 때문에 기수 형상은 크게 바뀌었다. 이에 따라 최고 속도는 580km/h로 떨어지고 뛰어났던 기동성도 잃고 말았다.

✈ 마키 MC.202 사에타와 MC.202 폴고레 (이탈리아)

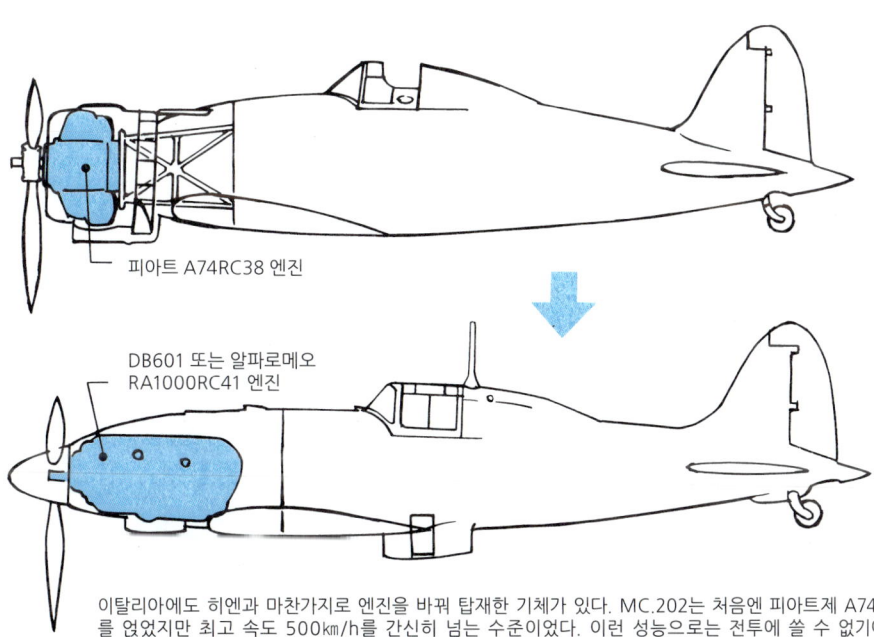

이탈리아에도 히엔과 마찬가지로 엔진을 바꿔 탑재한 기체가 있다. MC.202는 처음엔 피아트제 A74RC38(870HP)를 얹었지만 최고 속도 500km/h를 간신히 넘는 수준이었다. 이런 성능으로는 전투에 쓸 수 없기에 다임러-벤츠 DB601(1175HP)로 바꿔 달면서 히엔과 반대로 기수는 스마트해지고 동체는 길어졌으며, 그 덕분에 1940년 8월의 첫 비행에서 595km/h라는 고속을 실현하였다. 나중에는 알파로메오의 V12 RA1000RC41(1175HP) 엔진을 사용했다.

2-31. 엔진(2) 레이디얼형 및 H, W형

✈ **사카에 21형 엔진 정면도**

공랭식 레이디얼 7기통   공랭식 레이디얼 14기통

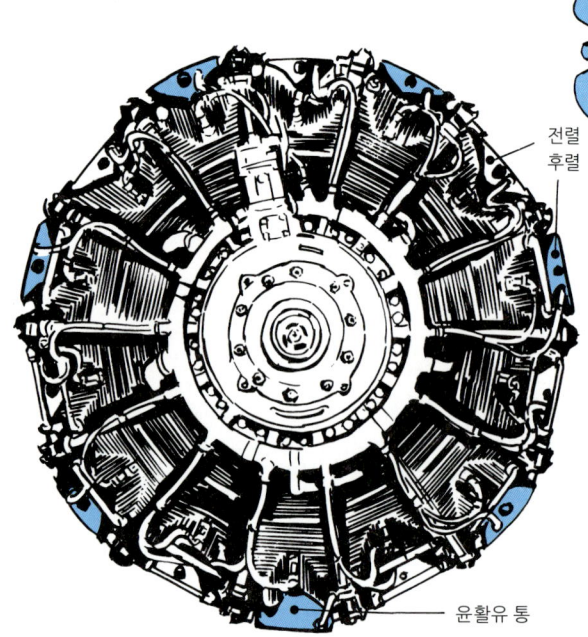

✈ **사카에 엔진의 실린더 헤드 및 냉각 핀**

고온 상태의 실린더 헤드 표면적을 최대한 늘려서 냉각 효과를 높이고자 새겨 놓은 무수한 냉각 핀이 공랭식 엔진의 특징. 이 그림은 핀의 개수를 정확히 살려 그린 것이다. 사카에 엔진은 지름 1.18m로 소형이지만 그 때문에 제조 공정이나 정비성은 좋지 않았다.

✈ **사카에 21형 엔진 좌측면도**

제로센이나 하야부사를 비롯하여 수많은 전투기에 탑재되었다. 그야말로 대전 전반기 일본의 주력 엔진.

- 전장: 1,630mm
- 지름: 1,150mm
- 배기량: 27,900cc
- 발동기: 공랭식 레이디얼 복렬 14기통
- 상승 출력: 1,130HP/2,750rpm
- 순항 출력: 980HP/2,700rpm (고도 6,000m)
- 건조 중량: 590kg

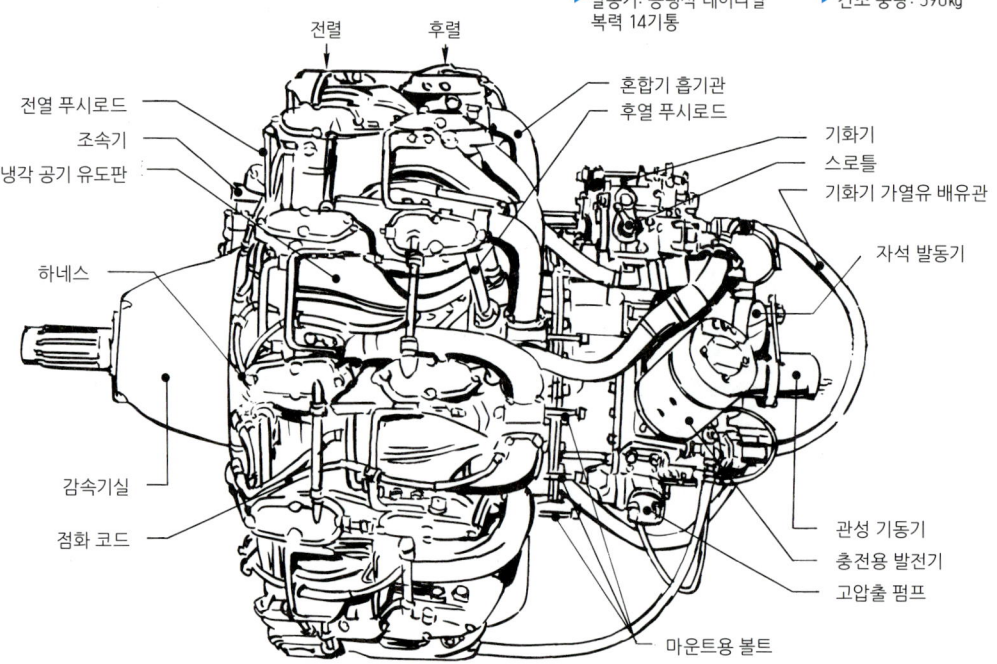

✈ W형 엔진·네이피어의 라이언 12기통

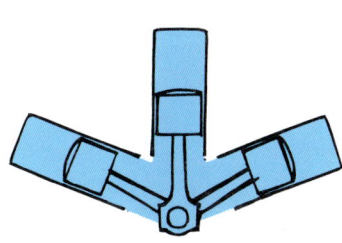

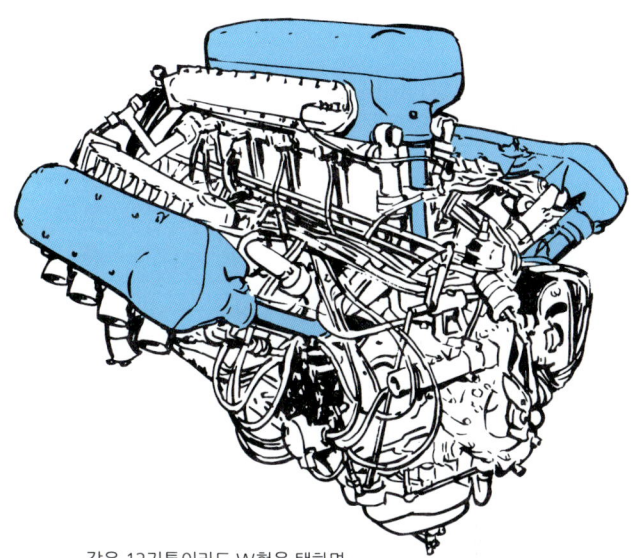

엔진을 냉각 방식으로 분류하면 수랭식(다수는 라디에이터를 쓰는 수랭식)과 공랭식으로 나눌 수 있지만, 실린더 배열 상태에 따라 레이디얼형, V형(역V형도 있다), W형, H형, 직렬형 등으로 나눌 수 있다. 이 시기가 되면 다기통화 추세에 따라 직렬형은 적어지지만, 대개 기수 부분에 탑재하는 엔진은 그 형식에 따라 기체 형상에 크게 영향을 끼친다. V형은 뱅크 각 60°짜리가 많기에 폭(너비)이 그다지 커지지 않지만, 레이디얼형이나 H형은 폭이 커지므로 기체 내에 수용하기가 쉽지 않았다.

같은 12기통이라도 W형을 택하면 엔진 전장은 직렬 4기통만큼 짧아진다. 전폭은 V형보다 조금 커지지만 엔진 전체를 콤팩트한 사이즈로 만들 수 있다. 그러나 흡배기 처리가 까다로워지므로 이 엔진 형식은 주류가 되지 못했다.

✈ H형 엔진·네이피어의 세이버 IIB 24기통

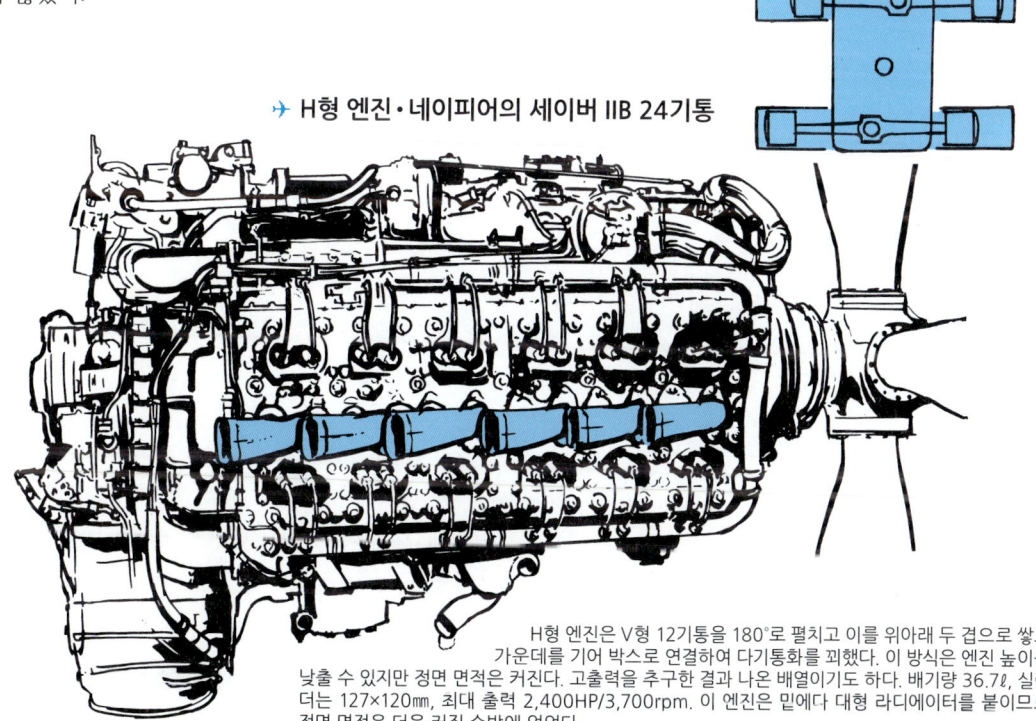

H형 엔진은 V형 12기통을 180°로 펼치고 이를 위아래 두 겹으로 쌓고 가운데를 기어 박스로 연결하여 다기통화를 꾀했다. 이 방식은 엔진 높이를 낮출 수 있지만 정면 면적은 커진다. 고출력을 추구한 결과 나온 배열이기도 하다. 배기량 36.7ℓ, 실린더는 127×120㎜, 최대 출력 2,400HP/3,700rpm. 이 엔진은 밑에다 대형 라디에이터를 붙이므로 정면 면적은 더욱 커질 수밖에 없었다.

2-32. 엔진(3) V형 및 역V형

✈ **패커드-멀린 V1650 엔진**

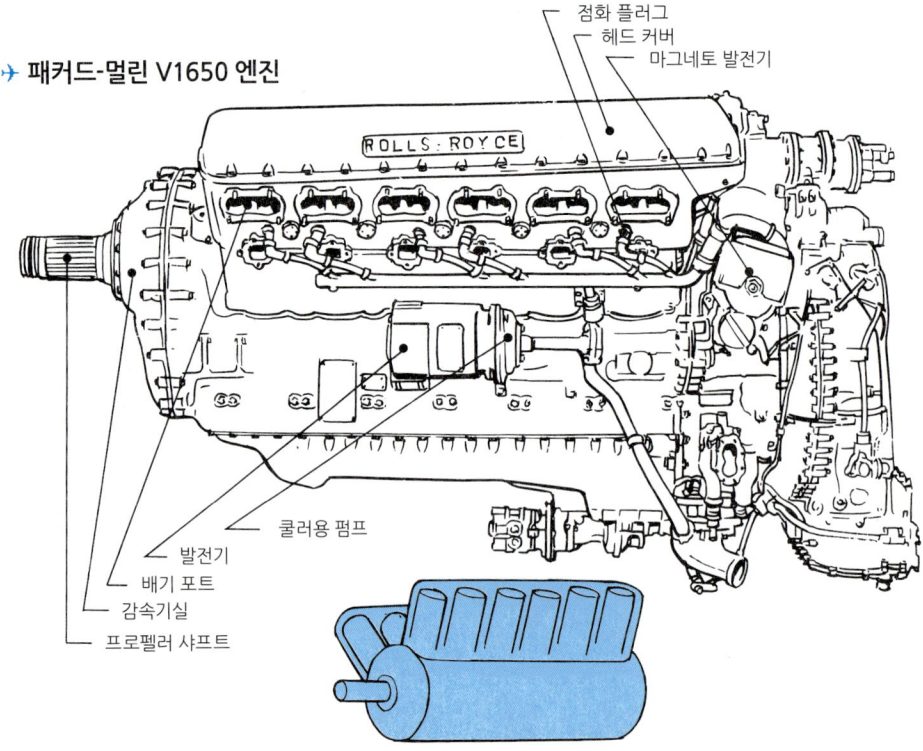

- 점화 플러그
- 헤드 커버
- 마그네토 발전기
- 쿨러용 펌프
- 발전기
- 배기 포트
- 감속기실
- 프로펠러 샤프트

P-51 머스탱이 고성능을 발휘할 수 있었던 까닭은 전적으로 이 V형 12기통 엔진 덕분이라 해도 좋다. 직렬 6기통을 영국 특유의 스케일업 방식으로 조합한 것이 이 V형 엔진으로, 롤스로이스의 원 제품을 미국 패커드사에서 라이선스 생산한 엔진. 각 실린더를 균일하게 냉각할 수 있는 수랭식이며 안정된 성능을 보였다.

✈ **유모213 역V형 엔진** (포케불프 Fw190D-13 탑재)

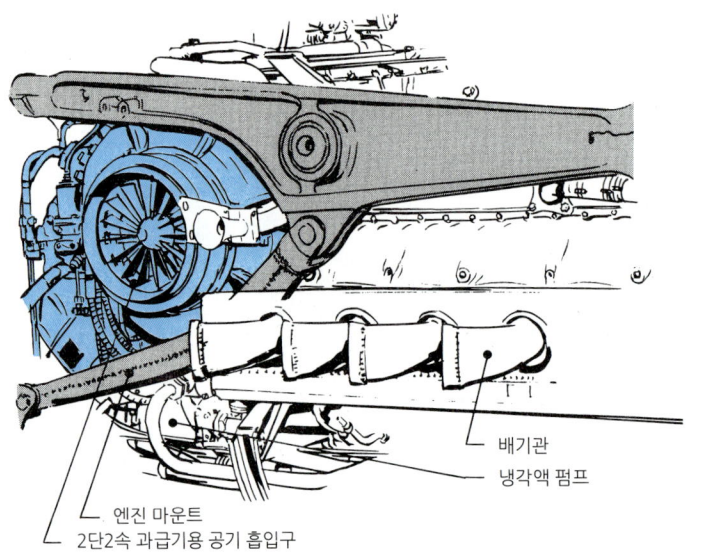

오른쪽

- 배기관
- 냉각액 펌프
- 엔진 마운트
- 2단2속 과급기용 공기 흡입구

포케불프 Fw190D-12에서 쌓은 실력으로 최고 속도 730㎞/h를 기록하며 1944년에 등장. 이 속도로 연합국기를 여유 있게 상대할 수 있었다. 엔진 마운트는 2단 2속 과급기를 피해 휘었으며 진동을 충분

다임러 벤츠 DB605E 역V형 엔진

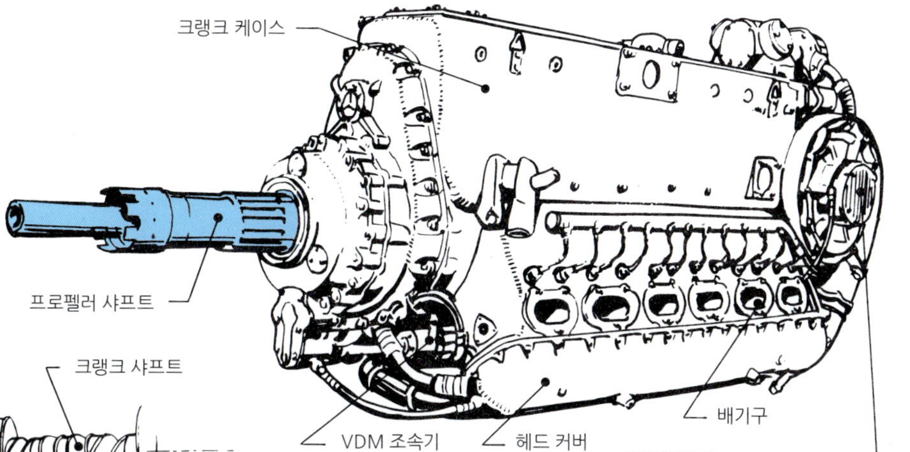

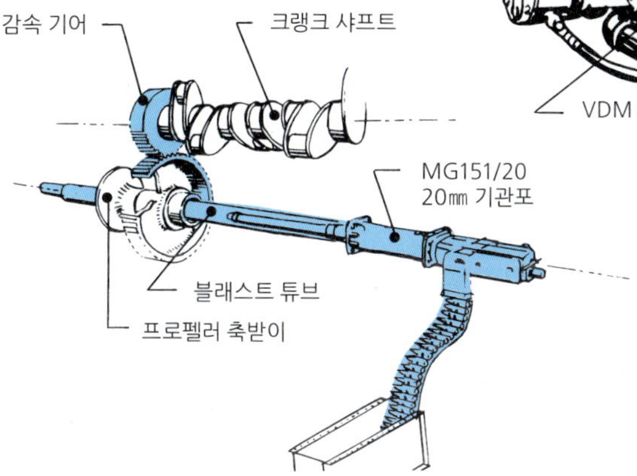

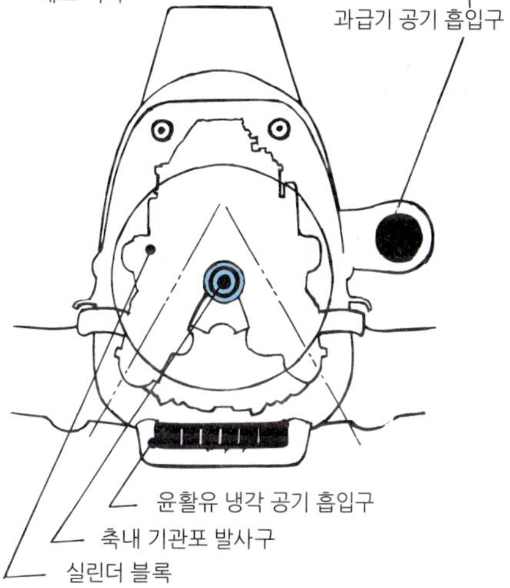

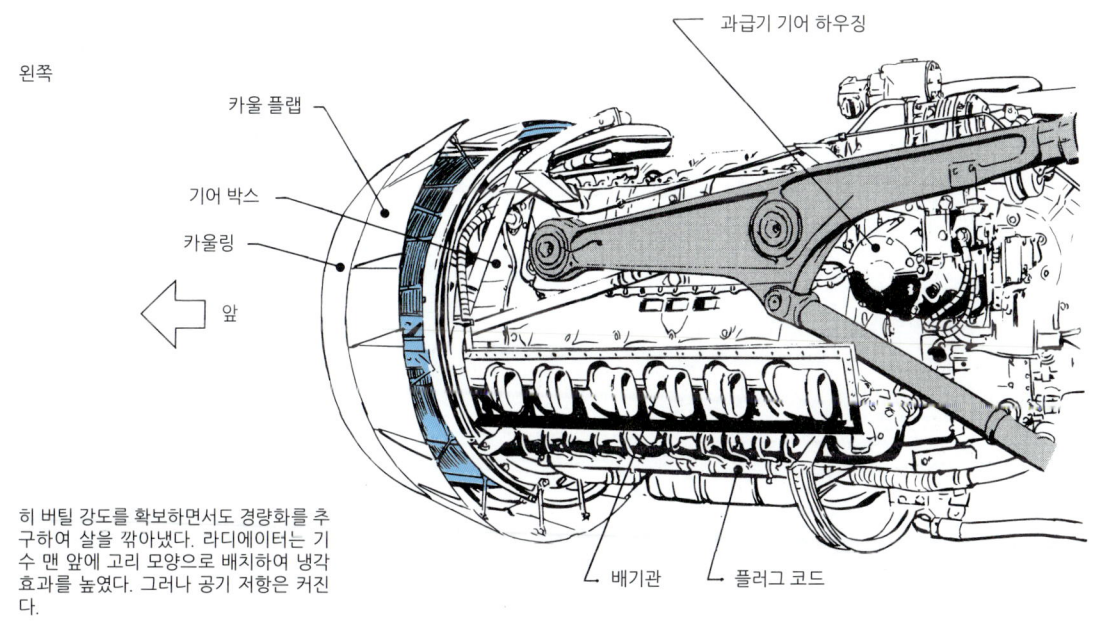

역V형은 탑재부 위아래로 여유가 있는데다 프로펠러 축과 기관포가 통하는 방식으로 하였기에 당시의 이상을 실현한 메카니즘이기도 했다. 메서슈미트 Bf109를 비롯하여 독일 전투기의 주류 엔진으로 쓰였으며, 전장 2,158㎜, 전고 1,037㎜, 중량 751㎏, 출력 1,475ps. 엔진 좌측에 과급기를 장착했다.

히 버틸 강도를 확보하면서도 경량화를 추구하여 살을 깎아냈다. 라디에이터는 기수 맨 앞에 고리 모양으로 배치하여 냉각 효과를 높였다. 그러나 공기 저항은 커진다.

2-33. 엔진(4) 공랭과 수랭, 배기 터빈

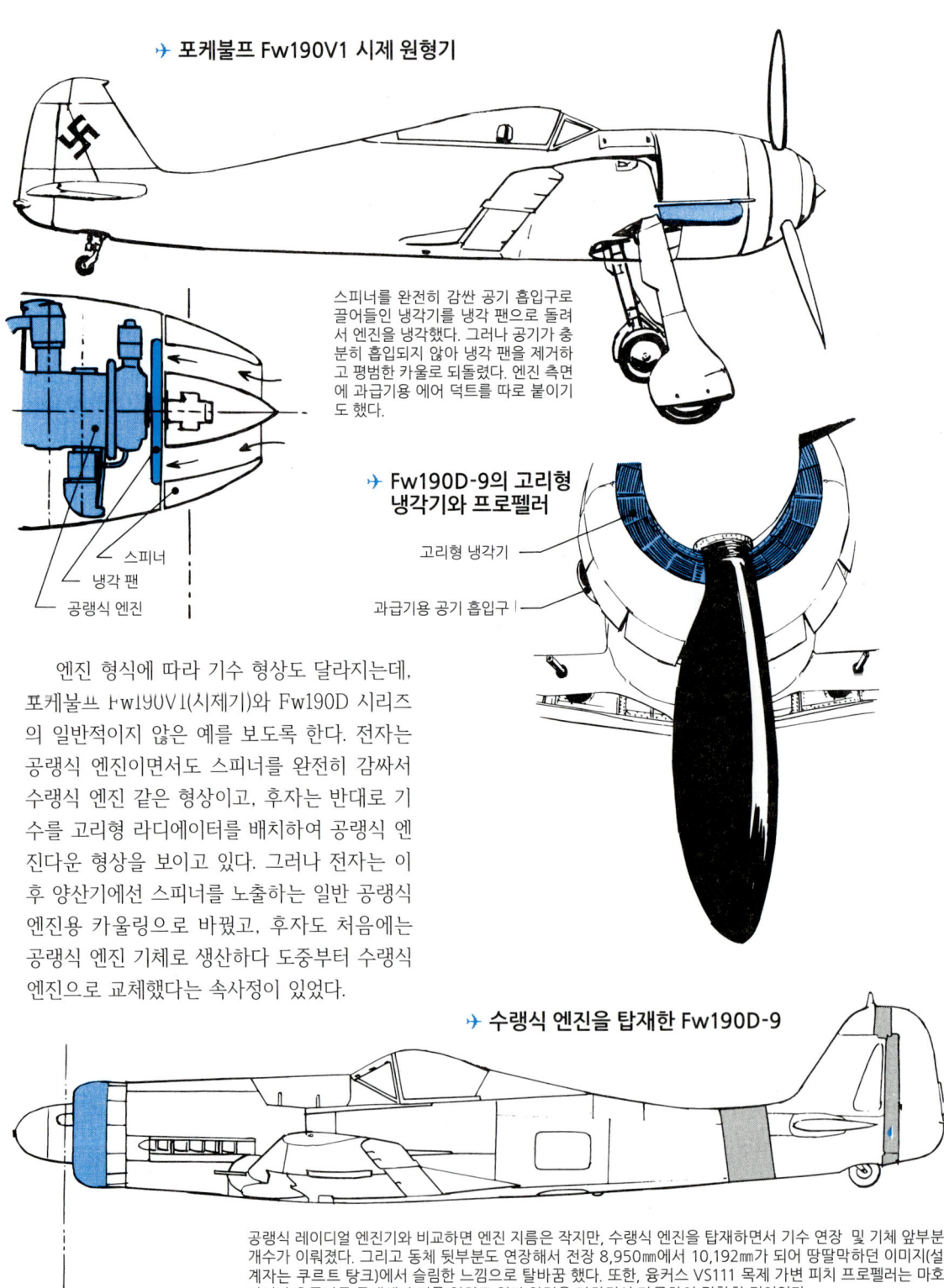

✈ 포케불프 Fw190V1 시제 원형기

스피너를 완전히 감싼 공기 흡입구로 끌어들인 냉각기를 냉각 팬으로 돌려서 엔진을 냉각했다. 그러나 공기가 충분히 흡입되지 않아 냉각 팬을 제거하고 평범한 카울로 되돌렸다. 엔진 측면에 과급기용 에어 덕트를 따로 붙이기도 했다.

— 스피너
— 냉각 팬
— 공랭식 엔진

✈ Fw190D-9의 고리형 냉각기와 프로펠러

고리형 냉각기
과급기용 공기 흡입구

엔진 형식에 따라 기수 형상도 달라지는데, 포케불프 Fw190V1(시제기)와 Fw190D 시리즈의 일반적이지 않은 예를 보도록 한다. 전자는 공랭식 엔진이면서도 스피너를 완전히 감싸서 수랭식 엔진 같은 형상이고, 후자는 반대로 기수를 고리형 라디에이터를 배치하여 공랭식 엔진다운 형상을 보이고 있다. 그러나 전자는 이후 양산기에선 스피너를 노출하는 일반 공랭식 엔진용 카울링으로 바꿨고, 후자도 처음에는 공랭식 엔진 기체로 생산하다 도중부터 수랭식 엔진으로 교체했다는 속사정이 있었다.

✈ 수랭식 엔진을 탑재한 Fw190D-9

공랭식 레이디얼 엔진기와 비교하면 엔진 지름은 작지만, 수랭식 엔진을 탑재하면서 기수 연장 및 기체 앞부분 개수가 이뤄졌다. 그리고 동체 뒷부분도 연장해서 전장 8,950㎜에서 10,192㎜가 되어 땅딸막하던 이미지(설계자는 쿠르트 탕크)에서 슬림한 느낌으로 탈바꿈 했다. 또한, 융커스 VS111 목제 가변 피치 프로펠러는 마호가니나 호두나무 목재에 수지를 입히고 열과 압력을 가하면서 가공하여 접합한 것이었다.

✈ P-47 선더볼트의 배기 터빈

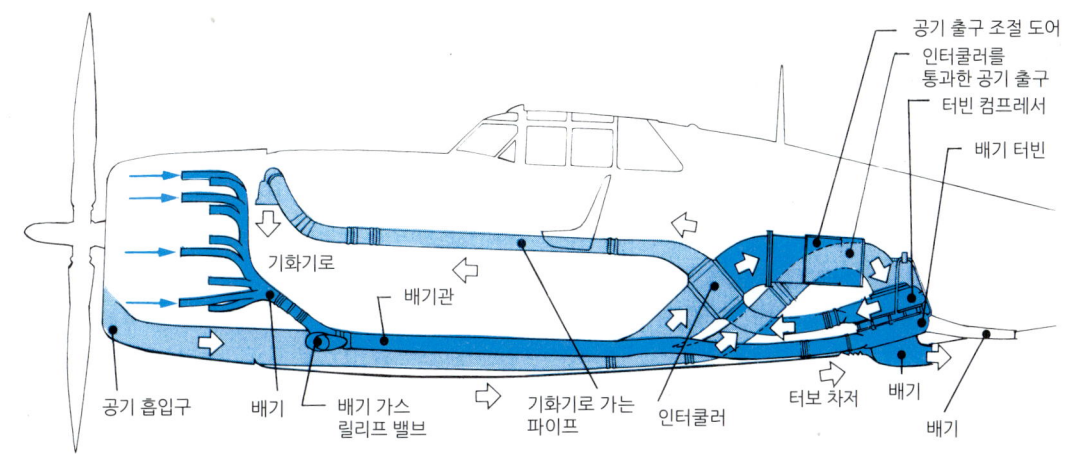

엔진으로부터 멀리 떨어진 기체 뒤쪽에다 배기 터빈을 탑재하여 각종 배관에 무리가 없다. 압력이 높아진 공기는 고온이 되므로 인터 쿨러로 냉각하여 밀도를 높인다. 배기 터빈은 엔진 배기를 이용하여 터빈을 돌리고 동축 컴프레서로 흡입 공기를 압축하여 과급한다. 이에 따라 엔진에 공기를 다량으로 공급할 수 있으므로 파워업을 도모할 수 있다.

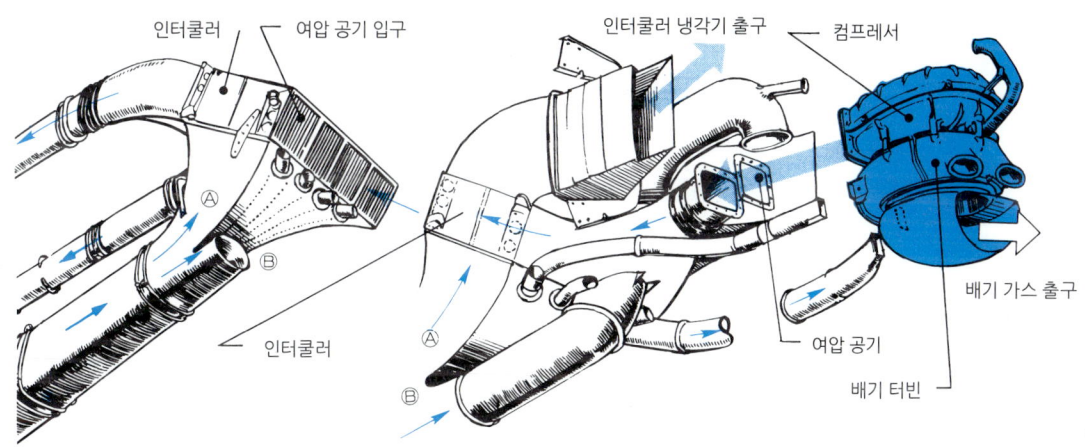

공기 밀도가 희박한 고공(고고도) 대책으로 배기 터빈을 장착하고, 이에 따라 레시프로 엔진은 파워업을 기대할 수 있었다. 그러나 터보 엔진은 발열 문제가 있으며, 따라서 위 그림처럼 배기 터빈을 엔진보다 훨씬 뒤에다 배치하여 콕피트 주위에 영향을 끼치지 않도록 하였다.

✈ 웨스트랜드 와이번 (영국, 마지막 레시프로 전투기)

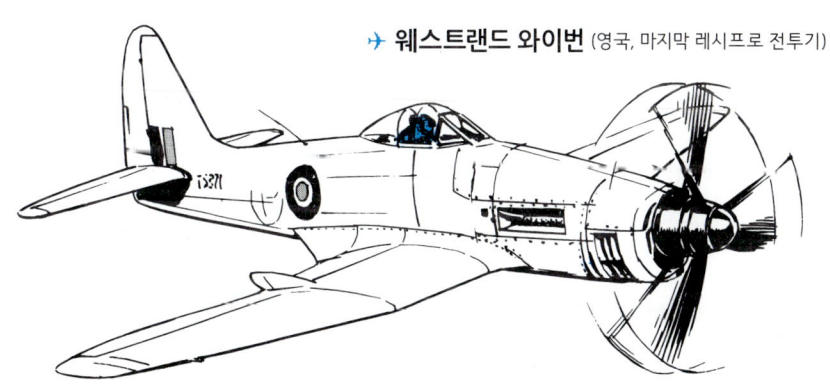

롤스로이스 이글 22 H형 24기통 3,500ps짜리 엔진을 탑재한 테스트기, 종전 다음 해인 46년에 첫 비행. 2중 반전 프로펠러를 장착한 이 영국 해군기가 마지막 레시프로 전투기로 식별 기호는 TF. 약 10여기만 만들어졌다. 이후 터보프롭기로 개수하여 함상 장거리 전투뇌격기로 전환되면서 기호도 TF에서 S4로 바뀌었다. 1950년 무렵까지 제1선에서 활약했다.

2-34. 레시프로 엔진의 한계에 대한 도전(1)

전투 성능을 높이기 위해 더욱 고출력 엔진을 요구하게 되었다. 출력 대 중량비가 좋아지면 그만큼 속도를 올릴 수 있으므로 같은 엔진 출력이라면 총중량이 적을수록 유리하다. 그러나 무장 상태에서 항속 거리도 어느 정도 확보하려면 중량이 늘 수 밖에 없다. 그렇기에 더 고출력 엔진을 찾게 된다. 특히 고고도를 비행하면 공기 밀도가 희박해지므로 파워다운된다. 이 때문에 배기 터빈이 개발되었지만, 아무래도 레시프로 엔진으로는 최대 속도에 한계가 있었다. 각국은 기술을 짜내어 고성능화에 매진하지만 결국 700km/h대가 여전히 장벽으로 가로막아 좌절할 수밖에 없었다. 이를 극복하려는 갖가지 시도가 있었다. 동체 공간을 최대한 활용하여 엔진을 두 개 싣거나 공기 저항이 작은 기체 형상 등 기존에 없던 각종 메커니즘을 동원한 시제기들이 만들어지지만, 그 어느 것도 제대로 활약하는 데까지 이르지는 못했다.

✈ **도르니에 Do335B-1** (독일)

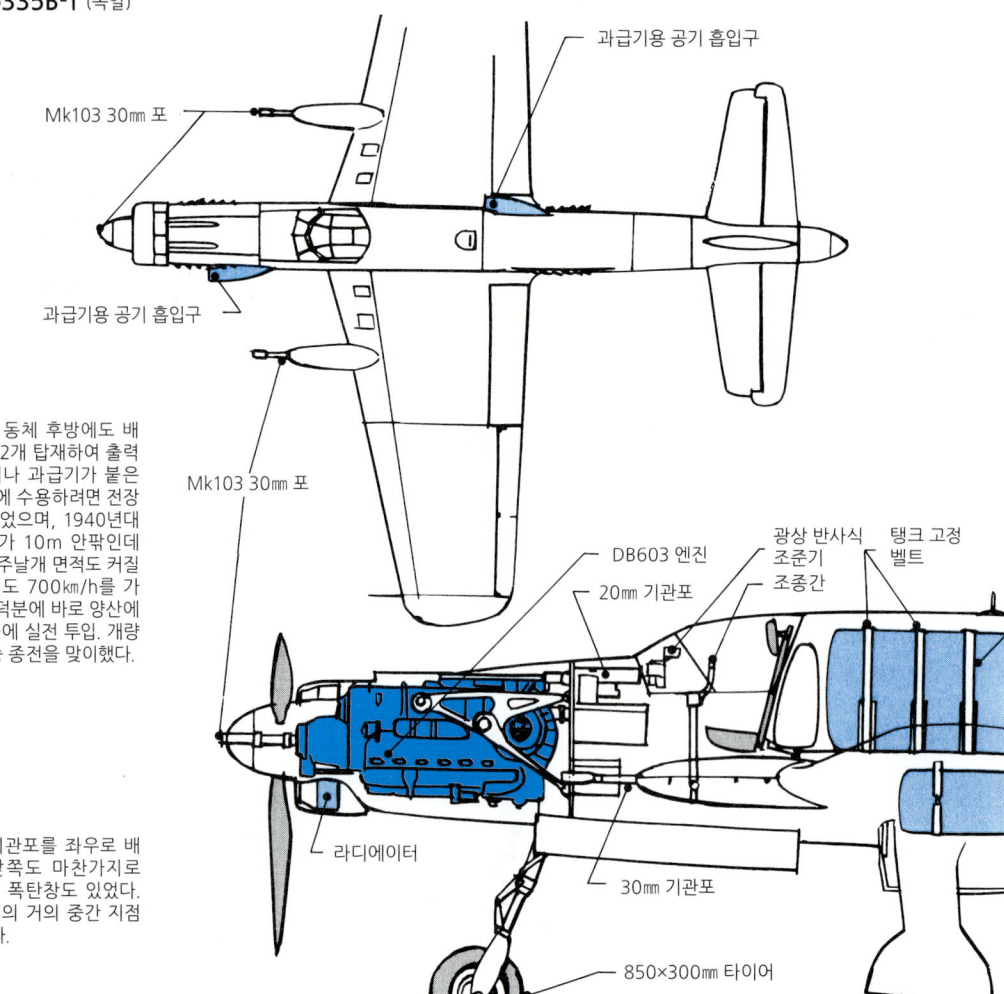

V형 12기통 엔진을 동체 후방에도 배치. 동체에다 엔진을 2개 탑재하여 출력 향상을 꾀했다. 그러나 과급기가 붙은 엔진 둘을 동체 내부에 수용하려면 전장이 길어질 수밖에 없었으며, 1940년대 전투기의 표준 길이가 10m 안팎인데 비해 12.9m나 되고 주날개 면적도 커질 수밖에 없었다. 그래도 700km/h를 가볍게 돌파하는 성능 덕분에 바로 양산에 들어가 1944년 가을에 실전 투입. 개량형인 B형은 생산 도중 종전을 맞이했다.

주날개에는 30㎜ 기관포를 좌우로 배치, 동체 중심부 앞쪽도 마찬가지로 Mk103을 배치하고 폭탄창도 있었다. 연료 탱크는 두 엔진의 거의 중간 지점 가까운 위치에 있었다.

타이어는 앞이 850×300㎜, 중앙의 주바퀴가 1015×380㎜, 주바퀴는 45° 비틀어 수납하는 접이식이다.

제2차 세계대전당시의 전투기

✈ 각국기의 최고 속도 비교

양산 실용 레시프로 각 기체의 속도를 비교할 때, 고도와 무장, 연료의 질 등도 결과를 좌우하므로 성능을 단순하게 평가할 순 없지만, 이 그림을 보더라도 700km/h대가 한계라는 사실은 알 수 있다.

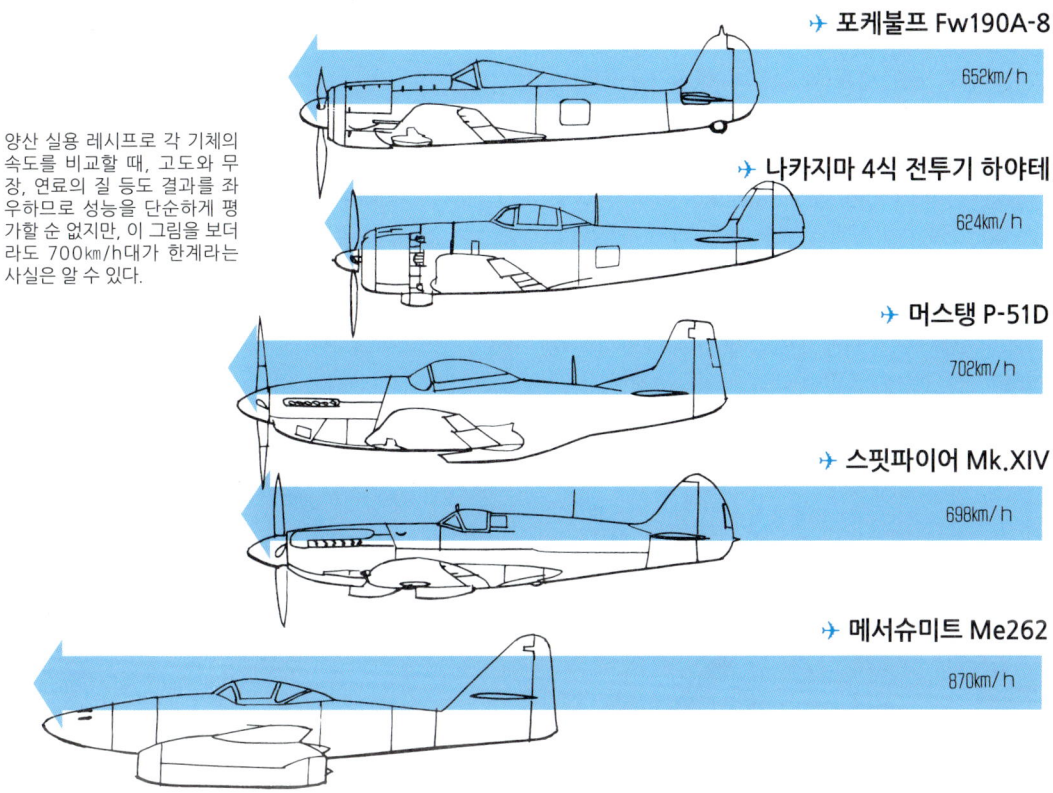

✈ 포케불프 Fw190A-8
652km/h

✈ 나카지마 4식 전투기 하야테
624km/h

✈ 머스탱 P-51D
702km/h

✈ 스핏파이어 Mk.XIV
698km/h

✈ 메서슈미트 Me262
870km/h

레시프로기가 700km/h 전후에서 한계에 다다른 데 비해, 메서슈미트 Me262는 초기의 미성숙한 제트 엔진으로도 최고 속도 870km/h를 기록하면서 아예 다른 수준을 과시하였다. 이 무렵에서야 레시프로 엔진의 한계를 인식하고 고속화를 위해선 제트 엔진 개발이 불가피하다는 방향으로 나아가게 되는 것이다. 그런데 독일 공군성이 제트기 개발을 지시한 때는 1939년으로, 비교적 이른 시기였다.

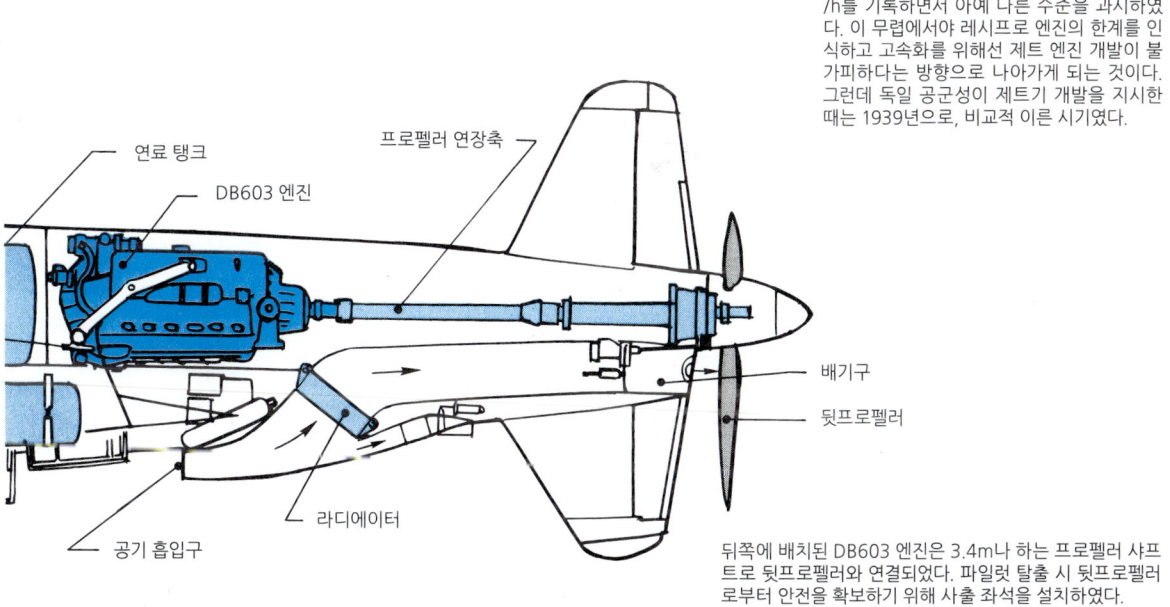

연료 탱크 / DB603 엔진 / 프로펠러 연장축 / 배기구 / 뒷프로펠러 / 라디에이터 / 공기 흡입구

뒤쪽에 배치된 DB603 엔진은 3.4m나 하는 프로펠러 샤프트로 뒷프로펠러와 연결되었다. 파일럿 탈출 시 뒷프로펠러로부터 안전을 확보하기 위해 사출 좌석을 설치하였다.

2-35. 레시프로 엔진의 한계에 대한 도전(2)

이 일본 해군 시제기는 참신한 스타일을 갖추고 있었다. 계획 또한 세계 최고 고속 전투기를 지향하며 목표 최고 속도는 740km/h였다. 공기 저항을 철저히 감소하고자 주날개 앞전 후퇴각은 20°, 프로펠러는 지름 3.4m짜리이며, 추진식(푸셔식)으로 동체 뒤 꽁무니에 장착하여 정면 면적을 줄이는 데 주안점을 두었다. 전장 9.3m로 비교적 콤팩트한 사이즈이고 동체 내부는 뒤쪽 엔진까지 효율 좋은 레이아웃을 택했다. 1944년 5월에 시제기 제작을 개시하여 다음해인 45년 6월 3일에 첫 비행 테스트가 있었지만, 실전에 참가하기 직전에 패전으로 종전을 맞이했다. 유니크함으로 주목을 받은 기체이다.

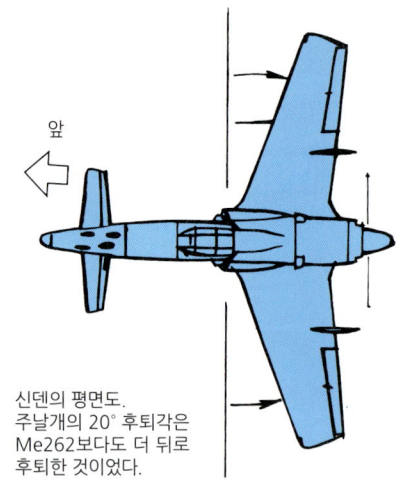

신덴의 평면도. 주날개의 20° 후퇴각은 Me262보다도 더 뒤로 후퇴한 것이었다.

✈ **일본 해군 시제 전투기 신덴** (규슈 비행기 제조)

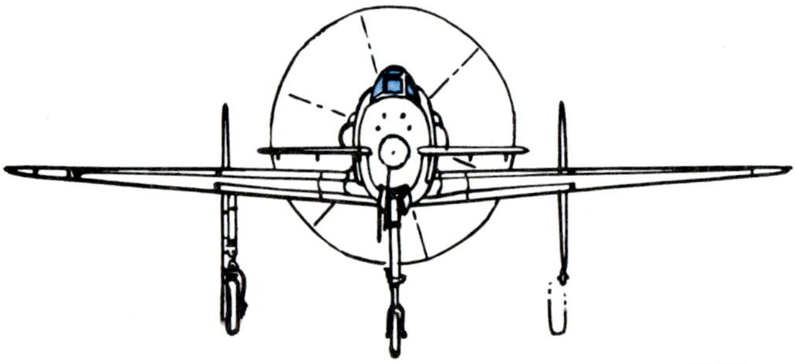

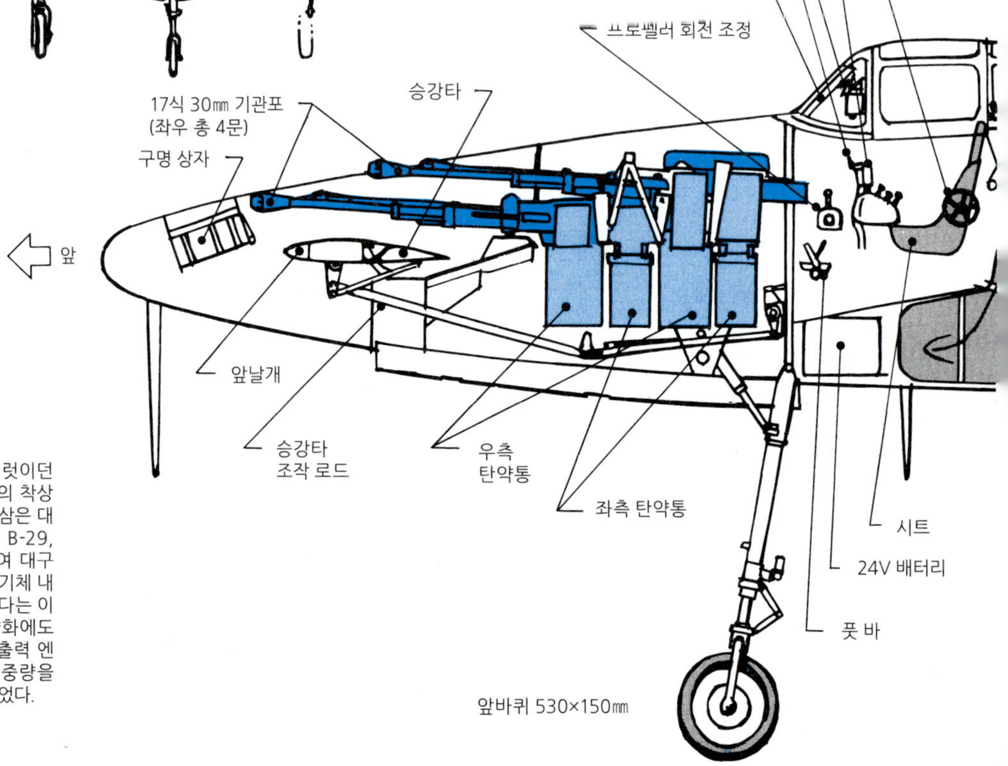

신덴은 스스로도 파일럿이던 쓰루노 해군 기술 대위의 착상이었으며, 주 표적으로 삼은 대상은 일본을 폭격하는 B-29, 기수에 무장을 집중하여 대구경포를 사용할 수 있고 기체 내부를 유용하게 쓸 수 있다는 이점이 있었다. 이는 경량화에도 기여하여, 대배기량 고출력 엔진을 탑재한 것치고는 중량을 어느 정도 억제할 수 있었다.

제2차 세계대전당시의 전투기

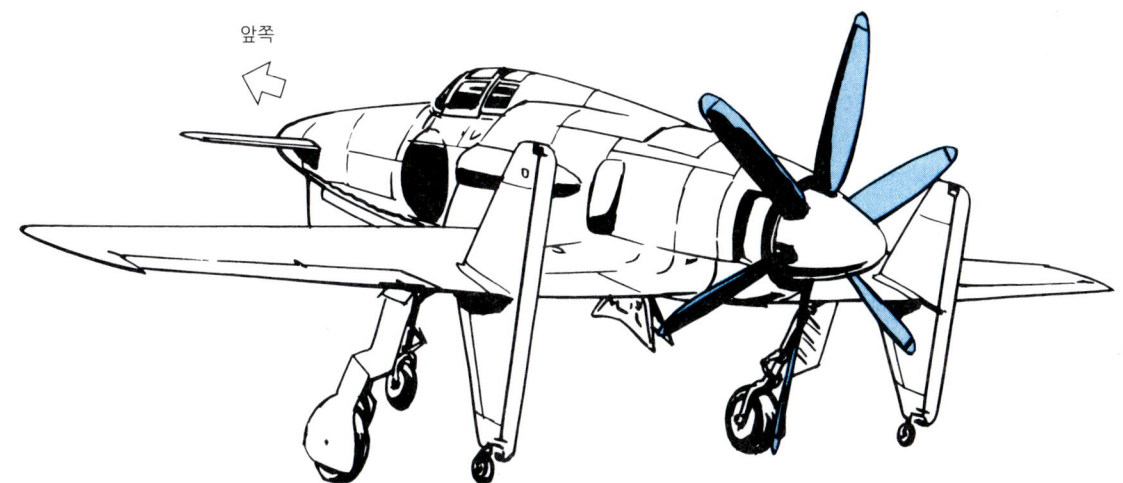

추력을 높이기 위해 6날짜리 스미토모 VDM 프로펠러를 장착했으며, 테스트 비행 때는 금속제 수직꼬리날개 밑에 프로펠러 보호용 바퀴가 붙어 있었다. 이 첫비행에선 쓰루노 대위가 직접 조종했다.

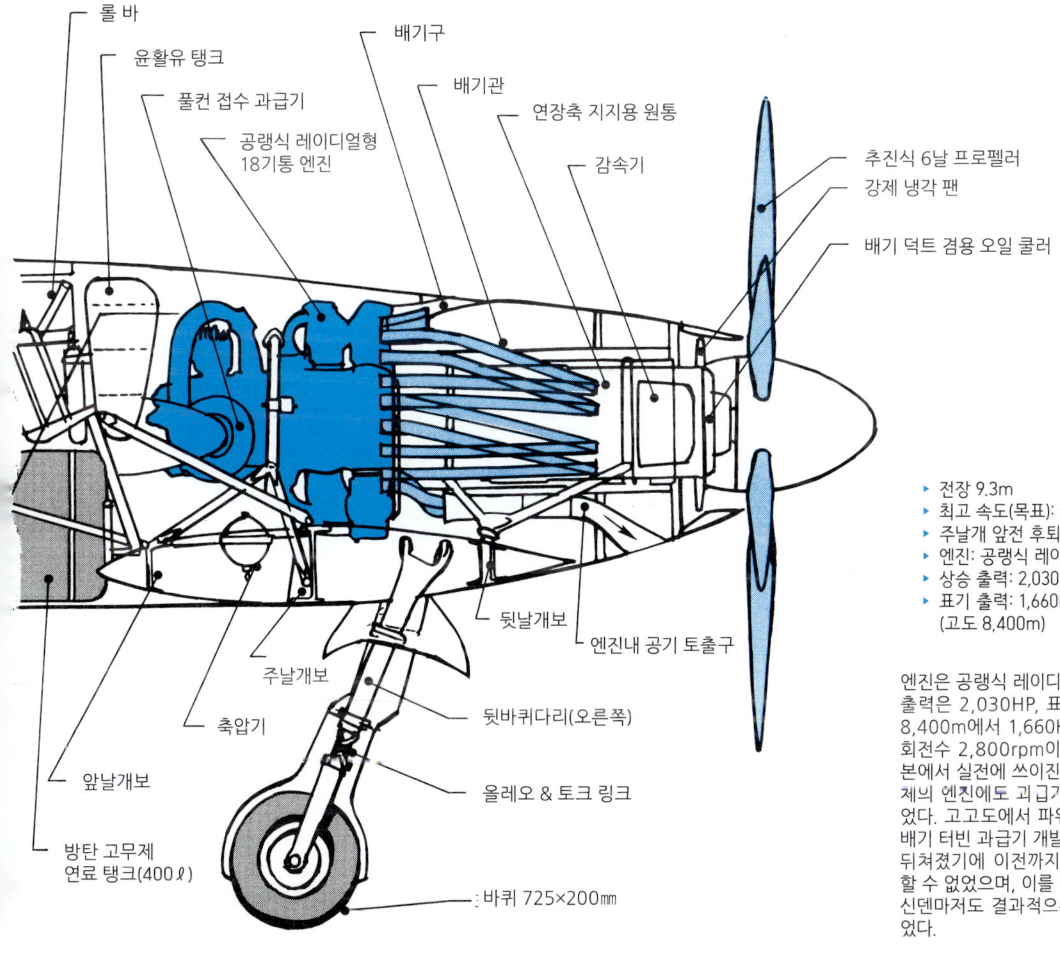

- 롤 바
- 윤활유 탱크
- 풀컨 접수 과급기
- 공랭식 레이디얼형 18기통 엔진
- 배기구
- 배기관
- 연장축 지지용 원통
- 감속기
- 추진식 6날 프로펠러
- 강제 냉각 팬
- 배기 덕트 겸용 오일 쿨러
- 뒷날개보
- 엔진내 공기 토출구
- 주날개보
- 뒷바퀴다리(오른쪽)
- 축압기
- 올레오 & 토크 링크
- 앞날개보
- 바퀴 725×200㎜
- 방탄 고무제 연료 탱크(400ℓ)

▶ 전장 9.3m
▶ 최고 속도(목표): 740km/h 이상
▶ 주날개 앞전 후퇴각: 20°
▶ 엔진: 공랭식 레이디얼형 18기통
▶ 상승 출력: 2,030HP
▶ 표기 출력: 1,660HP/2,800rpm (고도 8,400m)

엔진은 공랭식 레이디얼 18기통, 상승 출력은 2,030HP, 표기 출력은 고도 8,400m에서 1,660HP 발생 시 엔진 회전수 2,800rpm이었다. 실제로 일본에서 실전에 쓰이진 못했지만, 이 기체의 엔진에도 과급기가 장착되어 있었다. 고고도에서 파워다운을 없애는 배기 터빈 과급기 개발은 일본이 한 발 뒤쳐졌기에 이전까지 고고도 전투를 할 수 없었으며, 이를 만회하고자 했던 신덴마저도 결과적으론 너무 때가 늦었다.

2-36. 로켓 전투기의 탄생

 실전에서 그다지 활약하진 못했지만 특이함과 고속 성능으로 이채를 발하는 기체가 바로 이 Me163 코메트이다. C액(메틸알콜과 수산화하이드라진 등)에다 T액(과산화수소와 안정제) 소량을 혼합한 특수 연료를 연소하여 동력을 얻었는데, 이 연료가 극도로 위험한 물질이므로 PVC제 특수 방호복이 필요했고 급유할 때도 전용 특수 노즐을 사용했다.

 돌리(Dolly, 트레일러의 일종)를 사용해서 이륙하고 나선 바로 바퀴를 투하, 레시프로기로는 대개 10분 걸리는 고도 9,000m 상승을 2.6분만에 달성한다. 최고 속도는 950km/h로 비교할 상대가 없는 속도였다. 비행 시간은 7~8분이며 글라이더처럼 활강해서 착륙하며 착륙 시에는 썰매를 사용. 1944년 5월에 실험 부대에 배치되어 실전 참가 이후 8월에 첫 격추를 기록하지만, 폭발 위험성이 높은 연료, 짧은 비행 시간, 까다로운 조종성 등의 문제 때문에 채 피지도 못하고 진 꽃이라 할 수 있겠다.

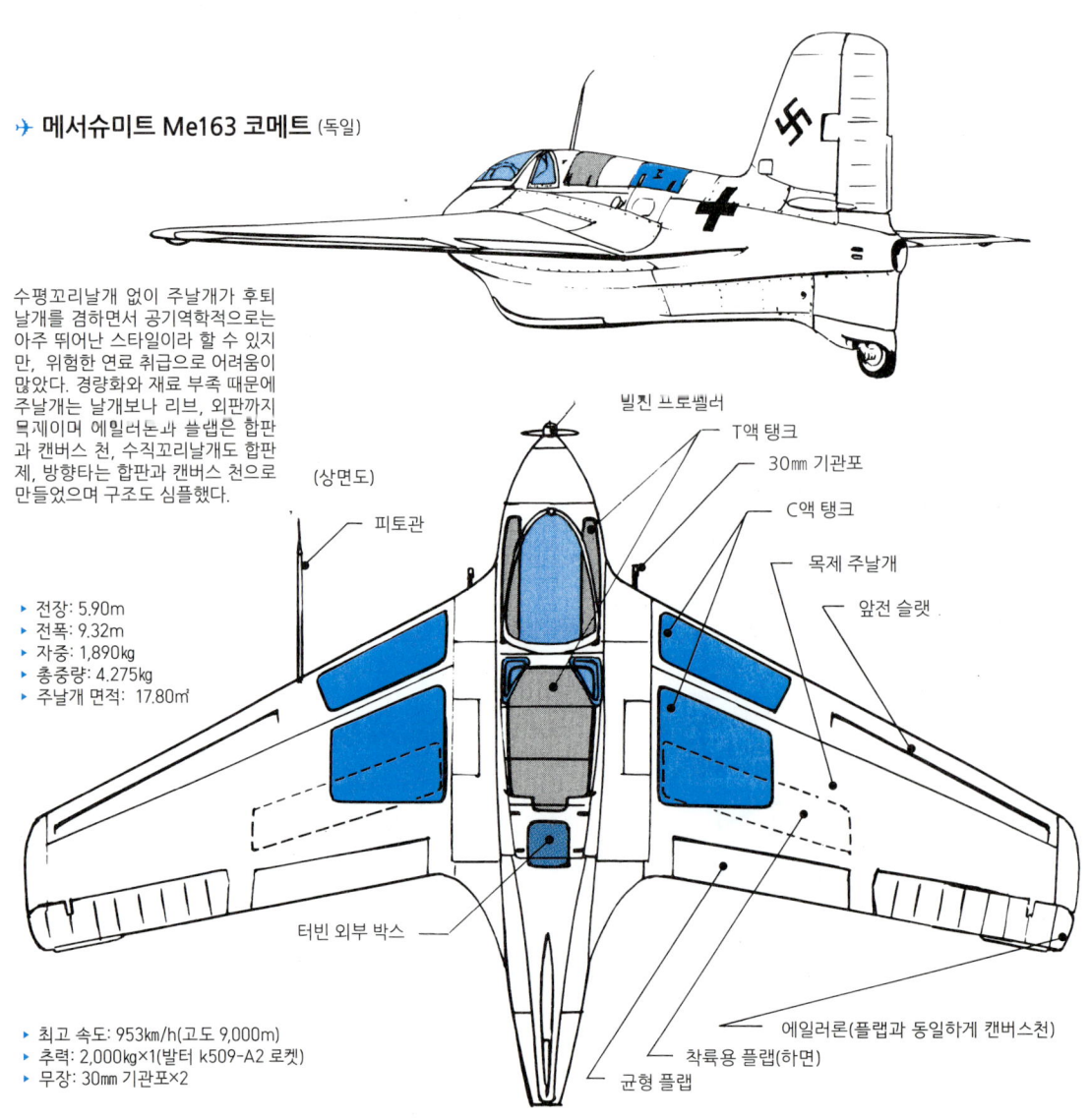

✈ 메서슈미트 Me163 코메트 (독일)

수평꼬리날개 없이 주날개가 후퇴날개를 겸하면서 공기역학적으로는 아주 뛰어난 스타일이라 할 수 있지만, 위험한 연료 취급으로 어려움이 많았다. 경량화와 재료 부족 때문에 주날개는 날개보나 리브, 외판까지 목제이며 에일러론과 플랩은 합판과 캔버스 천, 수직꼬리날개도 합판제, 방향타는 합판과 캔버스 천으로 만들었으며 구조도 심플했다.

(상면도)
피토관
빌킨 프로펠러
T액 탱크
30mm 기관포
C액 탱크
목제 주날개
앞전 슬랫
터빈 외부 박스
에일러론(플랩과 동일하게 캔버스천)
착륙용 플랩(하면)
균형 플랩

▸ 전장: 5.90m
▸ 전폭: 9.32m
▸ 자중: 1,890kg
▸ 총중량: 4,275kg
▸ 주날개 면적: 17.80㎡

▸ 최고 속도: 953km/h(고도 9,000m)
▸ 추력: 2,000kg×1(발터 k509-A2 로켓)
▸ 무장: 30mm 기관포×2

제2차 세계대전당시의 전투기

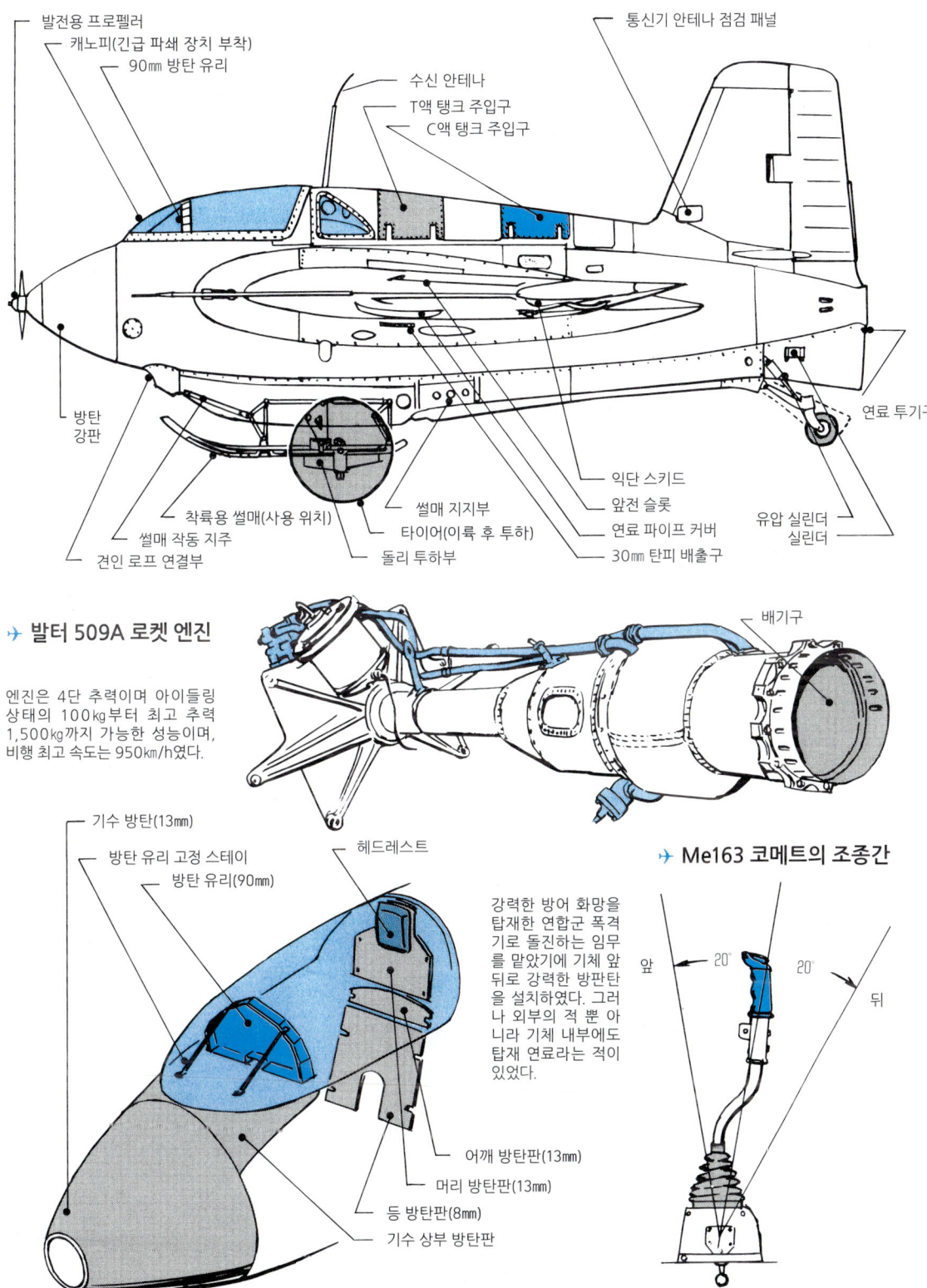

✈ 발터 509A 로켓 엔진

엔진은 4단 추력이며 아이들링 상태의 100kg부터 최고 추력 1,500kg까지 가능한 성능이며, 비행 최고 속도는 950km/h였다.

✈ Me163 코메트의 조종간

강력한 방어 화망을 탑재한 연합군 폭격기로 돌진하는 임무를 맡았기에 기체 앞뒤로 강력한 방판탄을 설치하였다. 그러나 외부의 적 뿐 아니라 기체 내부에도 탑재 연료라는 적이 있었다.

2-37. 제트 전투기의 등장 (1)

제2차 대전으로 전투기의 기능성과 고속화 요구는 커져만 갔는데, 고출력 레시프로 엔진은 이미 한계를 맞이하고 있었다. 그래서 고안된 것이 제트 엔진이다. 세계 최초 실용 제트 엔진 전투기인 Me262가 독일 공군의 개발 지시를 받은 때는 1939년이었다. 처음에는 단발이었는데 이후 쌍발기로 계획 변경되고, 고속을 확보하기 위해 주날개도 얇게 설계되었다.

연료 소비가 막대한데다, 대구경 타이어를 수납하기 위해 동체 단면은 세모꼴이 되었으며, 제트 엔진도 애초 계획보다 크고 무거워져 기체 중심을 뒤쪽으로 이동할 수밖에 없었다. 이 때문에 처음에는 바깥날개에만 후퇴각을 주었다가 결국엔 주날개 전체를 직선 후퇴익으로 변경하였다. 그 결과, 충격파 발생을 늦추는 후퇴익 덕분에 공력적으로 뛰어난 기체가 되어 독일이 제트 전투기 분야에서 가장 앞선 셈이 되었다. 그러나 공군 상층부의 제트 전투기 몰이해 탓에 실용화는 더디만 갔다. 한편, 연합국 측도 제트 전투기 개발은 진행하고 있었고, 영국은 대전 말기에 가까스로 실전 배치할 수 있었지만 미국은 대전이 끝나도록 시험 비행 상태에 그쳤다. 일본도 독일로부터 얻은 도면을 기초로 개발을 진행하지만 군의 관심은 그다지 높지 앞서서 패전을 맞이한 1945년 8월에야 첫 비행을 실시하는 데 그쳤다.

✈ 메서슈미트 Me262

새옹지마인 셈이지만, 제트 전투기의 선구자로서 후퇴익 구조를 채택했다는 점은 획기적이었다. 설계 당시의 직선익을 후퇴익으로 변경한다는 것은 큰일이었는데, 특히 주날개와 동체 결합부인 날개보와 프레임 변경이 난관이었다.

✈ 글로스터 미티어 (영국)

영국의 첫 실용 제트기로, 첫 비행은 43년 3월이다. 여러 메이커가 엔진 개발에 가세하여 하포드 H1을 탑재한 5호기가 클랜웰에서 테스트 비행. 그 밖에도 메트로픽 R2, 파워제트W2/500 등 여러 엔진을 테스트하였다. 8호기는 드 하빌랜드-고블린 엔진을 탑재하고 45년 7월에 처음 비행하였고, 이 기체가 F.Mk.II로 발전한다.

미티어
- ▸ 전장: 12.57m
- ▸ 전폭: 13.11m
- ▸ 전고: 3.96m
- ▸ 날개 면적: 34.7㎡
- ▸ 자중: 2,690kg
- ▸ 총중량: 6,260kg
- ▸ 최고 속도: 668km/h (고도 3,050m)
- ▸ 상승 한계 고도: 12,200m
- ▸ 엔진: 롤스로이스 W2B/23C 웰런드 터보 제트×2
- ▸ 무장: 20mm 기총×4

제2차 세계대전당시의 전투기

✈ 벨 XP-59 에어코멧 (미국)

미국이 제트기 개발에 착수한 때는 독일보다 뒤늦었기에 실전에 참가하지 못했다. 미국의 첫 제트 전투기인 벨 XP-59는 영국의 휘틀 W2 계열 엔진을 제너럴 일렉트로닉스사가 라이선스하여 생산하였다. 원심식 터보 제트 GE I-A 2기를 주날개 뿌리 밑에 배치하였고, 42년에 무록에서 무사히 첫 비행을 마쳤다. 성능은 당시의 레시프로기를 넘어서지 못하고 평범하지만 그래도 군에서 180기를 발주하지만, 이어서 개발된 제트기 P-80이 고성능을 보여 생산량은 감축되었다.

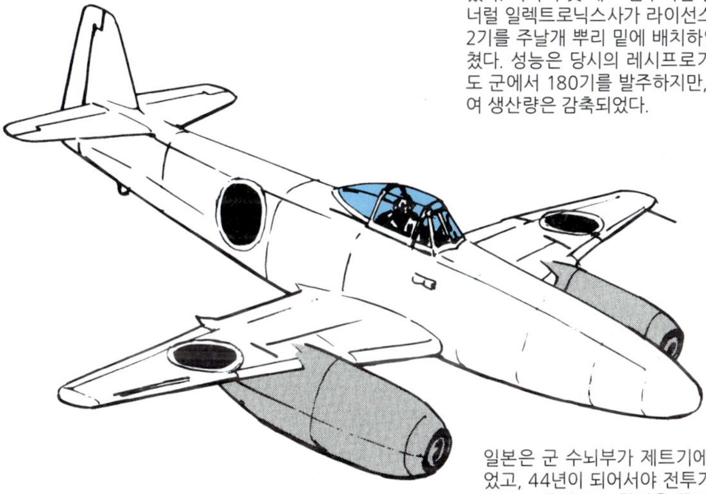

✈ 나카지마 특수 공격기 '깃카'

일본은 군 수뇌부가 제트기에 거의 관심을 보이지 않아서 뒤늦게 뛰어들었고, 44년이 되어서야 전투기도 아닌 특수 공격기로 개발에 착수하였다. 500㎏ 폭탄으로 함선을 공격할 것을 주목적으로 제작했는데, 정찰기나 30㎜ 기관포 탑재 전투기 안도 있었다. 독일로부터 얻은 도면을 기초로 개발하였기에, 주날개는 완만한 후퇴각을 지니고 엔진 배치 등은 Me262와 유사한 방식이었다. 45년 8월 7일에 기사라즈 비행장에서 첫 비행을 무사히 마치지만 11일의 테스트 도중 사고로 기체를 상실했다.

- ▶ 전장: 9.25m
- ▶ 전폭: 10.0m
- ▶ 최고 속도: 680km/h 이상
- ▶ 총중량: 3,500kg
- ▶ 엔진: 네-20
  (추력 475kg×2)

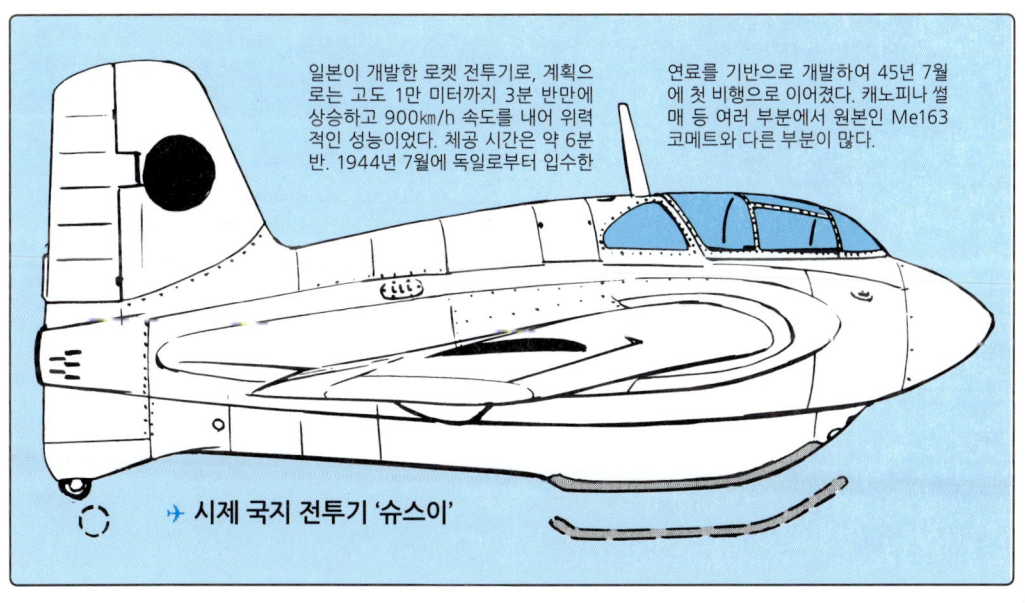

일본이 개발한 로켓 전투기로, 계획으로는 고도 1만 미터까지 3분 반만에 상승하고 900km/h 속도를 내어 위력적인 성능이었다. 체공 시간은 약 6분 반. 1944년 7월에 독일로부터 입수한 연료를 기반으로 개발하여 45년 7월에 첫 비행으로 이어졌다. 캐노피나 썰매 등 여러 부분에서 원본인 Me163 코메트와 다른 부분이 많다.

✈ 시제 국지 전투기 '슈스이'

2-38. 제트 전투기의 등장(2)

1939년에 개발이 시작된 Me262 V1은 제트 엔진 완성이 늦어져 41년 4월에 유모 210G 역V형 12기통 레시프로 엔진을 탑재하고 첫 비행 테스트를 하였다. 이 당시의 주날개는 아직 완전한 후퇴익이 아니었다. 제트 엔진 개발은 생각만큼 진전을 보이지 못하고 예정 추력까지 도달하지 못했다. 42년 3월의 테스트 비행에선 시제 제트 엔진 2기를 포드 형식으로 주날개에 장착했다. 세계 최초 제트 엔진 비행이지만, 만약을 위해 레시프로 엔진도 탑재했으며 비행 중에 제트 엔진이 멈춰 레시프로 엔진으로 착륙하였다. 이 당시의 제트 엔진은 BMW제였지만 최종적으로는 융커스의 유모 004 엔진을 채택하였다. 이 유모 004는 42년 7월에 첫 비행을 무사히 마치지만, 이 당시까진 아직 테일기어식이었다. 노즈기어식 구조는 43년에 들어서야 선보였다.

제트기는 고속성과 맞바꿔 막대한 연료를 소비한다는 점에서 레시프로기와 크게 달랐다. 독일의 Fw190A-8의 연료 탱크 용량은 630ℓ에 항속 거리 1,300km이고, 미 해군의 그루먼 F6F-5는 950ℓ로 1,750km를 갈 수 있었다. 그러나 Me262A는 2,570ℓ로 고작 1,050km라는 항속 거리에 그쳤다. 레시프로기의 5배에 가까운 연료 소비량이었다. 이는 예상치 못한 현상으로, 조종석 앞뒤로 900ℓ급의 대용량 연료 탱크를 증설할 수밖에 없었다(제트 엔진에 관해선 124페이지 참조).

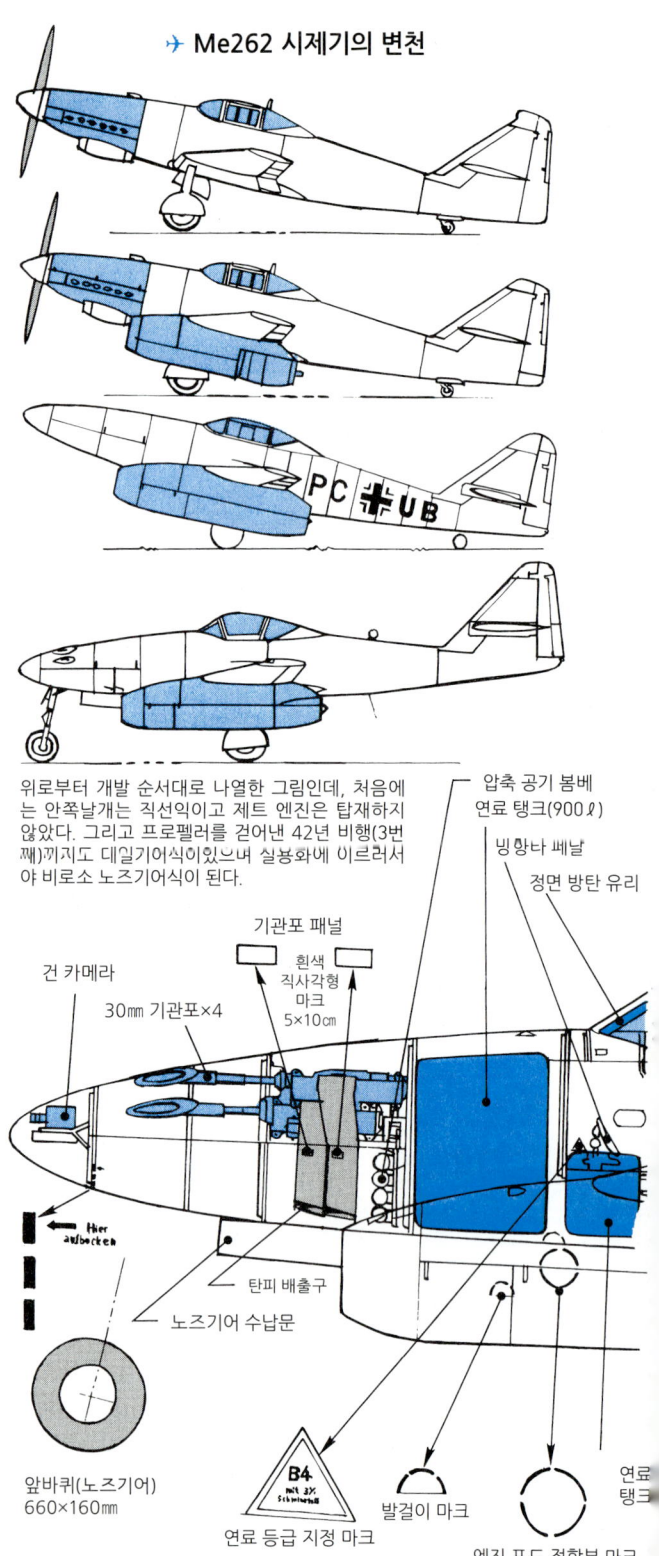

→ Me262 시제기의 변천

위로부터 개발 순서대로 나열한 그림인데, 처음에는 안쪽날개는 직선익이고 제트 엔진은 탑재하지 않았다. 그리고 프로펠러를 걷어낸 42년 비행(3번째)끼지도 대일기어식이었으며 실용화에 이르러서야 비로소 노즈기어식이 된다.

제트 엔진이 주날개로 이동하여 동체 내부에 대형 연료 탱크를 탑재할 공간이 생기지만, 무거운 엔진 때문에 중심 위치는 레시프로기보다 상당히 뒤쪽이 되었고 무게도 4,000kg나 하였다. 그래도 레시프로기보다 200km/h 이상 고속으로 비행할 수 있었던 것이다.

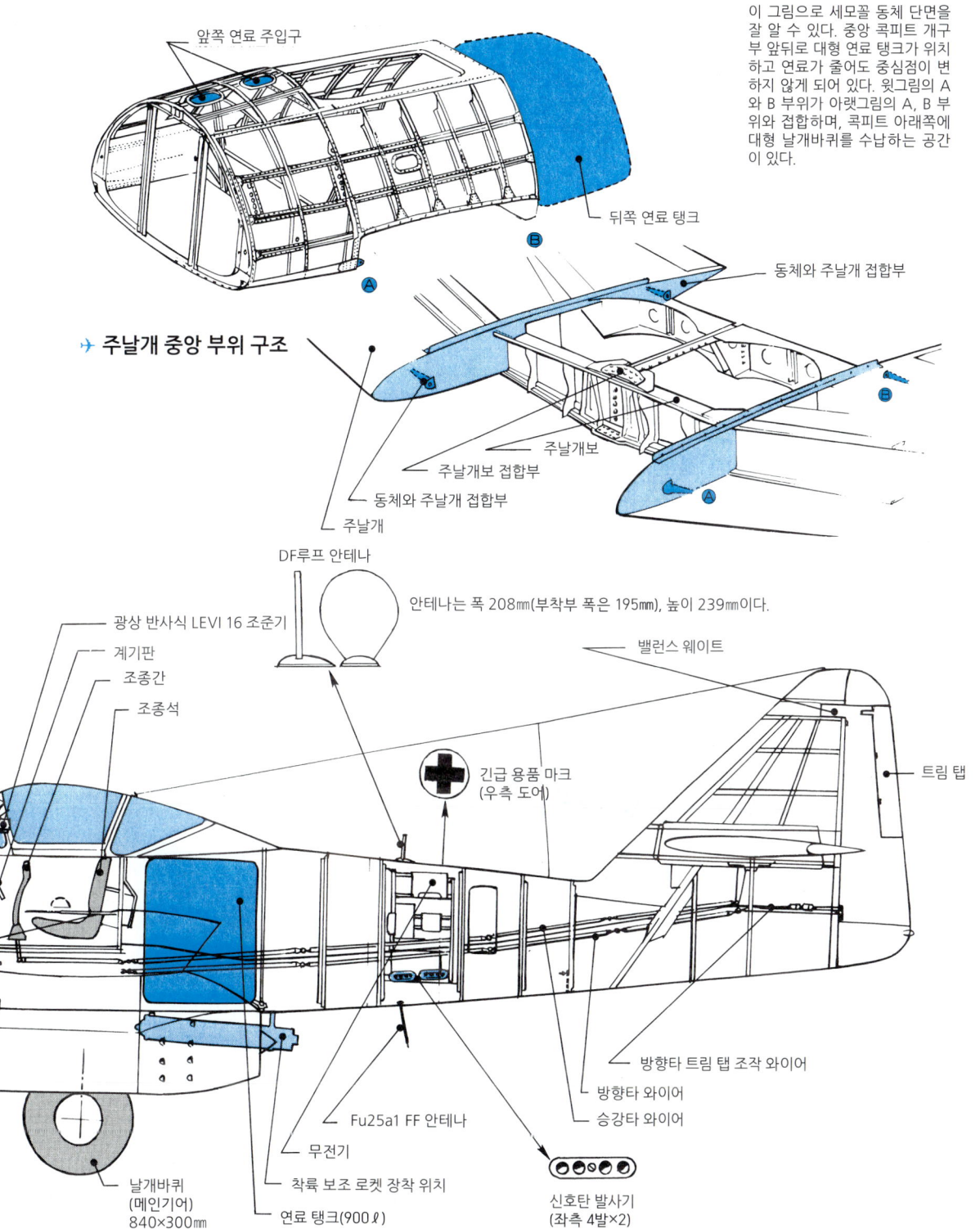

→ Me262A-1의 초기 양산형

제트 전투기 시대
미-소 냉전 시대부터 현재까지

제2차 대전 말기에 간신히 실전 데뷔한 독일과 영국의 제트 전투기는 완성도가 낮고 충분히 활약하지 못한 채 대전 종료를 맞이하였다. 그러나 기술적인 한계를 드러낸 레시프로 전투기와는 달리, 제트 전투기가 내비친 고성능의 편린과 발전 가능성은 새로운 시대의 도래를 알리기에 충분한 것이었다.

대전 후 세계 주요 국가는 다들 제트 전투기 개발에 뛰어드는데, 처음에는 레시프로 시대 디자인의 연장에 지나지 않았고 제트 엔진도 저출력에 막대한 연료 소비량과 신뢰성 문제를 안고 있었다. 그러나 독일이 대전 중 남긴 공기역학 이론과 영국의 제트 엔진 기술을 남김없이 이용한 미국과 소련이 이윽고 다른 나라들을 한발 앞서게 되었다.

대전 후 5년만에 일어난 한국 전쟁에서 소련이 선보인 MiG-15는, 미 공군의 F-80과 F-84, 미 해군의 F9F와 F2H, 영국 공군의 미티어 등 서방 측의 직선

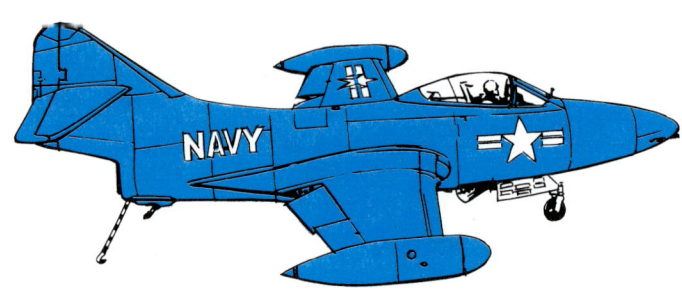

✈ 그루먼 F9F 팬서 (미국)

제트기 간의 공중전이 처음으로 벌어진 때는 1950년 6월의 한국 전쟁이며, 그 이후 한순간에 제트기가 주류가 되면서 본격적인 제트기 시대가 도래했다. 최초로 일선 배치된 때는 49년 5월. 팬서는 그루먼이 처음으로 만든 제트 함상 전투기였으며, 한국 전쟁에선 미 해군의 주력 함상 전투기로 평가는 좋았다.

- ▶ 전장 11.92m
- ▶ 전폭 11.58m
- ▶ 전고 3.74m
- ▶ 추력 2,608kg
- ▶ 최고 속도 846km/h

✈ MiG-15 (소련)

제트 시대 초기에는 대다수가 직선익이었는데, 이 기종은 35° 후퇴익을 지녔으며 제트 엔진도 동체 속에 수납하면서 현용기 스타일의 바탕이 된 전투기이다. 경량이면서도 고고도 성능 뿐 아니라 가속력, 상승력 등에서 서방 측 전투기를 능가하는 성능을 발휘했다.

- ▶ 전장 11.36m
- ▶ 전폭 10.08m
- ▶ 전고 3.40m
- ▶ 총중량 5,030kg
- ▶ 추력 2,700kg
- ▶ 최고 속도 1,050km/h

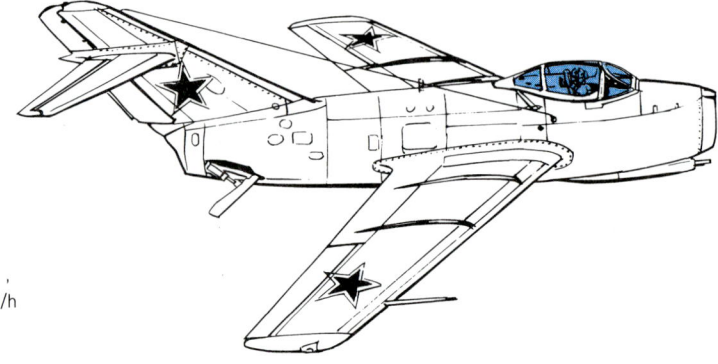

익 제트 전투기를 압도하는 고성능을 과시하였다. 미 공군은 당시 최신예 F-86 세이버를 보내고서야 간신히 MiG-15에 대항할 수 있었다. 이들 두 기종 모두 독일이 밝혀낸 후퇴익 이론을 도입한 설계였고, MiG15의 엔진은 영국 롤스로이스 넨(nene) 엔진의 복제판이며 미국의 제트 엔진 기술도 뿌리는 대전 중에 영국으로부터 건네받은 것이었다.

MiG-15는 미국의 중폭격기 요격을 주임무로 개발되었고, 후퇴익에 더해 철저한 경량 설계과 대구경 화력 탑재가 특징이며 뛰어난 상승력과 가속성 및 고고도 성능을 자랑했다.

F-86은 양호한 조작성과 중고도 이하의 가속성, 우수한 사격 관제 장치에 더해 파일럿의 기량 차이로 미그기를 제압하고 제공권을 되찾아오는 데 성공하였다. 이들 두 기종은 아음속 전투기 시대를 대표하는 우수 기종이었다고 할 수 있다.

한편, 제트기 선진국이었던 영국은, 전후에 독일로부터 얻은 데이터 활용에 태만했다는 커다란 실수를 범하여 후퇴익 전투기 개발에 뒤처지고 첫 후퇴익 전투기인 슈퍼 멀린 스위프트 실용화에 실패. 성공작이 된 호커 헌터도 때가 늦어 한국 전쟁에 배치할 수 없었다.

위 3개국 외에도 대전 후부터 한국 전쟁 시기에 걸쳐 제트 전투기를 독자 개발한 나라들로는 프랑스, 스웨덴, 캐나다가 있는데, 모두 영국으로부터 라이선스를 받아 생산한 엔진을 사용했다.

한국 전쟁 이후, 전투기는 초음속 시대로 돌입하는데, 한국 전쟁 당시 및 직후에 실용화된 공대공 미사일(AAM)이 이후의 전투기 설계에 크게 영향을 끼쳤다. 서방 각국은 '타도 MiG-15'를 목표로 고성능 전투기 개발에 착수하는 한편, 한국 전쟁에서 F-80, F-84, F9F 팬서 등이 대지 공격 임무에서 레시프로기를 훨씬 웃도는 위력을 발휘했다는 점에 주목하여 전투기의 대지 지원 능력을 중시하게 된다. 이른바 전술 전투기의 탄생이고, 공중전은 AAM에 의존하는 경향이 이로부터 생겨났다.

✈ 노스아메리칸 F-86 세이버 (미국)

고성능 후퇴익 전투기로 개발되었으며, 이 기종의 등장으로 후퇴익의 절대적인 효과를 인식하게 되어 직선익 기체도 후퇴익으로 개수하는 사례가 속출했다. F-86은 바로 뒤이어 나온 전천후형 D형과 함께 한국, 일본, 타이완, 서독, 이탈리아, 프랑스, 덴마크, 네덜란드, 노르웨이 등 수많은 나라에서 채택하며 제트기의 정석이 되었다.

- 전장 11.9m
- 전폭 11.9m
- 전고 4.5m
- 자중 4,967kg
- 추력 2,760kg
- 최고 속도 1,094km/h

✈ 호커 헌터 (영국)

영국 공군사상 최초로 후퇴익에 아음속을 기록한 전투기. 유려한 커브와 아름다운 스타일로 유명한 걸작기이며, 폭격기 요격 등의 격투전 능력을 중시한 설계였다. 1954년 7월에 취역했으며 제43 비행중대에 우선 배치되었다. 30~40° 급강하에선 음속을 돌파하기도 했다. 엔진은 롤스로이스의 에이번 203을 1기 탑재하였다.

- 전장 15.0m
- 전폭 10.3m
- 전고 4.0m
- 추력 4,540kg
- 최고 속도 마하 0.95 (고도 11,000m).

미 공군은 1953년에 초음속 전투기 제1호로 F-100 슈퍼 세이버를 완성하였다. 이 기체는 F-86의 후계기이자 주간 제공 전투기로 개발되었는데, 이윽고 전술 전투기로 발전하였다. 이어서 F-101 부두는 장거리 침공 전투기로 개발되었지만 결국에는 전술 전투기/정찰기/전천후 요격기라는 세 버전으로 실용화되었다. 또한, 1950년대 초반에 핵폭탄 소형화 성공에 따라 전술 전투기는 핵 폭격 옵션을 갖추게 되었다. F-102는 F-86D, F-89D, F-94를 잇는 전천후 요격 전투기이자 세계 최초로 초음속 델타익 전투기가 되었다. F-102는 시제기 당시엔 예기치 못한 저항 증가로 인해 음속을 돌파하지 못했지만, NACA(현 NASA)가 발견한 에어리어 룰을 채택하고 나선 초음속을 달성하면서 1956년에 취역하였다. 이 이후 에어리어 룰은 음속 돌파의 강력한 무기로써 여러 전투기가 채택하게 된다. F-104는 MiG-15에 대항하여 가장 우수한 상승력과 고속, 가속 성능을 목표로 개발한 이색 전투기이다. 소형 경량 기체에 강력한 엔진을 얹어 고성능을 확보하지만, 너무나도 설계에 여유가 없었기에 미 공군의 요구를 충족하지 못해서 소수 채용에 그치고 말았다. 그러나 그 고성능은 NATO 국가 및 일본 등지에서 주목하게 되어 국제적으로 여러 기체를 생산하게 된다. F-105는 핵폭탄을 탑재하는 마하 2급 전술 전투기로 개발되었으나, 훗날 베트남 전쟁에선 주력 대지 공격기로 활용되면서 수많은 기체가 대공포화에 희생되었다.

✈ 노스아메리칸 F-100 슈퍼세이버 (미국)

F-107까지 이어지는 센추리 시리즈의 첫 번째 타자이며 1953년 5월의 첫 비행에서 음속을 돌파. 개발 시기는 1949년 2월이며, 천음속(遷音速) 전투기였던 F-86의 초음속 버전으로서 45° 후퇴익이다. 계획 당시에는 제공 전투기로 설계했지만 실제로는 전투 폭격기로 사용하였다. 275갤런 연료 탱크 2개를 장착한 전비 중량은 13,091kg, 고도 10,700m에서 마하 1.285, 전투 상승 한도 15,550m라는 성능을 보였다.

▸ 전장 14.36m　▸ 전폭 11.83m　▸ 전고 4.72m

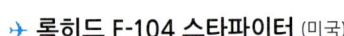

✈ 록히드 F-104 스타파이터 (미국)

소형 경량화된 고성능 MiG-15에 맞서고자 개발하였으며, 시제기인 YF-104는 1956년 4월에 마하 2를 넘는 스피드를 달성. 천음속 부근에서 효과가 있다는 델타익이나 후퇴익을 포기하고 마하 2 스피드에 맞춰 얇은 직선익이자 가로세로비가 작은 주날개를 채택하였으며, 가로 안정성 확보 때문에 주날개에 반사각을 붙였다. 완성된 F-104 스타파이터는 마지막 유인 전투기라고 불리기도 했다.

✈ 리퍼블릭 F-105 선더치프 (미국)

핵 공격 가능한 전투 폭격기로서 1952년에 개발 스타트. 1955년 10월에 첫 비행. 58년에 335TFS(전술전투비행대)에 최초 배치. 마하 2급 전투 폭격기의 태동이었다. 핵폭탄은 급상승하여 정상에 다다른 지점에서 투하하고 기체는 반전하고 급강하하면서 지점에서 이탈한다.

▸ 전장 19.64m (피토관 제외)
▸ 전폭 10.65m
▸ 전고 6.00m
▸ 최고 속도 마하 2.1

F-106은 F-102에 대대적인 공력 개수를 가하고 강력한 엔진을 탑재한 모델로, 지상 레이더 관제와 링크하여 자동으로 수색, 공격, 격퇴 기동을 할 수 있게끔 획기적인 마하 2급 인터셉터였다.

한편, 미 해군은 한국 전쟁 당시의 주력기 F9F 팬서가 MiG-15에 먹히지 않자, 이미 개발 중이던 F7U 커틀러스 무익기, F4D 스카이레이, 델타익기, F3H 디먼 후퇴익기 등 각종 함재기 실용화를 서두르는 동시에 팬서의 후퇴익형인 쿠거, F-86의 함재기형인 FJ 페어리를 연달아 발주했다. 그 후로도 MiG-15에 대항하여 경전투기 F11F 타이거와 본격적인 초음속 함재기 F8U 크루세이더를 개발하고, 1957년에 F8U-1이 취역하면서 마침내 육상 전투기를 능가하는 고성능기를 함대에 배치할 수 있게 되었다.

영국 공군은 헌터 이후에 재블린 델타익 아음속 전천후 전투기를 1954년에 배치하지만, 그 이후의 몇몇 초음속 전투기 개발 계획은 재정난으로 취소하고 1960년에서야 라이트닝 F-1 부대 배치를 시작했다.

스웨덴은 영세 무장 중립 원칙에 기반하여 독자적인 전투기 개발을 진행하고 50년대에 J29, J32 후퇴익 전투기를 개발한 데 이어 1958년에는 고속도로에서도 작전이 가능한 더블델타익 초음속기 J35 드라켄을 완성. 1971년에는 카나드가 붙은 코-델타형 마하 2급 다용도 전투기인 동시에 STOL성까지 갖춘 이색 전투기 비겐을 부대 배치하였다.

✈ 컨베어 F-106 델타 다트 (미국)

궁극의 요격기로, 개발 당시부터 에어리어 룰을 채택하였다. 최고 스피드는 마하 2를 넘고, 고정 무장은 없으며 기본 무장은 팰컨 4발과 핵탄두 로켓탄이다. 나중에 건팩을 장착하게 되지만, 이 M61A1 건팩은 벌지처럼 돌출한다. 미사일은 기체 하면의 무장 베이 내에 수납한다. 냉전 시대를 상징하는 미사일 만능 사상에 영향받아 만든 전투기로 생산 수량은 340기.

✈ 사브 J37 비겐 (스웨덴)

카나드와 세계 최초로 변형 델타익을 실용화한 전투기. 1967년 2월에 테스트 비행을 개시했으며, 고성능에 고실용성을 목표로 개발하였다. 요격, 정찰, 대지 공격, 연습 임무 등을 이 1기종으로 처리할 수 있고, 간편한 정비 보급과 저렴한 비용을 설계부터 반영하였다.

▸ 전장 16.3m
▸ 전고 5.6m
▸ 최고 속도 마하 2

✈ BAC 라이트닝 (영국)

1946년에 개발을 시작하여 55년 7월에 첫 비행. 조작성과 안정성 모두 양호했으며 58년 11월에 영국기 최초로 마하 2를 기록. 델타익 뒤쪽을 삼각형으로 쳐낸 주날개 형상이나 위아래로 배치한 엔진 등 독특한 특징이 많은 기체였다.

▸ 전장 16.84m ▸ 전고 5.97m
▸ 전폭 10.62m ▸ 총중량 17,250kg

프랑스는 대전 후 각종 제트 전투기를 시험 제작하나 머지않아 메이커는 다소(Dasault) 1개사 외엔 도태되었다. 직선익기 우라간, 후퇴익 아음속기 미스텔에 이어 초음속기 슈페르 미스텔을 1957년에 배치하였으며, 해군용으로 후퇴익 함재기 에탕다르를 생산했다. 50년대 말에는 마하 2급 델타익 전투기 미라주 III를 실용화하고 수출도 호조를 보이면서 프랑스는 미-소에 이어 전투기 생산국 3위에 올랐다. 프랑스제 전투기는 이스라엘 공군이 제1차~4차 중동 전쟁에 사용하면서 우수한 파일럿들과 조화를 이루며 소련제 전투기를 압도하는 활약을 보였다.

소련은 MiG-15와 그 발전형인 MiG-17을 거치고 1955년에 초음속기 MiG-19, 1959년에는 각종 마하 2급 델타익 전투기를 일선 배치하였다. 그 중 MiG-21은 수차례 개량을 거듭해도 전자 장비나 탑재 무장, 항속력 등에선 서방 전투기에 열세였지만, 저렴함과 취급 용이성을 높이 평가받아 동유럽을 중심으로 40개국 이상에 수출하는 베스트셀러가 되었다.

서방 측의 베스트셀러인 F-4 팬텀은 MiG-21과 대조적으로 쌍발 2인승 대형 전천후 전투기였는데, 최신 전자 장비와 막대한 무장 탑재량, 긴 항속 거리라는 고성능에 걸맞는 고가 전투기이다. 처음에는 미 해군의 미사일함 방공 전투기로 개발했지만, 속도나 상승력 세계 기록을 차례차례 갱신하는 고성능을 보였다는 점이나 기체나 엔진 추력에 여유가 있어 다용도로 쓸 수 있었다는 점 덕분에 미 공군이 대량 운용한 이래로, 영국 공/해군 및 독일, 일본, 한국 등 10개국 국가 이상이 운용하였다.

✈ 다소 미라주 III (프랑스)

미-소 틈바구니에서 한자리를 차지한 프랑스제 삼각날개 제공 전투기. I·II형을 거쳐 IIIC형, IIIE형에 이르러 전천후형으로 완성을 보았다. 수출에도 힘을 쏟았는데, 고가 전자 장비를 제거하고 유시계 비행으로 싸우는 저가형 미라주 V는 연료를 많이 싣고 폭탄 탑재량을 늘릴 수 있었다. 베스트셀러 전투기이다.

- 전장 15.03m
- 전폭 8.22m
- 전고 4.25m
- 자중 7050kg
- 추력 4,300kg

✈ MiG-21 피시베드 (소련)

냉전 당시 소비에트 연방의 모든 기술을 결집한 마하 2급 제공 전투기. 최고 속도는 물론이고 기동성, 이착륙 성능, 용이한 취급성 등의 장점 덕분에 옛 사회주의 국가들을 중심으로 폭넓게 운용하였다. 1956년에 원형기가 처음 비행했고, 베트남 전쟁 당시에 최신예기로 등장했다.

- 전장 15.60m
- 전폭 7.15m
- 전고 4.5m
- 자중 5,950kg
- 최고 속도 마하 2.15

전천후 전투기 가운데 걸작기로 유명하며 쌍발에 복좌식이라 공격기로도 운용한다. 원형기의 첫 비행은 1958년이며 61년에 실전 배치. 미 해군/해병대 뿐 아니라 F-105를 능가하는 탑재량과 F-106 이상인 레이더 성능, 항속 거리 등의 장점 덕분에 미 공군도 채택하였다. 미 공군 사양 팬텀을 운용하는 나라는 10개국이 넘는다.

✈ 맥도널 F-4 팬텀 II

- 전장 19.20m
- 전폭 11.71m
- 전고 5.03m
- 자중 13,409kg
- 최고 속도 2348km/h (고도 12,190m)

베트남 전쟁에선, 미-소의 주력 전투기가 본격적으로 공중전을 전개하였다. 미국 측은 F-100, F-105, F-4, F08 등을, 북베트남 측은 MiG-17, 19, 21을 운용했다. 미국 측은 근대적인 전자 장비와 미사일을 탑재한 이들 전투기로, 간이 장비만 갖추고 경쾌한 기동성을 지닌 소련제 전투기를 상대하며 전쟁 전 기간을 통해 2:1이라는 격추 비율을 유지하는 것이 고작이었다. 이는 최신 테크놀로지를 투입한 고가 전투기를 운용했던 미국 입장에서 불만족스러운 비율이었으며, 한국전 당시의 10:1 격추비에 비해 대폭 후퇴한 수치였다.

이런 경험을 참고해서 개발한 기체가 높은 제공 능력을 지닌 F-14와 F-15였다. F-14 톰캣은 F-4를 잇는 함대 방공 전투기로, 장/단거리 미사일, 기관포와 최신 화기 관제 시스템을 갖추고 격투전에서도 강한 최강 전투기를 목표로 개발하였다. 착함 시의 저속부터 마하 2.34 초고속 영역대까지 골고루 양호한 비행 특성을 얻기 위해 가변 후퇴익을 채택하였다.

현용 군용기 가운데 특이한 존재로는, 영국이 개발한 VTOL기 해리어가 있다. 원형기 P.1127은 추력 변향식 페가서스 엔진을 탑재한 실험기로 개발되었고, 1965년에는 영국 공군이 지원 전투기로 채택했으며, 1970년에 미 해병대가 AV-8A, 75년에 영국 해군이 시해리어로 채택했다. 시해리어는 1982년의 포클랜드 전쟁에서 아르헨티나의 A-4 스카이호크나 초음속 전투기 대거(이스라엘제 미라주 V) 등을 상대로 격추 비율 21:0라는 압도적인 승리를 기록했다.

✈ BAe 해리어 (영국)

세계 최초 V/STOL 군용기. 미국, 영국, 독일 등이 V/STOL 연구기로 캐스트롤이라는 시제기 9기를 만든 때가 1961년. 원형기 P.1127은 60년에 첫 비행을 실시하였다. 선구적인 개발 때문에 시행착오를 거치며 65년에야 평가 시험 비행이 이루어졌고, 69년 4월에 영국 공군의 첫 해리어 부대가 탄생. 미 해병대가 해리어 비행대를 편성한 때는 71년 4월이었다.

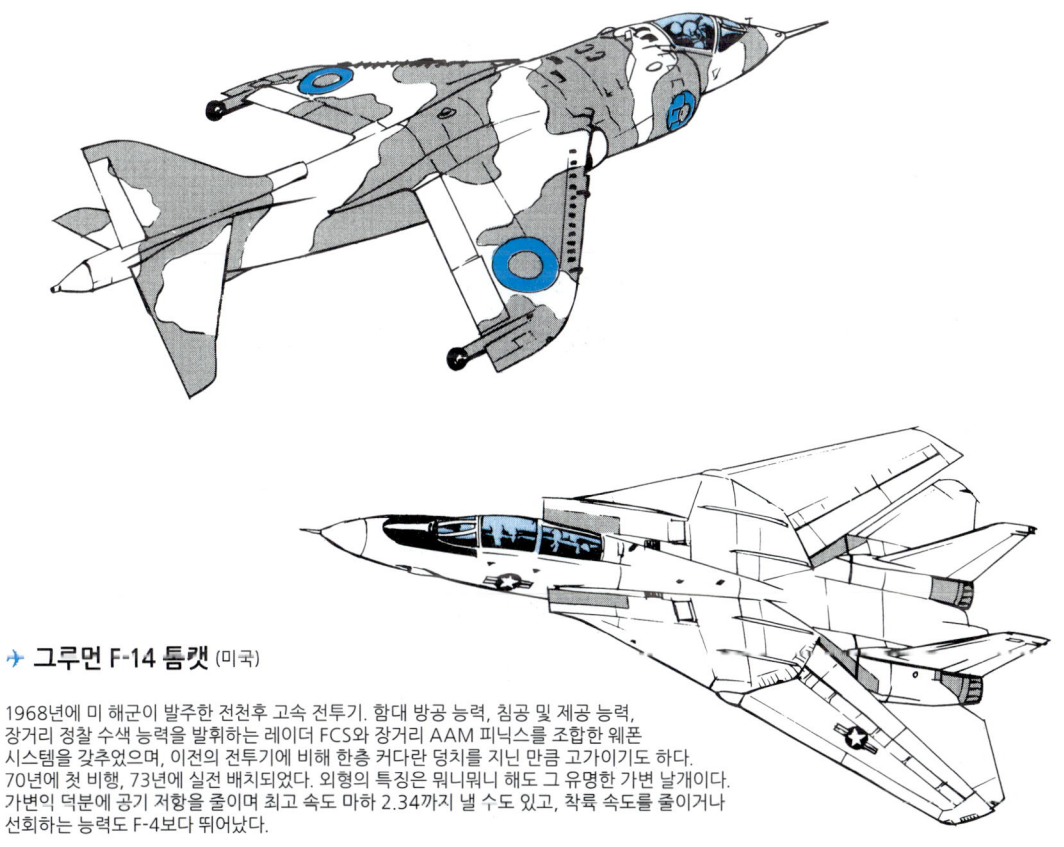

✈ 그루먼 F-14 톰캣 (미국)

1968년에 미 해군이 발주한 전천후 고속 전투기. 함대 방공 능력, 침공 및 제공 능력, 장거리 정찰 수색 능력을 발휘하는 레이더 FCS와 장거리 AAM 피닉스를 조합한 웨폰 시스템을 갖추었으며, 이전의 전투기에 비해 한층 커다란 덩치를 지닌 만큼 고가이기도 하다. 70년에 첫 비행, 73년에 실전 배치되었다. 외형의 특징은 뭐니뭐니 해도 그 유명한 가변 날개이다. 가변익 덕분에 공기 저항을 줄이며 최고 속도 마하 2.34까지 낼 수도 있고, 착륙 속도를 줄이거나 선회하는 능력도 F-4보다 뛰어났다.

F-15는 미 공군에서 F-4를 대신하는 주력 전투기이다. F-4는 우수한 만능 전투기였지만, 경쾌한 미그기를 상대로 완전한 우위를 얻지는 못했기에, F-15에는 그 어떤 적기라도 격추할 수 있는 제공 능력을 부여하였다. 미 공군은 그와 동시에 전천후 작전 능력이나 고고도 화제 관제 장치, 긴 항속 거리 등도 요구하여 대형이자 F-14 다음으로 고가 기체가 되었다. 1991년의 걸프전에선 이라크기 격추 기록 40여 개 중 대부분이 F-15C의 성과로, 그 우수성을 실증했다. 파생형인 F-15E 스트라이크 이글은 복좌식 장거리 침공/제공용 복합 임무 전투기(멀티 롤 파이터)이다.

F-16은 강력하지만 고가인 F-15를 보조하는 저가 경전투기로 개발되었는데, 블렌디드 윙 보디, CCV(조종성 우선형), 컴퓨터 제어식 플라이 바이 와이어 같은 최신 장비를 구사하여 소형이지만 우수한 제공/대지 공격 능력을 확보할 수 있었고, 세계 각국에 다수 수출할 수 있었다.

F/A-18 호넷은 F-14를 보완할 전투/공격기로 개발되었지만, 현재는 미 항모 부대 및 해병대의 주력 전투기로 성장했다. 경쾌한 기동성과 강력한 공격력을 동시에 살리는 디자인이며, 냉전 붕괴로 F-14 같은 고성능 고가 기체의 필요성이 줄자 폭넓은 용도로 활용할 수 있는 이 기종을 대량 운용하게 되었다. 95년 11월 29일에 처음 비행한 F/A-18E는 한층 대형화되었고 엔진도 강화된 성능 향상 모델이다.

소련은 MiG-21 이후로 가변 후퇴익기 MiG-23, 마하 3급 고고도 요격기 MiG-25를 배치하고 1983년에는 획기적인 신예기 MiG-29의 부대 배치를 개시하였다. MiG-29는 F-14, 15, 16에 대항하고자, 양호한 기동성과 서방 측에 필적하는 고수준 화기 관제 장치

✈ 맥도넬 더글라스 F-15 이글 (미국)

공중전 성능이 뛰어난 제공 전투기로 개발되었다. 1972년 7월에 첫 비행. 부대 배치는 75년부터. 전장 상공에서 적 항공기의 위협을 배제하는 제공 전투기 개발은 F-86 이후 처음이며 대형기인 탓에 매우 고가가 되었다.

- 전장 19.43m
- 전폭 13.05m
- 전고 5.62m
- 운항 자중 15,520kg
- 최고 속도 마하 2.5(고도 12,200m)

✈ 제너럴 다이내믹스 F-16 파이팅 팰컨 (미국)

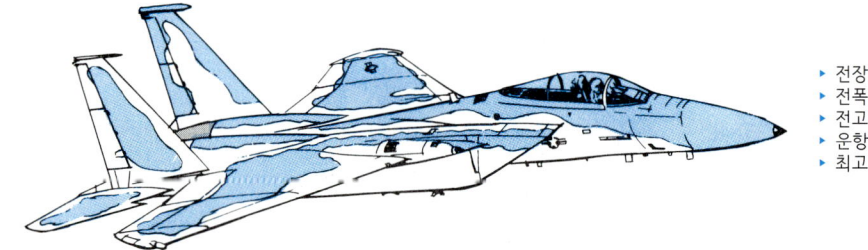

베트남 전쟁이나 중동 전쟁에서 공중전 비행 성능의 중요성을 깨닫자 소형 경량 제공 전투기의 필요성이 부각되었다. 각 능력을 충분히 갖춘 제공 전투기 F-15는 대형에 고가 기체이므로 양산할 수 없었기에 이를 보완할 저가 전투기로 개발된 것이 F-16. 첫 비행은 1974년 말이며, 미 국방성의 양산 개시 승인은 77년 10월. 양산 1호기는 78년 8월에 첫 비행. 동체에서 날개로 흐르는 듯한, 이른바 블렌디드 윙 보디가 특징이다.

✈ 맥도넬 더글라스 F/A-18 호넷 (미국)

중량급 전투기가 많은 가운데 경량 전투기로 개발되었다. 수직꼬리날개는 격납고 천장 높이를 고려하여 면적을 늘리면서도 높이는 낮출 수 있도록 한 쌍이다. 전투기는 탑재량에 여유가 있을 땐 폭장(爆裝)하여 표적 공격용으로도 쓰지만, F/A-18은 소형이면서도 개발 당시부터 공격기임을 나타내는 A가 붙은 희귀 케이스. 살짝 후퇴각이 주어진 주날개와 콕피트 옆을 흐르는 스트레이크는 저속이나 고받음각 기동에서 안정성을 높인다.

- 전장 17.07m
- 전폭 11.43m
- 전고 4.66m
- 총중량 15,230kg
- 최고 속도 1,915km/h (고도 10,970m)

를 갖춘 우수 전투기로, 러시아는 현재도 개량을 거듭하고 있다.

또한, MiG 계열과 별도로 수호이 설계국은 50년대의 Su-7 전투 공격기 및 가변 후퇴익 버전인 Su-17, 델타익 요격기 Su-15, 가변익 침공 전투기 Su-24 등을 개발해오다 1981년부터는 세계 최강 제공 성능을 목표로 Su-27 생산을 개시했다. Su-27은 F-14, 15보다도 대형기이며, 엔진도 강력하고 화기 관제 장치와 무장 탑재량도 서방 기체 이상 수준을 달성하면서 현재도 복좌 공격형 Su-34, 함재기형 Su-33, 성능 향상형인 Su-35로 이어지고 있다.

이러한 현용 고성능 전투기의 공통점으로는, 델타익에서 날개 끝을 쳐낸 날개 평면 형상, 블렌디드 윙 보디와 주날개 앞에 추가된 스트레이크, 한 쌍의 수직꼬리날개, 평평한 동체 단면, 기체 하면에 붙은 공기 흡입구 등을 들 수 있다. 그리고 이러한 요소가 저속부터 고속까지 전 영역에 걸쳐 우수한 비행 특성을 유지하며 고받음각이나 고기동 비행에도 적합한 디자인이라 할 수 있겠다. 그리고 현재 채택이 증가하고 있는 형상이 프랑스의 라팔, 영-독 합작 유로 파이터, 스웨덴의 그리펜에서 볼 수 있는 카나드 부착 델타익 형식이다.

또한, 앞으로 주류가 될 방식은 레이더나 적외선으로 탐지하기 어려운 스텔스 전투기이며, 스텔스 제1호인 F-117(용도는 공격기)은 스텔스 성능을 우선하여 특이한 외형이었다. 이후에 미 공군이 개발한 F-22는 스텔스 성능과 초음속 순항, 고수준 전투 능력 등을 한데 모은 현용 최강의 전투기이다.

✈ MiG-29 펄크럼 (소련)

Su-27보다 소형이며 뛰어난 기동성을 지녔다. 1983년부터 부대 배치. 최고 속도를 높이고자 공기 흡입구는 면적 가변식이다. 옛 소련군 외에도 공산권 10여개국 이상이 운용. 주날개를 접이식으로 하고 플라이 바이 와이어 방식을 채택한 개량형도 개발되었다.

- ▸ 전장 17.32m
- ▸ 전폭 11.36m
- ▸ 전고 4.73m
- ▸ 자중 10,900kg
- ▸ 추력 5,000kg×2
- ▸ 최고 속도 마하 2.35.

✈ 수호이 Su-27 플랭커 (소련)

고가에 대형이며 최신예 기술을 구사한 전투기. 1977년에 원형기가 첫 비행, 부대 배치는 84년. 89년에 파리 르 브루제 공항에서 열린 국제 항공우주 쇼의 주인공이 되었다. 소련기에선 처음으로 플라이 바이 와이어 방식을 채택하고 만일에 대비한 메커니컬 링키지 계통도 여전히 존속한다. 특수 개수형인 P-42는 F-15가 세운 상승 시간 세계 기록을 갱신했다.

- ▸ 전장 21.94m
- ▸ 전폭 14.70m
- ▸ 전고 5.94m
- ▸ 자중 13,000kg(추정)
- ▸ 최고 속도 마하 2.35

✈ 록히드 F-117A (미국)

세계 최초 본격 스텔스 진두기. 1978년에 1호기가 첫 비행, 82년 TAC(전술공군사령부)의 4450TG(기동 전대) 전술 항공군에 배치 개시. 당연하지만 외부에 파일런이 없으며 동체 하면 내부에 5,000파운드 웨폰 베이가 있다. 89년 12월에 파나마 침공 작전으로 첫 실전 참가, 이어서 91년의 걸프전에서 1,271회 출격을 기록하였다. 항공기는 대개 비슷한 모양새가 많지만, 이처럼 개성적이고 한눈에 알아볼 수 있는 기체도 드물 것이다.

3-1. 제트 엔진의 원리

자동차의 경우 저속부터 고속까지 쓰이는 범위가 항상 변화하며 일정하진 않다. 이와 비교할 때 항공기 경우에는 이착륙 상황을 제외하면 고속 비행 시간이 압도적으로 많다. 이처럼 사뭇 다른 두 탈것의 사용법이 엔진까지 갈라놨다고 해도 좋다. 자동차는 현재도 레시프로 엔진이 주류인데, 이는 최고 속도 200km/h 정도면 일반적으로 충분하기 때문이기도 하다. 한편, 전투기는 항속 거리를 늘리는 동시에 속도에 대한 요구도 높아지면서 저속 순항엔 불리하지만 고속 비행에는 유리한 제트 엔진으로 바뀌는 수순은 필연이었다. 아래 그림에서 보듯이 레시프로 엔진과 마찬가지로 제트 엔진도 4행정이지만, 왕복 운동 부분 없이 전체가 회전 운동만 하므로 일정하게 회전하며 고속으로 운행할 때 고효율이 되는 것이다.

✈ **레시프로 (피스톤) 엔진의 행정**

레시프로 엔진은 연소 작용으로 팽창한 가스가 피스톤을 밀어내리는 작용을 한다. 이 때 생기는 왕복 운동이 콘로드를 거쳐 크랭크 샤프트를 돌리며 동력으로 전환한다. 제트 엔진은 고온 고압 연소 가스를 분출하고 그 반작용으로 추진력을 얻는다. 레시프로 엔진은 공기 흡입량을 가감하여 출력 조절을 쉽게 하지만, 그만큼 가동 부위가 많아지고 복잡해진다. 한편, 제트 엔진은 공기 흡입량 조절을 하면 효율이 떨어지지만 고속에서 열효율의 우수성은 레시프로와 비교할 바가 아니다.

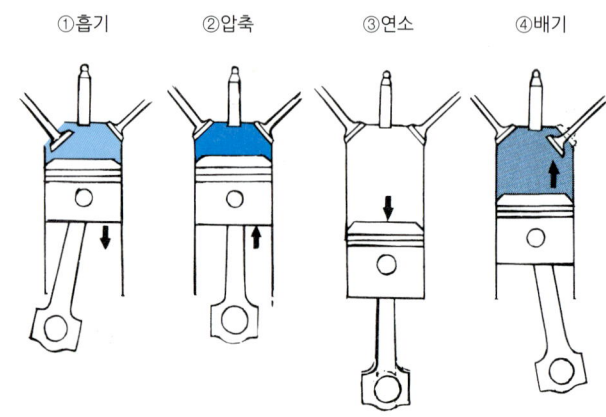

✈ **터보 제트 엔진의 행정 및 개념도**

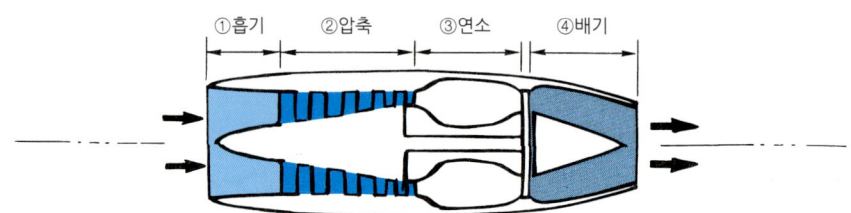

✈ **애프터 버너 부착 터보 제트 엔진의 개념도**

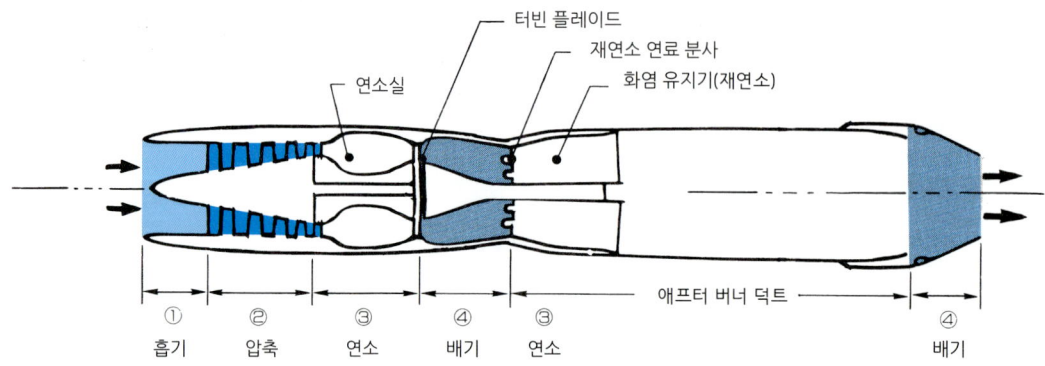

제트 전투기 시대

✈ 메서슈미트 Me262 슈발베

세계 최초 실용 제트기인 Me262용 제트 엔진인 유모 004B는, 일종의 공랭식 엔진이었다. 제트 엔진은 고온 및 원심력과 기술의 싸움이라 할 수 있다. 항상 고온에 노출되고 고속 회전하는 터빈이나 그 주변의 금속은 강도가 떨어진다. 이 때문에 정면 콘으로 들어오는 공기를 비롯해서 압축기 도중부터 연소실 외측, 그리고 배기구 부근은 바깥쪽에서 식히고, 압축기의 8단 부분 끝부터는 안쪽을 식히는 공기를 중심부로 들여와 배기 터빈을 식힌다. 이 공기는 배기 제어 콘까지 안쪽을 식히고 배기까지 유도된다.

✈ 융커스 유모 004B 제트 엔진

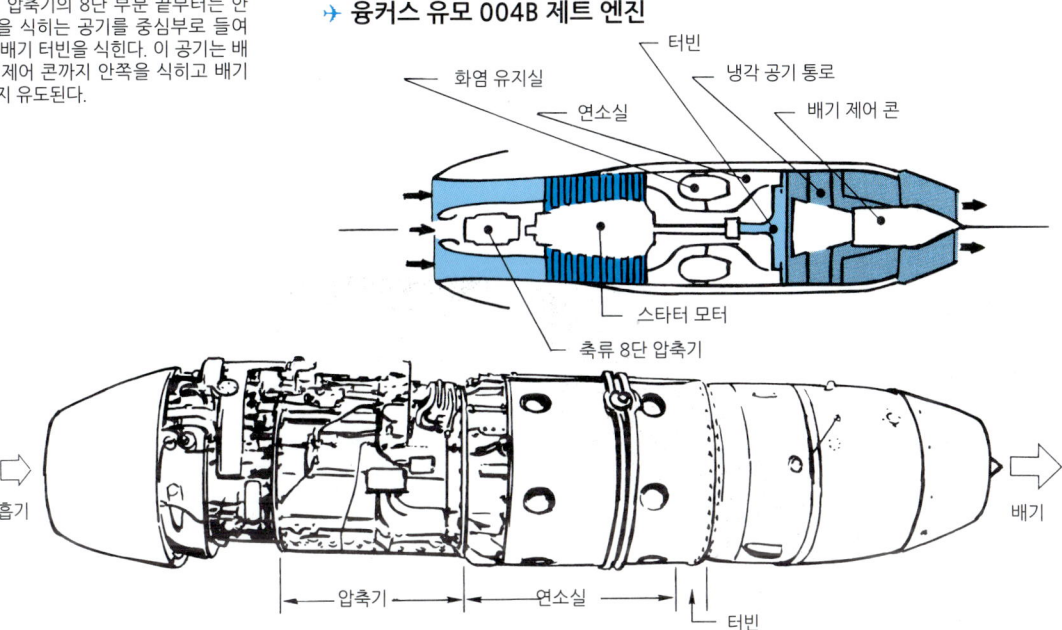

✈ 램 제트 엔진

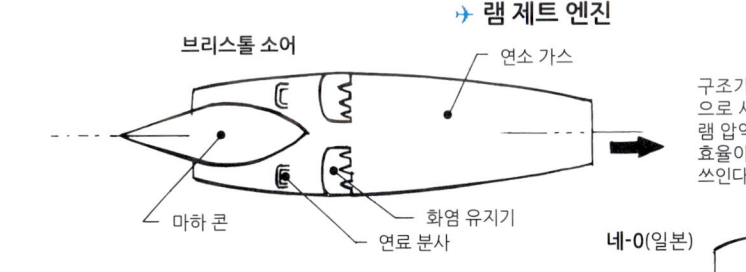

구조가 간단하므로 반세기 넘게 각종 동력원으로 시도되었으며, 고속에서 공기를 흡입하는 램 압력을 이용하므로 마하 수치 3.8 부근부터 효율이 좋아진다. 지대공 미사일 등의 추진에 쓰인다.

제2차 대전 중 일본도 시도하지만, 정지 상태나 저속에선 시동을 걸 수 없으므로 가속이 필요할 때 사용하는 보조 동력용으로 시행착오를 겪었다.

✈ V-1 펄스 제트 엔진

실용화한 곳은 제2차 대전 당시의 독일로, 구조는 램 제트만큼 단순해서 비행 폭탄 V-1의 동력원으로 사용하였다. 정면에서 공기를 흡입하면 연료가 분사되어 흡입구가 닫히고, 점화, 연소, 배기로 진행되며 이를 순차적으로 반복한다. 이 때문에 진동이 있고, 재질이나 소음 문제 때문에 지속적인 추력을 발생하는 엔진을 넘어설 순 없었다.

3-2. 터보 팬 엔진

전투기 뿐 아니라 제트 엔진의 대다수는 터보 팬 엔진이며, 이는 다시 고바이패스 엔진과 저바이패스 엔진으로 나눈다. 여기서 말하는 바이패스의 고저는 아래 그림에서 바이패스 부분의 공기 유량을 코어 부분의 공기량으로 나눈 것인데, 바이패스 부분의 유량이 코어 부분 유량보다 클수록 바이패스 비율은 높아진다. 일반적으로 고바이패스 엔진은 지름이 큰데, 이 경우엔 마하 0.9를 넘어서면서부터 효율이 나빠지므로 초음속에선 지름이 작은 저바이패스 엔진이 된다. 엔진 지름이 작을수록 공기역학적으로도 유리하지만, 터보 팬 회전수를 올리고자 할 때도 지름이 크면 원심력에 대응할 수 없다. 따라서 전투기용 터보 팬은 저바이패스가 주류이며, 마하 1.8~3.8 영역대에선 터보 제트가 고효율이다. 이 이상의 속도에선 램 제트 영역대가 된다. 향후에는 폭넓은 속도 영역에 대응할 수 있는 가변 사이클 엔진이 활용될 것으로 전망한다.

✈ **F/A-18 호넷의 터보 팬 엔진 F-404-GE-400**

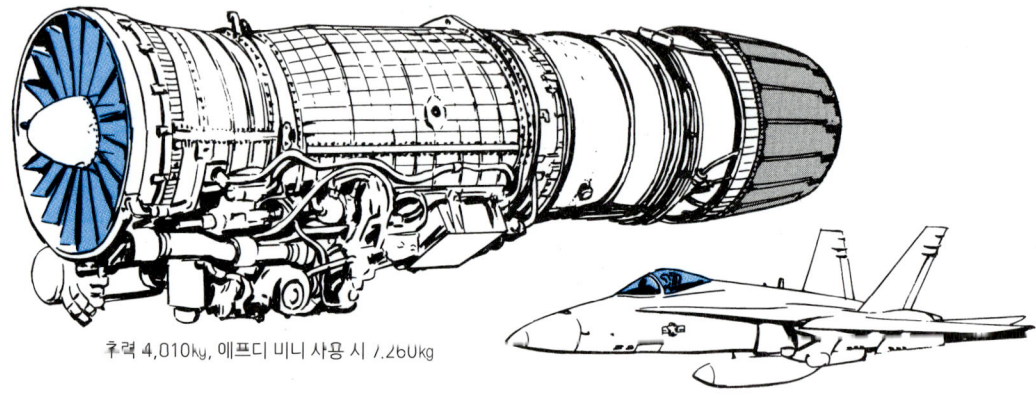

추력 4,010kg, 에프디 버너 사용 시 7,260kg

✈ **고바이패스 터보 팬 엔진**

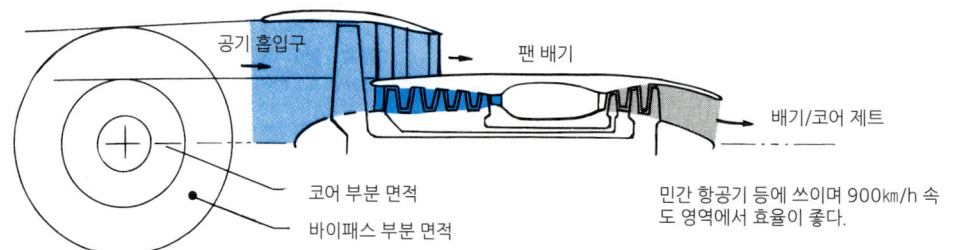

민간 항공기 등에 쓰이며 900km/h 속도 영역에서 효율이 좋다.

✈ **저바이패스 터보 팬 엔진**

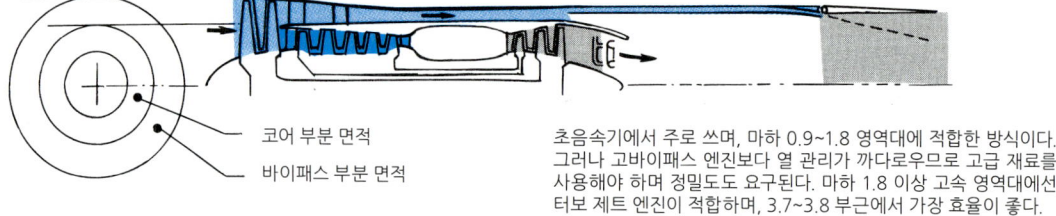

초음속기에서 주로 쓰며, 마하 0.9~1.8 영역대에 적합한 방식이다. 그러나 고바이패스 엔진보다 열 관리가 까다로우므로 고급 재료를 사용해야 하며 정밀도도 요구된다. 마하 1.8 이상 고속 영역대에선 터보 제트 엔진이 적합하며, 3.7~3.8 부근에서 가장 효율이 좋다.

제트 전투기 시대

✈ 축류 압축기의 블레이드

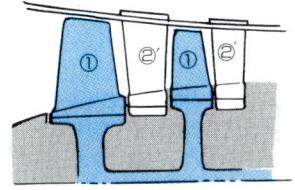

①가동 블레이드 ②고정 블레이드

①가동 블레이드 ②고정 블레이드

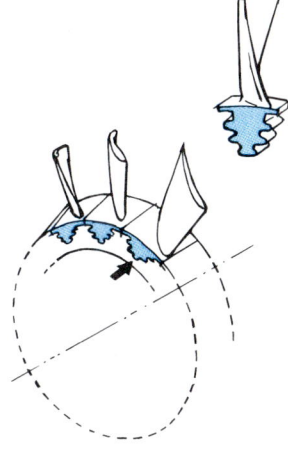

공기 흡입구로부터 들어온 공기는 여러 겹으로 된 압축 터빈 블레이드(가동식과 고정식) 사이를 통과하며 압축된다. 이 과정에서 밀도가 높아진 공기가 연소실로 들어간다. 고속으로 회전하는 터빈의 블레이드(날)는 터빈 디스크와 맞물려 있다. 고정 방법은 왼쪽처럼 디스크 옆면으로 끼우는 식과 아래처럼 파묻는 방식이 있는데, 어느 것이든 고회전에 의한 원심력을 이겨낼 수 있도록 단단히 맞물린다.

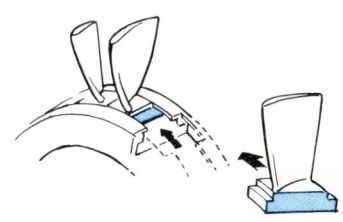

✈ 터빈 가동 블레이드의 냉각법

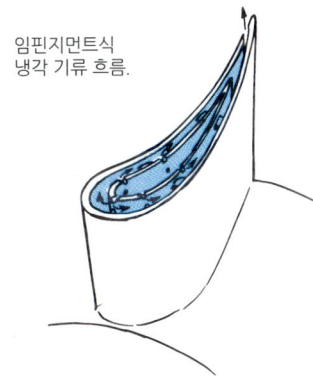

임핀지먼트식 냉각 기류 흐름.

연소실 후방의 터빈은 연소로 팽창한 고온 가스의 흐름으로 회전하는데, 이때 냉각이 문제가 된다. 대표적인 냉각법으로, ①대류 냉각법은 중공 블레이드나 연뿌리처럼 무수한 구멍을 스판 방향으로 뚫어 공기를 통하게 하는 심플한 방식. ②임핀지먼트 냉각법은 가동 블레이드 중심을 통과하는 공기가 고온이 되는 앞쪽에 난 여러 구멍을 통해 안쪽에서 냉강하는 방식. ③침출 냉각법은 터빈의 가동 블레이드에 지름 0.1㎜ 정도 되는 구멍을 무수하게 뚫고 가동 블레이드 겉면을 냉기로 커버하는 방식이다.

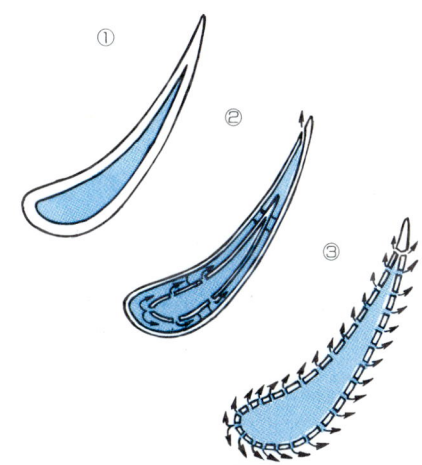

✈ P&W F100/220의 애프터 버너 부위 (믹서)

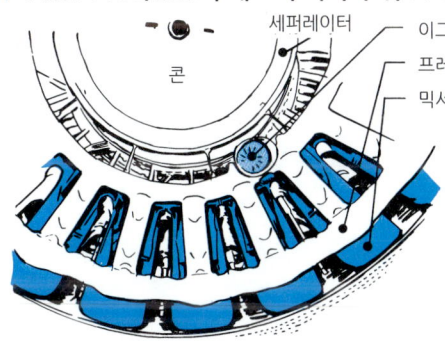

콘, 세퍼레이터, 이그나이터, 프레임 홀더, 믹서 부위

애프터 버너는 터빈을 통과한 고온·고압 가스에다 안개 상태인 연료를 재차 가해 재연소하는 시스템. 위 그림이 그 재연소 부위이며, 중심부에서 터빈을 거치며 800℃ 전후의 고온 공기가 확산되며 버너로 보내진다.

✈ F100-IHI-100 엔진의 애프터 버너

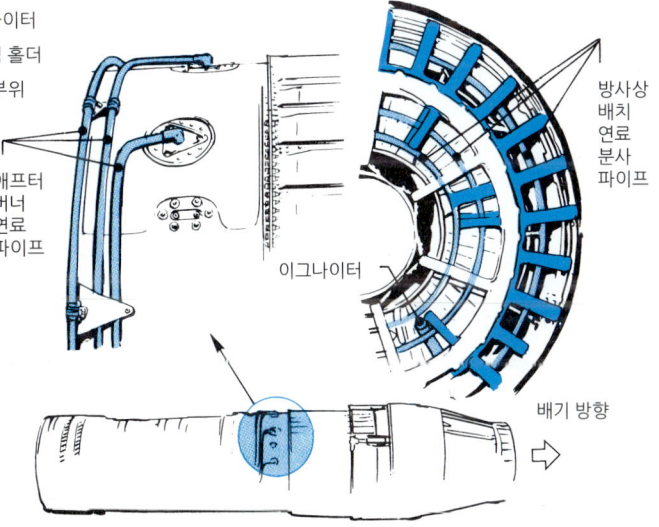

애프터 버너 연료 파이프, 이그나이터, 방사상 배치 연료 분사 파이프, 배기 방향

3-3. 직선익에서 후퇴익으로 (1)

제트 엔진의 고속 성능을 이끌어내려면 공기라는 장벽의 저항이 큰 문제가 된다. 후퇴익은 날개 전체가 날개뿌리부터 익단까지 뒤쪽으로 처진 형태로, 천음속 이상 영역대에서 고속 비행 시 '공기의 압축성'의 영향을 줄이는데 특히 유효하다. 이 구조를 이용해 충격파 발생을 늦추고 최고 속도도 높아진다. 그러나 한국 전쟁 개전 당시 UN군(미군 위주)이 투입한 제트 전투기는 레시프로기와 동일한 직선익이었으며, 북한-소련군이 투입한 MiG-15(소련제)에 비해 매우 뒤처진 구조였다. 이 미그기 등장 이후 제트 전투기는 후퇴익 시대로 접어들게 된다.

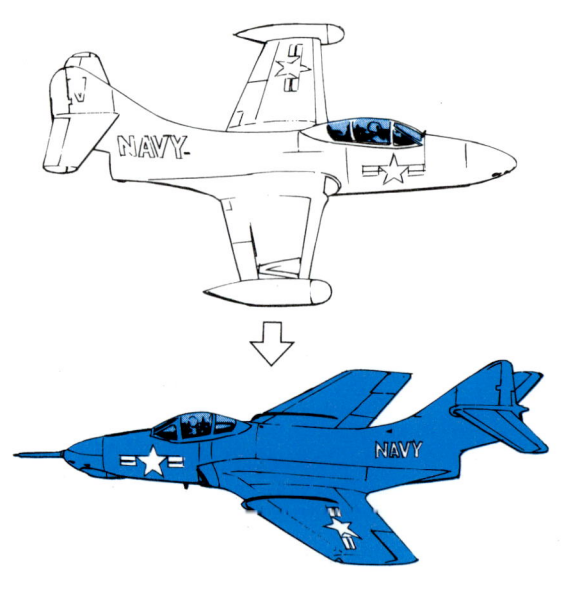

✈ 그루먼 F9F 팬서

초기 함상 제트 전투기 가운데서 이착륙 성능도 좋고 가장 쓰기 편한 기체였으며, 함재기의 주력이었다. 한국 전쟁 중엔 대지 공격용으로 자주 운용했다. 이 팬서의 부대 배치가 시작되면서 MiG-15가 출현했고, 때문에 팬서의 후퇴익 계획을 앞당기게 되었다. 그 결과는 제원을 비교하면 명확하다.

(F9F-2)
- 전장: 11.25m
- 전고: 4.5m
- 전폭: 11.59m
- 주날개 면적: 26㎡
- 전비 중량: 7,150kg
- 자중: 4,220kg
- 엔진: P&W J42-P-6
- 엔진 추력: 2,270kg
- 최고 속도: 957km/h

✈ 그루먼 F9F-6 쿠거

팬서의 주날개에 35° 후퇴각을 주어 고성능화한 것이 F9F-6 쿠거이다. 동일한 동체이며, 꼬리날개에도 후퇴각을 주었는데, 속도, 안정성 모두 팬서보다 월등해졌다. 그러나 52년 11월에 취역하면서 한국 전쟁에서 등장할 시기를 놓치고 말았다.

(F9F-6)
- 전장: 11.25m
- 전고: 3.75m
- 전폭: 10.44m
- 주날개 면적: 27.9㎡
- 전비 중량: 8,140kg
- 엔진: P&W J48-P-8
- 엔진 추력: 3,180kg
- 최고 속도: 1,102km/h

✈ 리퍼블릭 F-84G 선더제트

세계 최초로 전술 핵병기를 탑재할 수 있던 전투기. 고공 공중전 성능을 뒤떨어졌지만, 탑재량이 커서 주로 전투 폭격기로 운용하였다. 본격적인 제트 전투 폭격기의 시조.

(F-84G)
- 전장: 11.60m
- 전고: 3.9m
- 전폭: 11.30m
- 주날개 면적: 24.1㎡
- 전비 중량: 8,170kg
- 자중: 5,210kg
- 엔진: 앨리슨 J35-A-29
- 엔진 추력: 2,540kg
- 최고 속도: 1,030km/h

✈ 리퍼블릭 F-84F 선더스트리크

선더제트의 성능을 높이기 위해 주익과 꼬리날개에 후퇴각을 주고 엔진도 강화했다. 리퍼블릭의 이 같은 제안은 공군이 바로 채택하여 1954년부터 취역하게 되었다.

(F-84F)
- 전장: 13.15m
- 전고: 4.35m
- 전폭: 10.21m
- 주날개 면적: 30.4㎡
- 전비 중량: 9,900kg
- 자중: 5,500kg
- 엔진: 라이트 J-65-W-3
- 엔진 추력: 3,400kg
- 최고 속도: 1,135km/h

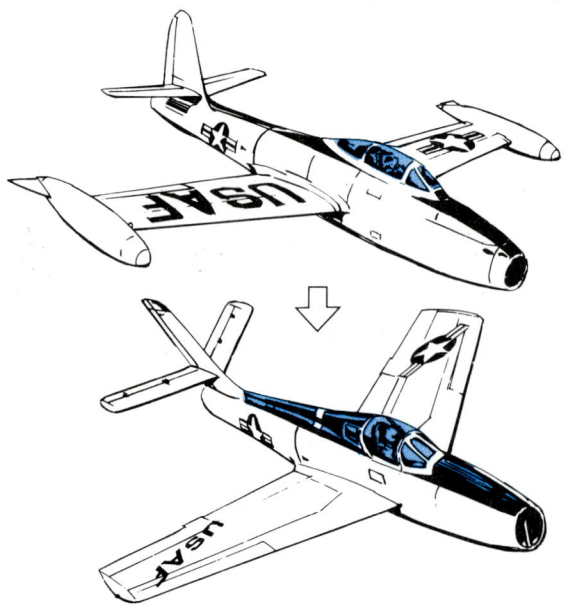

제트 전투기 시대

✈ 록히드 P-80 슈팅스타

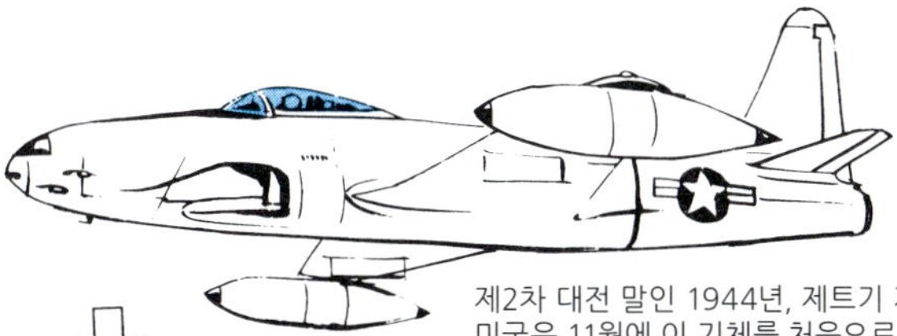

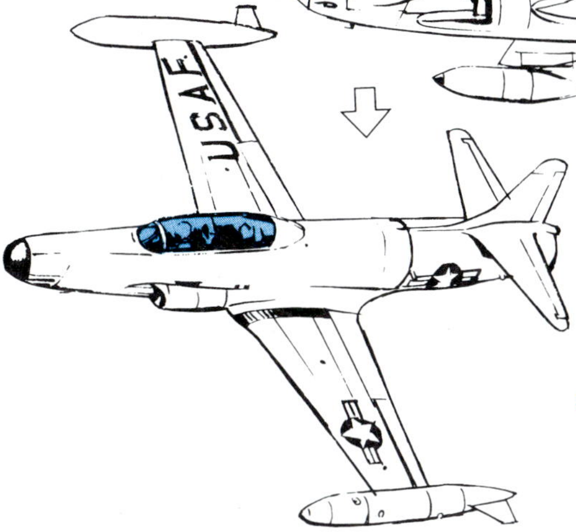

제2차 대전 말인 1944년, 제트기 개발에서 영국, 독일보다 뒤처졌던 미국은 11월에 이 기체를 처음으로 띄웠다. 미국의 첫 실용 제트 전투기는 2차 대전에선 때를 놓쳤지만 한국 전쟁 발발 이튿째에 미그기를 격추했다(다음 페이지 참조). 그리고 이 기체를 활용한 연습기 T-33은 현재도 각국에서 운용하고 있다.

✈ 록히드 F-94 스타파이터

P-80의 기수를 연장하여 레이더를 탑재해서 야간에도 운용할 수 있게끔 한 복좌식 전천후 요격 전투기. E-1 사격 관제 장치라는 새로운 시스템을 탑재했는데, 이 장비가 상대방에 넘어갈 것을 두려워해 아군 영역에서만 작전 기동을 했다.

✈ 맥도널 FD 팬텀

축류식 터보 제트를 날개뿌리에 심은 쌍발기. 1948년에 항모 CVL-48 사이판에서 운용하면서 세계 최초 함상 제트 전투기로 기록되었다.

역사에 남는 라이벌 기체

✈ 노스아메리칸 F-86 세이버

1947년에 첫 비행을 기록하고 당시 세계에서 가장 빠르다고 알려졌던 전투기. 후퇴각을 크게 주어 천음속 영역 전투기의 본보기라고 일컬어지기도 했다. 한국 전쟁에서 MiG-15와 대등하게 싸우며 제 역할을 다했고, 이후 서방 진영 각국이 폭넓게 운용하였다.

- 전장: 11.38m
- 전폭: 11.31m
- 전고: 4.50m
- 주날개 면적: 26.8㎡
- 전비 중량: 6,730kg
- 자중: 2,250kg
- 엔진: J-47-GE-27
- 엔진 추력: 2,770kg
- 최고 속도: 1,094km/h

✈ MiG-15

MiG-15는 풀 장비를 탑재한 F-86F과 비교할 때 필요최소한만 갖추고 경량화에 매진해서 **탁월한** 상승 가속 성능을 지녔다(다음 페이지 참조). 그러나 F-86F와 벌인 전투는 압도적인 대패로 끝났다.

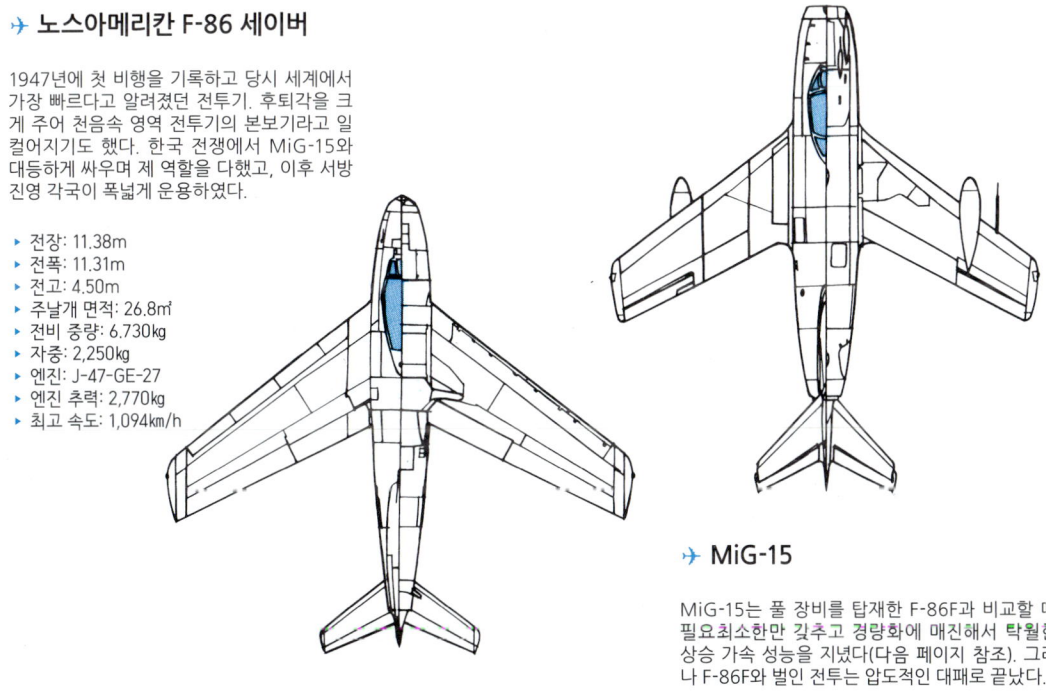

3-4. 직선익에서 후퇴익으로(2)
제트 전투기 간 세계 최초 공중전(한국 전쟁)

1950년에 일어나 한국 전쟁에서 처음으로 제트 전투기 간의 공중전이 벌어졌다. 여기서는 그 당시의 대표적인 두 기종을 해부한다.

록히드 P-80 슈팅스타(미국)은 전장 10.520m, 전폭 12.17m로 동체보다 긴 주날개와 반원형 익단을 갖추고, 기존 레시프로기의 집대성이라 할 형상을 하고 있었다. 슈팅스타 개발을 시작한 때는 1943년이므로 대전 중이었다. 전통적 형태의 P-80에 비해 MIG-15는 35° 후퇴익 구조에 경량 기체로 가속 및 상승력이 뛰어났다.

1950년 11월 8일 압록강 이남에서 P-80 4와 MiG-15 6기가 맞닥뜨리며 1분 남짓이지만 세계 최초로 제트기 간 공중전이 벌어졌다. 이 전투는 종합 성능이 뛰어났지만 파일럿 기량이 뒤떨어진 탓에 MiG-15 쪽이 1기 격추당하고 끝났다.

✈ 록히드 P-80 슈팅스타

- 첫 비행: 1945년 2월
- 전장: 12.17m
- 전폭: 10.52m
- 전고: 3.46m
- 실용 상승 한도: 13,725m
- 최고 속도: 898km/h
- 순항 속도: 660km/h
- 항속 거리: 870km
- 무장: 12.7mm 기총×6

UN군은 성능, 전투력 모두 뒤처지는 이 구형 기체로 맞서 싸울 수밖에 없었고, 노스아메리칸 F-86 세이버가 등장할 때까지는 미그기에 대항할 수 있는 기체는 그 어디에도 없었다.

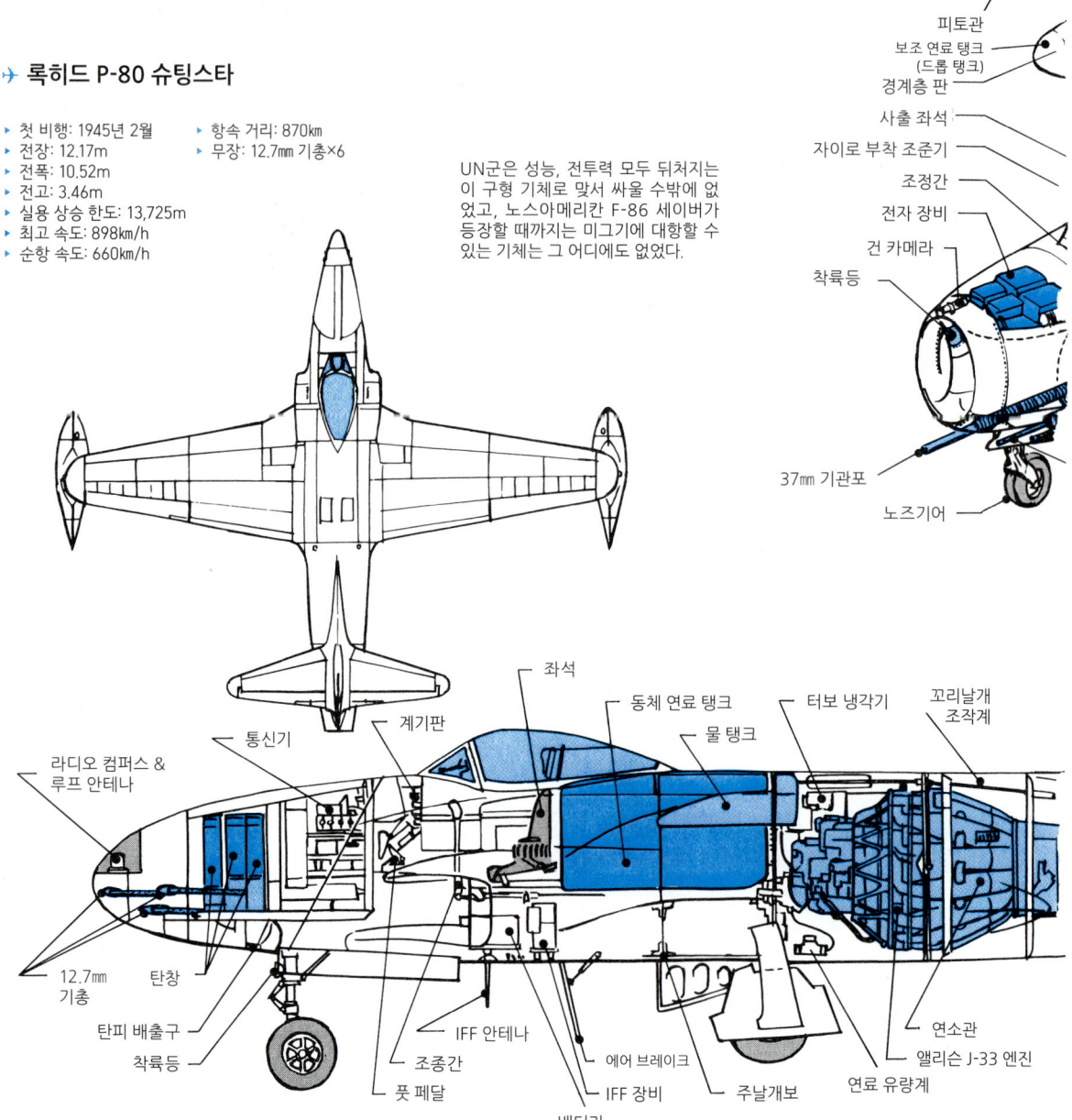

제트 전투기 시대

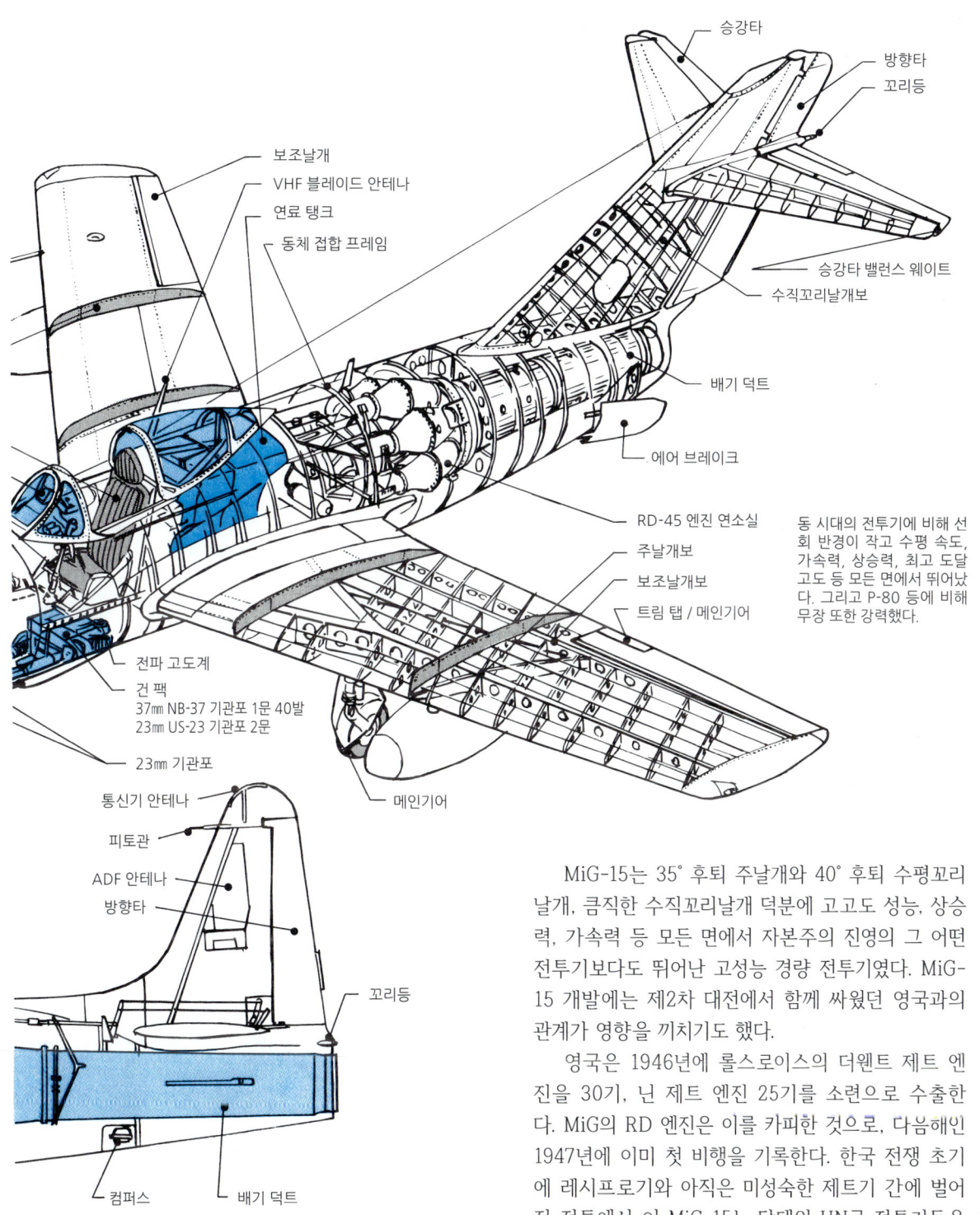

동 시대의 전투기에 비해 선회 반경이 작고 수평 속도, 가속력, 상승력, 최고 도달고도 등 모든 면에서 뛰어났다. 그리고 P-80 등에 비해 무장 또한 강력했다.

    MiG-15는 35° 후퇴 주날개와 40° 후퇴 수평꼬리날개, 큼직한 수직꼬리날개 덕분에 고고도 성능, 상승력, 가속력 등 모든 면에서 자본주의 진영의 그 어떤 전투기보다도 뛰어난 고성능 경량 전투기였다. MiG-15 개발에는 제2차 대전에서 함께 싸웠던 영국과의 관계가 영향을 끼치기도 했다.

    영국은 1946년에 롤스로이스의 더웬트 제트 엔진을 30기, 닌 제트 엔진 25기를 소련으로 수출한다. MiG의 RD 엔진은 이를 카피한 것으로, 다음해인 1947년에 이미 첫 비행을 기록한다. 한국 전쟁 초기에 레시프로기와 아직은 미성숙한 제트기 간에 벌어진 전투에서 이 MiG-15는 당대의 UN군 전투기들을 압도하는 성능을 지니고 있었다.

3-5. 공력과 기체 (1) 음속의 벽

음파는 소밀파(疎密波)이므로 대기 중의 음속은 기온, 기압, 온도, 풍향 등에 영향을 받는다. 특히 기온의 영향이 현저해서 1℃ 오르면 0.6m/s씩 빨라진다고 알려졌다. 기온 0℃(절대온도 273K)에서 음속은 331.5m/s, 온도와 기압, 풍향 등을 무시하면 간단히 아래와 같은 식으로 음속을 대략 구할 수 있다.

V(음속 m/s)-331.5+0.6t(섭씨℃)

일반적인 기온 15℃(절대온도 288K)를 기준으로 정확히 구하면 아래처럼 된다.

$$a(음속) = 340.4\sqrt{\frac{273+t(°C)}{288(K)}}(m/sec)$$

즉, 음속은 절대온도의 제곱근과 비례한다는 답이 나온다. 기온은 대류권에서 고도 100m마다 대략 0.6℃씩 떨어진다. 따라서 각각의 고도 및 음속을 계산하면 지표면에서 15℃일 때 340m/s이며 시속으로는 1,225km/h, 고도 1,000m에서는 6℃ 기온이 내려가므로 약 336km/s이며 1,210km/h로 올라간다. 고도 10,000m에서는 기압 저하까지 감안하면 299m/s로 약 1,076km/h 성노가 된다. 마하 속도는 이 음속으로 속도를 나눈 것이므로 고도에 따라서 실제 속도는 각각 달라진다.

항공기는 속도의 제곱과 비례하는 공기 저항이 크게 문제가 된다. 일상에선 고속도로를 달리는 차에서 손을 내밀면 경험할 수 있는데, 음속은 그 10배, 공기 저항은 그 100배가 된다. 공기는 유체이긴 하지만 이 단계에선 고체의 벽처럼 되는 것이다. 고속으로 비행하는 물체의 끝에선 공기 압축이 일어나서 아래 그림처럼 충격파를 일으킨다. 이 때문에 기체는 충격파 안에 들어오는 형태가 좋다고 한다.

✈ 마하 콘

기수를 정점으로 형성되는 원뿔 표면의 공기 밀도가 높아지면서 충격파가 일어난다. 속도가 높아질수록 이 원뿔은 예리해진다. 기체가 이 원뿔 안에 들어오면 공기 저항이나 마찰열의 영향을 적게 받는다.

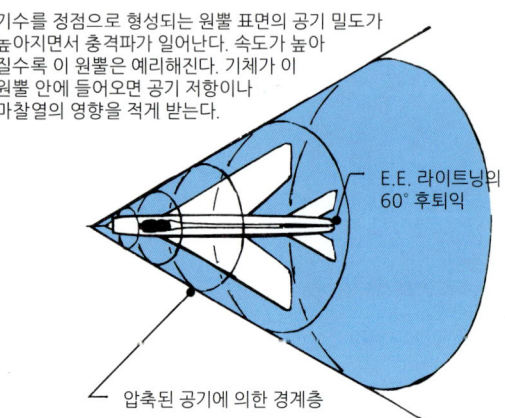

E.E. 라이트닝의 60° 후퇴익

압축된 공기에 의한 경계층

✈ 세계 최초로 음속을 넘은 유인기 벨 X-1

1947년 10월 14일, 미국 캘리포니아에서 날아오른 B-29의 개조된 폭탄창에 벨 X-1이 수납되어 있었다. 고도 20,000피트(약 6,000m)에서 척 예거가 조종하며 발진한 X-1은 고도 43,000피트(12,900m)에서 마하 1.06를 기록했다. 전투기가 음속을 넘은 때는 이보다 한참 나중이다.

☆**아음속**(Subsonic) 음속에 가까우며 공기 압축 영향이 일어나기 직전까지의 속도 영역이며 마하 0.6~0.8 사이이다.
☆**천음속**(Transonic) 기체 표면을 흐르는 공기 중 음속을 넘은 부분이 나타난다. 기체 전체가 음속에 들어가기 직전의 영역.
☆**초음속**(Supersonic) 마하 1.2 즈음부터 그 이상 영역. 기체 전체(전면)가 음속을 넘은 상태.
☆**극초음속**(Hypersonic) 마하 4~5, 마하 콘의 원뿔각은 12° 정도가 되면서 기체에 아주 가까워진다. 공기 점성 때문에 생기는 경계층도 두꺼워지며 마찰로 인한 부분적 가열이 문제가 된다.

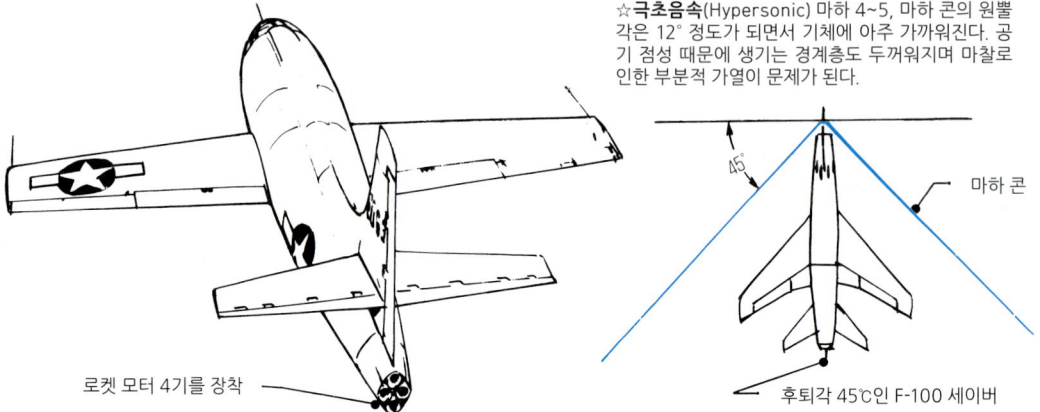

로켓 모터 4기를 장착

마하 콘

후퇴각 45°인 F-100 세이버

3-6. 음속에서 초음속으로 [후퇴각의 유효성]

천음속 영역이 되면 기체에는 압축된 공기가 충격파로 와닿고, 공기의 흐름이 기체로부터 격리되어 부분적으로 압력이 급변한다. 당연히 저항도 커지고 기체 전체가 불안정해진다. 진동이 심해지고 기체 강도도 한계에 가까워진다. 항공기가 음속을 돌파하려면 이러한 장벽을 넘어야만 한다. 이 때문에 고안된 것이 후퇴각을 준 주날개이며, 날개 앞전도 얇고 예리하다. 오른쪽 그림처럼 항력은 앞전에 직각으로 작용하므로, 후퇴각이 클수록 적어진다. 이는 속도나 양력도 영향을 끼치지만, 속도가 올라갈수록 마하 콘의 원뿔각은 좁아진다. 왼쪽 페이지처럼 마하 콘 내부에 들어가는 것이 기체 고속화의 조건이다.

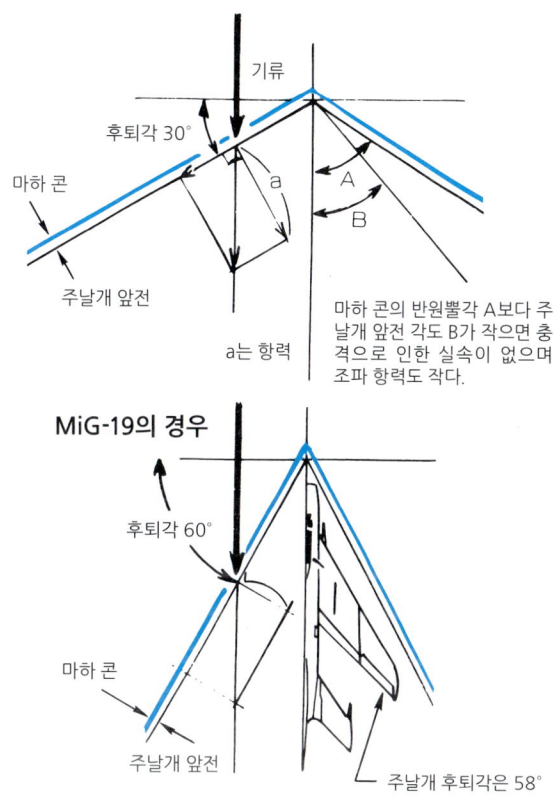

후퇴각이 45°라면 마하 1.4 까지는 마하 콘 안에 들어가 어려움 없이 날 수 있다. 60°라면 마하 2 정도까지는 직선익기가 마하 1로 비행할 때 기체에 걸리는 조건과 마찬가지이다. 70°가 되면 마하 2.9까지도 가능하다. 이 후퇴익의 문제는 다음 페이지에서 보듯이 날개에 부딪치는 공기가 후방으로 흐르지 않고 익단으로 흐르며 양력이 떨어진다는 점이다. 이 현상을 익단 실속이라 하며, 이에 대한 대책이 필요해진다.

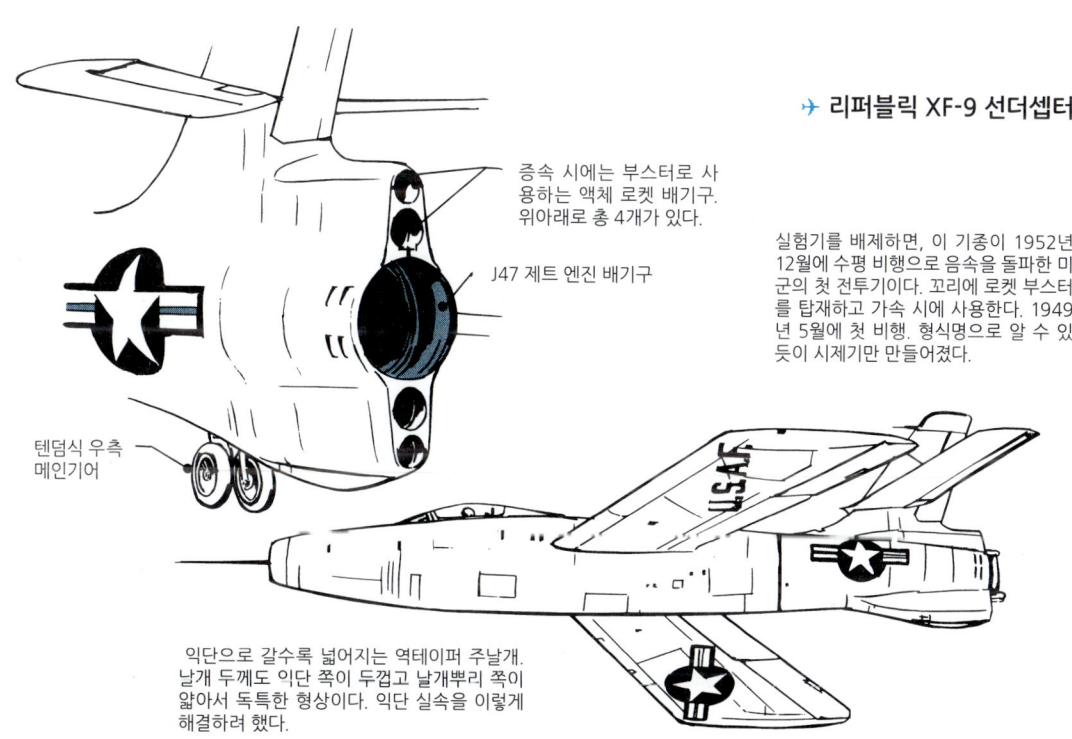

✈ 리퍼블릭 XF-9 선더셉터

실험기를 배제하면, 이 기종이 1952년 12월에 수평 비행으로 음속을 돌파한 미군의 첫 전투기이다. 꼬리에 로켓 부스터를 탑재하고 가속 시에 사용한다. 1949년 5월에 첫 비행. 형식명으로 알 수 있듯이 시제기만 만들어졌다.

3-7. 공력과 기체(2) 날개 면을 흐르는 공기

기체의 속도를 높이고 후퇴각을 강하게 주면 줄수록 기류는 기체 후방으로 곧바로 흐르지 않고 날개면에선 익단 방향으로 비껴흐른다. 이 익단 부근에서 기류의 박리(剝離)가 일어나고 해당 면적 부분의 양력이 떨어진다. 이 익단 실속 상태에서 기체는 불안정해지고 보조날개도 효과가 없으며, 최악의 경우에는 바람개비처럼 빙빙 돌며 추락한다. 이 문제의 해결이 고속 전투기의 필수 조건이었다. 이 대문에 경계층 판이나 도그투스, 전진익 등을 연구하게 되었다.

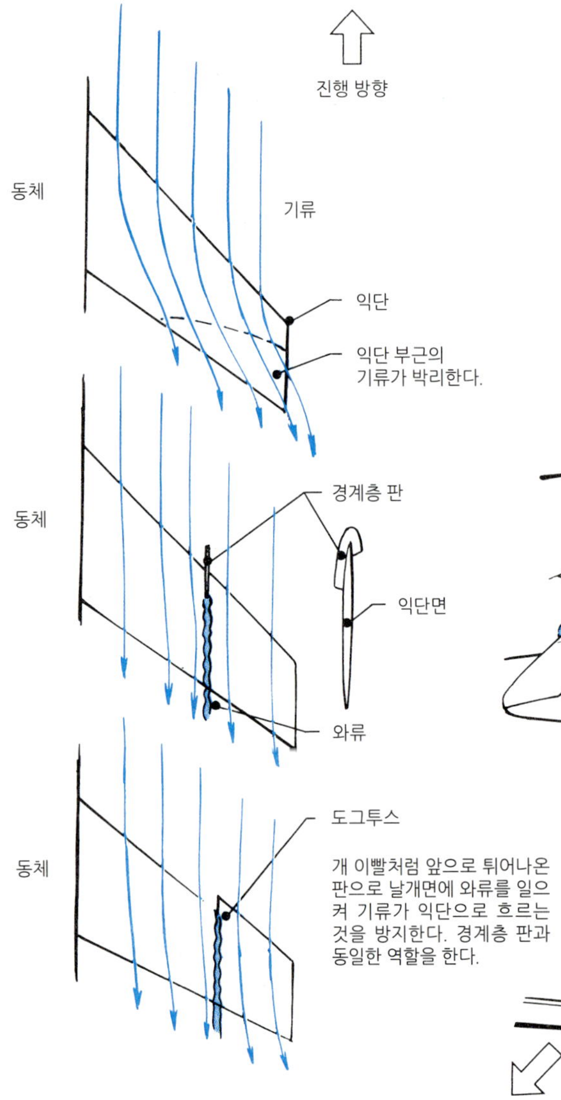

➤ Mig-17의 경계층 판

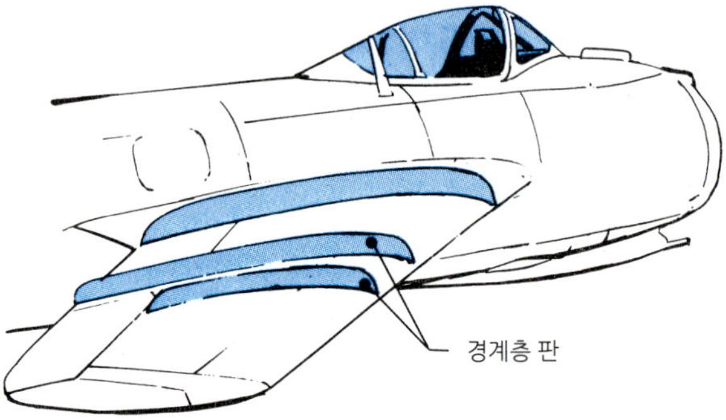

➤ 다소 미라주 F-1의 도그투스

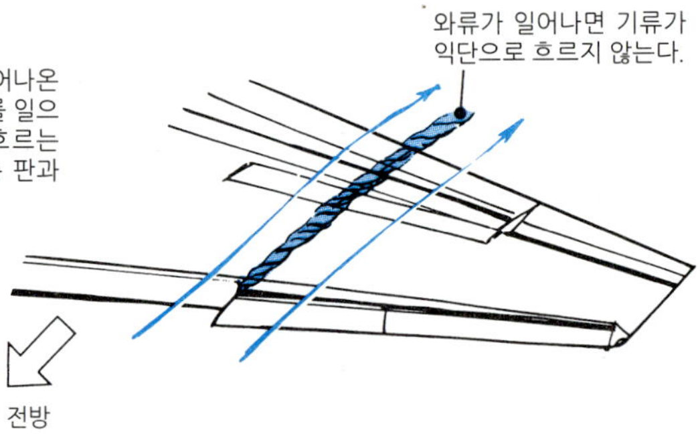

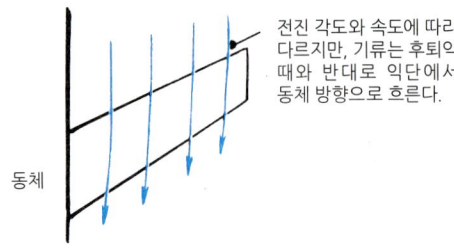

후퇴익의 단점 때문에 고안된 방법이 이 전진익이다. 당연히 익단 실속은 없으며 조종성도 좋다. 후퇴익의 경우에는 익단 후방의 실속으로 주날개 전방 날개뿌리 쪽과 양력 밸런스가 어그러지면서 기수가 치솟는 피치업 상태를 일으킨다. 전진익은 이 문제도 해소한다. 전진익은 이전부터 연구되던 형태로, 제2차 대전 중 독일 폭격기 융커스 Ju-287은 23° 전진익을 붙였으나 테스트 비행에 그쳤다. 최근 사례로는 그루먼의 테스트기 X-29나 수호이 Su-47이 있다.
전진익은 구조적으로 날개뿌리 부근의 공기 밀도가 증가해서 공기 저항이 커진다는 점, 기체 하면의 돌풍으로 날개 앞끝이 뒤집히기 쉽고 불안정해진다. 이런 특징을 역으로 살려 전투기의 기동성에 응용한 것이 X-29이다. 그러나 좋은 점만 있는 것은 아니다. 후퇴익은 날개를 밖으로 뻗치게 하는 힘이 작용하므로 날개 두께를 얇게 해도 되지만, 전진익은 반대로 날개를 안으로 끌어당기는 힘이 작용하므로 날개가 얇으면 뒤틀리기 쉽고, 일단 그렇게 되면 급속히 저항이 증가해서 날개 파괴로 이어질 위험성도 있다.

3-8. 공력과 기체(3) 에어리어 룰

✈ 컨베어 YF-102

요격 전투기로 1953년에 완성. 스핀들 셰이프(방추형) 동체와 델타익으로 음속 돌파를 노렸지만 추락 사고까지 일어나 채택되지 못할 위기에 처한다. 이때 에어리어 룰이 등장했다.

천음속 영역에서 속도를 더욱 높이려면 엔진 파워를 올리기보다는 공기 저항을 줄이는 편이 효율이 높다. 이 때문에 나온 획기적인 해결책이, 리처드 위컴이 발견하고 폰 칼맨이 이론화한 에어리어 룰이다. 간단히 말하면, 가늘고 긴 기체 각 부분의 단면적 변화가 적을수록 공기 저항이 적다. 그러나 비행기의 주날개 뿌리 부분은 필연적으로 단면적이 크므로, 이 부분의 동체를 잘록하게 깎아낸다. 이것이 에어리어 룰의 실제 적용 사례다.

✈ 컨베어 YF-102A

- 최고 속도: 마하 1.25
- 순항 속도: 마하 0.8
- 상승 한도: 16,200m
- 항속 거리: 1,870km

NACA(NASA의 전신)의 에어리어 룰을 따라 재설계한 것이 F-102A. 동체가 잘록해지고 기수의 레이돔, 캐노피, 꼬리날개, 주날개 등도 개수하여 1954년에 음속을 돌파할 수 있었다. 이 이후의 초음속 전투기는 모두 이 에어리어 룰을 적용하였다.

✈ 리퍼블릭 F-105 선더치프

개발 초부터 에어리어 룰을 채택하였고 1955년에 첫 비행. 평면도를 보면 확연히 드러나듯이 코카콜라 병처럼 생긴 동체. 이에 따라 동체와 날개 단면을 더한 주날개뿌리 부분 단면적의 급증을 억제하고 단면적 변화가 완만해져 공기 저항이 감소한다.

훗날의 이야기지만 자동차 디자인에도 적용되는데, 당시의 미국 차량 상당수가 잘록한 보디를 고성능의 상징으로 내세우곤 했다.

이 기체는 전투 폭격기지만, 베트남 전쟁에선 북폭에도 참가하는 등 거의 폭격기로만 운용되었다.

주력형인 F-105D의 경우
- 최고 속도: 마하 2.1 (고도 11,000m)
- 항속 거리: 3,340km

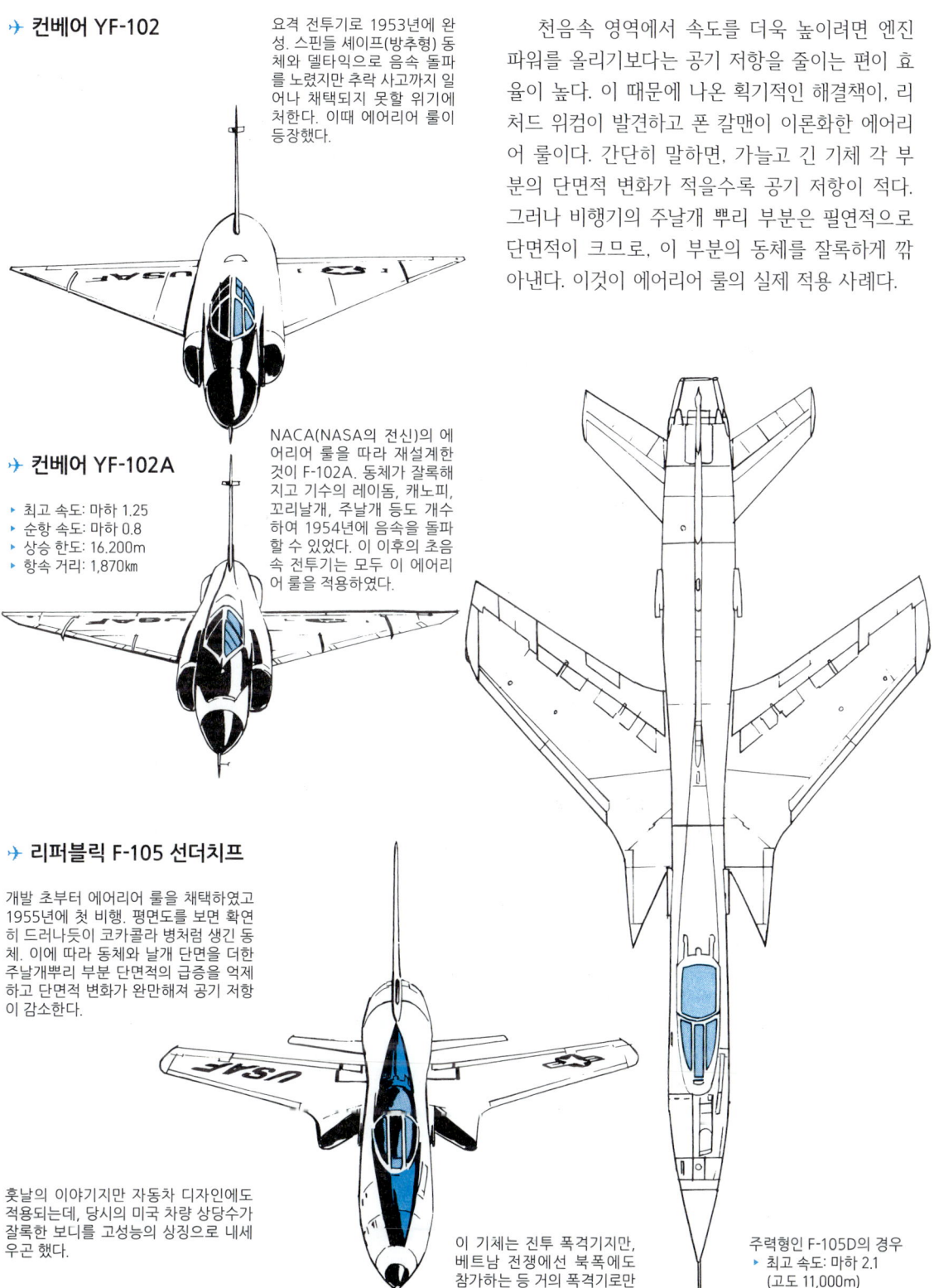

3-9. 공력과 기체(4) 델타익

델타익은 초음속 전용 주날개라고 해도 좋다 .후퇴익 각도가 커지면 가로 방향 지지력이 없어지고 강성에 문제가 생긴다. 그래서 이 문제를 해결하자는 발상이 델타익이다. 델타익의 이점은 후퇴각을 크게 할 수 있으며 그만큼 충격파 발생을 늦출 수 있으므로 익단 실속 발생을 억제할 수 있다. 그리고 주날개 뿌리 부분이 커지므로 이 부분에 연료 탱크나 바퀴다리 수납 공간을 확보할 수 있고, 경량이면서도 견고한 날개를 만들 수 있다는 점이다.

그러나 삼각날개 특유의 단점도 있는데, 앞전 플랩을 설치할 수 없고 저속 비행 시의 방향 안정성이 나쁘다. 그리고 고속 성능과 별개로 순항 비행 시의 경제성이 떨어진다는 점도 지적 대상이다.

✈ 사브 37 비겐 (스웨덴)

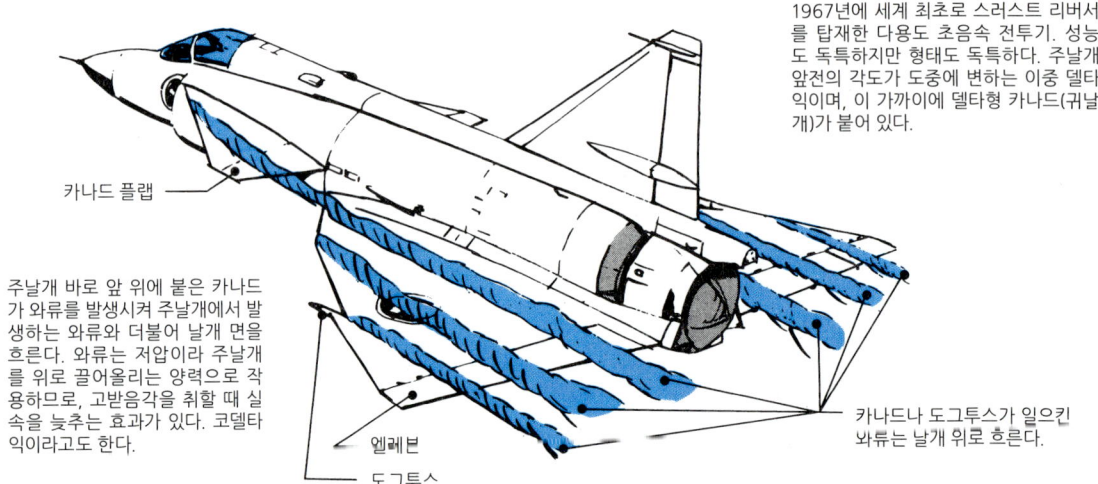

1967년에 세계 최초로 스러스트 리버서를 탑재한 다용도 초음속 전투기. 성능도 독특하지만 형태도 독특하다. 주날개 앞전의 각도가 도중에 변하는 이중 델타익이며, 이 가까이에 델타형 카나드(귀날개)가 붙어 있다.

카나드 플랩

주날개 바로 앞 위에 붙은 카나드가 와류를 발생시켜 주날개에서 발생하는 와류와 더불어 날개 면을 흐른다. 와류는 저압이라 주날개를 위로 끌어올리는 양력으로 작용하므로, 고받음각을 취할 때 실속을 늦추는 효과가 있다. 코델타익이라고도 한다.

엘레본
도그투스

카나드나 도그투스가 일으킨 와류는 날개 위로 흐른다.

✈ 미라주 2000 (프랑스)

대형 델타익을 독자적으로 단면 형상화해서 공기역학 성능을 추구한 신예기. 펄스 도플러 레이더나 디지털 플라이 바이 와이어 제어 등 하이테크 전투기로도 알려졌다.

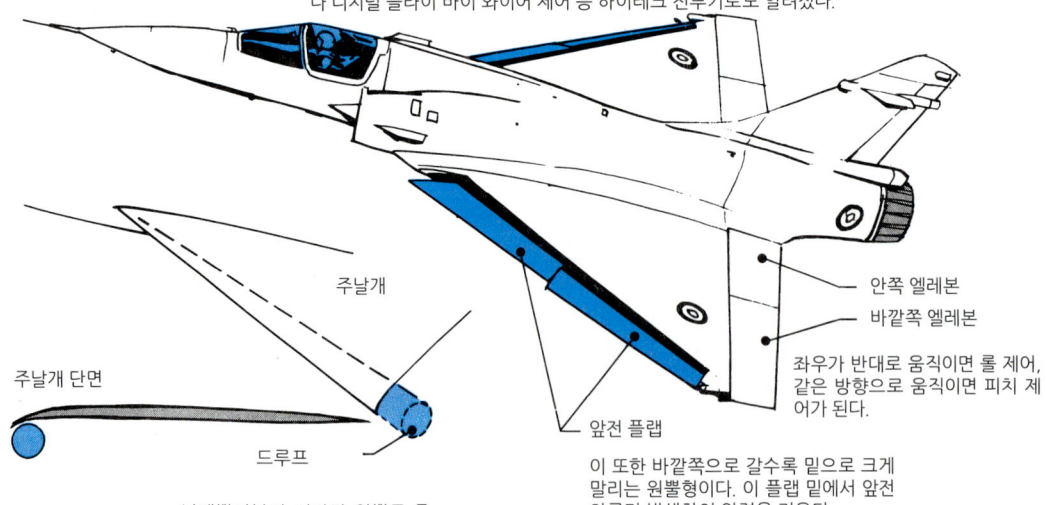

주날개

주날개 단면
드루프

날개뿌리부터 기다란 원뿔로 주날개 앞전을 아래로 둥글게 만 형상이다. 고속 비행 시에는 예리한 앞전에서 발생하는 기류의 박리를 원만하게 날개 면으로 보내며 큰 양력을 얻을 수 있다.

앞전 플랩

안쪽 엘레본
바깥쪽 엘레본

좌우가 반대로 움직이면 롤 제어, 같은 방향으로 움직이면 피치 제어가 된다.

이 또한 바깥쪽으로 갈수록 밑으로 크게 말리는 원뿔형이다. 이 플랩 밑에서 앞전 와류가 발생하여 양력을 키운다.

전통적인 델타익 형상이긴 하지만 앞전은 휘는 각도가 58단계로 변하는 등 최신 기술의 집합체이기도 하다. 상승력은 1급 수준이며, 2000C형은 1분 동안 16,800m나 상승할 수 있다.

3-10. 카나드 날개 기체 여러 가지

✈ **다소 라팔** (프랑스)

1986년 첫 비행
- 전장: 15.30m
- 전폭: 10.90m
- 날개 면적: 46.00㎡
- 자중: 9,060kg
- 전투 중량: 14,000kg
- 최고 속도: 마하 2.0
- 엔진: SNECMA M88-2E4/ M88-ECO
- 추력: 4,970kg(애프터버너 7,445kg)×2

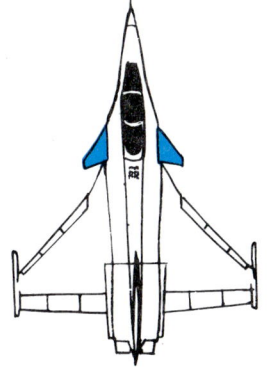

✈ **유로파이터 EFA** (독일, 영국, 이탈리아, 스페인 공동 개발)

1994년 3월 첫 비행
- 전장: 14.50m
- 전폭: 10.50m
- 날개 면적: 50.00㎡
- 자중: 9,750kg
- 최대 중량: 21,000kg
- 최고 속도: 마하 2.0+α
- 엔진: EJ200
- 추력: 애프터버너 9,200kg×2

✈ **사브 JAS 그리펜** (스웨덴)

1988년 첫 비행
- 전장: 14.00m
- 전폭: 8.00m
- 날개 면적: 30.00㎡
- 자중: 8,000kg
- 최고 속도: 마하 1.2
- 엔진: Volvo Aero RM12
- 추력: 애프터버너 8,165kg×1

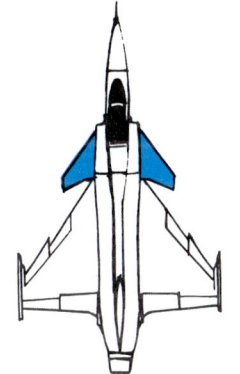

✈ **BAe EAP** (유로파이터의 원형)

연구용 전투기
- 전장: 14.70m
- 전폭: 11.17m
- 날개 면적: 52.00㎡
- 자중: 10,200kg
- 총중량: 16,000kg
- 최고 속도: 마하 2.0+α
- 엔진: RR RB199-34R Mk.104D
- 추력: 4,100kg(애프터 버너 7,700kg)×2

✈ **록웰 인터내셔널 X-31A** (독일, 미국 공동 개발)

실험용이라 실용화 없음
- 전장: 13.21m
- 전폭: 7.26m
- 날개 면적: 21.00㎡
- 자중: 5,176kg
- 최대 중량: 7,228kg
- 최고 속도: 마하 1.3
- 엔진: GE F404-GE-400
- 추력: 7,260kg×1

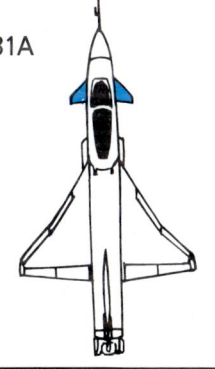

제2차 대전 말기에 레시프로기의 성숙기에 이르자, 다시금 성능 향상을 추구하며 일본의 신덴을 위시하여 카나드(귀날개)를 붙인 기체가 여럿 만들어졌다. 이후 제트 엔진이 등장하면서 쉽게 고속화·고성능화할 수 있었으므로 카나드 전투기는 나타나지 않았다. 1967년에 독자적인 전투기를 개발하던 스웨덴에서 더블 델타익기 비겐이 등장했다. 델타익은 고속에는 유리하지만 카나드는 여기에 조종성과 기동성을 높이는 수단이다. 이윽고 유럽에선 위처럼 델타익기 개발이 커다란 흐름이 되었다. 그러나 어째서인지 미국과 러시아는 별 관심을 보이지 않는다.

✈ 블렌디드 윙 보디

90년대에 화제가 된 스텔스기는 날개와 동체의 경계가 확실하지 않다. 여기에는 고성능 컴퓨터 발달로 인한 해석법 향상을 빠뜨릴 수 없다. 동체와 날개 결합부 부근의 3차원 풍압 분포처럼 기가 질릴만큼 막대한 계산양을 쉽게 얻을 수 있게 된 결과, 이러한 기체들이 출현했다. 이 Su-27은 공기 저항의 대폭 감소를 비롯해 내부 공간의 유효 이용이나 중량 감소 등에서 구조적인 이점이 크고 용적에 비해 레이더 반사 면적이 작다. (226쪽 참조).

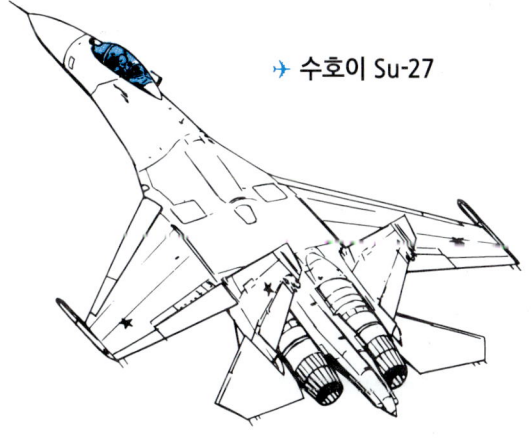

✈ 수호이 Su-27

3-11. 보조 공력 장치

→ 스포일러

비행 시의 감속, 상승, 강하에서 조종성에 영향을 끼치는 공력 보조 장치를 몇 가지 소개한다. 개중에는 다용도나 다목적인 것도 있다.

주날개 상면에 힌지를 이용해 세우는 펜스. 상면의 기류를 어지럽혀 양력을 떨어뜨린다. 보조날개(에일러론)를 대신해서 기체를 기울이기도 한다. 에일러론 부분을 플랩화해서 플랩 면적을 확대할 수 있다는 효과가 있다.

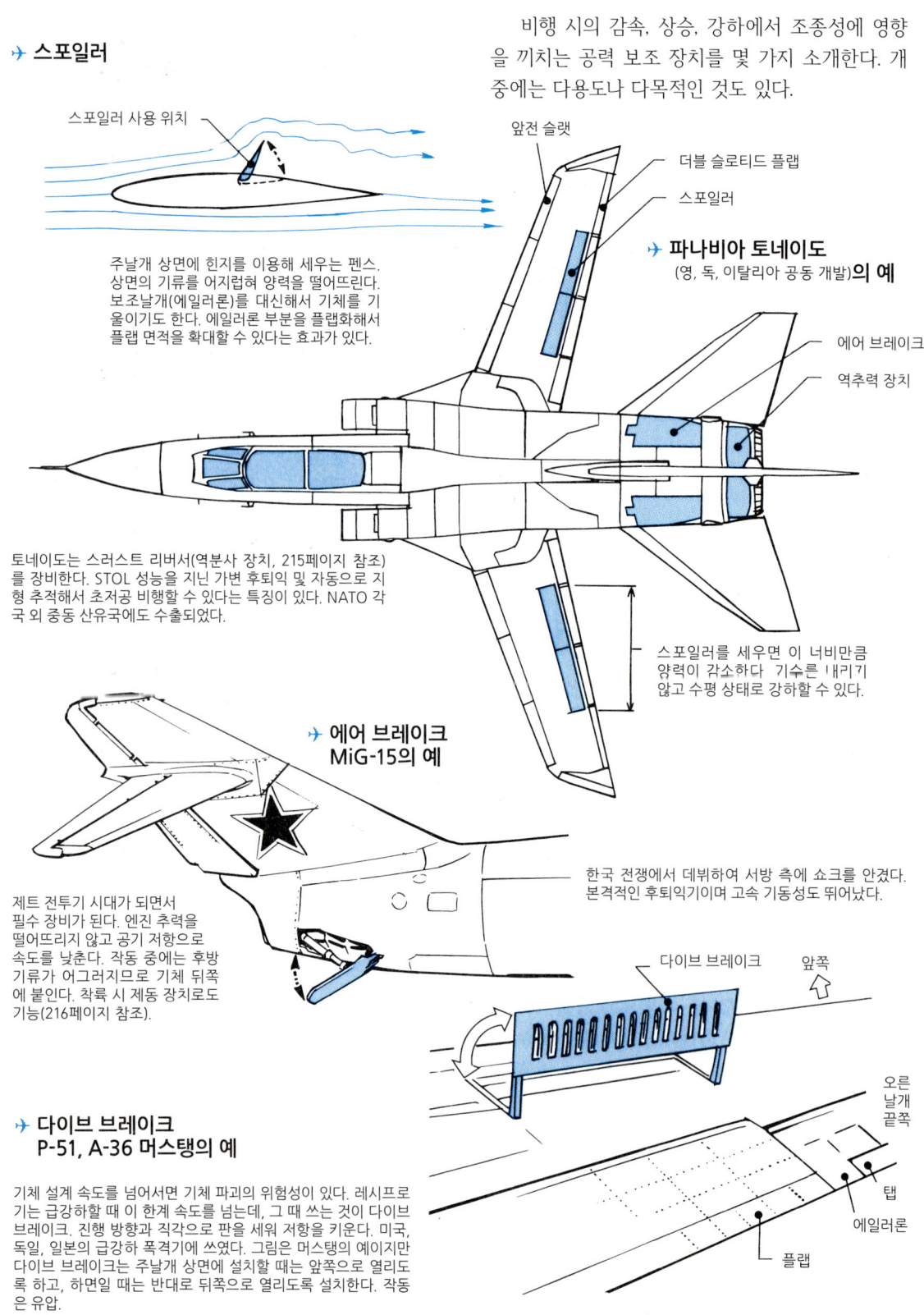

→ 파나비아 토네이도
(영, 독, 이탈리아 공동 개발)의 예

토네이도는 스러스트 리버서(역분사 장치, 215페이지 참조)를 장비한다. STOL 성능을 지닌 가변 후퇴익 및 자동으로 지형 추적해서 초저공 비행할 수 있다는 특징이 있다. NATO 각국 외 중동 산유국에도 수출되었다.

스포일러를 세우면 이 너비만큼 양력이 감소한다. 기수를 내리지 않고 수평 상태로 강하할 수 있다.

→ 에어 브레이크
MiG-15의 예

제트 전투기 시대가 되면서 필수 장비가 된다. 엔진 추력을 떨어뜨리지 않고 공기 저항으로 속도를 낮춘다. 작동 중에는 후방 기류가 어그러지므로 기체 뒤쪽에 붙인다. 착륙 시 제동 장치로도 기능(216페이지 참조).

한국 전쟁에서 데뷔하여 서방 측에 쇼크를 안겼다. 본격적인 후퇴익기이며 고속 기동성도 뛰어났다.

→ 다이브 브레이크
P-51, A-36 머스탱의 예

기체 설계 속도를 넘어서면 기체 파괴의 위험성이 있다. 레시프로기는 급강하할 때 이 한계 속도를 넘는데, 그 때 쓰는 것이 다이브 브레이크. 진행 방향과 직각으로 판을 세워 저항을 키운다. 미국, 독일, 일본의 급강하 폭격기에 쓰였다. 그림은 머스탱의 예이지만 다이브 브레이크는 주날개 상면에 설치할 때는 앞쪽으로 열리도록 하고, 하면일 때는 반대로 뒤쪽으로 열리도록 설치한다. 작동은 유압.

3-12. 보텍스 제너레이터

고속일 때 기체 표면에서 공기의 박리가 일어나면 각 부분의 양력과 공기 저항 밸런스가 무너져 불안정해진다. 이를 막고자 주익 상면이나 전방에 돌기물을 붙여 소용돌이(보텍스)를 일으켜 난류 상태를 만들어 경계층 박리를 막는다. 원래는 공기 소용돌이는 진동의 원인이므로 없는 편이 좋지만, 작은 소용돌이 효과를 적극적으로 응용한 시기가 있었고, 현재도 응용하고 있다.

✈ **노스아메리칸 F-86D 세이버의 보텍스 제너레이터**

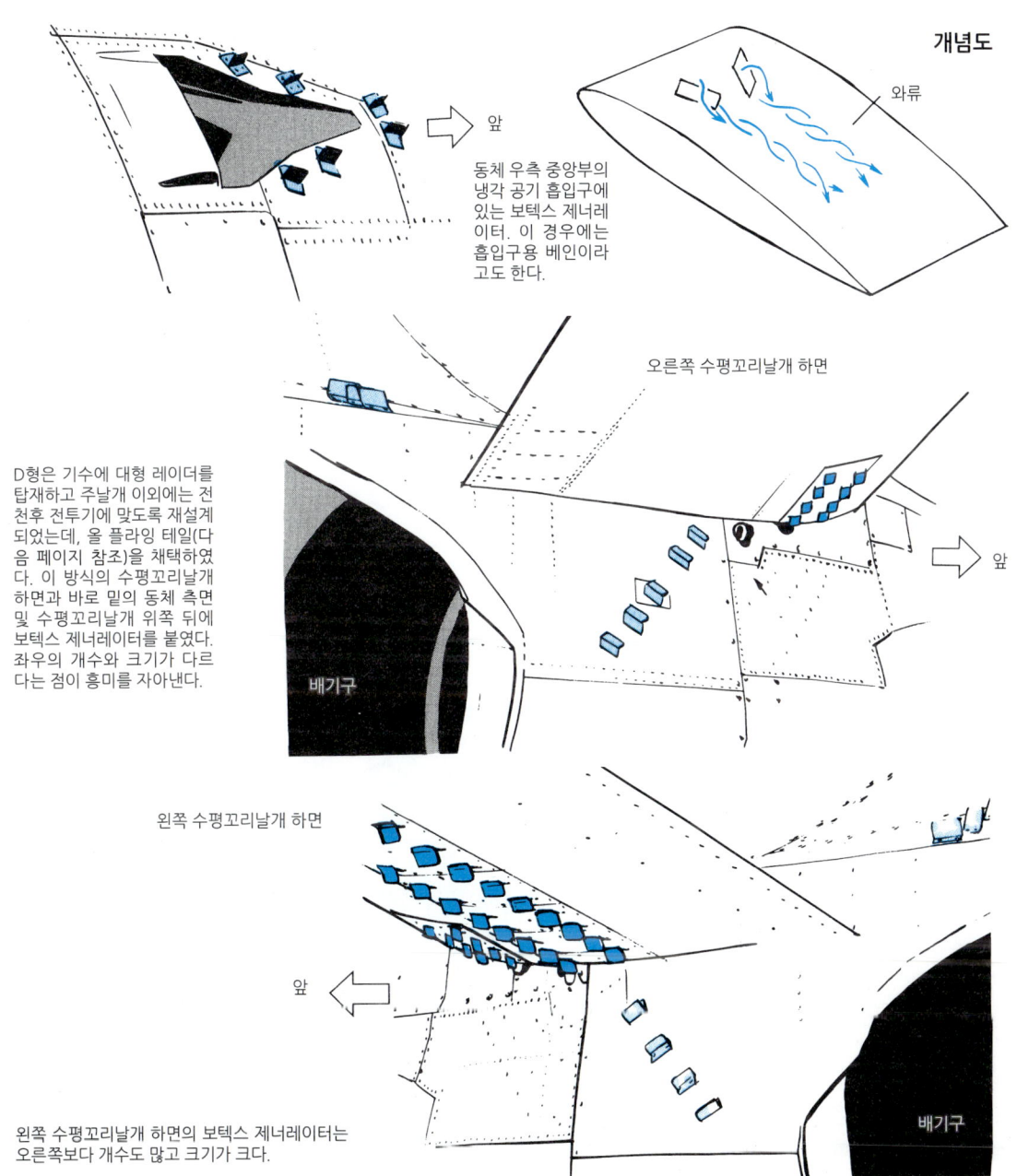

개념도

와류

동체 우측 중앙부의 냉각 공기 흡입구에 있는 보텍스 제너레이터. 이 경우에는 흡입구용 베인이라고도 한다.

D형은 기수에 대형 레이더를 탑재하고 주날개 이외에는 전천후 전투기에 맞도록 재설계되었는데, 올 플라잉 테일(다음 페이지 참조)을 채택하였다. 이 방식의 수평꼬리날개 하면과 바로 밑의 동체 측면 및 수평꼬리날개 위쪽 뒤에 보텍스 제너레이터를 붙였다. 좌우의 개수와 크기가 다르다는 점이 흥미를 자아낸다.

오른쪽 수평꼬리날개 하면

배기구

왼쪽 수평꼬리날개 하면

앞

배기구

왼쪽 수평꼬리날개 하면의 보텍스 제너레이터는 오른쪽보다 개수도 많고 크기가 크다.

3-13. 꼬리날개의 모양과 움직임

꼬리날개의 역할을 간단히 적자면, 기체가 곧바로 비행하려면 상하 방향 안정에는 수평꼬리날개, 좌우 방향 안정에는 수직꼬리날개가 필요하다. 이 꼬리날개는 레시프로기 시대에는 고정식 방향타와 승강타가 붙어 있었다. 그러나 전투기는 항상 고속과 민첩한 기동성을 추구한 결과, 마침내는 수평꼬리날개 뿐 아니라 수직꼬리날개까지 올 플라잉화한 기체가 나타나게 되었다. 그리고 고속화·고성능화 및 급상승이나 이착륙 시 안정화를 위해 면적을 키운 꼬리날개도 필요해졌다.

고정식

➢ 0식 함상 전투기

승강타 — 앞끝을 축으로 뒤쪽이 위아래로 움직인다

방향타 — 앞끝을 축으로 뒤쪽이 좌우로 움직인다

➢ 노스아메리칸 F-86 세이버

이 유명기도 처음에는 고정식이었지만, F-86E형 이후에는 수평 안정판이 가동식(플라잉 스태빌라이저)이 되었고, 승강타(엘리베이터)와 연동하여 움직이게 되었다. 그림의 각도는 기종에 따라 다르며 별도로 데이터도 있다. 올 플라잉 테일로 가는 과도기의 형태이다. 작동은 유압식.

플라잉 스태빌라이저의 가동축

위로 16°
아래로 21°
아래로 2°50'
아래로 10°

올 플라잉 방식의 등장

➢ 노스아메리칸 F-107

이 기체는 채택되진 않았지만, 각 부분에 참신한 아이디어가 가득 담겨 있었다. 그 중 하나가 올 플라잉 방식으로 만든 수직꼬리날개이다. 해군기에선 비질란티가 올 플라잉 수직꼬리날개 방식을 앞서 채택했다. 그 이후로 올 플라잉 테일은 전성기를 맞이하지만 수직꼬리날개만큼은 이 방식을 딱히 고집하진 않는다. 비교적 작은 방향타(러더)로도 충분했던 것이다.

✈ 맥도넬 더글라스(현: 보잉) F-15 이글

이 기종은 곧바로 수직 상승할 수 있는 고출력 엔진을 탑재한 대형 만능 전투기이다. 주날개 앞전엔 플랩이나 슬랫도 없다. 따라서 이착륙 시나 급상승 시에는 큼직한 엘리베이터(승강타)가 필요하기에 올 플라잉 방식으로 되어 있다. 한 쌍의 대형 수직꼬리날개 쪽은 작은 방향타로 제어한다. 중무장 가능한 대형기이며, 조종·공격 계통 모두 대대적으로 자동화되었다.

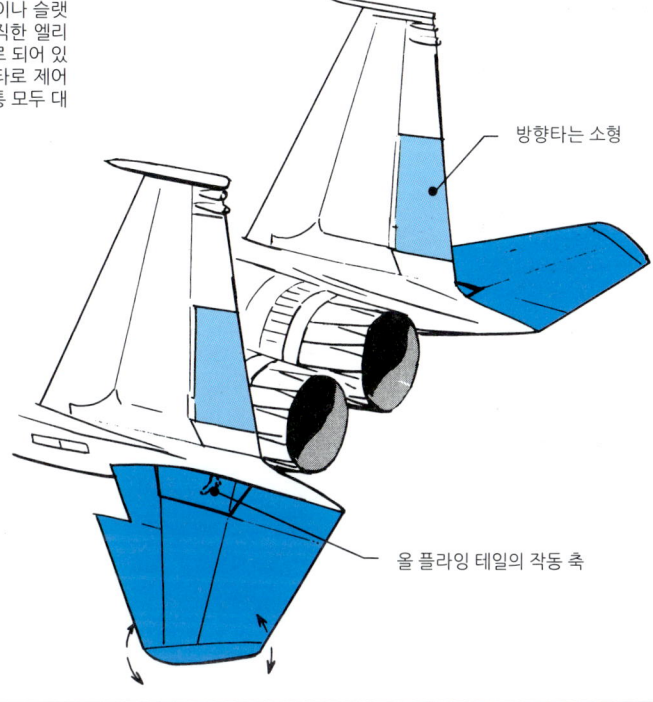

방향타는 소형

올 플라잉 테일의 작동 축

정전기 방전기 (Statinc Discharger)

운동하는 공기는 마찰로 정전기를 일으킨다. 특히 구름 속의 움직임이 격렬하므로 정전기를 띄게 된다. 이 구름 속이나 가까이 비행하는 항공기는 정전기를 띄기 쉽다. 정전기는 항공기의 큰 적으로, 무선 통신에 지장을 일으키는 것을 비롯하여 낙뢰 피해 등도 일으킨다. 피뢰침은 말단에서 방전하기 쉬우므로 항상 약하게 방전하여 피해를 막는다. 항공기 경우에는 전하를 띤 정전기를 지속적으로 방전하기 위해 정전기 방전기를 부착하고 있다. 부착 부분은 비교적 방전하기 쉬운 기체 각 말단 부분으로 비닐 튜브(고무 튜브일 수도 있다)가 튀어나왔고, 그 속에 카본을 함유한 철사(이 경우는 검회색)나 가는 구리선 다발이 들어 있다. 끝은 그림처럼 붓 모양이며 공중에 노출되어 있다.

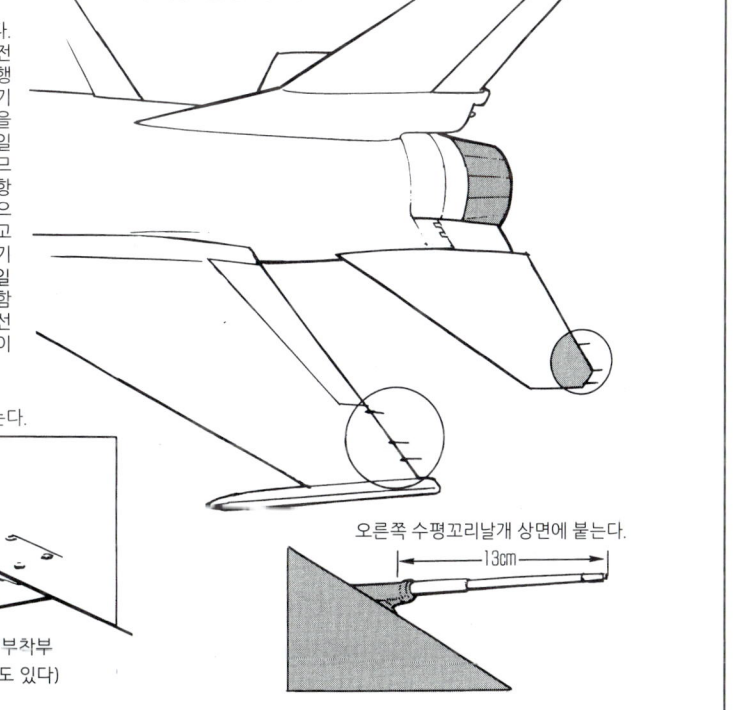

✈ 제너럴 다이내믹스 F-16 파이팅 팰컨의 예

오른쪽 수평꼬리날개 상면에 붙는다.
← 13cm →

왼쪽 수평꼬리날개 하면에 붙는다.
보강 튜브
부착부
비닐 튜브(고무제도 있다)

3-14. 가변익과 고장력

유럽이나 미국 항공 쇼에서 신형기와 구형기가 뒤섞여 편대 비행을 할 때 구형기는 공기 저항을 조금이라도 줄이고자 수평 비행하지만, 신형기는 기수를 쳐들고 날개 하면에 공기를 많이 끌어들여 양력 감소를 막는다. 같은 속도로 비행할 때 후퇴익기는 구형기에 속도를 맞춰 지속 비행하려면 기수를 쳐들고 날 수밖에 없기 때문이다. 마하를 넘나드는 기체는 중저속에선 양력을 얼마나 유지하는가가 과제이다. 본래라면 주날개 면적을 늘리면 되지만 그러면 고속에서 공기 저항이 커지고 후퇴익기는 착륙 시를 포함해서 저속 시의 안정이라는 문제를 항상 껴안고 있다. 이러한 후퇴익기의 문제를 해결하려면 고속에서 저속에 걸친 모든 상황에서 후퇴익 각도를 바꿀 수 있는 가변익이 유리하다. 그러나 기술적인 난관이나 날개 변형에 의한 조종 안정성 문제 등으로 인해 가변익 전투기를 실용화하기까진 시간이 걸렸다. 제2차 대전 말기에 독일에서 메서슈미트 Me P.1011로 가변익을 테스트하지만, 이는 지상에서 후퇴각을 사전 조정하는 방식이었다. 이후, 공중에서 날개를 실제로 움직인 것은 1951년의 벨 X-5와 1952년의 그루먼 XF-10F-1 재거였다. 이를 실용화한 F-111이 등장한 때는 그로부터 9년 뒤였다.

➤ 슈퍼 멀린 스핏파이어

➤ 호커 헌터

➤ 파나비아 토네이도

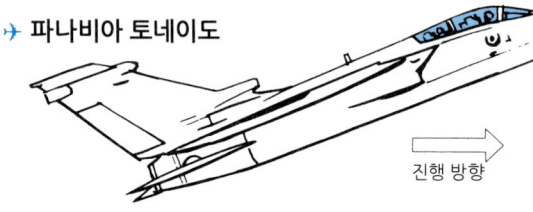

진행 방향

속도가 빠르고 후퇴각이 큰 기종일수록 구형기와 같은 속도로 비행할 때는 양력을 유지하기 위해 기수를 쳐들어야만 한다.

➤ F-8 크루세이더

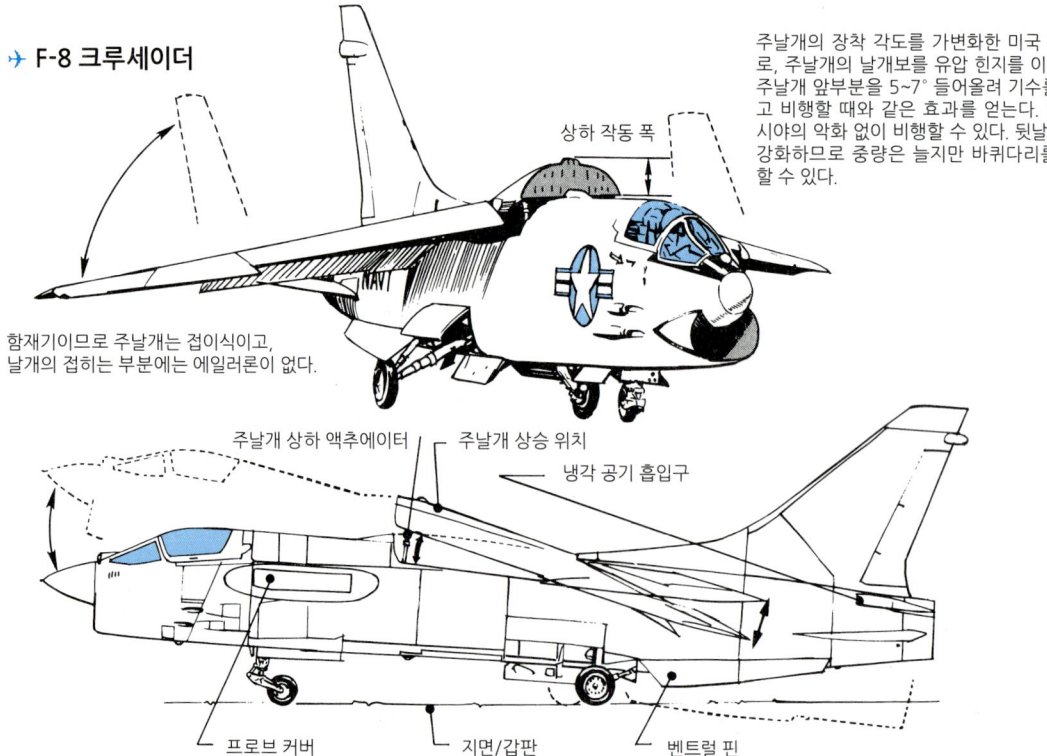

주날개의 장착 각도를 가변화한 미국 함재기로, 주날개의 날개보를 유압 힌지를 이용하여 주날개 앞부분을 5~7° 들어올려 기수를 쳐들고 비행할 때와 같은 효과를 얻는다. 덕분에 시야의 악화 없이 비행할 수 있다. 뒷날개보를 강화하므로 중량은 늘지만 바퀴다리를 짧게 할 수 있다.

상하 작동 폭

함재기이므로 주날개는 접이식이고, 날개의 접히는 부분에는 에일러론이 없다.

주날개 상하 액추에이터 — 주날개 상승 위치 — 냉각 공기 흡입구

프로브 커버 — 지면/갑판 — 벤트럴 핀

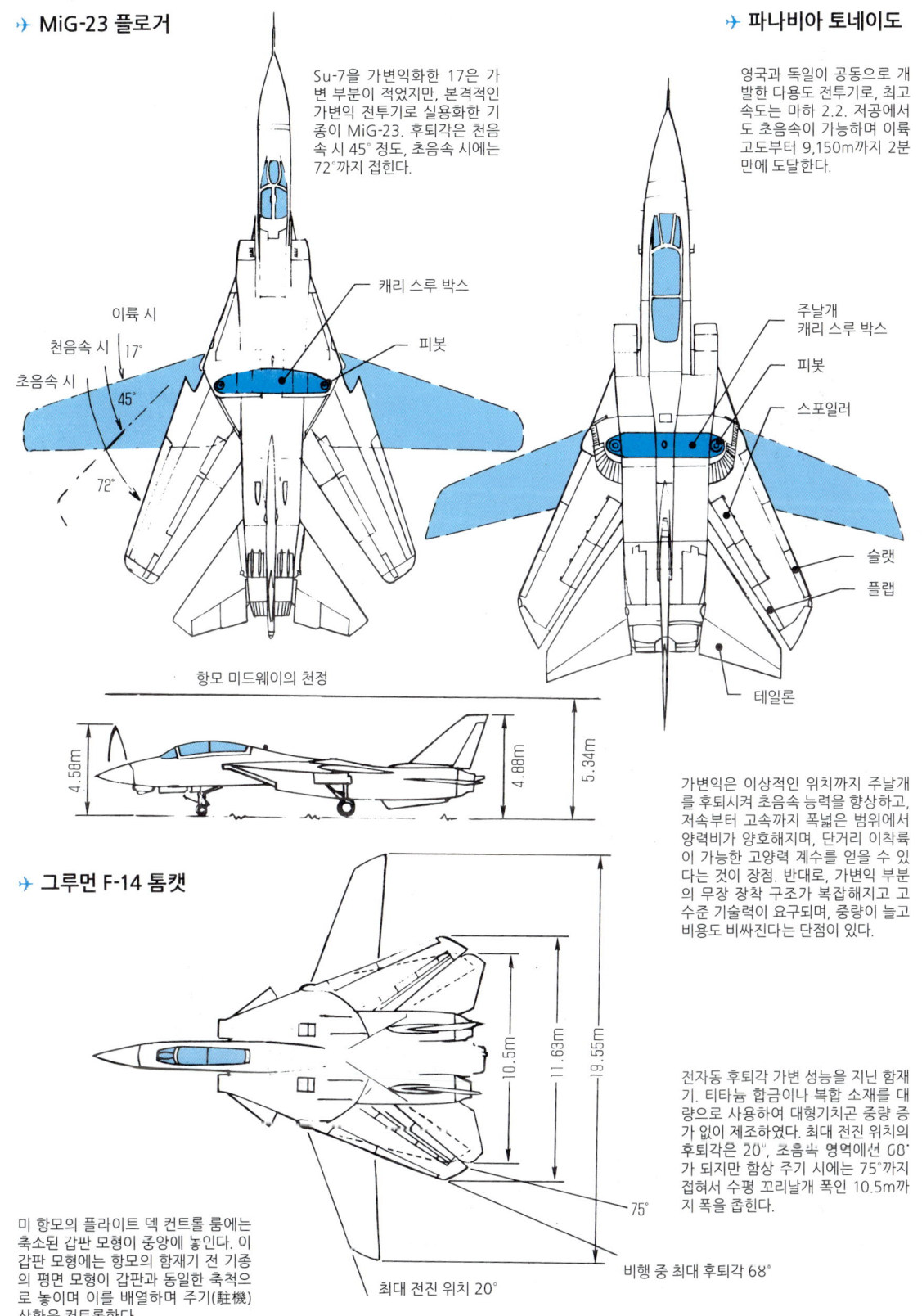

3-15. 공기 흡입구(1)

엔진 공기 흡입구(에어 인테이크)의 형상과 위치는 갖가지 변천이 있다. 공기를 대량으로 흡입하려면 정면에 구멍을 크게 내면 좋을 법하지만, 실제로는 기체 내부 공간을 유효하게 이용하는 법이나 레이더 장비 수납 등 복잡 다양한 요소를 종합적으로 해결해야 한다. 특히 속도가 음속을 넘게 되면 흡입구의 공기 역학 문제가 중요해진다. 공기 흡입구의 위치·형상이 조종성에 영향을 끼치는 점도 있는데, 예를 들어 수평 비행에서 기수를 올리는 경우엔 노즈 인테이크 방식과 사이드 인테이크 방식은 피치업 힘에서 차이가 난다. 그리고 흡입구의 충격파 대책으로 마하 콘(쇼크 콘)이나 램프를 설치하기도 한다.

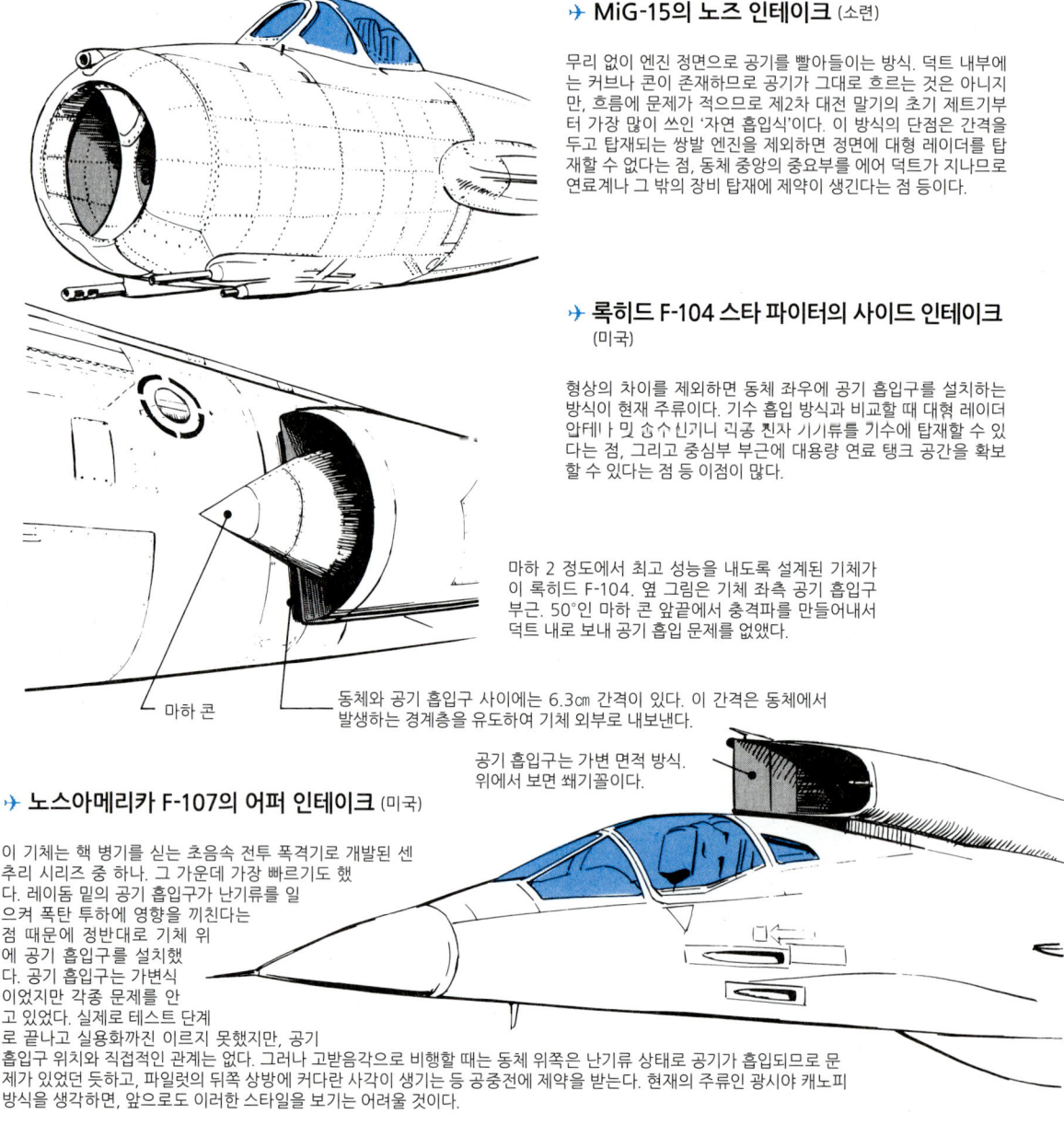

✈ MiG-15의 노즈 인테이크 (소련)

무리 없이 엔진 정면으로 공기를 빨아들이는 방식. 덕트 내부에는 커버나 콘이 존재하므로 공기가 그대로 흐르는 것은 아니지만, 흐름에 문제가 적으므로 제2차 대전 말기의 초기 제트기부터 가장 많이 쓰인 '자연 흡입식'이다. 이 방식의 단점은 간격을 두고 탑재되는 쌍발 엔진을 제외하면 정면에 대형 레이더를 탑재할 수 없다는 점, 동체 중앙의 중요부를 에어 덕트가 지나므로 연료계나 그 밖의 장비 탑재에 제약이 생긴다는 점 등이다.

✈ 록히드 F-104 스타 파이터의 사이드 인테이크 (미국)

형상의 차이를 제외하면 동체 좌우에 공기 흡입구를 설치하는 방식이 현재 주류이다. 기수 흡입 방식과 비교할 때 대형 레이더 안테나 및 송수신기니 각종 전자 기기류를 기수에 탑재할 수 있다는 점, 그리고 중심부 부근에 대용량 연료 탱크 공간을 확보할 수 있다는 점 등 이점이 많다.

마하 2 정도에서 최고 성능을 내도록 설계된 기체가 이 록히드 F-104. 옆 그림은 기체 좌측 공기 흡입구 부근. 50°인 마하 콘 앞끝에서 충격파를 만들어내서 덕트 내로 보내 공기 흡입 문제를 없앴다.

— 마하 콘

동체와 공기 흡입구 사이에는 6.3㎝ 간격이 있다. 이 간격은 동체에서 발생하는 경계층을 유도하여 기체 외부로 내보낸다.

공기 흡입구는 가변 면적 방식. 위에서 보면 쐐기꼴이다.

✈ 노스아메리카 F-107의 어퍼 인테이크 (미국)

이 기체는 핵 병기를 싣는 초음속 전투 폭격기로 개발된 센추리 시리즈 중 하나. 그 가운데 가장 빠르기도 했다. 레이돔 밑의 공기 흡입구가 난기류를 일으켜 폭탄 투하에 영향을 끼친다는 점 때문에 정반대로 기체 위에 공기 흡입구를 설치했다. 공기 흡입구는 가변식이었지만 각종 문제를 안고 있었다. 실제로 테스트 단계로 끝나고 실용화까진 이르지 못했지만, 공기 흡입구 위치와 직접적인 관계는 없다. 그러나 고받음각으로 비행할 때는 동체 위쪽은 난기류 상태로 공기가 흡입되므로 문제가 있었던 듯하고, 파일럿의 뒤쪽 상방에 커다란 사각이 생기는 등 공중전에 제약을 받는다. 현재의 주류인 광시야 캐노피 방식을 생각하면, 앞으로도 이러한 스타일을 보기는 어려울 것이다.

제트 전투기 시대

공기 흡입구의 이물질 흡입 대책

제2차 대전 말기에 등장한 제트 전투기는 탄생부터 현재에 이르기까지 이물질 흡입이 두통거리이다. 제트 엔진 내부에는 공기를 흡입 압축하거나 회전시키는 크고 작은 블레이드가 무수한데, 이 블레이드의 파손은 엔진 파손으로 이어지며 기능 저하, 심하게는 정지까지 일으킨다. 따라서 활주로나 유도로 청소는 필수이며 항모 갑판 위에선 수시로 승조원들이 일렬로 지나가며 쓰레기를 줍기도 한다. 그러나 바다 위와 달리 지상에서는 풀이나 나무, 돌조각이나 모래, 심지어는 눈이나 얼음 조각까지 상대해야 하므로 지면 청소 작업은 매우 고생스럽다.

✈ **메서슈미트 Me262** (독일)

제트 엔진

지상 운전 시에만 붙이는 스틸제 망

✈ **글로스터 미티어** (영국)

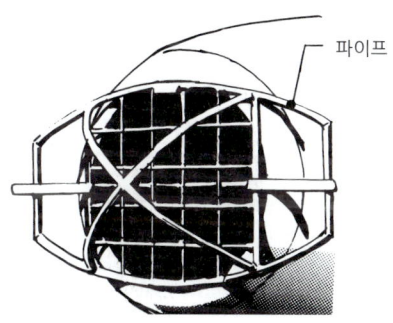

파이프

미티어에서 시도했던 몇 가지 방식 중 하나. 눈이 듬성듬성한 이물질 흡입 가드

엔진은 유모 004. 8단 압축 기동 블레이드와 6단 압축 고정 블레이드, 1단 터빈 축류식. 검도의 호구처럼 생긴 가드는 지상의 이물질 흡입을 막기 위한 것. 활주 전에 떼어낸다. 당시엔 모자나 의복, 풀 등이 빨려 들어가는 사례가 많았다.

시대가 크게 변한 현재, 이 이물질 흡입 대책은 어떨까. 러시아의 전투기 MiG-29는 지상 운전 중과 이륙 후의 공기 흡입 위치가 다르다. 바퀴에서 튀는 흙먼지를 막기 위해 지상에서는 정면의 공기 흡입구 도어를 막고, 그 위쪽의 이물질 흡입 우려가 적은 위치에서 공기를 흡입한다. 그러다 이륙과 동시에 정면 도어를 열고 착륙할 땐 다시 닫는 메카니즘이다 (150 페이지 참조).

✈ **기체 하면에 인테이크가 있는 F-16 파이팅 팰컨** (미국)

현재 미 공군의 주력 전투기이다. 이 기종을 채택한 국가는 옛 서방 진영에서 15개국을 넘는다. F-86 세이버, F-4 팬덤에 이어 최신 베스트셀러가 되었다. 기체의 특징이 동체 하면의 공기 흡입구. 이 위치의 공기 흡입구는 지상의 이물질을 빨아들일 위험성이 크므로 이전에는 채택 사례가 그다지 없었다. 그러나 가변 부분이 없는 공기 흡입구 1개소와 엔진 1개로 구성되므로 경량이라는 장점이 있다. 이 기종 출현 이후에는 이처럼 하면이나 하변에 가까운 위치에 공기 흡입구를 설치한 전투기들이 나타났다. 전체적으로 볼 때 앞으로도 경량급 전투기 설계의 모범이 될 기종이다.

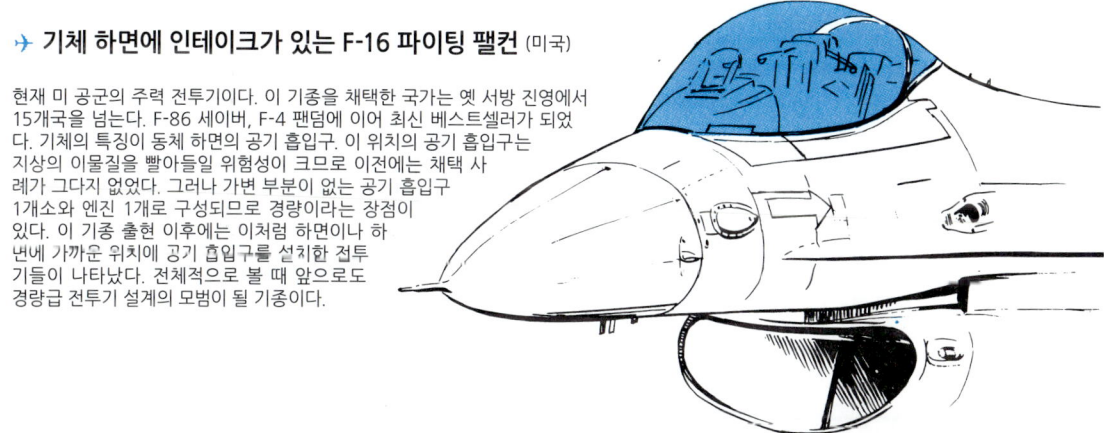

3-16. 공기 흡입구(2) 초음속 기류에 대한 대책

제트기의 속도가 음속을 넘게 되자, 그 속도 그대로 공기가 흡입구로 들어오면 내부에서 복잡한 충격파를 발생하면서 도리어 엔진으로 공기 필요량이 들어오지 않는 일도 일어난다. 그리고 이 초음속 기류는 엔진 손상의 원인이 되기도 한다. 그래서 아래에서 보듯 갖가지 인테이크 형상을 고안하게 되었다. 기본적으로는, 초음속 기류를 압축 감속하여 덕트 내로 이끌고 필요 공기량을 엔진에 공급하려는 목적이다. 아래 그림은 개발 순으로 나열된 대표적 공기 흡입구 사례들이다. 또한, 서서히 압축하는 타입은 크고 무거워지므로 내부 충격파형이 호전된다.

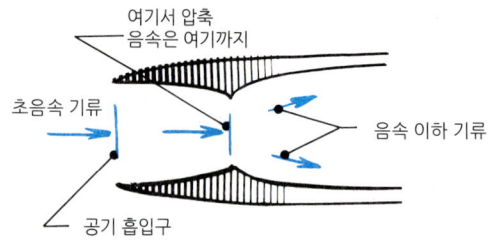

↳ 내부 충격파형

음속에 한참 못 미치던 초기 타입. 엔진 정면으로부터 공기를 빨아들이는 자연 흡기식. 오랫동안 제트 엔진의 주류였으며 현재도 볼 수 있는 타입이다.

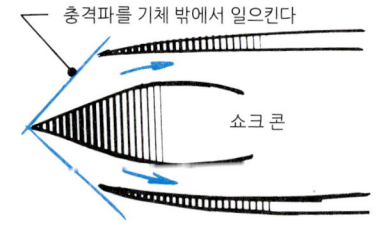

↳ 외부 충격파형

흡입구 중앙의 쇼크 콘(마하 콘) 맨 앞끝과 콘 경사면 비스듬히 충격파를 발생시키고, 음속 기류를 압축 및 아음속 상태로 감속한 후에 덕트 내로 보내는 타입. 이를 맨 먼저 캐택한 기종이 록히트 F-104로, 당시 마하 2에 이르는 최고 속도를 기록했다.

↳ 다중 충격파형

전방 끝 부분에서 경사 충격파를 일으키고, 다음에 좁아지는 부분에서 수직 충격파를 일으킨다. 이렇게 하면 압축 감속 효율이 좋아진다. 이 좁은 부분의 면적을 충격파 경사판(램프)을 이용한 가변식 공기 흡입구를 현재의 F-15 이글이나 F-14 톰캣 등이 채택하였다. 가변 공기 흡입구는 비행 속도나 기체의 자체 변화에 대응할 수 있으므로 고성능 전투기에서 다수 채택하고 있다(148페이지 참조).

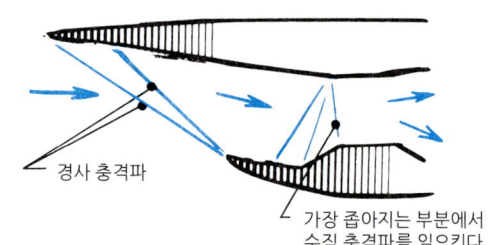

↳ 서서히 압축하는 형

기다란 흡입구의 곡면으로 몇 단계에 걸쳐 압축 감속하는 타입. 한 번에 압축하는 것보다 손실이 적어진다. 그리고 여러 속도 영역에도 대응할 수 있다. 등(等)엔트로피 압축형이라고도 한다. 흡입구 자체가 크고 무거워진다는 단점이 있다.

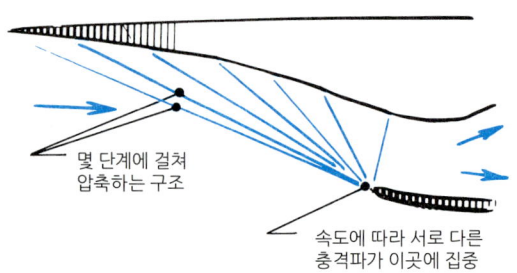

3-17. 공기 흡입구⑶ F-4 팬텀 II의 가변 베인

맥도널 F-4 팬텀은 60년대 서방 진영의 주력 전투기였다고 해도 좋다. 배치 개시 시기가 베트남 전쟁과 겹치며 기록적인 생산 수를 이뤘다. 그 수량에는 서방 각국 공여분이나 일본 라이선스 생산분도 포함된다. 외형은 이전에 볼 수 없던 특이한 대형 전투기였지만, 여기서는 공기 흡입구의 속도에 맞춰 가동하는 베인을 보기로 한다.

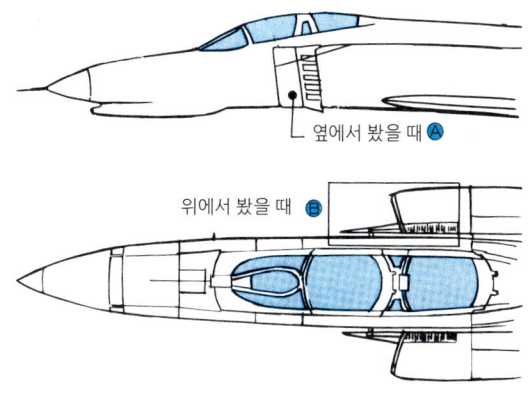

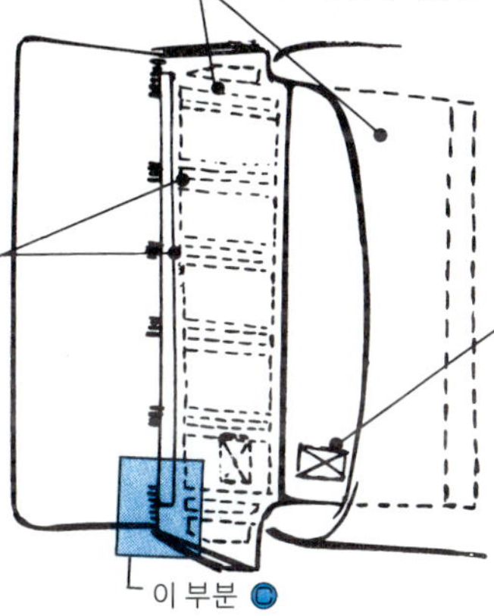

─ 옆에서 봤을 때 ⓐ

위에서 봤을 때 ⓑ

Ⓐ
─ 속도에 맞춰 기류를 바꾸는 2장짜리 베인

가변 베인과 그 안쪽인 이 부근에는 작업 시 주의서가 붙어 있다. 뒷좌석 램프 서킷 브레이커를 당긴다, 유압계를 움직이지 않는다, 공구 지정 등등의 내용.

이 점선 안쪽은 짙은 색이다. 이는 지름 1mm 짜리 구멍이 촘촘히 나 있기 때문이다.

기체 표면을 따라 느리게 흐르는 공기(블리드 에어)는 ⓒ 그림에서 보이는 다공판이 빨아들여 (B)그림에서 보이는 슬릿 부분으로 배출한다. F-14 톰캣 경우엔 단순한 슬릿이 아니라 도어가 붙은 여닫이를 액추에이터로 조정한다. 블리드 에어와 바이패스 에어는 이곳으로 배출하며, 적극적인 블리드 도어가 붙는다.

이 부분 ⓒ

우측 공기 유도관(덕트) 상면

공기 흡입구 ⇨

블리드 에어 배출구

Ⓑ
스플리터 베인
가동 베인 (충격파 램프)

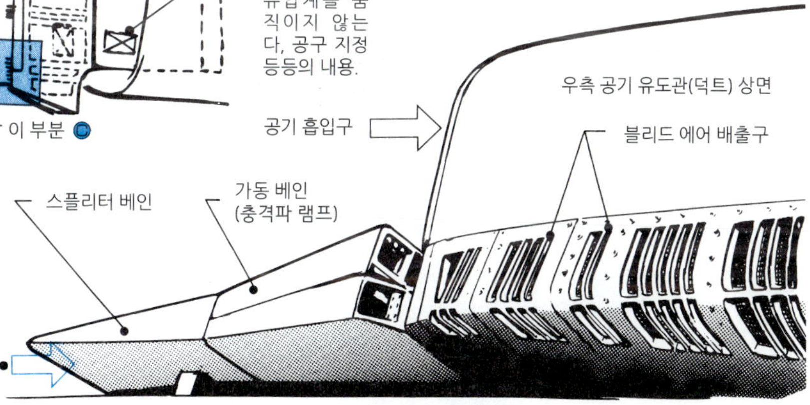

충격파가 직접 엔진으로 들어가면 서징(이상 진동)을 일으키므로, 이를 막는 것이 가변 베인. 속도에 따라 작동한다.

다이버터

동체 우측

Ⓒ

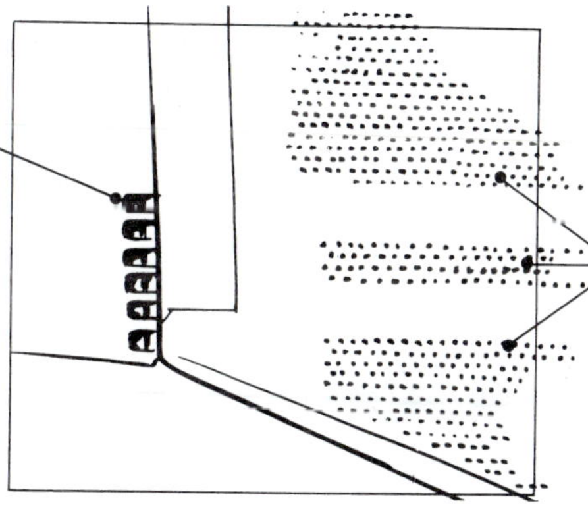

다이버터란, 기체 표면을 따라 흘러 들어온 저속 공기로 에너지가 없는 공기가 들어가면 램 압력이 떨어져 공기 흡입구의 빠른 공기와 구분하기 위해 기체와 공기 흡이구 사이에 설치한 틈새를 말한다. 제트기 이전부터 있었으며, P-51 머스탱의 라디에이터 공기 흡입구나 Bf109 기화기 부분 등이 유명하다. 기수 공기 흡입구를 제외하면 이 다이버터는 필수품이다.

베인경첩

공기 흡입구 베인에는 지름 1mm 가량의 구멍이 무수히 나 있다. 이 구멍들은 압축시의 유해한 경계층 공기를 빨아들이는 역할을 한다.

지름 1mm 구멍들

이 구멍은 기종별, 또는 같은 기종이라도 각국 기체별로 크기에 차이가 있다. 참고로 F-18 호넷은 지름이 1.8mm 이다.

3-18. 공기 흡입구⑷ F-15 이글의 에어 덕트

F-15 이글은 현용 전천후 대형 만능 전투기로, 세계 최강이라는 평가를 받고 있다. 91년도의 걸프전을 비롯하여 중동 전쟁에선 이스라엘 공군기로서 압도적인 성능을 발휘했다. 여기서 볼 것은 가변 공기 흡입구, 가변 램프(충격파 경사판)을 제어해서 만드는 에어 덕트 내부 기류이다. 흡입구에서 엔진까지 흐르는 기류는, 공기 흡입구와 램프 작동용 액추에이터를 컴퓨터로 제어하며 아이들링부터 최대 출력까지, 그리고 속도나 비행 자세에 맞춰 최적 상태로 컨트롤하게 된다.

✈ 아음속 시

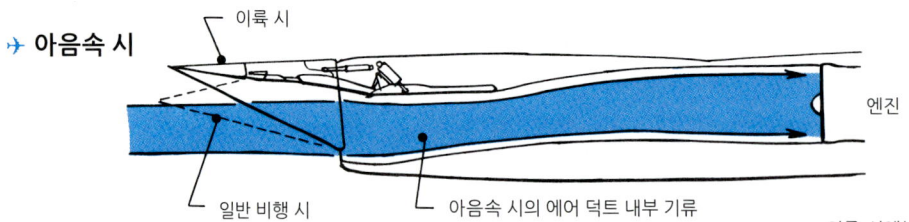

이륙 시에는 흡입구를 크게 열어 공기를 대량으로 흡입한다. 저속 일반 비행 시에는 공기 흡입구는 아래로 향하지만, 램프 각도가 완만하고 덕트 내부는 비교적 넓으므로 기류를 강하게 압축하지 않는다.

✈ 일반 초음속 시

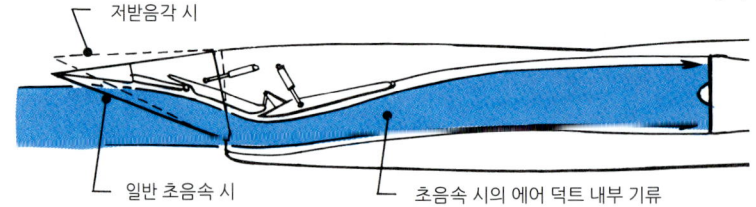

초음속이 되면 램프 각도는 커지고 흡입구 바로 뒤의 덕트는 좁아지며 기류를 강하게 압축하고 감속한다.

✈ 고받음각 초음속 시

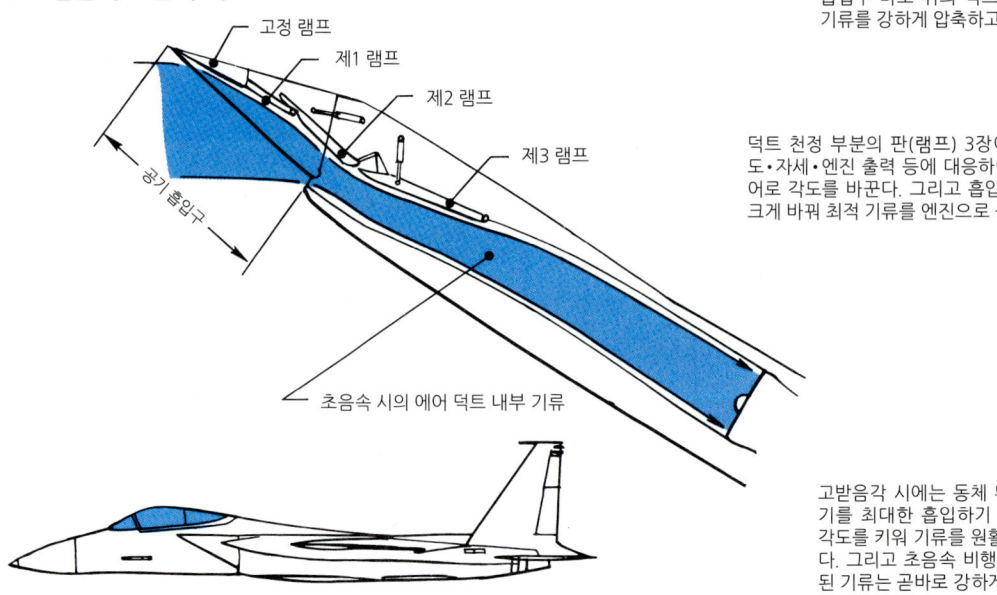

덕트 천정 부분의 판(램프) 3장이 제각각 속도·자세·엔진 출력 등에 대응하여 컴퓨터 제어로 각도를 바꾼다. 그리고 흡입구도 각도를 크게 바꿔 최적 기류를 엔진으로 공급한다.

고받음각 시에는 동체 뒤로 새는 공기를 최대한 흡입하기 위해 흡입구 각도를 키워 기류를 원활하게 유입한다. 그리고 초음속 비행을 위해 흡입된 기류는 곧바로 강하게 압축된다.

제트 전투기 시대

✈ F-15 이글의 공기 흡입구 안쪽

✈ 공기 흡입구 외관

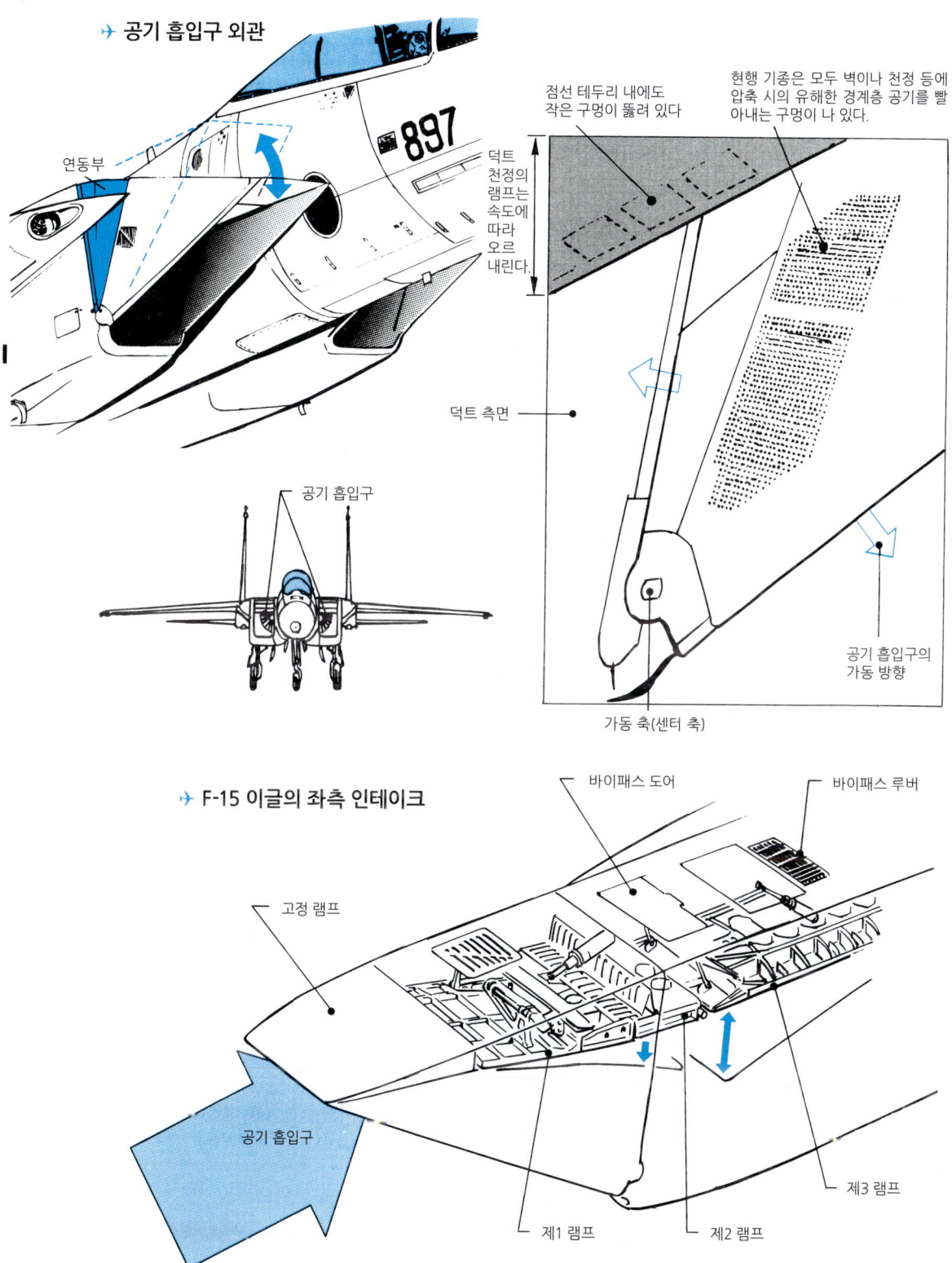

✈ F-15 이글의 좌측 인테이크

3-19. 공기 흡입구⑸ MiG-29 펄크럼(러시아·우크라이나)

MiG-21의 후계기로 1983년에 취역한 신세대 전투기. 소련의 주력 소형 전투기로 개발되었다. 가로세로비가 큰 주날개로 기동성을 추구, 고속성을 높이고자 가변식 공기 흡입구를 채택한 이 기종은 공중전 성능이 뛰어나며, 옛 소련 우방국에도 수출되었다. 이 기종의 주목할 점은, 오른쪽 페이지에서 보듯이 지상에선 아래쪽 인테이크 도어를 닫고 상면의 루버식 공기 흡입구로 흡입하는 방식의 본격적인 이물질 흡입 대책이다.

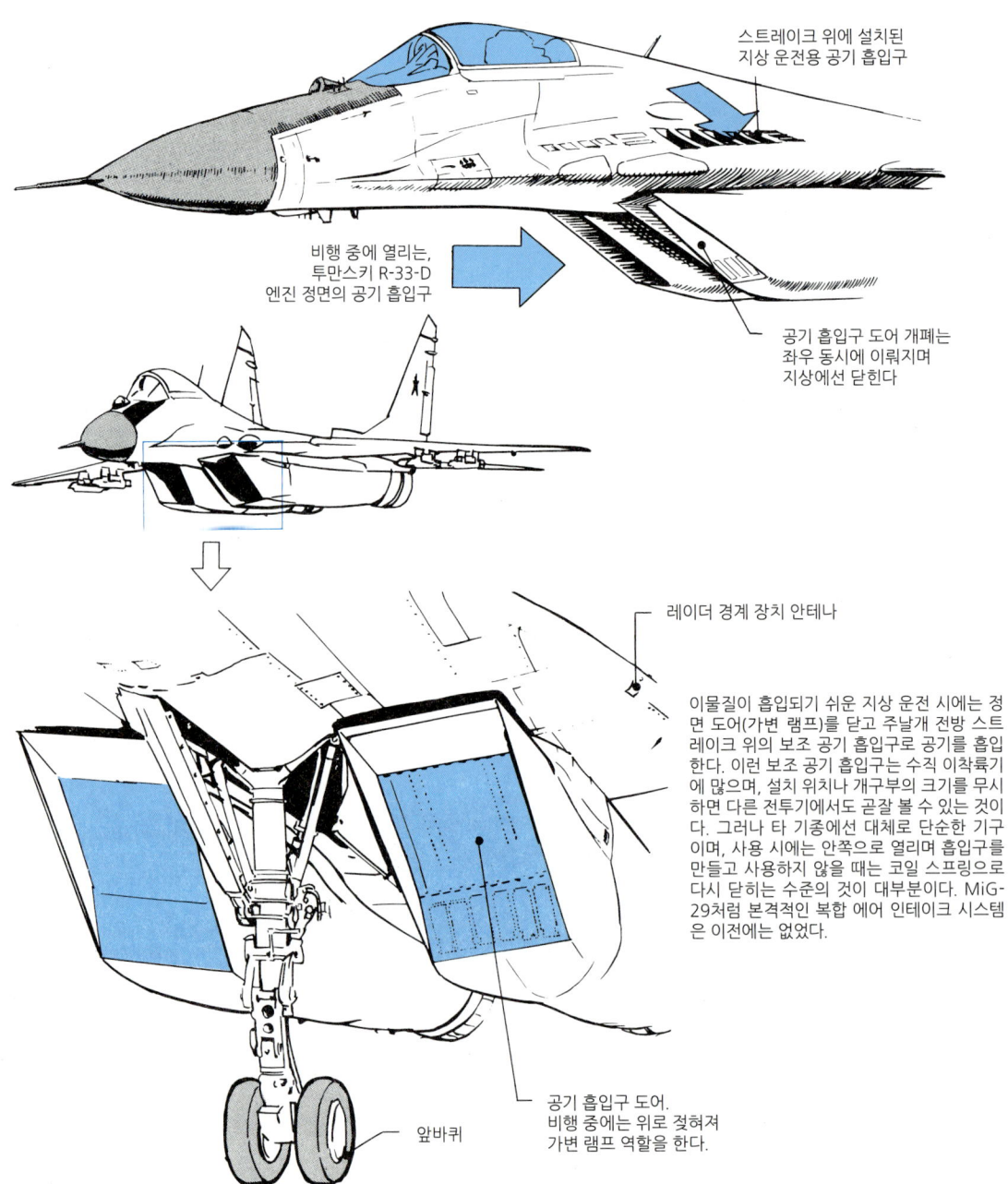

스트레이크 위에 설치된 지상 운전용 공기 흡입구

비행 중에 열리는, 투만스키 R-33-D 엔진 정면의 공기 흡입구

공기 흡입구 도어 개폐는 좌우 동시에 이뤄지며 지상에선 닫힌다

레이더 경계 장치 안테나

이물질이 흡입되기 쉬운 지상 운전 시에는 정면 도어(가변 램프)를 닫고 주날개 전방 스트레이크 위의 보조 공기 흡입구로 공기를 흡입한다. 이런 보조 공기 흡입구는 수직 이착륙기에 많으며, 설치 위치나 개구부의 크기를 무시하면 다른 전투기에서도 곧잘 볼 수 있는 것이다. 그러나 타 기종에선 대체로 단순한 기구이며, 사용 시에는 안쪽으로 열리며 흡입구를 만들고 사용하지 않을 때는 코일 스프링으로 다시 닫히는 수준의 것이 대부분이다. MiG-29처럼 본격적인 복합 에어 인테이크 시스템은 이전에는 없었다.

앞바퀴

공기 흡입구 도어. 비행 중에는 위로 젖혀져 가변 램프 역할을 한다.

✈ MiG-29의 복합 에어 인테이크 시스템

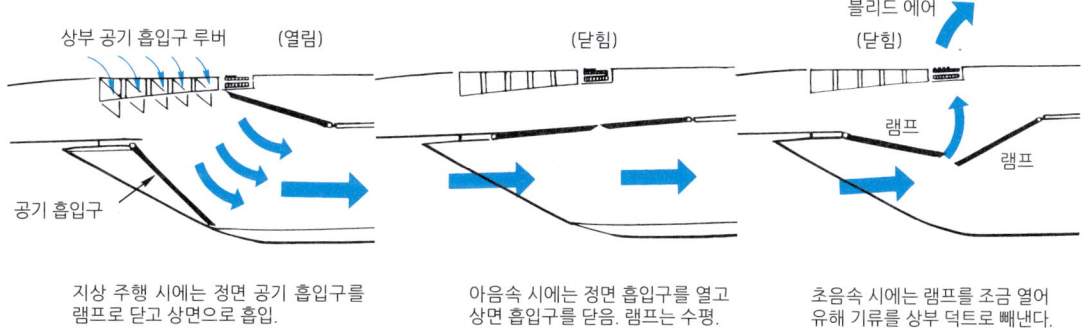

3-20. 공기 흡입구(6) 수호이 Su-27 플랭커(러시아·우크라이나)

이 기종은 MiG-29와 같은 시기에 개발되었으며, MiG-29보다 대형이다(다음 페이지에 상세히). 이 수호이 27도 본격적인 이물질 흡입 방지 대책을 채택하였다. 이 기종은 공기 흡입구 자체가 날개 아래에 있으며 경사졌으므로 여간해선 보기 힘들다. 덕트 내부에는 티타늄제 격자가 있으며 격자는 망으로 씌웠다.

이 격자 배리어는 지상 운전 시에 쓰이며, 비행 중에는 앞쪽으로 눕혀진다. 착륙하면 다시 세우는 방식이다. 미그기와 마찬가지로 흡입구 전방의 앞바퀴에서 튀는 이물질 대책으로는 철저하다는 느낌이다. 현재 서방 전투기는 이만한 대책 장비를 채택하진 않았다.

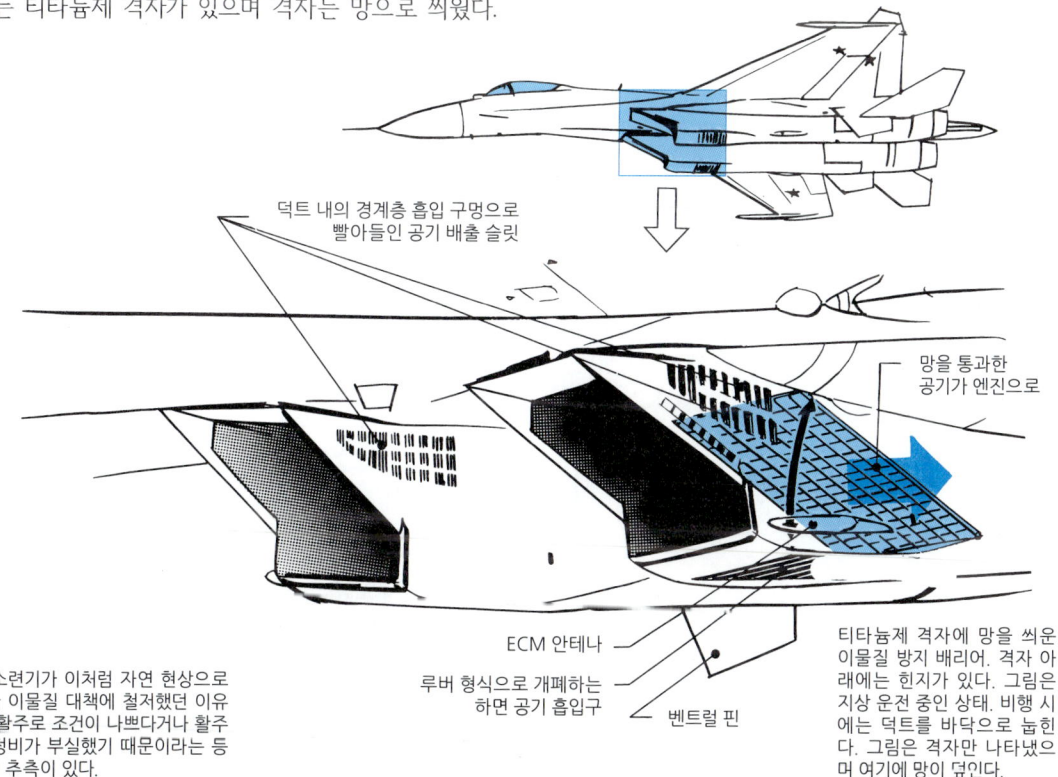

✈ 수호이 Su-27 플랭커 기체

배치는 MiG-29보다 조금 늦었지만, 옛 소련 기술을 대표하는 대형 전천후 요격 및 제공 전투기. 미국의 F-15 이글에 맞서는 기종이라 할 수 있다. 옛 소련기의 약점으로 지목되던 전자기기류도 상당히 개량되었으며, 특히 고받음각 비행 특성은 주목을 끌었다. 에어쇼 등지에서 선보인 '푸가초프 코브라' 기동으로 관객을 놀라게 한 것이다. 대형 기체이면서도 상승력, 선회력 모두 뛰어나다는 증거였다.

전장 21.935m 전폭 14.70m 전고 5.9m 총중량 30,000㎏ 최고 속도 마하 2.35인 초대형 전투기. 쌍발 엔진 배치는 흡기부터 배기까지 일직선 레이아웃이다. 이 방식은 유입된 공기를 유효하게 이용할 수 있으며 고속 성능을 추구하는 수단의 한 가지이다. 이처럼 커다란 기체로 코브라 기동을 보이니 기절초풍할 지경이다. 지름 1.5m 레이더 안테나가 탑재된 흰색 레이돔은 전파 투과 재질이다.

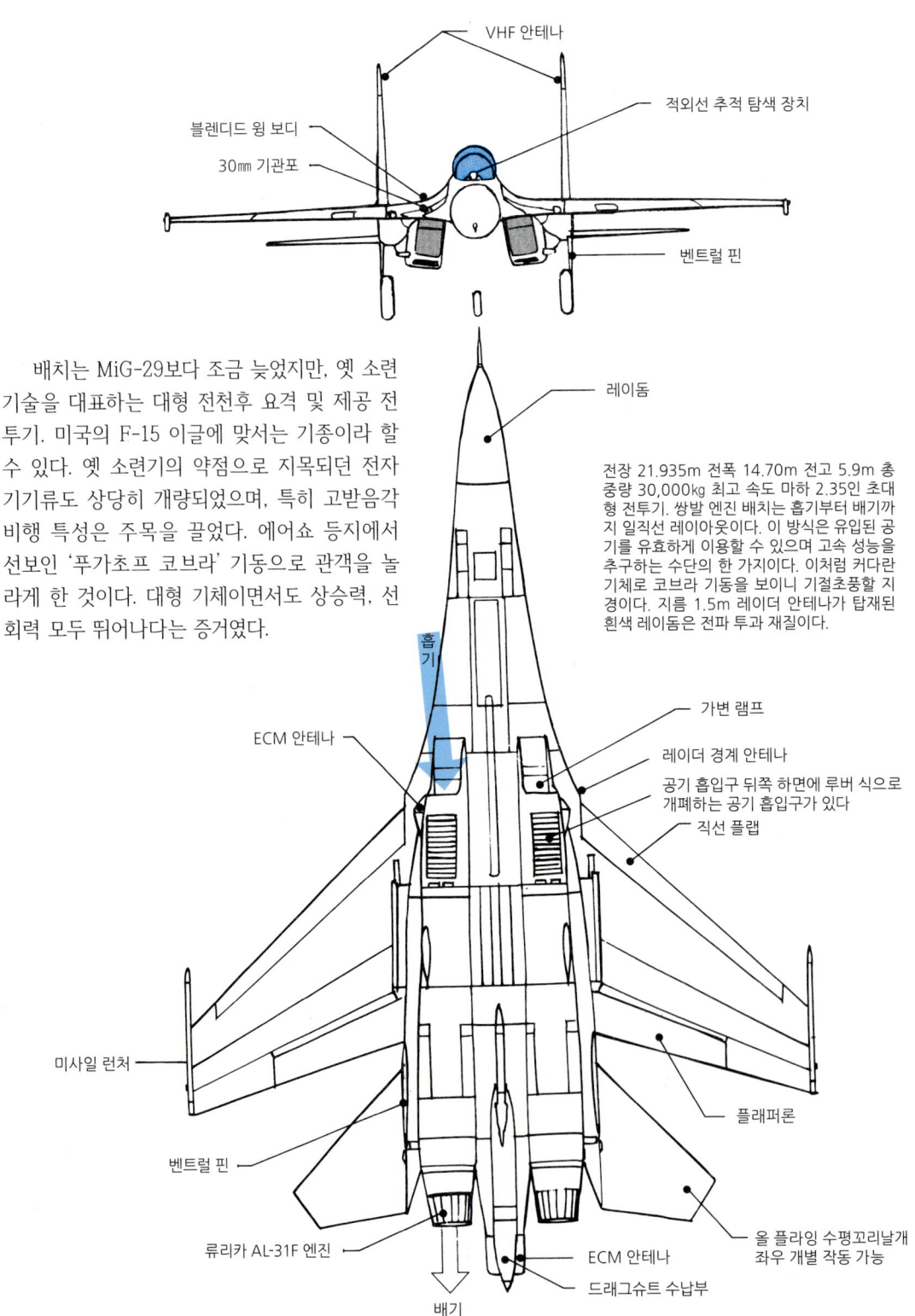

✈ 수호이 Su-27의 '코브라' 고받음각 비행 특성

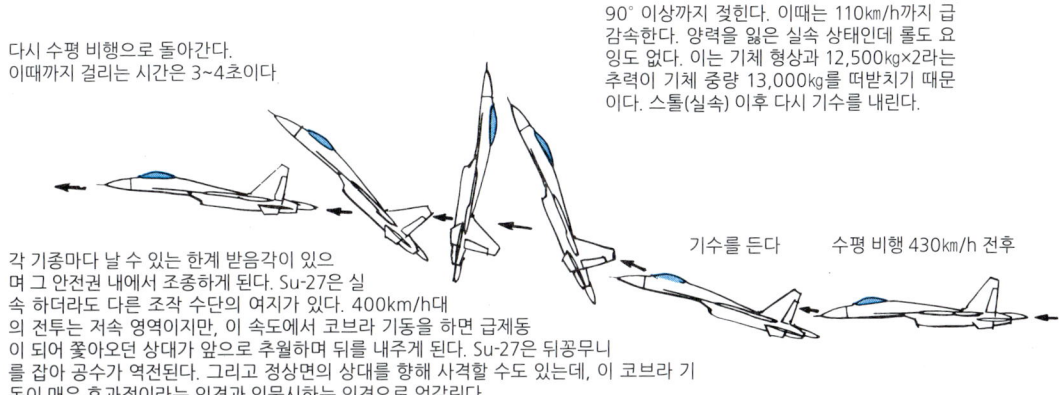

90° 이상까지 젖힌다. 이때는 110㎞/h까지 급감속한다. 양력을 잃은 실속 상태인데 롤도 요잉도 없다. 이는 기체 형상과 12,500kg×2라는 추력이 기체 중량 13,000kg를 떠받치기 때문이다. 스톨(실속) 이후 다시 기수를 내린다.

다시 수평 비행으로 돌아간다. 이때까지 걸리는 시간은 3~4초이다

기수를 든다   수평 비행 430㎞/h 전후

각 기종마다 날 수 있는 한계 받음각이 있으며 그 안전권 내에서 조종하게 된다. Su-27은 실속 하더라도 다른 조작 수단의 여지가 있다. 400km/h대의 전투는 저속 영역이지만, 이 속도에서 코브라 기동을 하면 급제동이 되어 쫓아오던 상대가 앞으로 추월하며 뒤를 내주게 된다. Su-27은 뒤꽁무니를 잡아 공수가 역전된다. 그리고 정상면의 상대를 향해 사격할 수도 있는데, 이 코브라 기동이 매우 효과적이라는 의견과 의문시하는 의견으로 엇갈린다.

3-21. 공기 흡입구⑺ F/A-18 호넷(미국)

F/A란 전투·공격기 겸용이라는 의미. 속도는 마하 1.8로 빠르지는 않지만, 경량이며 F-14나 F-15에 비해 저렴하다. 미 해군의 주력기이며, 함재기 생산수도 많아질 예정이다.

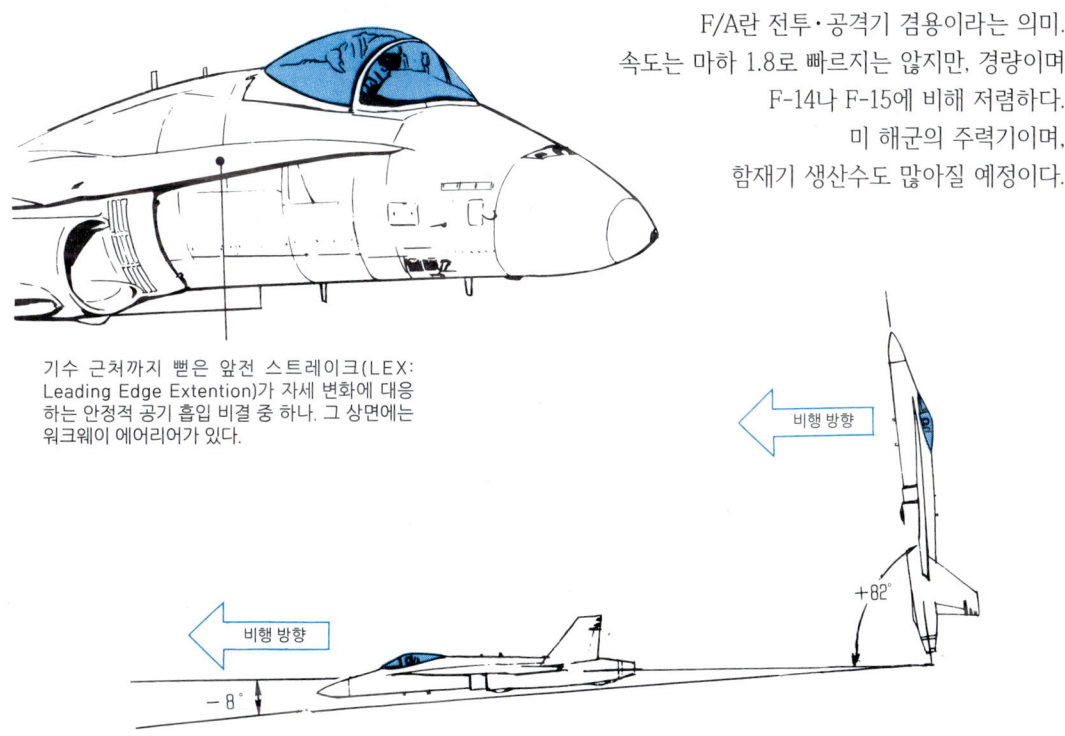

기수 근처까지 뻗은 앞전 스트레이크(LEX: Leading Edge Extention)가 자세 변화에 대응하는 안정적 공기 흡입 비결 중 하나. 그 상면에는 워크웨이 에어리어가 있다.

호넷의 공기 흡입구는 액추에이터나 베인 같은 가동 부분을 없애고 가벼운 구조로 되어 있다. 이 효율적인 공기 흡입구 구조, 엔진 추력, 경량 기체, 자세 제어 기능, 조작성 등이 어울려 +82°라는 고받음각 수평 비행, -8°인 채로 수평 비행이라는 곡예를 테스트 비행 중 단시간이나마 가능케 하는 것이다. 각도는 일정하진 않지만 에어쇼 등지에선 MiG-29나 Su-27도 비슷한 자세로 수평 비행을 선보이곤 한다.

3-22. '마지막 유인 전투기' 록히드 F-104 스타파이터

센추리 시리즈 가운데 특이한 형상을 한 전투기로, MiG-15처럼 소형 경량기에 대응하고자 쓸데없는 장비를 모두 제거한다는 방안에 따라 한국 전쟁 중에 개발을 시작하였다. 짧고 약하게 하반각을 준 주날개, 슬림한 동체, 획기적인 사이드 공기 흡입구 등으로 참신함을 어필했다. 공표 시에는 이 공기 흡입구에 커버를 씌웠는데, 당시에는 중대한 기밀 사항이었기 때문이다. 커다랗게 벌컨포구가 나 있는 초기형도 있다. 그러나 소형이므로 방공 시스템(SAGE) 관련 장비를 탑재할 수 없어 미 공군의 사용 기간은 짧았고, 주 방위군이나 NATO 각국 및 일본에서 채택해 갖가지 사양으로 개조하여 사용했다. 데뷔 당시에는 '마지막 유인 전투기'라고 칭했지만 캐치프레이즈가 무색해졌다.

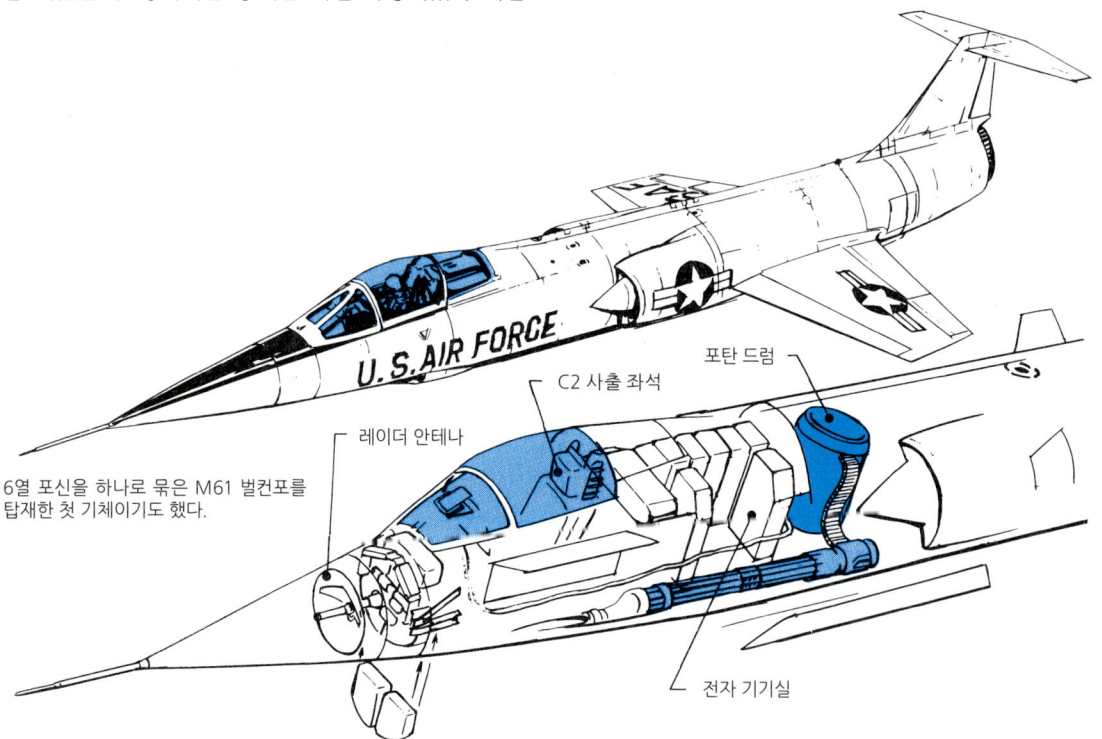

6열 포신을 하나로 묶은 M61 벌컨포를 탑재한 첫 기체이기도 했다.

— 레이더 안테나
— C2 사출 좌석
— 포탄 드럼
— 전자 기기실

자위대는 이 F-104를 방공 전투 위주의 전천후 능력을 부여하고자 했다. 상승이나 대시 성능은 뛰어났지만 전자 기기 탑재가 제한되므로 전투 능력, 장거리 비행 능력 등 여러 가지 중에서 하나를 선택해야만 했다.

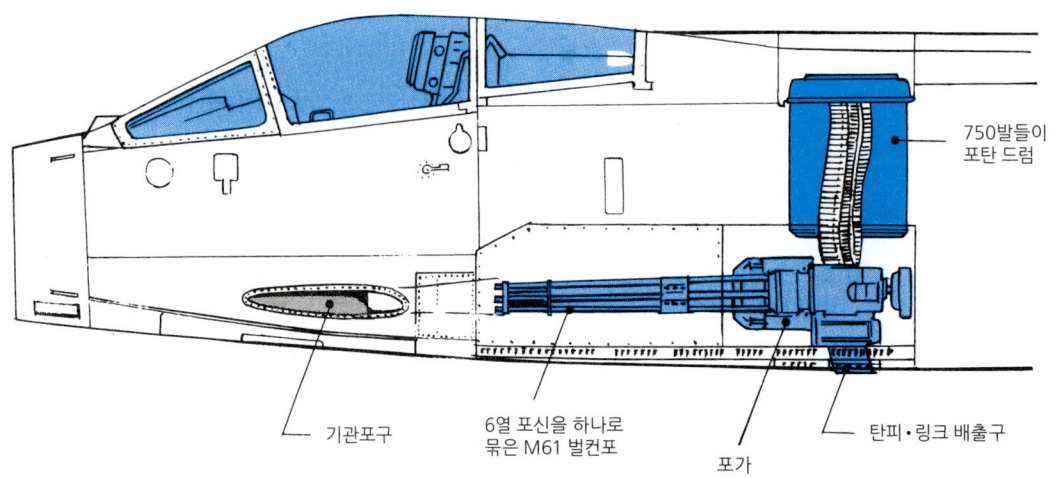

— 750발들이 포탄 드럼
— 기관포구
— 6열 포신을 하나로 묶은 M61 벌컨포
— 포가
— 탄피·링크 배출구

3-23. '마지막 인터셉터' 컨베어 F-106 델타 다트

이 기종은 궁극의 요격기(Ultimate Intercepter) 라는 캐치프레이즈를 내걸고 개발되었다. 1956년 당시, F-100이나 F-102 등이 마침내 마하를 넘어선 이후, 마하 2 이상에서 야간이건 악천후이건 가리지 않는 요격 장비를 갖춘 획기적 성능으로 60년대 소련의 유인 폭격기를 상대할 마지막 요격기였다. 이륙 직후부터 표적을 향해 유도되며, 추미, 조준, 발사, 그리고 귀환까지 모두 자동 조작된다. 이후 ICBM 실용화로 소련의 유인 폭격기가 미 본토를 습격할 위험성이 감소했으므로 뒤를 이을 요격 전문 전투기는 개발되지 않았으며, 따라서 현재도 말 그대로 '궁극'의 요격기로 남았다.

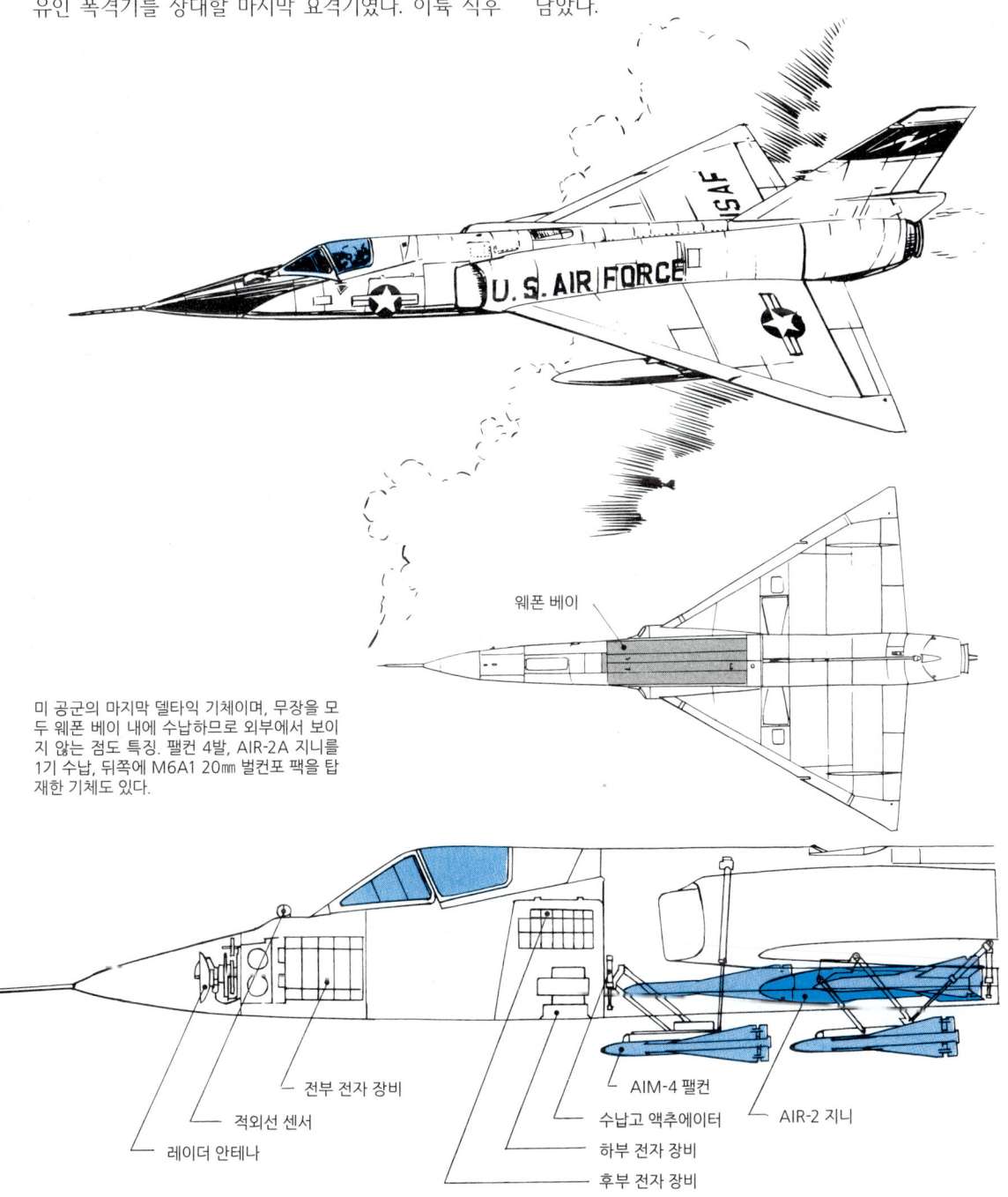

미 공군의 마지막 델타익 기체이며, 무장을 모두 웨폰 베이 내에 수납하므로 외부에서 보이지 않는 점도 특징. 팰컨 4발, AIR-2A 지니를 1기 수납, 뒤쪽에 M6A1 20㎜ 벌컨포 팩을 탑재한 기체도 있다.

3-24. '최강 함상 전투기' 그루먼 F-14 톰캣

현재 미 해군의 주력 함재기일 뿐 아니라 베트남 전쟁 이래로 전 세계를 대표하는 전천후 전투기가 F-14톰캣이다. 함대 방공 능력이나 침공·제공 능력은 장거리 탐색 능력을 발휘하는 레이더 FCS와 장거리 AAM 미사일 피닉스를 조합한 웨폰 시스템으로 유지한다. 특징적인 가변익의 우수한 기동성과 초음속 영역의 고속 성능 덕분에 공격력은 일급이고 21세기에도 미 항모 기동 부대의 주력 전투기로 손색없을 정도였다. 냉전이 한창이던 1968년에 개발을 시작하여 70년에 첫 비행, 73년에 실전 배치되었다. 경량화 계획도 있었지만, 쌍발 엔진, 한 쌍의 수직꼬리날개, 레이더 오퍼레이터를 태우는 복좌식, 가변익이나 웨폰 시스템, 전자 기기 등 개발 및 제조 비용도 막대했기에 냉전 후에는 그런 요인이 발목을 잡아 제작 대수는 감소했다.

※역주: 결국 2006년에 높은 유지 비용을 감당 못해 퇴역하였다.

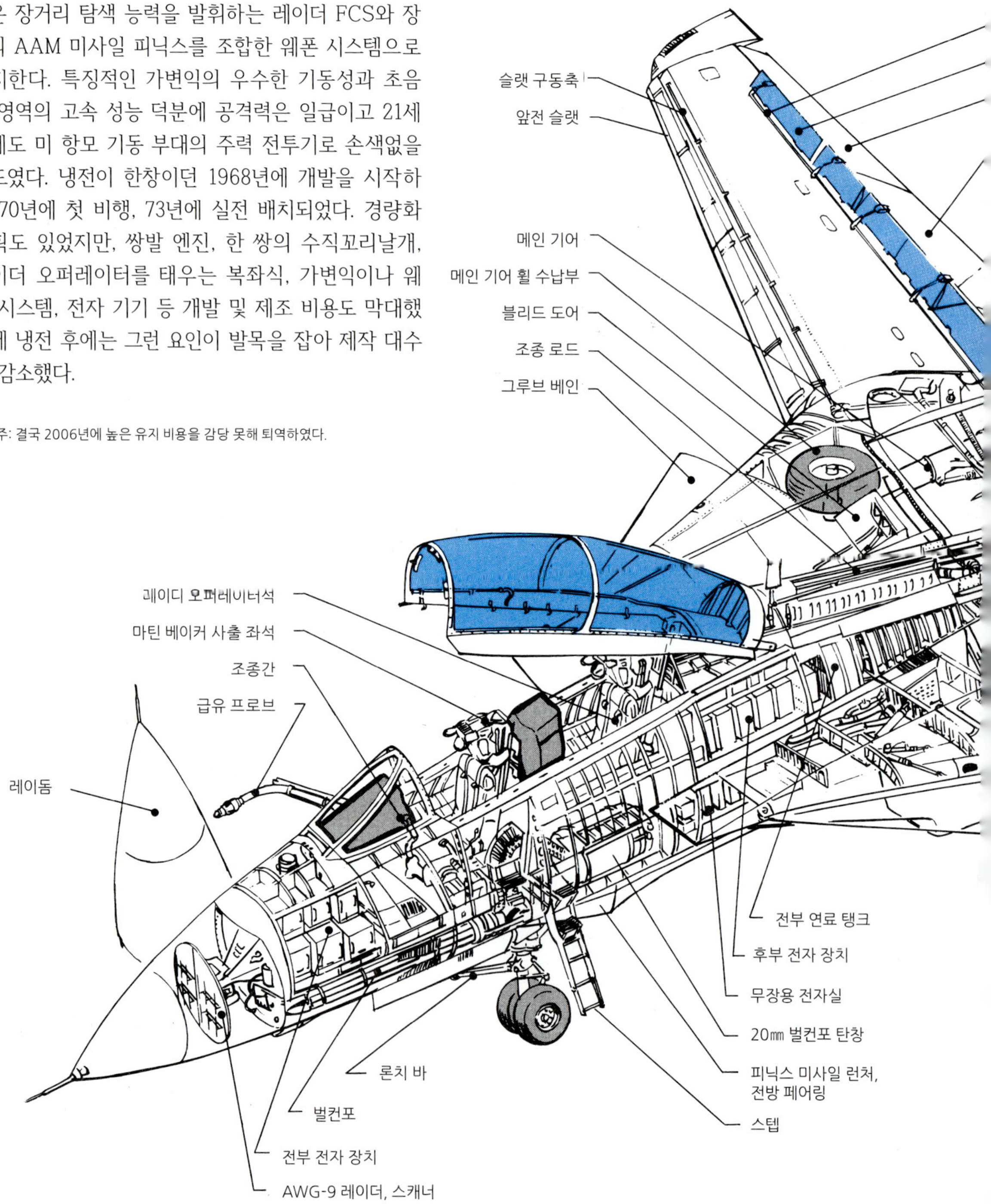

- 슬랫 구동축
- 앞전 슬랫
- 메인 기어
- 메인 기어 휠 수납부
- 블리드 도어
- 조종 로드
- 그루브 베인
- 레이디 오퍼레이터석
- 마틴 베이커 사출 좌석
- 조종간
- 급유 프로브
- 레이돔
- 론치 바
- 벌컨포
- 전부 전자 장치
- AWG-9 레이더, 스캐너
- 전부 연료 탱크
- 후부 전자 장치
- 무장용 전자실
- 20mm 벌컨포 탄창
- 피닉스 미사일 런처, 전방 페어링
- 스텝

제트 전투기 시대

레이돔은 정비할 때 위로 젖힌다. 좌우로 젖히면 공간을 차지하기 때문이다. 주날개 앞전의 그루브 베인은 속도에 따라 자동으로 펼쳐졌다 접히는 방식이지만, 개수하면서 폐지되었다.

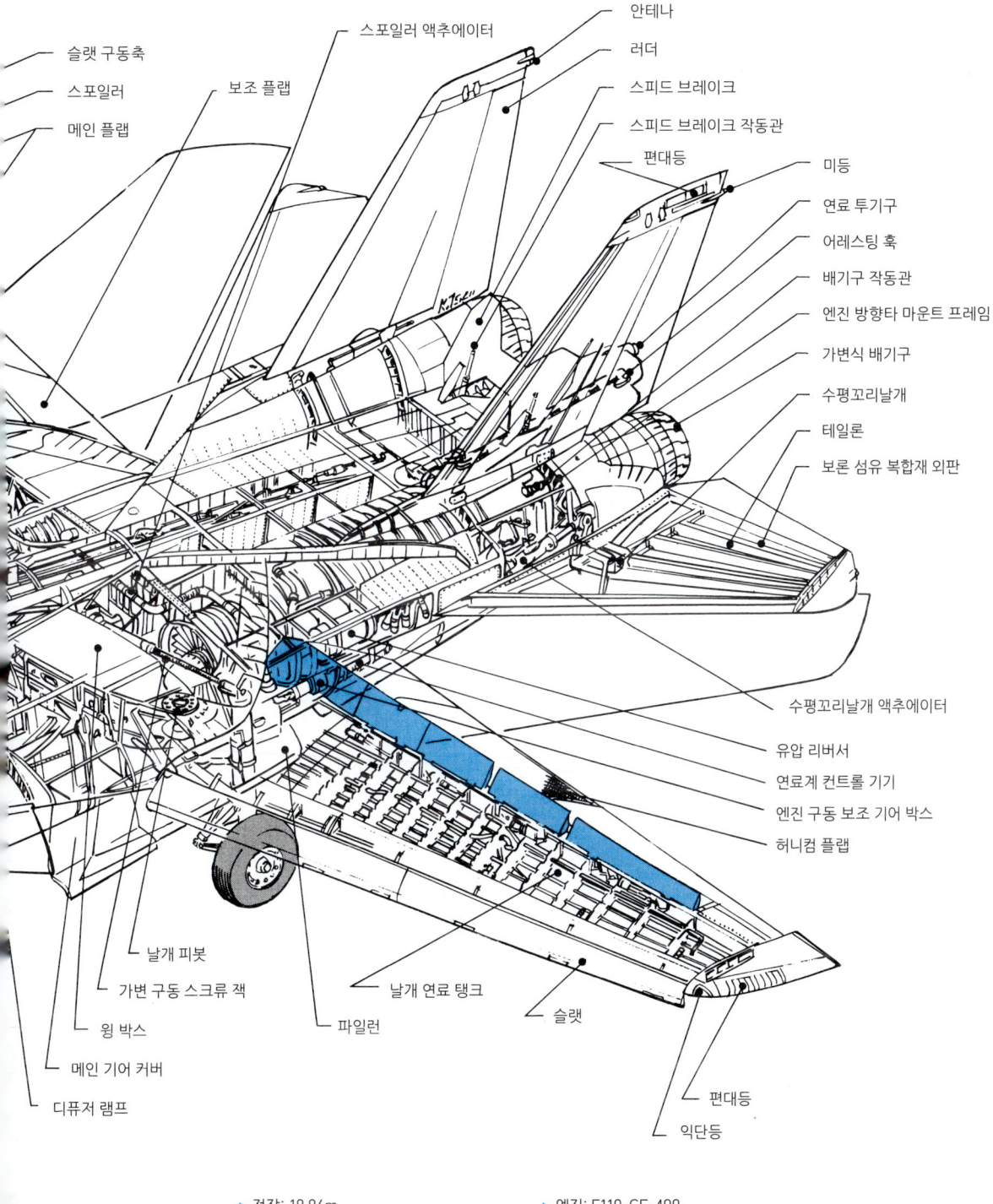

- 슬랫 구동축
- 스포일러
- 메인 플랩
- 보조 플랩
- 스포일러 액추에이터
- 안테나
- 러더
- 스피드 브레이크
- 스피드 브레이크 작동관
- 편대등
- 미등
- 연료 투기구
- 어레스팅 훅
- 배기구 작동관
- 엔진 방향타 마운트 프레임
- 가변식 배기구
- 수평꼬리날개
- 테일론
- 보론 섬유 복합재 외판
- 수평꼬리날개 액추에이터
- 유압 리버서
- 연료계 컨트롤 기기
- 엔진 구동 보조 기어 박스
- 허니컴 플랩
- 날개 피봇
- 가변 구동 스크류 잭
- 윙 박스
- 메인 기어 커버
- 디퓨저 램프
- 파일런
- 날개 연료 탱크
- 슬랫
- 편대등
- 익단등

- 전장: 18.86m
- 선폭: 19.54m(후퇴각 20°)
- 전고: 4.88m
- 자중: 19.05m
- 최대 중량: 33,067kg
- 승무원: 2명
- 엔진: F110-GE-400
- 추력: 6,343kg×2
- 최고 속도: 마하 2.34(고도 12,190m)
- 무장: M61 20mm 벌컨포, AIM-54 피닉스×4, AIM-7 스패로×2, AIM-9 사이드와인더×2

3-25. 전투기 크기 비교

전투기의 크기 자체를 단순히 비교해도 의미는 없지만, 무장 등을 충실히 하고자 하면 중량이 늘어나고 따라서 엔진 출력도 커지고 연료 탱크도 커지면서 기체는 필연적으로 커진다. 그렇게 되면 기민한 기동은 할 수 없으며 공중전에 불리해진다. 그래서 대형 요격 전투기와 민첩한 기동성으로 공격하는 제공 전투기라는 두 가지 흐름이 생겨났다. 오른쪽 페이지의 각 시대별 전투기는 반드시 각 시대를 대표하는 것은 아니지만, 그만큼 커다란 차이가 있음을 보여주는 샘플로서 의미가 있다. 제1차 대전 당시의 솝위드 트리플레인은 3엽기이므로 날개 면적을 확보하면서 기체를 콤팩트화했고, 다음 세대인 제로센도 2차 대전 당시의 단발 전투기 중에선 소형이었다. 동일 시기의 P-61 블랙위도는 야간 전투기로 3인승 대형기. 냉전 시대 최대급인 투폴레프 Tu-128은 미국의 B-52 전략 폭격기를 요격하기 위한 장거리 비행이 필수였으므로 이상할 정도로 대형화되었다. 현재의 전투기는 15~20m급이 태반인데, 비교적 큰 기체가 많은 이유는 냉전 당시 전략의 영향을 짙게 계승했기 때문일 것이다.

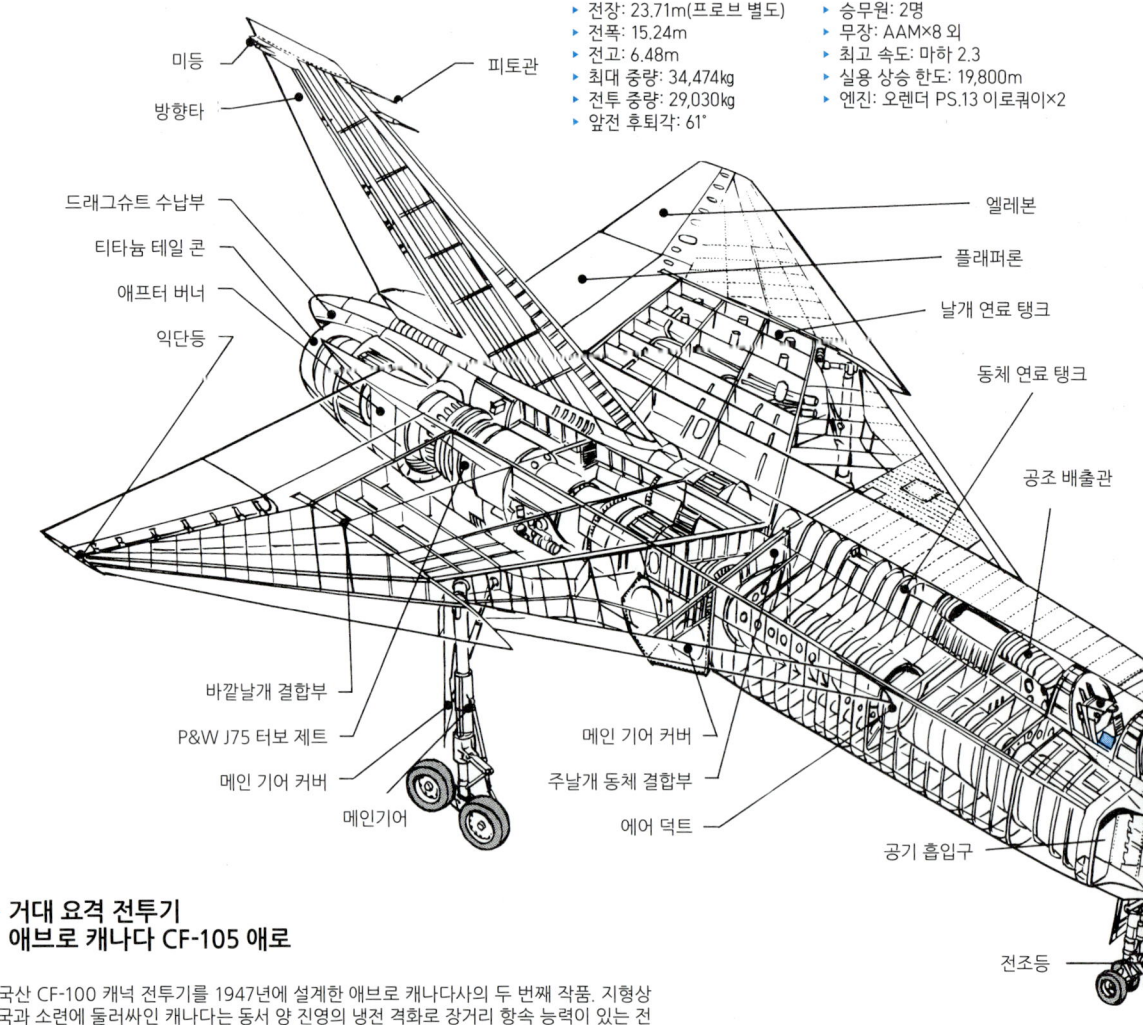

- 전장: 23.71m(프로브 별도)
- 전폭: 15.24m
- 전고: 6.48m
- 최대 중량: 34,474kg
- 전투 중량: 29,030kg
- 앞전 후퇴각: 61°
- 승무원: 2명
- 무장: AAM×8 외
- 최고 속도: 마하 2.3
- 실용 상승 한도: 19,800m
- 엔진: 오렌더 PS.13 이로쿼이×2

✈ 거대 요격 전투기
애브로 캐나다 CF-105 애로

자국산 CF-100 캐넉 전투기를 1947년에 설계한 애브로 캐나다사의 두 번째 작품. 지형상 미국과 소련에 둘러싸인 캐나다는 동서 양 진영의 냉전 격화로 장거리 항속 능력이 있는 전천후 전투기의 국산화를 진행했다. 55년에 설계 개시, 58년 3월에 첫 비행. 각진 동체 단면, 고익형 델타익, 테스트 비행에서 마하 2.3을 기록. 그러나 개발에 막대한 비용을 들이고 미사일 만능 시대를 맞이하면서 요격 전투기로는 아무리 성능이 우수해도 지대공 미사일에는 승산이 없었던데다, 미국의 압력으로 개발을 단념하였다. 이후 캐나다군은 미제 전투기를 주력으로 사용하고 있다.

제트 전투기 시대

✈ **솝위드 트리플레인** (영국)
- 전장: 5.74m
- 전비 중량: 699kg
- 엔진 출력: 130HP
- 최고 속도: 181.8km/h

✈ **미쓰비시 0식 함상 전투기** (일본)
- 전장: 9.12m
- 전비 중량: 2,733kg
- 엔진 출력: 1,130HP
- 최고 속도: 565km/h

✈ **노스롭 P-61 블랙 위도** (미국)
- 전장: 15.12m
- 전비 중량: 13,450kg
- 엔진 출력: 2,000HP×2
- 최고 속도: 590km/h

✈ **애브로 캐나다 CF-105 Mk.1 애로** (캐나다)
- 전장: 23.71m
- 전비 중량: 29,030kg
- 엔진 추력: 11,100kg×2
- 최고 속도: 마하 2.3

✈ **투폴레프 Tu-128 피들러** (소련)
- 전장: 30.06m
- 엔진 추력: 10,000kg×2
- 최고 속도: 마하 1.6

✈ **제너럴 다이내믹스 F-111**
- 전장: 22.40m
- 전비 중량: 41,500kg
- 엔진 추력: 11,400kg×2
- 최고 속도: 마하 2.5

✈ **제너럴 다이내믹스 F-16 파이팅 팰컨**
- 전장: 15.08m
- 총중량: 17,000kg
- 엔진 추력: 12,270kg
- 최고 속도: 마하 2.02

✈ **MiG-31 폭스하운드** (러시아·우크라이나)
- 전장: 22.69m
- 총중량: 41,000kg
- 엔진 추력: 15,500kg×2
- 최고 속도: 마하 2.35

- 마틴 베이커 Mk.4 사출 좌석
- 레이더 안테나
- 전부 전자 기기실

3-26. 무장 스테이션

제2차 대전 당시에는 보조 연료 탱크나 폭탄, 로켓탄 등을 동체 밑이나 주날개 하면에 탑재하는 정도였지만, 제트기는 다양하고 풍부한 무장 스테이션을 설치하고 각종 병기나 포드 등을 다양하게 탑재할 수 있다. 탑재하는 병기의 선택 폭은 상당히 넓다. 상대가 항공기라면 공대공 미사일, 함선이라면 공대함 미사일, 지상 표적이면 폭탄이나 로켓탄, 정찰일 땐 카메라 포드 등을 주무장으로 탑재하지만, 어떤 경우에도 연료 탱크, 방어용 미사일, 재밍 포드는 거의 필수적으로 탑재한다.

무장 스테이션은 오른쪽 페이지의 F-16 팰컨 사례를 보듯이 번호를 매기고 각 하드 포인트에 무장을 싣기 위한 파일런을 설치한다. 기존에는 파일런에 ECM 포드를 탑재했지만, 기술 발달 덕분에 파일런 내에 ECM 포드를 내장해서 ECM 포드를 탑재할 필요가 없어지면서 대신에 다른 무장을 장착할 수 있게 되었다.

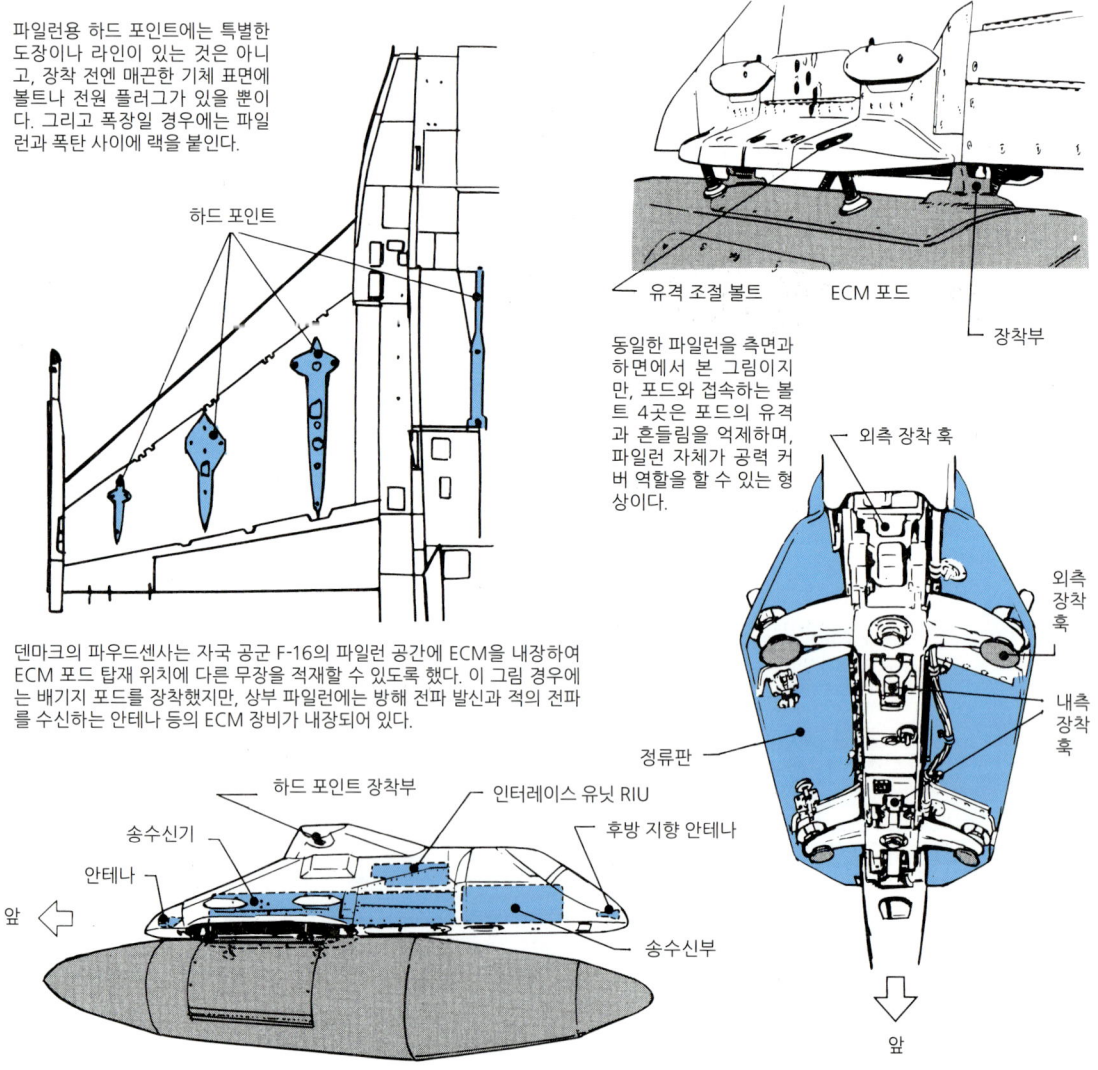

✈ F-16 파이팅 팰컨

무장 스테이션은 정면 기준 오른쪽부터 1,2,3… 순으로 번호를 매긴다. 이는 어느 공군이나 마찬가지. 스테이션 번호는 동체 바로 밑의 하드 포인트를 중심으로 좌우 대칭이 되는 경우가 태반이며 번호는 홀수로 완결한다. 그림에서 세로선상의 무장은 각 사용 목적에 따라 몇 가지를 취사선택하여 탑재한다.

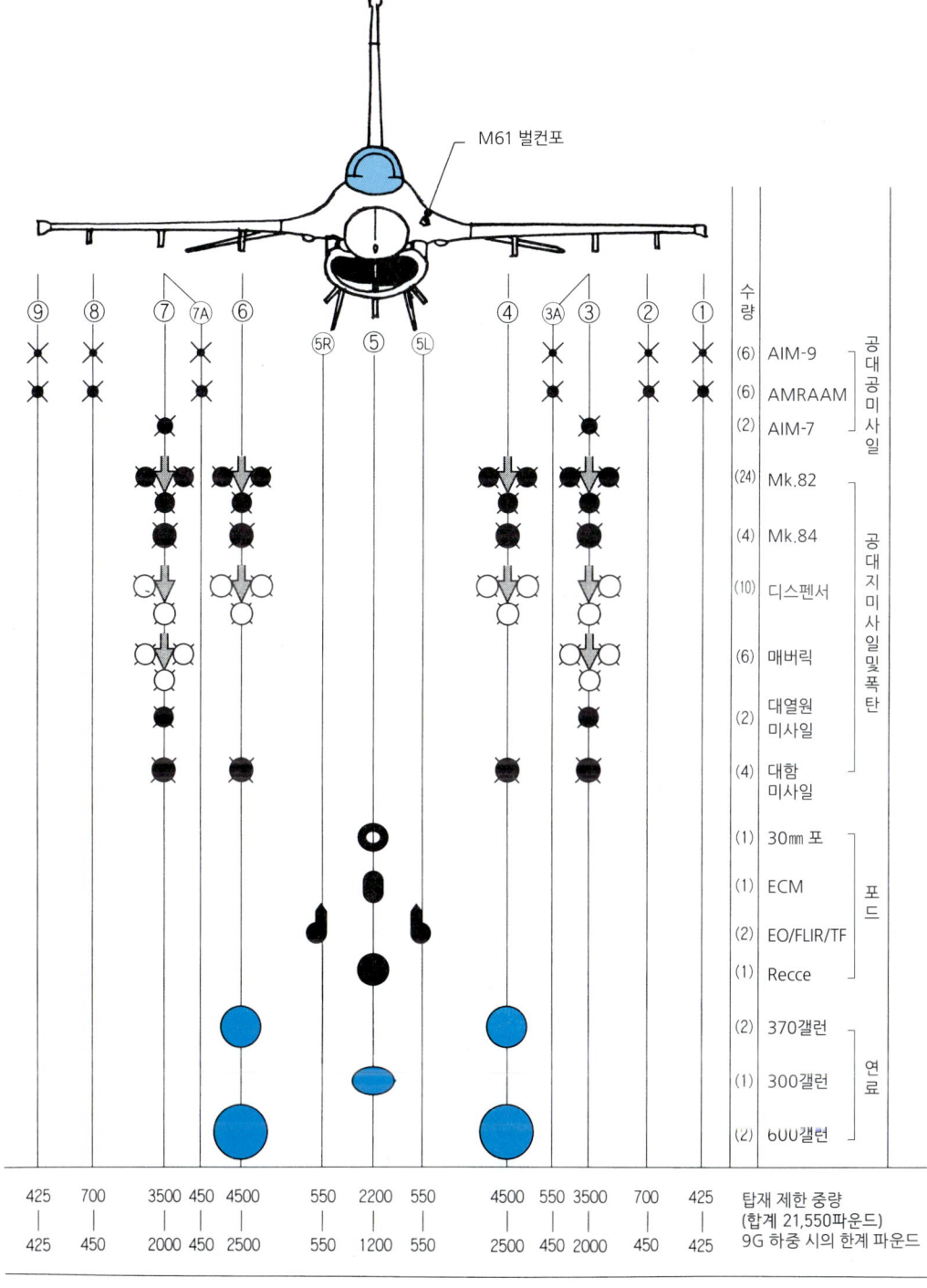

3-27. BAC 라이트닝 F-6로 보는 무장 스테이션

영국 공군이 육/해군에서 독립하여 RAF(왕립 공군)으로 조직된 때는 제1차 대전 말기인 1918년 4월 1일이다. 이처럼 전통 있는 영국 공군의 첫 초음속 전천후 전투기 라이트닝은 54년에 처음으로 비행했고 60~70년대에는 영국 및 관련 국가의 방공 임무의 핵심이었다. 이 기체는 드물게도 제트 엔진을 위아래 2단으로 배치한 레이아웃이며, 앞에서 보면 물고기처럼 위아래로 길고 좌우는 좁은 동체 형상이었다. 기수로부터 공기를 흡입하여 뒤쪽의 엔진까지 에어 덕트가 이어지고 연료 탱크는 주날개 상면에 탑재한다는 전대미문의 배치로, 복부에도 거대한 연료 탱크 벌지(돌출부)가 있었다. 이 복부 연료 탱크는 이후 2,773ℓ까지 증량되지만, 그래도 항속 거리 부족이라는 단점을 극복하지는 못했다. 기동성은 좋은데도 이 기종이 단명으로 끝난 이유로는, 그와 같은 단점 이외에도 날개 하면의 무장 탑재에 한도가 있었기 때문이다. 메인 기어를 주날개 하면 내부에 수납하는 점, 게다가 후방에 가로놓인 수평꼬리날개 때문에 그 앞에 투하물을 놓을 수 없다는 이유로 무장 탑재량과 종류에 제한이 있다는 점은 신세대 전투기로선 치명적이었다.

✈ BAC 라이트닝 (영국)

✈ 동체 하면 스테이션에 탑재하는 AAM 팩

위 전체 그림에서 이 미사일 팩이 탑재되어 있다. 이 팩은 다음 페이지의 그림처럼 로켓탄이나 카메라 팩 등 각종 장비와 교체할 수 있다.

✈ 아덴 30㎜ 기관포

30㎜ 탄환   130발×2문 탑재

제트 전투기 시대

✈ 라이트닝의 무장 스테이션 및 탑재 가능 병기

- 전장: 16.84m
- 전폭: 10.61m
- 전고: 5.97m
- 엔진: RR 에이펀 301
- 추력: 5,756kg×2
- 애프터 버너 사용 시: 7,420 kg×2
- 주날개 앞전 후퇴각: 60°
- 주날개 면적: 35.31㎡
- 자중: 13,426kg
- 총중량: 18,914kg
- 성능: 마하 2.27
- 순항 속도: 1,102km/h

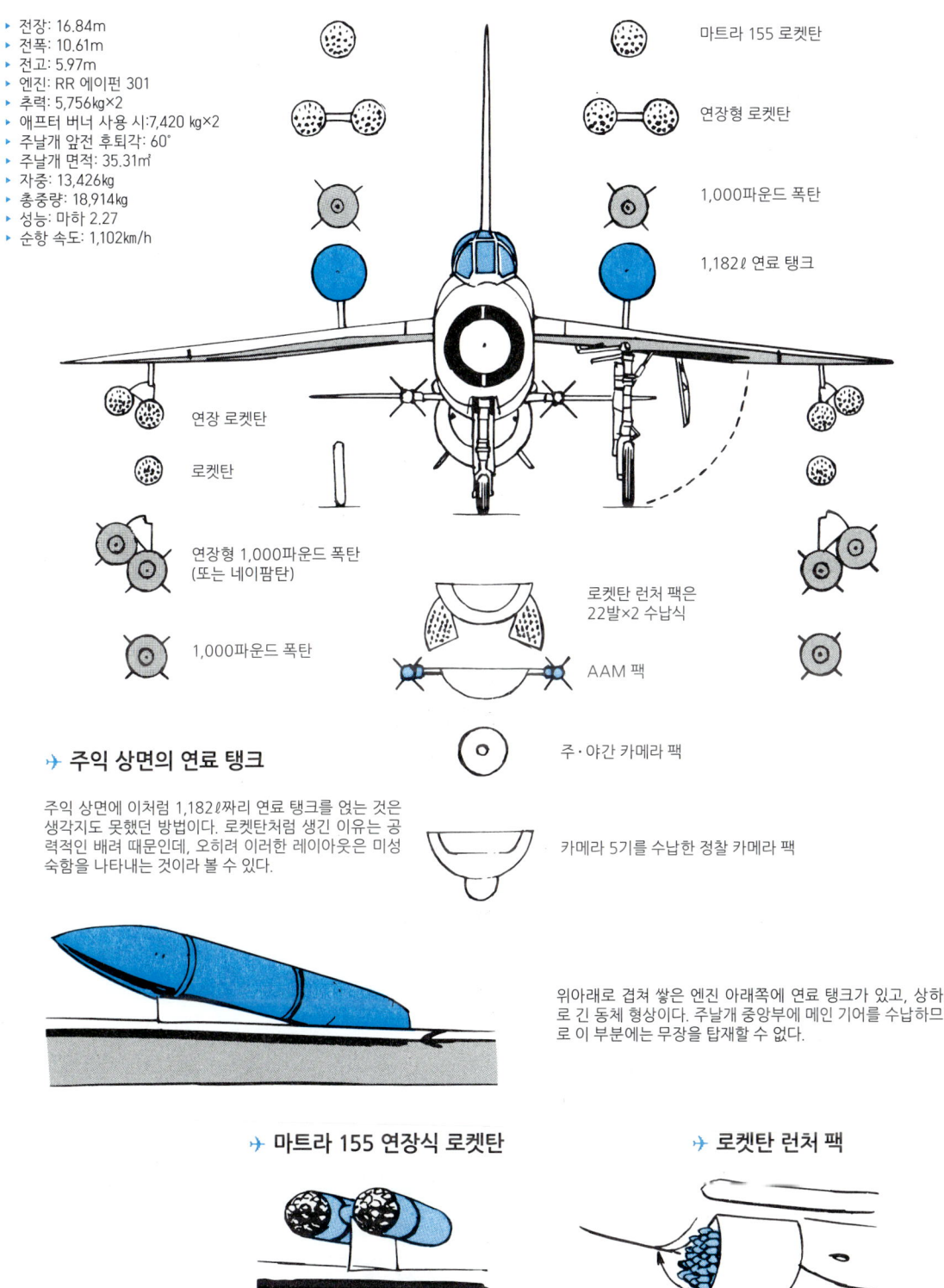

✈ 주익 상면의 연료 탱크

주익 상면에 이처럼 1,182ℓ짜리 연료 탱크를 얹는 것은 생각지도 못했던 방법이다. 로켓탄처럼 생긴 이유는 공력적인 배려 때문인데, 오히려 이러한 레이아웃은 미성숙함을 나타내는 것이라 볼 수 있다.

위아래로 겹쳐 쌓은 엔진 아래쪽에 연료 탱크가 있고, 상하로 긴 동체 형상이다. 주날개 중앙부에 메인 기어를 수납하므로 이 부분에는 무장을 탑재할 수 없다.

✈ 마트라 155 연장식 로켓탄

✈ 로켓탄 런처 팩

3-28. 미쓰비시 F-1으로 보는 무장 개조

1971년 7월에 처음 비행한 일본의 연습기 T-2는 만일에 대비하여 전투기 기능을 부여하기 위한 개조를 통해 F-1으로 재탄생했다. 주로 무장 스테이션을 설치하고 무장을 추가하는 방식이었는데, 짧은 주익 때문에 탑재 무장이 적고 기동성도 문제가 있었다. 전천후 항법/공격 시스템을 갖추고, 이를 이용해 일본제 공대함 미사일 ASM-1 공격과 저공 대지, 방공 비행 능력을 갖춘 지원 전투기가 되었다.

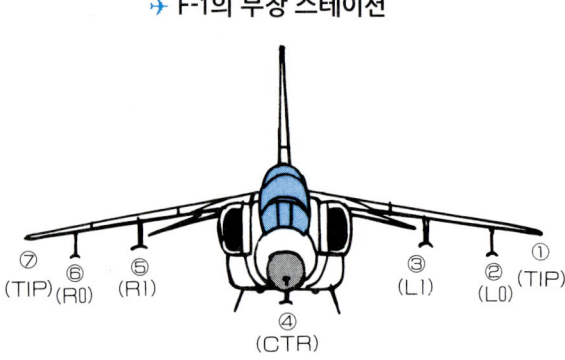

✈ F-1의 무장 스테이션

⑦ (TIP)　⑥ (R0)　⑤ (R1)　④ (CTR)　③ (L1)　② (L0)　① (TIP)

- 런처 (TIP)
- 동체 하부 파일런
- 오른쪽 주날개 내측 파일런
- 오른쪽 주날개 외측 파일런

✈ 공대함 미사일 ASM-1

- 오른쪽 주날개 내측 파일런

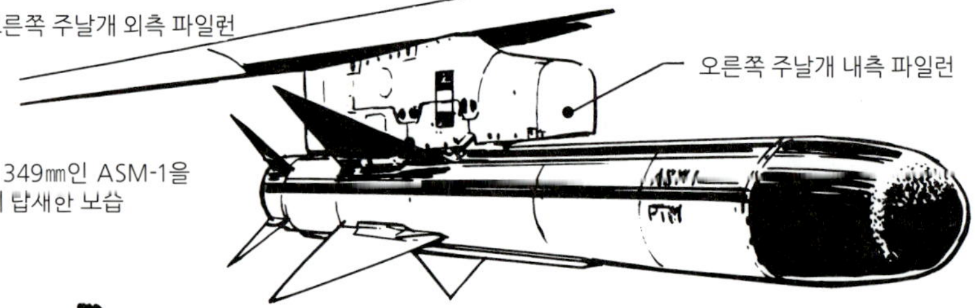

중량 600kg, 전장 3.98m, 지름 349mm인 ASM-1을 오른쪽 주날개 내측 파일런(R1)에 탑재한 모습

- 폭탄 4발용 FER 랙
- 동체 하면 파일런(CTR)

✈ 동체 하면에 탑재된 500파운드 폭탄

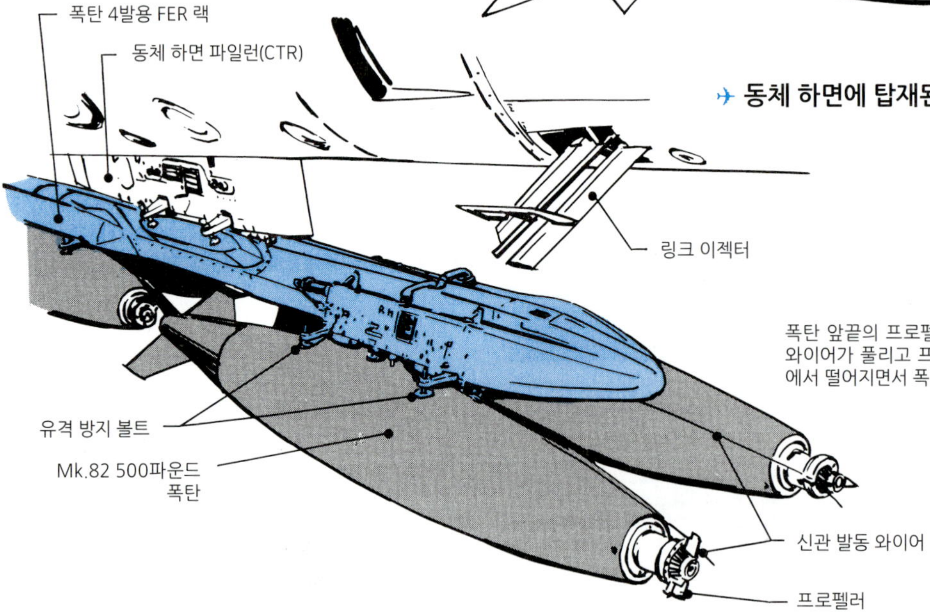

- 링크 이젝터

폭탄 앞끝의 프로펠러는, 폭탄이 투하될 때 와이어가 풀리고 프로펠러가 회전하며 신관에서 떨어지면서 폭발 준비가 완료된다.

- 유격 방지 볼트
- Mk.82 500파운드 폭탄
- 신관 발동 와이어
- 프로펠러

3-29. F-15 이글로 보는 폭탄 투하법

고속 비행 중에 폭탄을 투하하면, 기체의 관성 때문에 투하된 폭탄도 일정 정도 평행하게 날아가므로 폭탄이 기체에 닿을 위험성이 있다. 그래서 폭탄은 화약으로 사출해서 기체로부터 멀리 떨어뜨려 위험을 회피하는 시스템으로 되어 있다. 투하할 때 화약을 발화하여 폭발시키고, 그 가스압으로 앞뒤에 연결된 피스톤을 누른다. 2군데 고정구로 폭탄을 매달고 있으므로 동시에 떼지 않으면 큰일난다. 폭탄을 투하하는 방법에는 기계식 외에도 전기식이나 유압식이 있지만 화약식 카트리지의 신뢰성이 가장 높다.

✈ 파일런 및 폭탄 랙의 일부

투하 전에는 파일런 하면에 반쯤 묻힌 구체 축 부분은 투하할 때 마지막으로 기체에서 떨어지는 지점이 된다.

✈ 랙/파일런 투하 프로세스

랙이나 파일런은 대개는 주날개에 언제나 장착된 상태이지만, 이마저 투하할 경우가 있다. 드롭 탱크와 함께 떼어내 기체를 가볍게 하기 위해서이다. 투하는 화약식 카트리지식이며, 카트리지에 의해 앞쪽이 먼저 떨어지고, 뒤쪽의 구체 축 부분이 맨 마지막으로 떨어져 기체에 부딪힐 위험을 없앤다. 이는 순식간에 이뤄진다.

위쪽이 폭탄 랙이며, 가운데서 살짝 왼쪽에 있는 볼트 부분에 화약 카트리지가 들어 있다. 그 좌우에 있는 것이 유격 방지 및 조정용 볼트. 안전 핀 길이는 여러 종류가 있으며, 지상에 내려온 기체에 붉은 테이프를 붙여 비행 전에 잊지 않도록 주의를 환기시킨다.

3-30. 무장⑴ 기관총 및 벌컨포

1960년대 들어 병기의 주류는 미사일이되고, 기총이나 기관포를 싣지 않는 전투기가 나타났다. 그러나 국지전이나 예상치 못한 적과 조우할 때 총포류의 필요성은 높고, 일단 기총을 버린 제트 전투기 중엔 다시 기총을 장착하는 기종도 나타났다. 엔진이 뒤쪽에 있는 제트기는 기수에 총포를 장착하기는 쉽지만, 전자 기기나 레이더, 안테나 등이 탑재되면서 장착 위치는 여러모로 궁리하게 된다.

호커 헌터 경우엔, 배틀 오브 브리튼 당시의 교훈으로 재출격까지 걸리는 시간을 단축하기 위해 연료 급유는 급유구 한 곳으로 탱크 전체를 채우는 메카니즘 채택 및 탄환 재보급도 패키지 방식으로 개량되었다. 그리고 초음속 상황에선 탄피 배출구로 배출된 탄피가 기체에 부딪혀 손상시키는 사례가 있으므로 사출관이 기체에서 돌출하며 이 파이프로 탄피를 배출하도록 개량되었다. 미국의 주력 기총은 한동안 제2차 대전 당시와 동일한 12.7㎜ 기관총이었지만, 20㎜ 벌컨포가 등장하면서 주력 무장이 된다. 한편, 유럽에선 토네이도와 비겐의 27㎜ 포 같은 예외를 제외하면 30㎜ 포가 주류를 점했다.

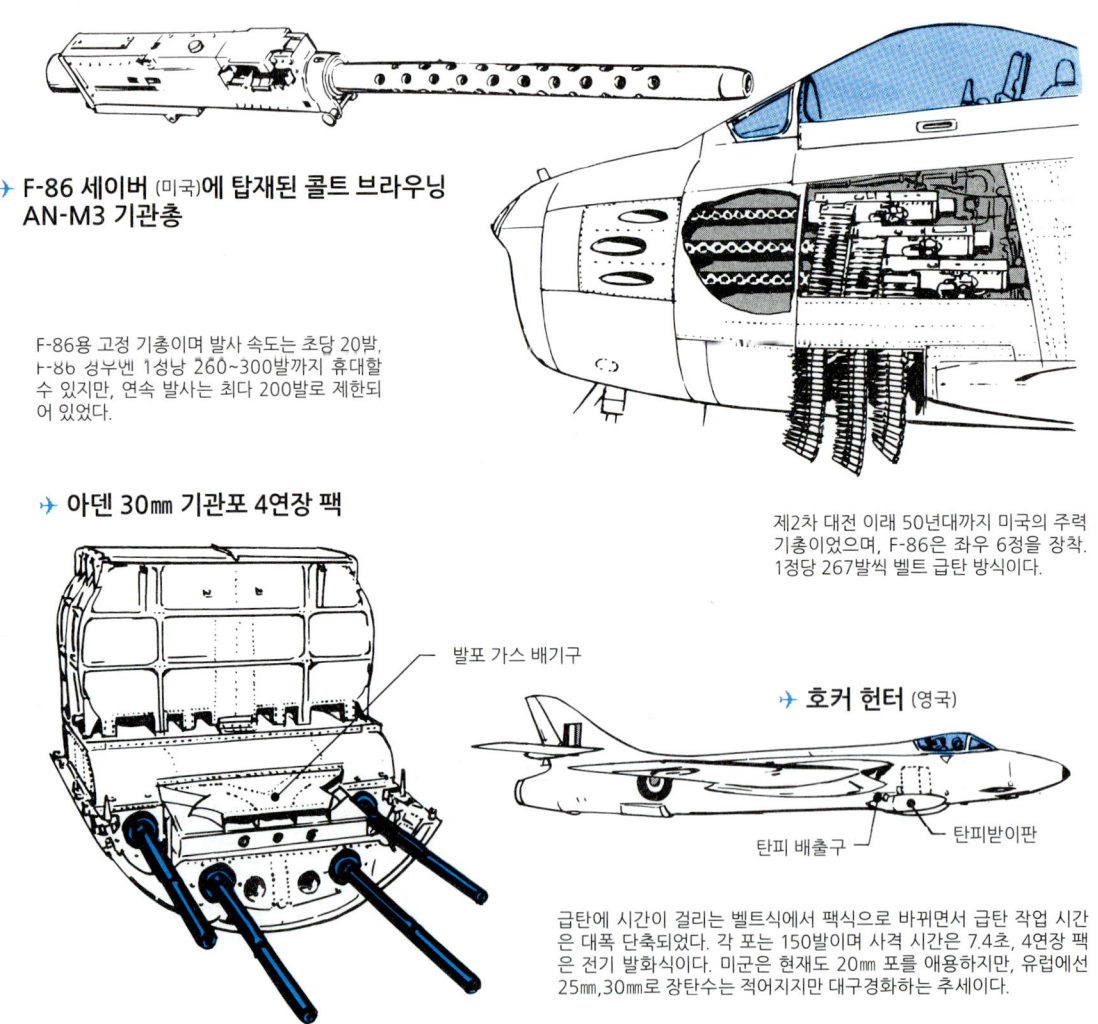

➤ F-86 세이버 (미국)에 탑재된 콜트 브라우닝 AN-M3 기관총

F-86용 고정 기총이며 발사 속도는 초당 20발, F-86 성부엔 1정낭 260~300발까지 휴대할 수 있지만, 연속 발사는 최다 200발로 제한되어 있었다.

➤ 아덴 30㎜ 기관포 4연장 팩

제2차 대전 이래 50년대까지 미국의 주력 기총이었으며, F-86은 좌우 6정을 장착. 1정당 267발씩 벨트 급탄 방식이다.

➤ 호커 헌터 (영국)

급탄에 시간이 걸리는 벨트식에서 팩식으로 바뀌면서 급탄 작업 시간은 대폭 단축되었다. 각 포는 150발이며 사격 시간은 7.4초, 4연장 팩은 전기 발화식이다. 미군은 현재도 20㎜ 포를 애용하지만, 유럽에선 25㎜, 30㎜로 장탄수는 적어지지만 대구경화하는 추세이다.

록히드 F-94 스타파이터 A·B형(미국)

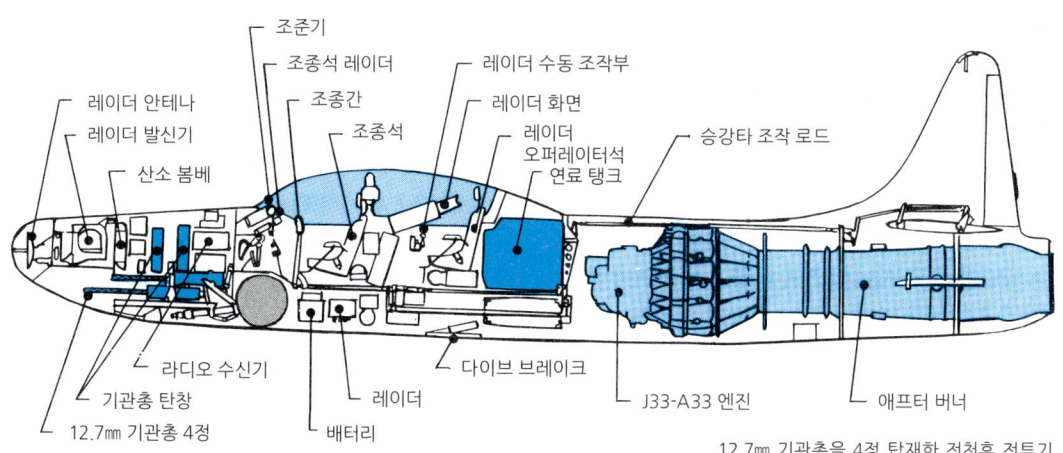

12.7㎜ 기관총을 4정 탑재한 전천후 전투기. 복좌 훈련기인 T-33을 개조한 것으로, 한국 전쟁 등에서 활약했다.

✈ F-4E 팬텀의 벌컨포

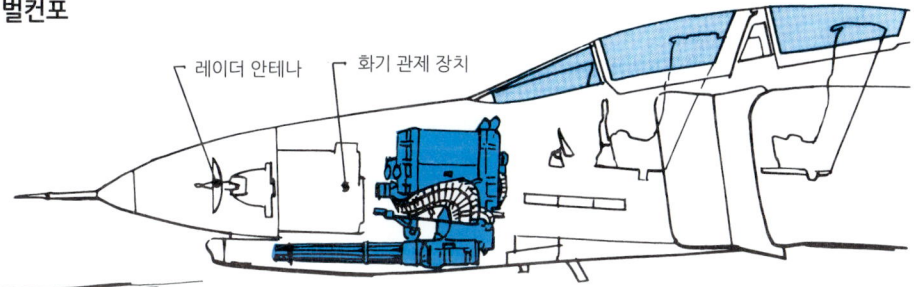

6열 총신 20㎜ 벌컨포를 처음으로 탑재한 기종은 마지막 유인 전투기라 불리던 F-104였다. F-4 팬텀은 미사일로 무장하고 고정 기총을 없앴지만, 베트남 전쟁의 교훈으로 벌컨포를 탑재하게끔 개량되었다.

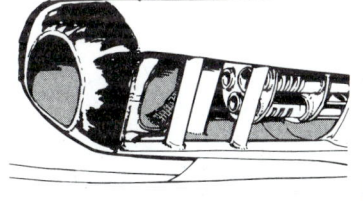

✈ 포구의 정면 모습

✈ M61A1 20㎜벌컨포

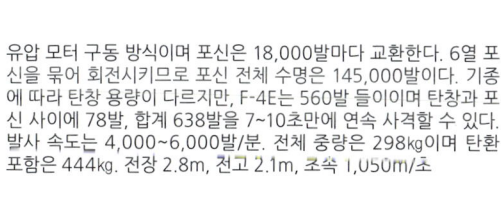

✈ 포구의 하면 모습

큼직한 가스 배출구와 투박하고 튼튼한 용접 가공이 특징이다.

유압 모터 구동 방식이며 포신은 18,000발마다 교환한다. 6열 포신을 묶어 회전시키므로 포신 전체 수명은 145,000발이다. 기종에 따라 탄창 용량이 다르지만, F-4E는 560발 들이이며 탄창과 포신 사이에 78발, 합계 638발을 7~10초만에 연속 사격할 수 있다. 발사 속도는 4,000~6,000발/분. 전체 중량은 298㎏이며 탄환 포함은 444㎏. 전장 2.8m, 전고 2.1m, 초속 1,050m/초

3-31. 무장⑵ 로켓탄

로켓탄은 제1차 대전에서 처음 사용된 이래 현재까지 끊임없이 개량되며 계속 쓰이는 병기이다. 70mm 탄에 이어 대지 공격이 중심이 되면서부터 127mm 탄을 쓰게 되었는데, 당연하지만 대구경일수록 길이나 무게도 늘어나므로 탑재 탄수는 그와 반비례로 감소한다. 그러나 1발의 위력에 대한 기대치는 커진다. 70mm이건 127mm이건 대포와 비교할 때 충격의 크기나 중량, 포신이나 포탄 장전 등을 고려하면 이를 그대로 탑재한다는 것은 있을 수 없는 일인데, 그 점에서 로켓탄은 포탄만 실으면 되므로 무게나 충격에서 해방되며 파괴력만 얻을 수 있다는 점이 큰 매력이었다. 레시프로기 시대에는 1발씩 날개 하부에 장착했지만 현재는 포드에 집약하는 것이 일반적이다. 개중에는 오른쪽 페이지처럼 SF적으로 배치한 것마저 있다. 미사일 위주인 현재는 공대공 로켓은 사용할 기회가 별로 없다고 해도 좋다.

✈ 노스아메리칸 F-86D 세이버의 로켓탄 런처

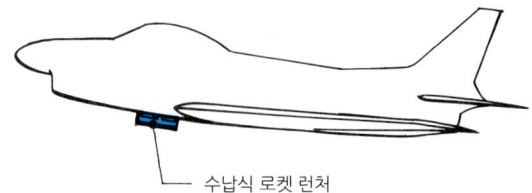

수납식 로켓 런처

아래 장착 방식보다 대량으로 로켓탄을 장착할 수 있지만, 현재는 날개 밑의 파일런에 매다는 포드식이 주류이다.

✈ 로켓탄 런처가 발사 위치로 내려온 상태

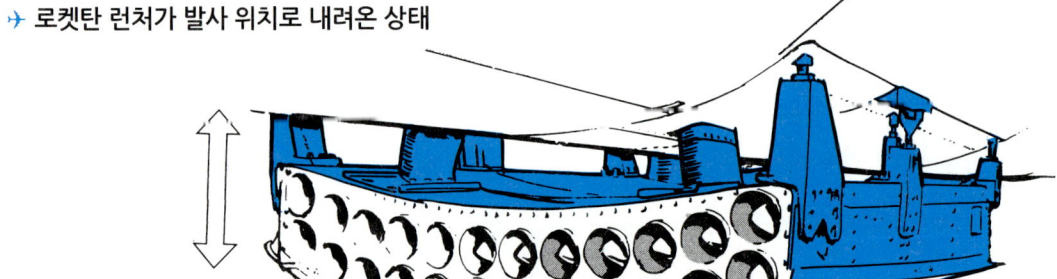

✈ 로켓탄 케이스 후면

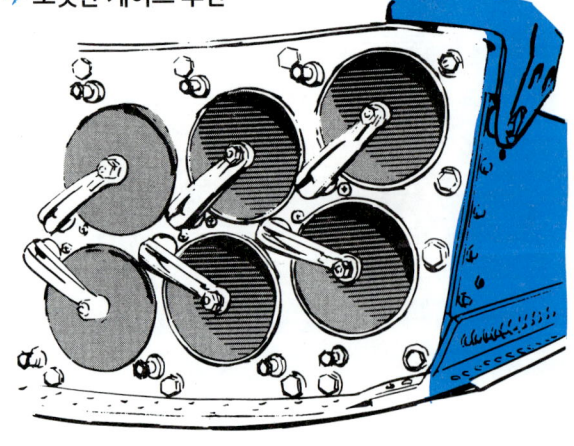

런처는 평소에는 동체 내에 수용하므로 동체 하면은 매끈한 외형을 유지하며, 발사 시에만 기체 앞쪽 하부에 에어 브레이크처럼 튀어나온다. 전개에 요구되는 시간은 0.5초, 24발 전탄 발사까진 0.2초. 돌출 시 공기 저항은 크기 때문에 기수를 자동으로 위로 향하도록 수정한다.

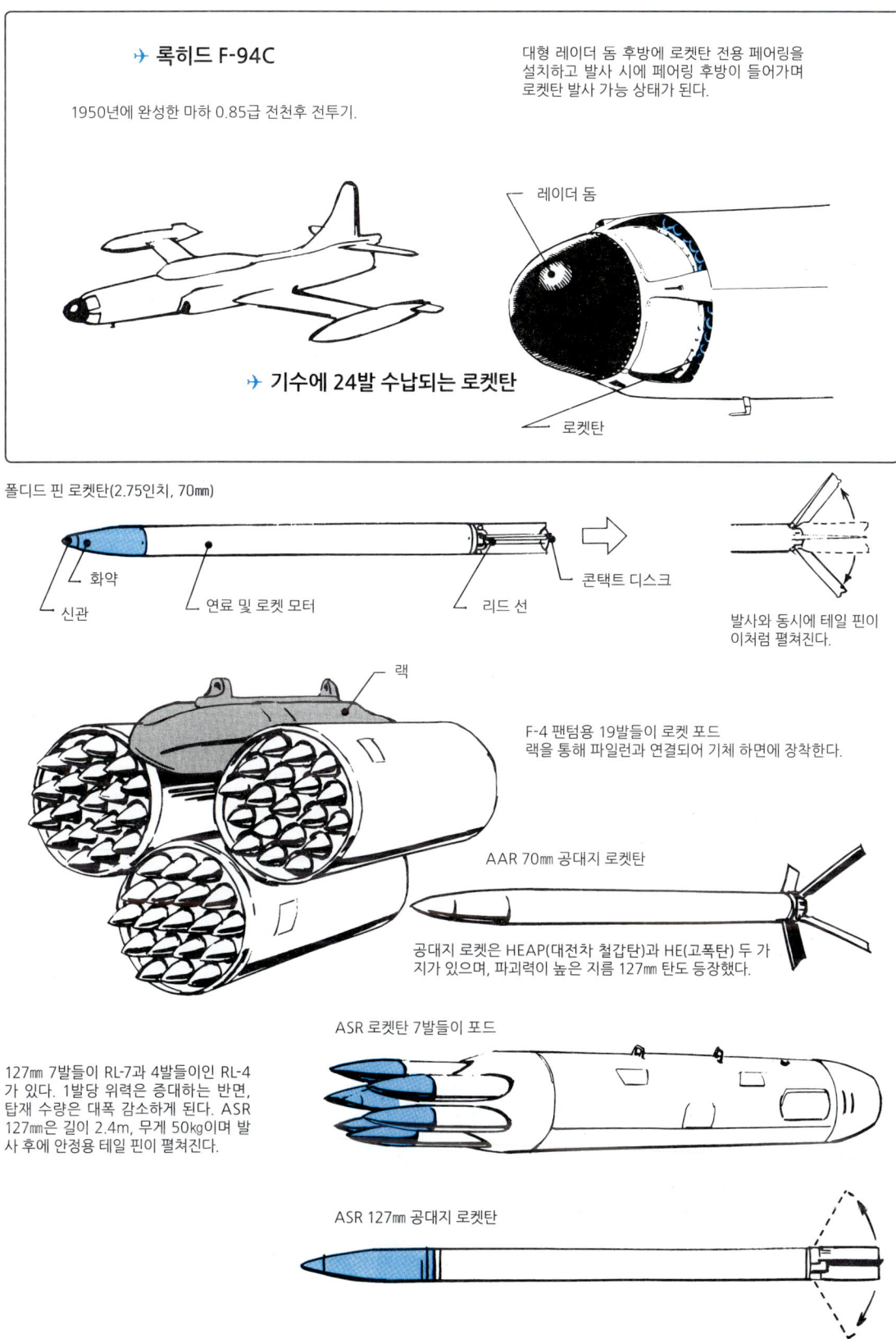

3-32. 무장(3) 미사일 시대의 개막

 1958년 9월 24일, 당시 중화민국(타이완)과 중국 공군이 타이완 해협의 진먼(金門)·마추(馬祖) 섬 일대에서 충돌하면서, 타이완 공군의 노스아메리칸 F-86F 세이버와 중국군의 MiG-15, 17, J-6 사이에 격렬한 공중전이 벌어졌다. 미국과 소련의 대립으로 냉전이 격화되던 와중에 일어난 이 분쟁은 양자의 대리전 양상을 띠었다. 전투기 간에 벌어진 공중전으로 드러나는 기술력 싸움 또한 양 대국의 위신이 걸린 문제였다. 이 당시 F-86F 세이버는 미제 공대공 미사일 GAR 사이드와인더를 장착했고 이를 사용하여 저장(折江)·원저우(溫州) 상공에서 MiG-15, 17 여러 기를 격추했다. 역사에는 이 전투가 공대공 미사일에 의한 세계 최초 실전 전과로 기록되었다. 전투기 간의 싸움이 이전의 총포 대 총포 방식에서 새로운 시대로 접어들었음을 의미하는 것이다. 이 미사일의 위력으로 기관총 불필요론이 나오고 실제로 총포를 장비하지 않는 전투기가 이후에 출현하게 된다.

 총이나 로켓탄 공격은 명중을 피해 도망치는 적기를 3차원으로 쫓으며 미리 예상한 탄도 내에서 포착하여 격추하는 방식이었다. 그런데 유도탄을 쓰게 되면서 탄도 밖으로 도망가더라도 꼬리를 물어 잡을 수 있는 공격법이 개발된 것이다.

 제2차 대전 당시에는 이러한 유도탄은 꿈만 같은 이야기였지만, 독일은 미사일을 개발하여 실제로 사용했다. 공대함 유선 유도 미사일 프리츠 X가 바로 그것으로, 1943년 9월에 독일 폭격기 도르니에 217에 탑재하고 연합국 측에 붙으려 하던 이탈리아 함정에 6발을 발사하였다. 그 중 신조 전함 '로마'에 2발, 동급 '이탈리아'에 1발이 명중하여 로마는 침몰하고 이탈리아는 중파되는 피해를 입었다. 이 밖에도 공대공 유선 유도 미사일 X-4를 개발했다. 공대공 X-4는 명중률 50%로, 이후 영국 전함 워스파이트를 공격했으며 명중한 1발이 침수를 일으켜 워스파이트는 항행 불능이 되었고, 그 외에도 순양함 등 4척 격침이라는 전과를 거뒀다. 이 혁혁한 전과는 다가오는 미사일 시대의 개막과도 같았다.

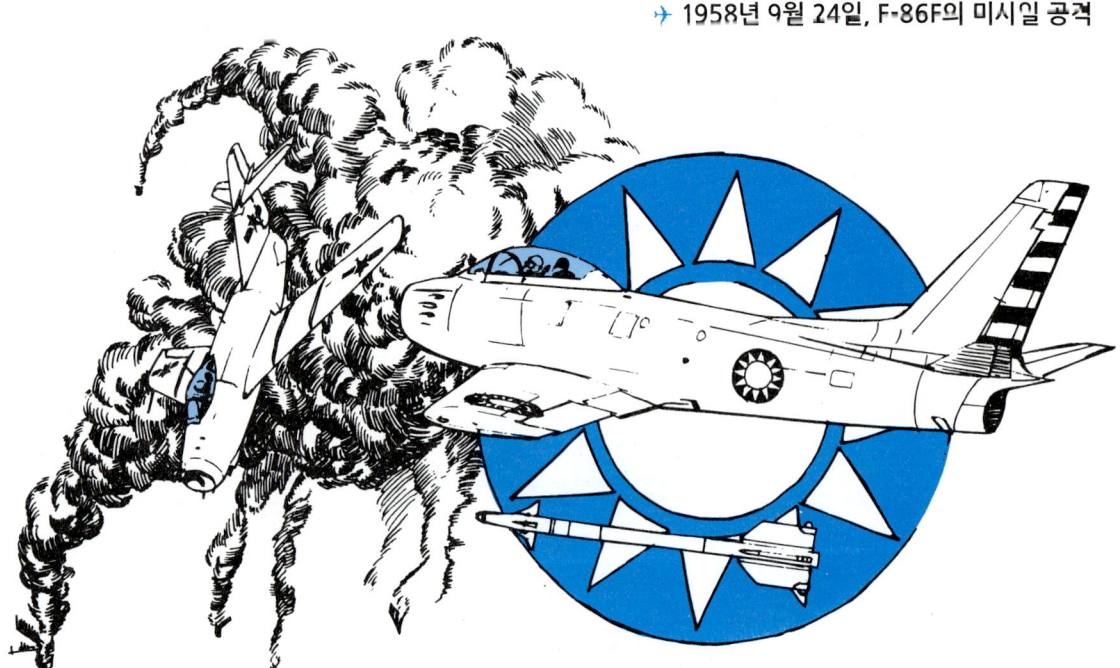

✈ 1958년 9월 24일, F-86F의 미사일 공격

제트 전투기 시대

✈ 공대공 유선 유도 미사일 X-4

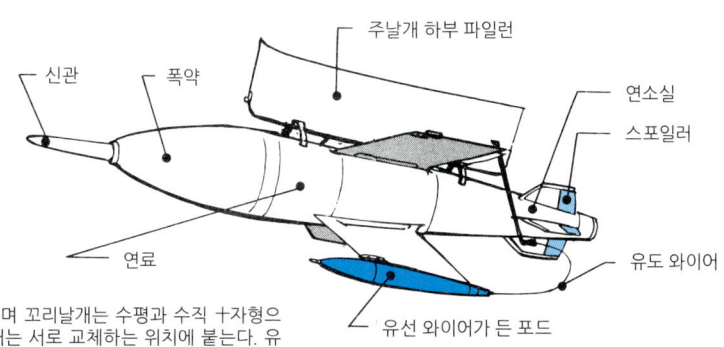

X형의 주날개가 붙으며 꼬리날개는 수평과 수직 十자형으로 주날개와 꼬리날개는 서로 교체하는 위치에 붙는다. 유도 와이어는 0.22㎜짜리 에나멜 선. 전투기 주날개 하면의 파일런에 탑재되었다.

✈ 공대함 미사일 프리츠 X

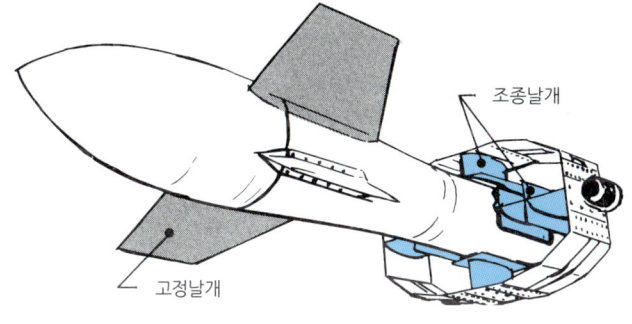

위 그림이 프리츠 X의 평면도로, 이 미사일은 하인켈 177에 탑재되며 X형의 주날개는 조금 찌그러진 느낌. 섬광을 뿜으면서 낙하하는 프리츠 X를 탑승원이 무선으로 조작한다.

✈ 중화민국 (타이완) 공군의 F-86F 세이버와 AAM 사이드와인더

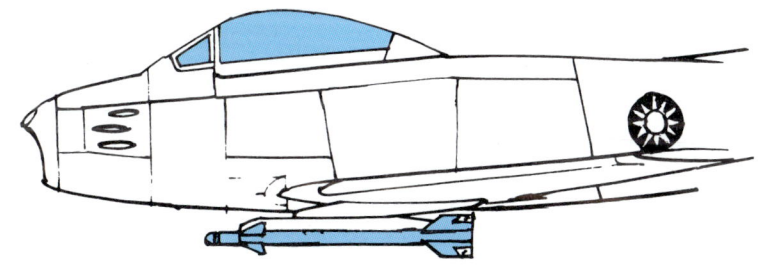

✈ GAR-8 AAM 사이드와인더

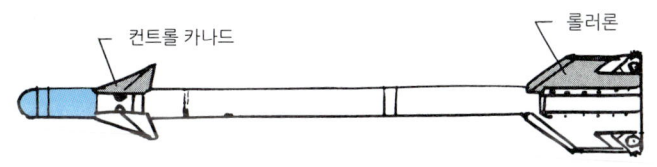

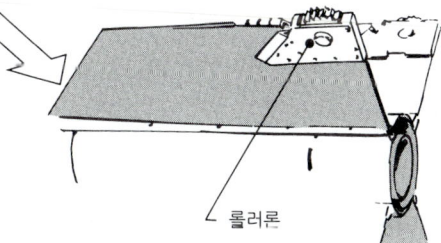

길이 2.9m, 날개폭 480㎜, 지름 130㎜, 속도는 마하 2.5에 사거리는 1~3km. 무게 70㎏. 기수 쪽의 카나드와 꼬리날개의 롤러론을 써서 스스로 적외선을 쫓아 비행한다.

미 해군이 개발한 AAM(공대공 미사일) 사이드와인더는 적외선 호밍 미사일(다음 페이지 참조)이며, F-86F의 좌우 안쪽 날개에 각각 1발씩 장착. 진먼·마추 섬 전투에서 중국 공군기를 총 29기 격추했다.

3-33. 무장⑷ 미사일의 종류 첫 번째

미사일의 종류는 몇 가지가 있다. 사용법으로 나누면 공대공(AAM)과 공대지(ALM. 공대함도 포함)가 되지만, 여기서는 전투기와 관련된 공대공 미사일 위주로 보기로 한다. 또한, 비행 거리에 따라 단거리, 중거리, 장거리로 나누는데, 각각을 대표하는 사이드와인더, AMRAAM, 피닉스를 예로 든다. 이들 미사일은 유도 장치에 따라 분류하면, 단거리 미사일 다수에 쓰이는 적외선 호밍, 중장거리용 세미 액티브 레이더 호밍, 장거리용 액티브 호밍으로 나눌 수 있다.

■ 적외선 호밍
표적이 내는 열원을 찾아 비행하는 미사일로, 구조가 간단해서 각국에서 다수 개발하였다. 구름이나 비의 영향을 받으며 단거리가 아니면 사용할 수 없다는 단점이 있지만, 발사 후 모기(母機)의 행동이 자유롭다는 이점이 있으며 현재 전투기의 주요 무장이다.

■ 세미 액티브 레이더 호밍
모기에서 쏜 레이더 반사파을 향해 비행하는 미사일로, 이 때문에 모기는 미사일이 명중할 때까지 레이더로 표적을 포착해야 할 필요가 있다.

■ 액티브 레이더 호밍
미사일 스스로 레이더파를 쏘며 반사원을 향하는 방식으로, 발사 위치가 멀어도 사용할 수 있다. 한편으로 구조가 복잡하며 고가에 대형이므로 탑재 위치나 수량이 제한된다.

✈ **단거리 미사일 AIM-9L/M 사이드와인더**

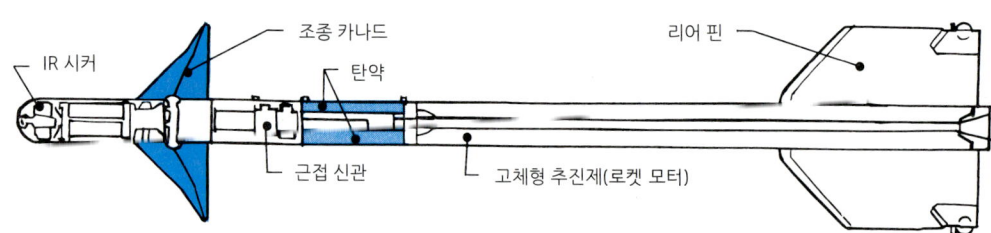

✈ **중거리 미사일 AIM-20 AMRAAM**

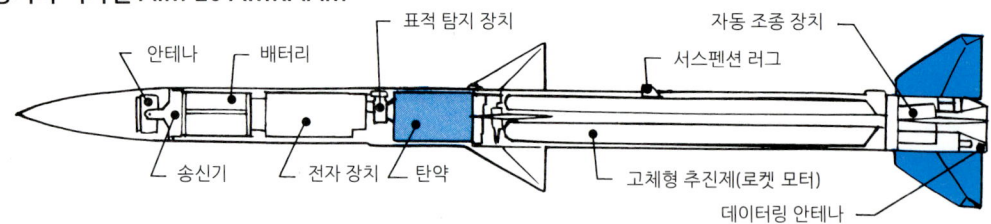

✈ **장거리 미사일 AIM-54 피닉스**

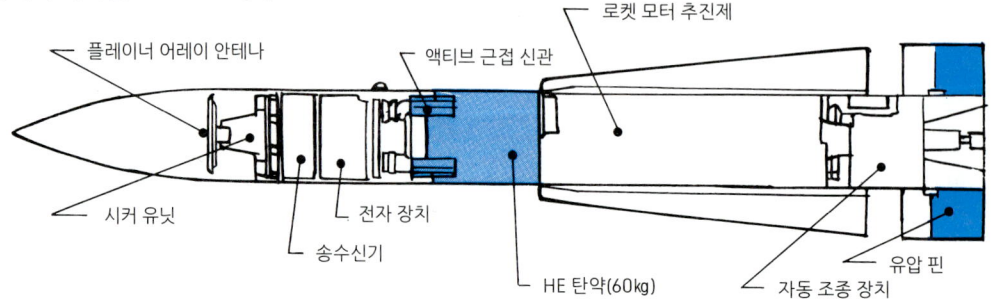

제트 전투기 시대

✈ 장거리 미사일

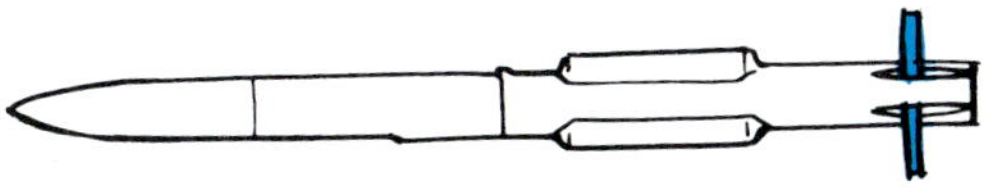

✈ RVV-Aye (러시아)

액티브 호밍 방식이며 길이 3.6m. 사거리 80km, 무게는 175kg이다.

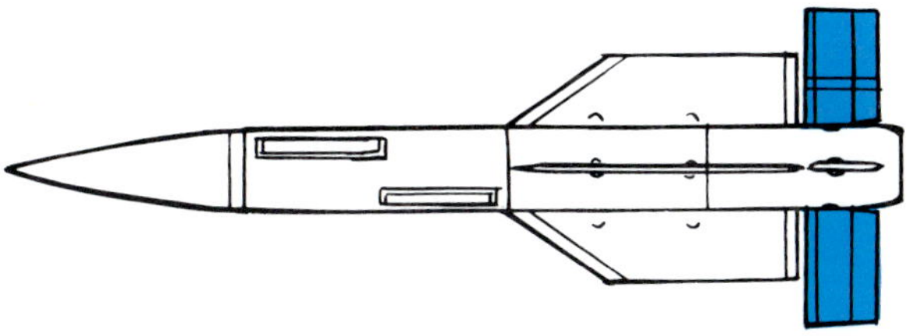

✈ AA-9 AMOS R-33 (러시아)

세미 액티브 레이더 호밍 방식이며 사거리는 100km, 무게는 490kg, 길이 4,150mm, 지름 380mm, 날개 폭은 90mm이다.

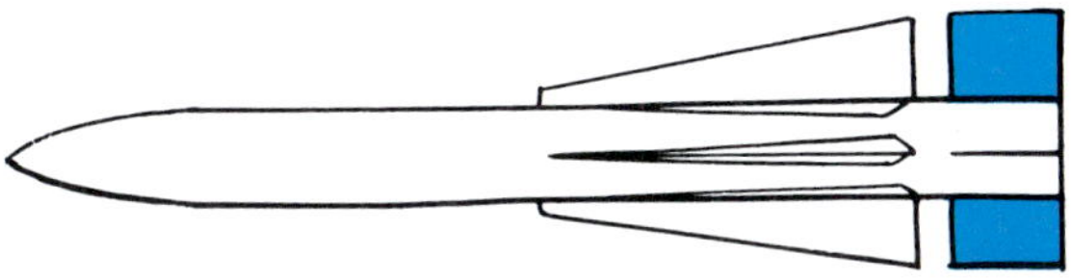

✈ AIM-54 피닉스 (미국)

세미 액티브와 액티브 호밍 겸용이며, 속도는 마하 4, 사거리 204km(160km라는 설도 있다), 무게는 458kg이라고 한다.

공대함 미사일 및 항공 자위대의 미사일

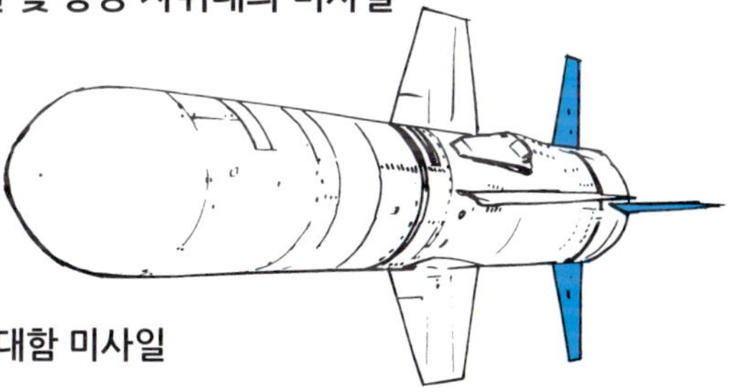

✈ 하푼 공대함 미사일

F/A-18 호넷에 장착하는 대형 미사일로, B-52 같은 대형기 뿐 아니라 해군에서 전함부터 코르벳(소형정)까지 탑재하는 기본 무장. 길이 3.8m, 지름 340mm, 무게 499kg, 사거리 110km.

✈ ASM-1 공대함 미사일

지원 전투기 F-1의 좌우 주날개에 1발씩 탑재한다. 첫 테스트 발사는 1977년. 길이 3.90m, 지름 349mm, 무게 약 590kg, 속도 마하 1, 사거리 약 3.3km. 관성 항법으로 비행하며 표적에 가까워지면 전파 호밍으로 스스로 표적으로 향한다.

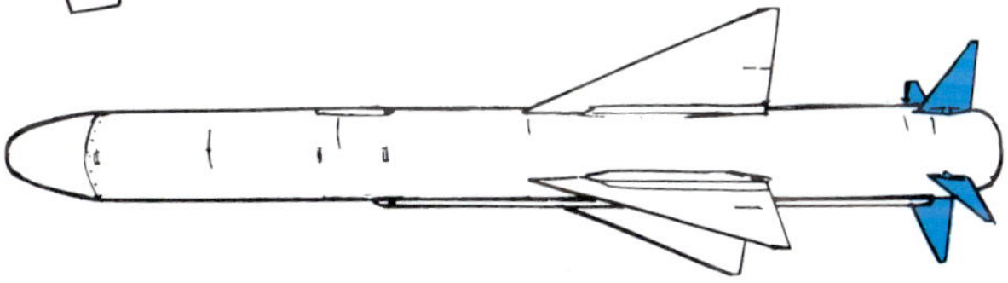

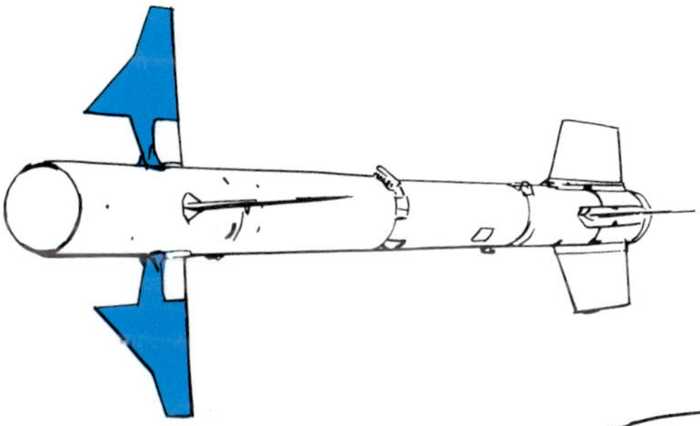

✈ 공대공 미사일 AAM-3

항공자위대가 사용하는 공대공 미사일. 적외선 호밍 방식으로 ECM 성능 및 선회 성능이 우수하다. 길이 3.1m, 지름 310mm, 무게 90kg.

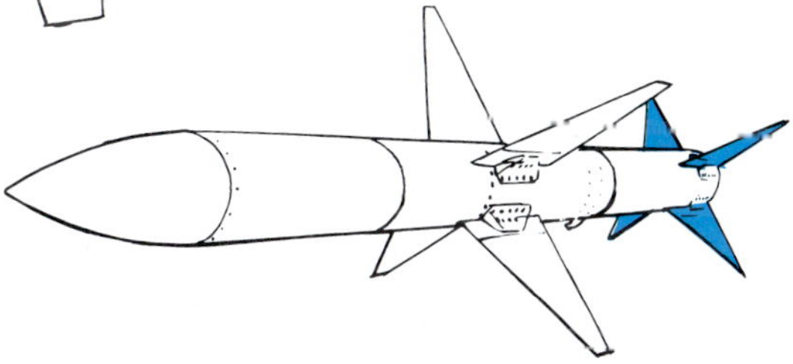

✈ 공대공 미사일 AIM-7E 스패로

역시 항공자위대의 공대공 미사일. 세미 액티브 레이더 방식. 길이 3.65m, 지름 200mm, 무게 205kg, 사거리 25~50km, 속도 마하 4.

3-34. 무장(5) 미사일의 종류 두 번째

단거리 미사일

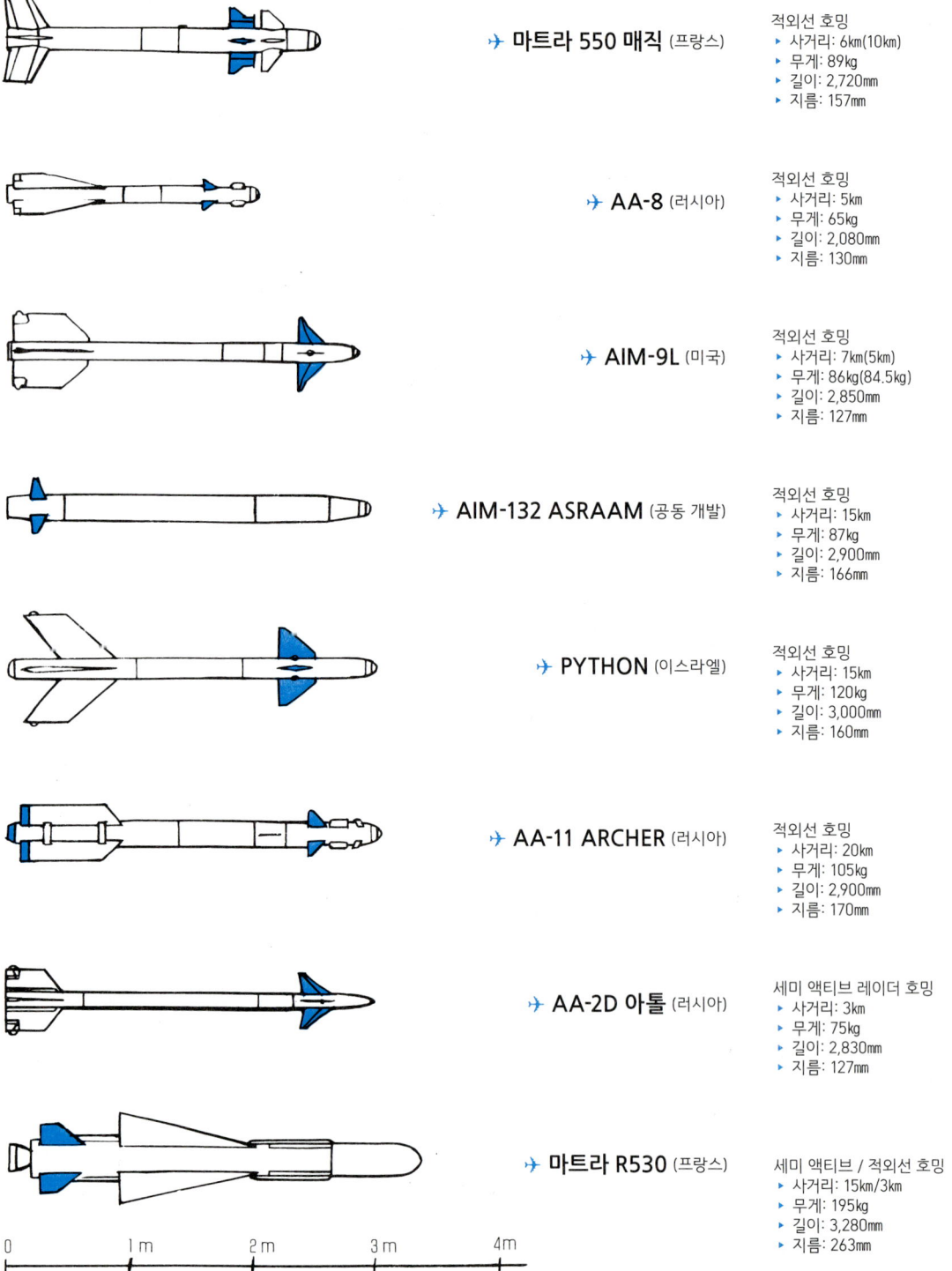

➤ 마트라 550 매직 (프랑스)
적외선 호밍
▸ 사거리: 6km(10km)
▸ 무게: 89kg
▸ 길이: 2,720mm
▸ 지름: 157mm

➤ AA-8 (러시아)
적외선 호밍
▸ 사거리: 5km
▸ 무게: 65kg
▸ 길이: 2,080mm
▸ 지름: 130mm

➤ AIM-9L (미국)
적외선 호밍
▸ 사거리: 7km(5km)
▸ 무게: 86kg(84.5kg)
▸ 길이: 2,850mm
▸ 지름: 127mm

➤ AIM-132 ASRAAM (공동 개발)
적외선 호밍
▸ 사거리: 15km
▸ 무게: 87kg
▸ 길이: 2,900mm
▸ 지름: 166mm

➤ PYTHON (이스라엘)
적외선 호밍
▸ 사거리: 15km
▸ 무게: 120kg
▸ 길이: 3,000mm
▸ 지름: 160mm

➤ AA-11 ARCHER (러시아)
적외선 호밍
▸ 사거리: 20km
▸ 무게: 105kg
▸ 길이: 2,900mm
▸ 지름: 170mm

➤ AA-2D 아톨 (러시아)
세미 액티브 레이더 호밍
▸ 사거리: 3km
▸ 무게: 75kg
▸ 길이: 2,830mm
▸ 지름: 127mm

➤ 마트라 R530 (프랑스)
세미 액티브 / 적외선 호밍
▸ 사거리: 15km/3km
▸ 무게: 195kg
▸ 길이: 3,280mm
▸ 지름: 263mm

중거리 미사일

✈ **마트라 슈퍼 530F** (프랑스)

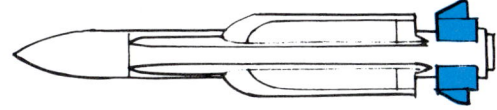

세미 액티브 레이더 호밍
- 사거리: 25km
- 무게: 245kg
- 길이: 3,540mm
- 지름: 263mm

✈ **AIM-120** (미국)

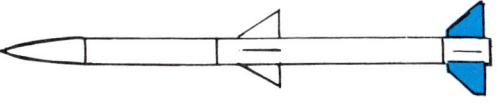

관성 항법 시스템 /
세미 액티브 레이더 호밍
- 사거리: 50km
- 무게: 157kg
- 길이: 3,650mm
- 지름: 178mm

✈ **AA-3 아나브 R-98R** (러시아)

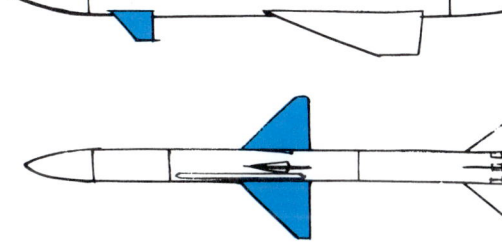

적외선 /
세미 액티브 레이더 호밍
- 사거리: 27km
- 무게: 275kg
- 길이: 3,600mm
- 지름: 220mm

✈ **AIM-7 스패로** (미국)

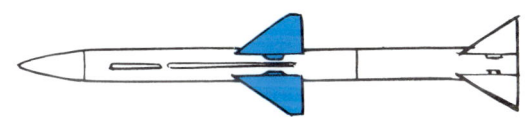

세미 액티브 레이더 호밍
- 사거리: 44km
- 무게: 227kg
- 길이: 3,650mm
- 지름: 200mm

✈ **스카이플래시** (영국)

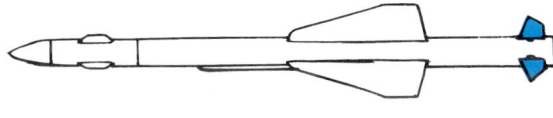

세미 액티브 레이더 호밍
- 사거리: 40km
- 무게: 195kg
- 길이: 3,660mm
- 지름: 203mm

✈ **AA-7 아펙스레이더 R-24R** (러시아)

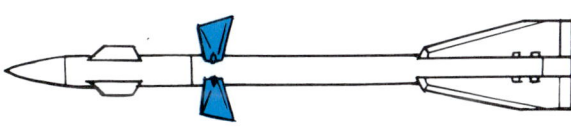

세미 액티브 레이더 호밍
- 사거리: 20km
- 무게: 235kg
- 길이: 4,460mm
- 지름: 200mm

✈ **AA-10 알라모** (러시아)

세미 액티브 레이더 호밍
- 사거리: 50km
- 무게: 235kg
- 길이: 4,000mm
- 지름: 230mm

✈ **AA-6 아크리드 R-40R** (러시아)

액티브 레이더 호밍
- 사거리: 30km
- 무게: 475kg
- 길이: 6,200mm
- 지름: 355mm

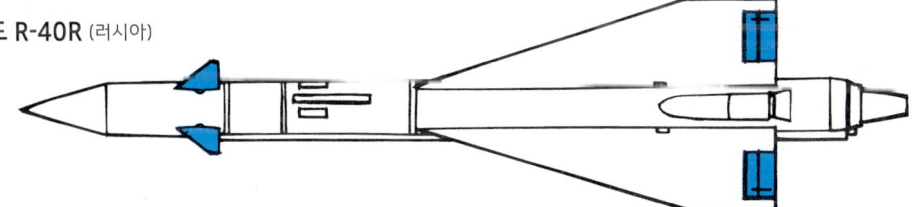

3-35. 무장⑹ 미사일의 공격법 및 사거리

각종 미사일의 적기 공격을 나타낸 것이 아래 그림이다. 어떤 방식이든, 우선은 레이더로 적기의 모습을 확인하고, 탑재한 공대공 미사일의 사거리에 맞춰 미사일을 발사한다. 이때, 미사일 유도 방식 차이에 따라 발사한 기체의 행동에 차이가 생긴다. ①은 단거리 미사일에 많은 적외선 호밍의 예로, 발사된 미사일은 적기의 열을 쫓아 비행한다. 따라서 미사일이 자력으로 비행하므로 모기는 적기의 레이더에 잡히지 않는 방향으로 회피할 수 있다. ②처럼 중장거리 미사일에 많은 세미 액티브 레이더 호밍 방식은, 미사일이 명중할 때까지 상대를 레이더 범위 내에 붙잡아 놓아야만 미사일을 유도할 수 있다. 따라서 적기에 계속 접근해야만 한다. 이 때문에 ③처럼 겨냥한 적기는 상대의 존재를 알 수 있는 기회가 커지고 스스로는 전파를 쏘지 않으면서 발신원의 기체에 미사일로 반격할 수 있다. ④의 장거리 미사일에 많은 액티브 레이더 호밍은, 탑재 병기 가운데 미사일이 많아지면서 발사 시에 모기로부터 인풋된 방향으로 날고 표적에 접근하면 미사일의 자체 레이더로 상대를 포착하므로 모기의 행동은 자유로워진다.

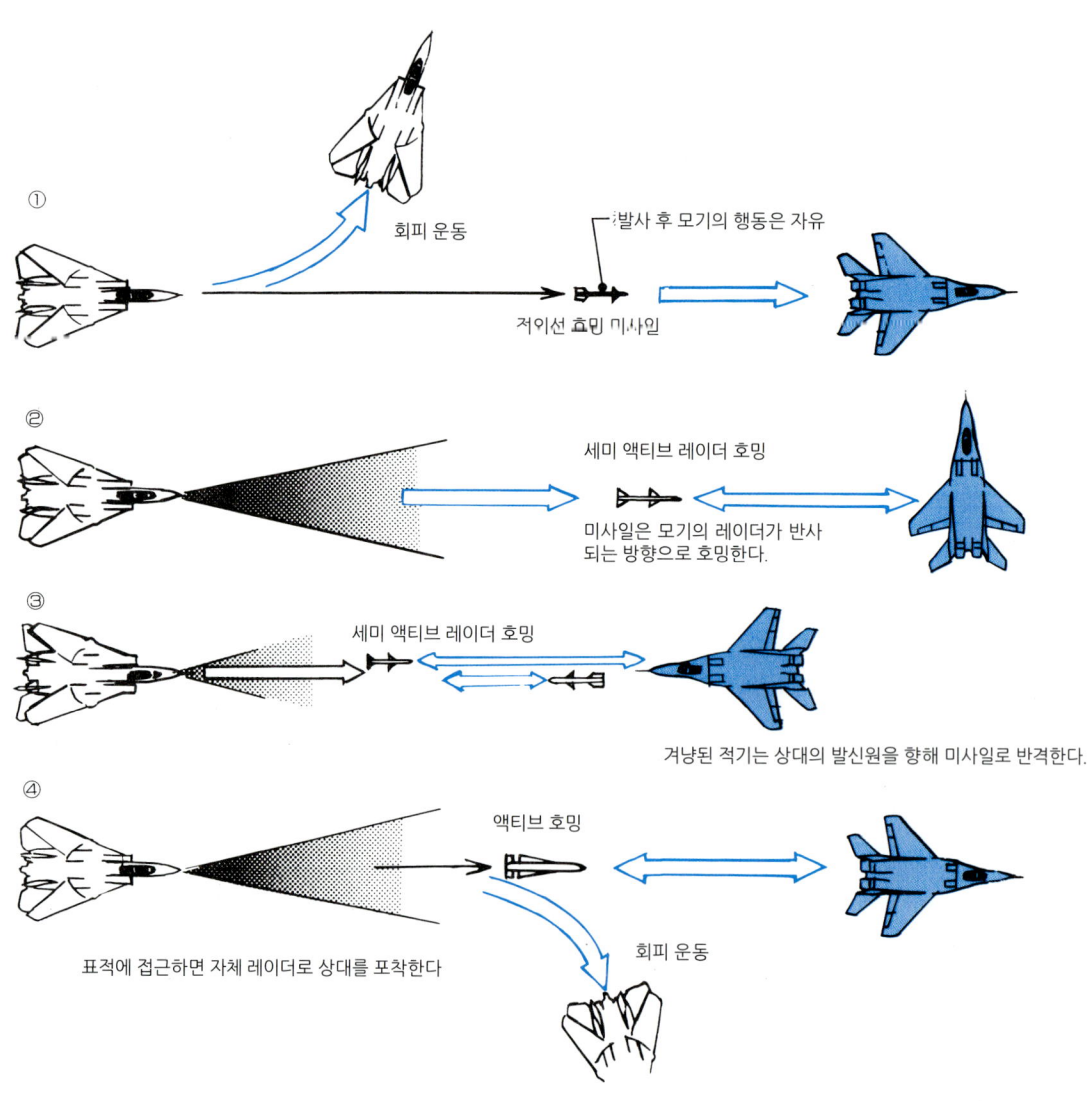

제트 전투기 시대

✈ 함상 폭격기의 공격 거리

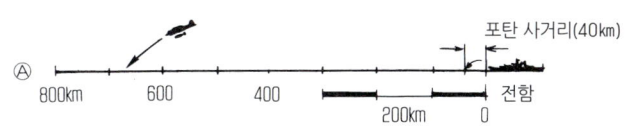

✈ 공대공 미사일의 유효 사거리

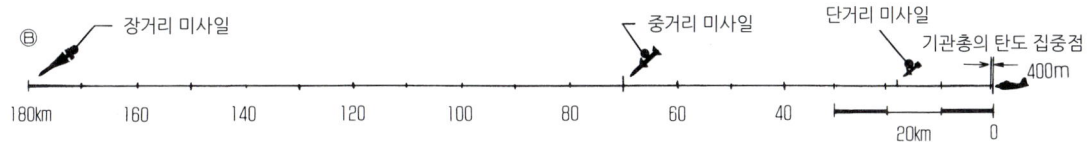

　A그림에서 보듯이 전함은 대구경포 사거리를 40km 이상으로 늘리면서까지 위력을 과시했지만, 태평양 전쟁이 일어나자 함상 전투기나 함상 폭격기가 700km 전후 행동 반경을 갖추면서 사거리가 40km밖에 안 되는 전함의 시대가 끝났다. 그에 따라 전투기끼리의 공중전이 승부를 결판내는 경우가 많아지지만, 기관포는 제2차 대전 당시처럼 적 수백 m 앞에서 탄환을 집중되도록 조정한다. 그러나 에이스로 불리는 사람들의 공통점은 그 집중점이 아니라 조준이 불필요할 때까지 접근해서 사격하는 것이었다. 경우에 따라서는 피탄한 상대 기체의 파편 조각에 맞을 위험이 있었다. 이에 비해 미사일은 만약 10km 이하 단거리라 하더라도 기관총의 20~30배나 긴 사거리를 갖추었으며, 명중률도 훨씬 높다. 당연히 레이더에 상대가 포착되기만 하고 실제로 볼 수 없는 거리인 경우가 많다. 기관포 따윈 필요 없다는 생각이 드는 것도 이해는 가지만, 접근전용(호신용) 기관포를 갖출 필요성은 있었다.

✈ F-14 톰캣의 장거리 미사일 피닉스 발사 상황

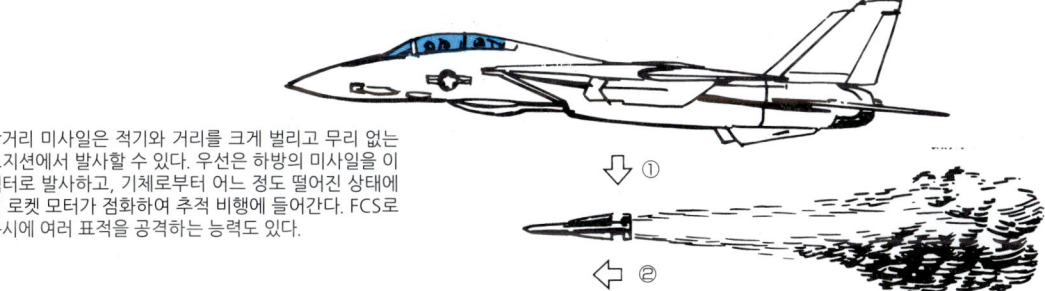

장거리 미사일은 적기와 거리를 크게 벌리고 무리 없는 포지션에서 발사할 수 있다. 우선은 하방의 미사일을 이젝터로 발사하고, 기체로부터 어느 정도 떨어진 상태에서 로켓 모터가 점화하여 추적 비행에 들어간다. FCS로 동시에 여러 표적을 공격하는 능력도 있다.

✈ 미라주 2000의 배면 비행 시 미사일 발사 상황

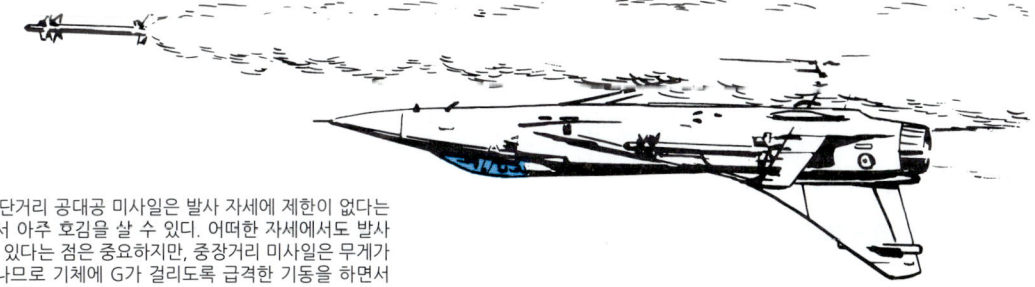

소형 단거리 공대공 미사일은 발사 자세에 제한이 없다는 점에서 아주 호감을 살 수 있다. 어떠한 자세에서도 발사할 수 있다는 점은 중요하지만, 중장거리 미사일은 무게가 늘어나므로 기체에 G가 걸리도록 급격한 기동을 하면서 발사하기는 어렵다.

3-36. 무장(7) 미사일 탑재법

　단거리 미사일과 중장거리 미사일은 발사 시의 타이밍 뿐 아니라 발사 방법에도 차이가 있다. 단거리 미사일 경우에는 표적이 되는 적기 쪽에서도 이쪽의 존재를 눈치챌 가능성이 있고, 어떠한 자세에서도 재빨리 발사할 수 있어야만 한다. 선회, 또는 급강하 경우에는 배면 상태로도 발사할 수 있도록 고려된다. F-15 이글에 탑재된 사이드와인더 경우에는 가이드 레일이 붙은 런처를 사용해서 발사한다. 로켓 모터가 점화하면 사이드와인더의 자체 추진력으로 가이드 레일을 따라 비행할 방향이 정해진다. 이 덕분에 어떤 자세에서도 발사할 수 있는 것이다.

　이에 비해 중장거리 미사일은 상대와 멀리 떨어진 거리에서 레이더로 표적을 정해 발사한다. 덕분에 발사에 여유가 있으므로 단거리 미사일처럼 어떤 자세에서라도 발사할 필요성은 딱히 없으며, 무리 없는 자세와 위치에서 발사한다. 더욱이 적외선 호밍 방식에 비해 미사일 본체가 커지므로 탑재 방법 등에도 변화가 보인다. 고속 비행에선 되도록 공기 저항을 작게 일으키는 것이 중요하며, 따라서 탑재된 미사일 전방에 공력용 페어링을 붙이거나 다음 페이지의 톰캣처럼 동체 중앙부에 설치된 홈에 반쯤 묻듯이 탑재한다. 미사일의 꼬리(테일 핀)가 들어갈 골이 동체 내에 있지만, 미사일은 일단은 아래를 향해 떨어지고 기체에서 멀어지면서 로켓 모터를 점화하므로 이런 장착 방식으로도 문제는 없다.

✈ F-15 이글의 사이드와인더 탑재 상태

사이드와인더 장착 부위는 두 군데가 있지만, 가이드 레일의 넓은 부분에 끼우고 전방으로 밀어 고정한다. 이 경우에는 파일런과 연결하는 2연장이며, 적외선 방식 단거리 미사일은 가이드 레일이 부착된 런처를 이용해 발사하는 방식이 주류이다.

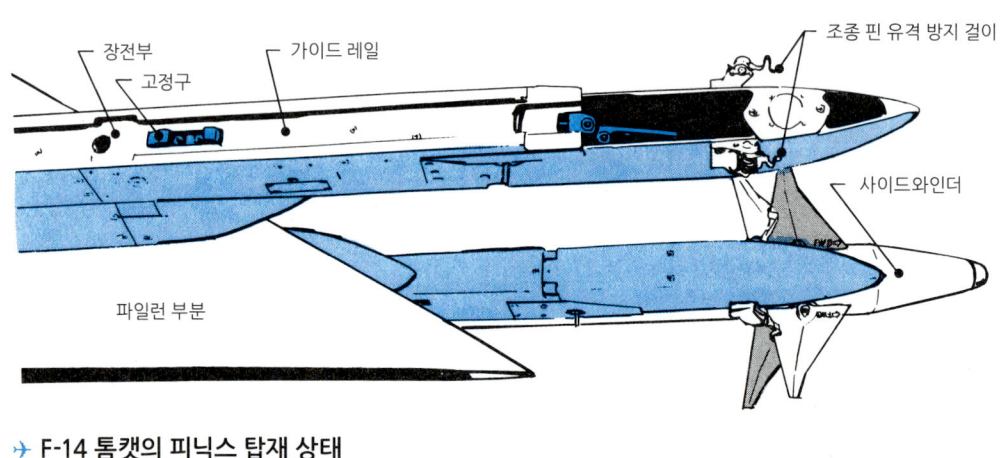

✈ F-14 톰캣의 피닉스 탑재 상태

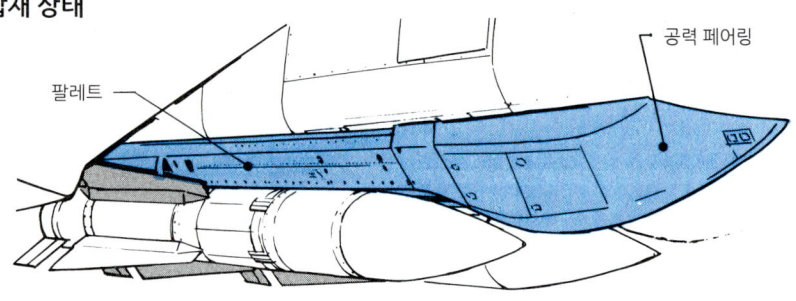

톰캣의 동체 하면 우측에 탑재된 피닉스. 미사일과 팔레트를 세트하고 나서 동체에 밀착시켜 장착한다. 그 앞에 붙인 공격 페어링은 정류 효과를 높인다.

제트 전투기 시대

✈ F-15 이글의 스패로 장비와 발사

세미 액티브 레이더 호밍 방식인 중거리 미사일 스패로는 카트리지를 이용해 기체에서 비스듬히 아래로 떨어뜨린 다음에 로켓 모터를 점화한다.

미사일 발사 후 모기는 적기를 향해 레이더 조사를 계속하며, 그 반사파를 미사일이 수신해서 호밍한다. 모기는 미사일과 함께 적기를 향해 계속 비행해야 하지만, 미사일 발사 후에는 모기의 전방 65° 부채꼴 내에 미사일이 들어오기만 하면 된다.

✈ 스패로용 런처

✈ F-14 톰캣의 스패로용 스테이션

좌우 엔진으로 둘러싸인 동체 중심부 바닥에 미사일을 장전한다. 전방에는 피닉스를 세트하는 팔레트, 후방에는 어레스팅 훅 장착부가 있으며, 좌우로 엔진 벽에 둘러싸이듯 된다.

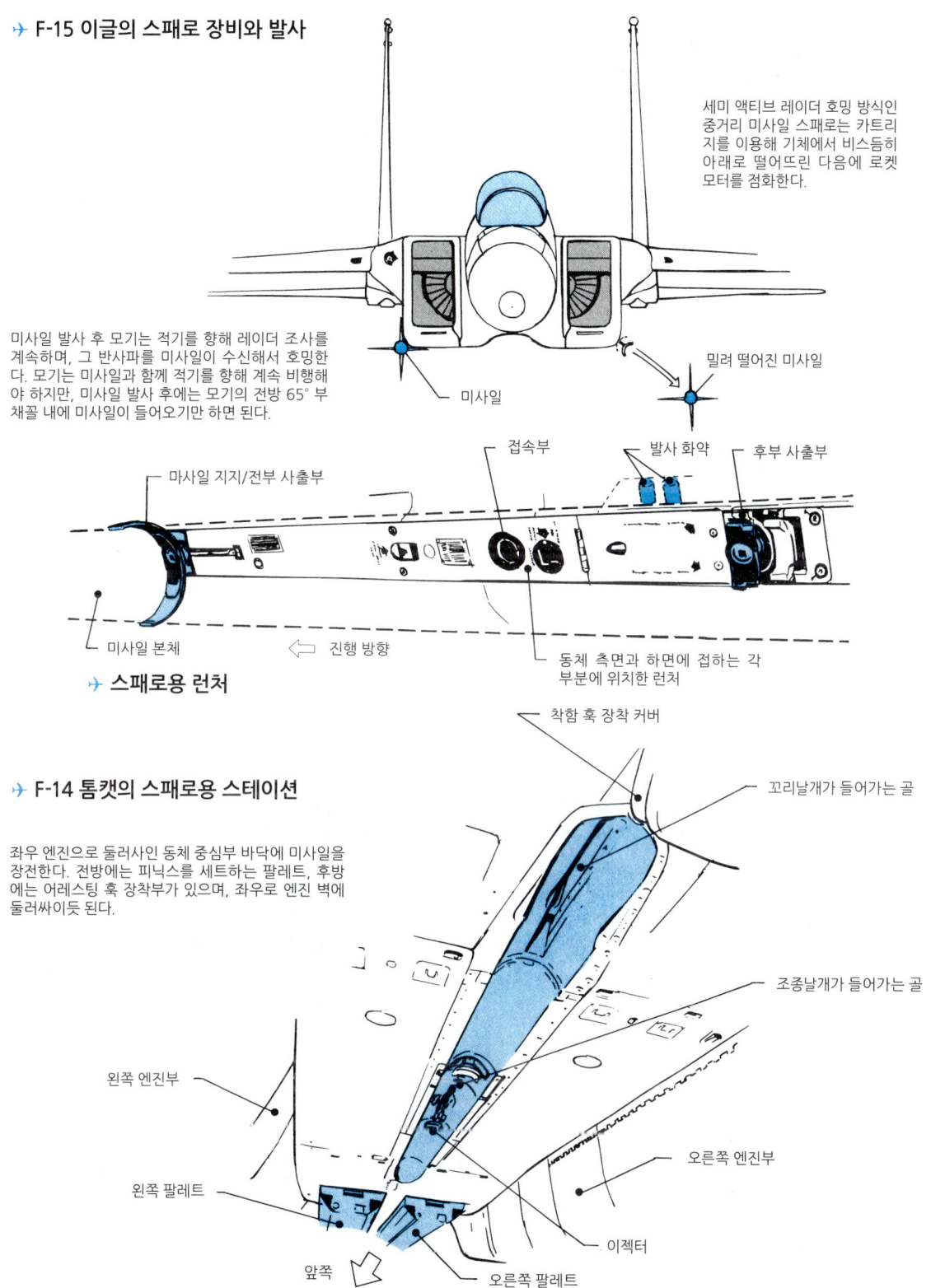

179

3-37. 채프(전자파 교란용 무장)

　제2차 대전에 등장한 레이더의 위력은 대단했으며, 이후의 군사적 영향은 헤아릴 수 없다. 레이더(전파 탐지기)의 원리를 간단히 적으면, 극초단파를 발사하고 반사되어 되돌아오는 시간으로 표적의 거리와 방위를 탐지하는 것이다. 적 측의 레이더에 포착당했을 때 빠져나오고 교란할 목적으로 살포하는 것이 채프이다. 채프는 잘게 자른 건초라는 의미로, 초기에는 무수하게 흩날리는 알루미늄 조각을 담는 상자였다. 이 상자의 크기, 형태, 양을 조절해서 비행기 1대부터 대규모 편대 규모 까지 적의 레이더를 현혹시키는 것이다. 현재 전투기에 탑재되는 채프는 상대편 레이더나 목적에 맞춰 살포하도록 되어 있다. 길이를 조절하면서 흩뿌리는 방식, 채프를 여러 종류 준비해서 카트리지에 담고 상대에 따라 적당한 카트리지를 발사하는 방식으로 크게 나눈다. 오늘날의 전투기는 후자의 카트리지 방식이 주류이다. 레이더 호밍 미사일에 대응하여 발사하기도 한다.

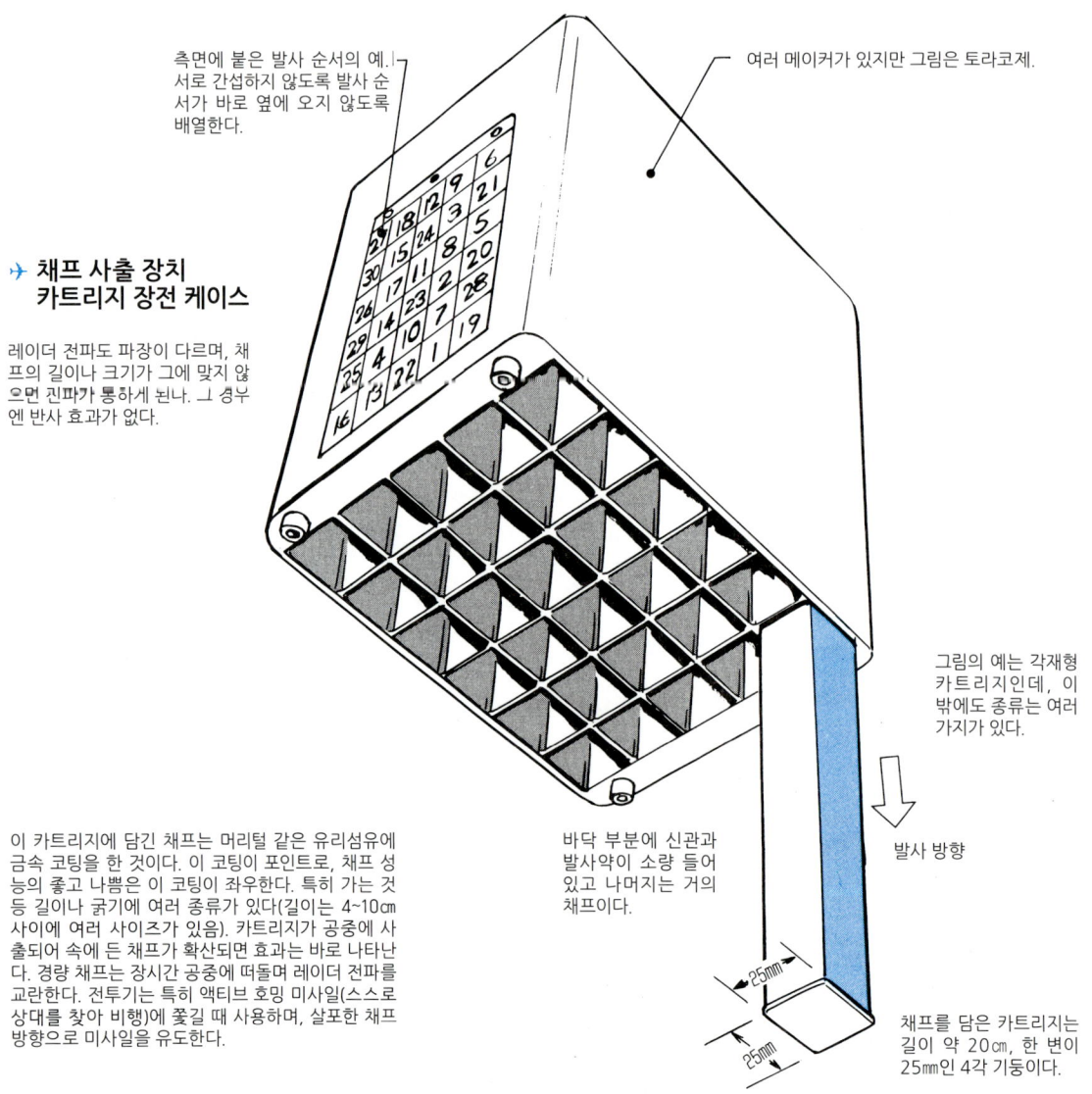

측면에 붙은 발사 순서의 예. 서로 간섭하지 않도록 발사 순서가 바로 옆에 오지 않도록 배열한다.

여러 메이커가 있지만 그림은 토라코제.

채프 사출 장치 카트리지 장전 케이스

레이더 전파도 파장이 다르며, 채프의 길이나 크기가 그에 맞지 않으면 진파가 통하게 된다. 그 경우엔 반사 효과가 없다.

이 카트리지에 담긴 채프는 머리털 같은 유리섬유에 금속 코팅을 한 것이다. 이 코팅이 포인트로, 채프 성능의 좋고 나쁨은 이 코팅이 좌우한다. 특히 가는 것 등 길이나 굵기에 여러 종류가 있다(길이는 4~10㎝ 사이에 여러 사이즈가 있음). 카트리지가 공중에 사출되어 속에 든 채프가 확산되면 효과는 바로 나타난다. 경량 채프는 장시간 공중에 떠돌며 레이더 전파를 교란한다. 전투기는 특히 액티브 호밍 미사일(스스로 상대를 찾아 비행)에 쫓길 때 사용하며, 살포한 채프 방향으로 미사일을 유도한다.

바닥 부분에 신관과 발사약이 소량 들어 있고 나머지는 거의 채프이다.

그림의 예는 각재형 카트리지인데, 이 밖에도 종류는 여러 가지가 있다.

발사 방향

채프를 담은 카트리지는 길이 약 20㎝, 한 변이 25㎜인 4각 기둥이다.

제트 전투기 시대

✈ 액티브 호밍 미사일에 쫓길 때

전투기는 액티브 호밍 미사일에 대응하고자 채프를 사용할 때가 많으므로, 아래에 설명한다. 채프는 원통이나 각형 통에 담겨 기체 뒤쪽 발사기로부터 전투기의 아래쪽으로 사출되는 방식이 많다. 채프의 길이가 적의 레이더 전파 주파수와 맞지 않으면 효과가 미약하므로 길이가 맞는 것을 골라야 한다.

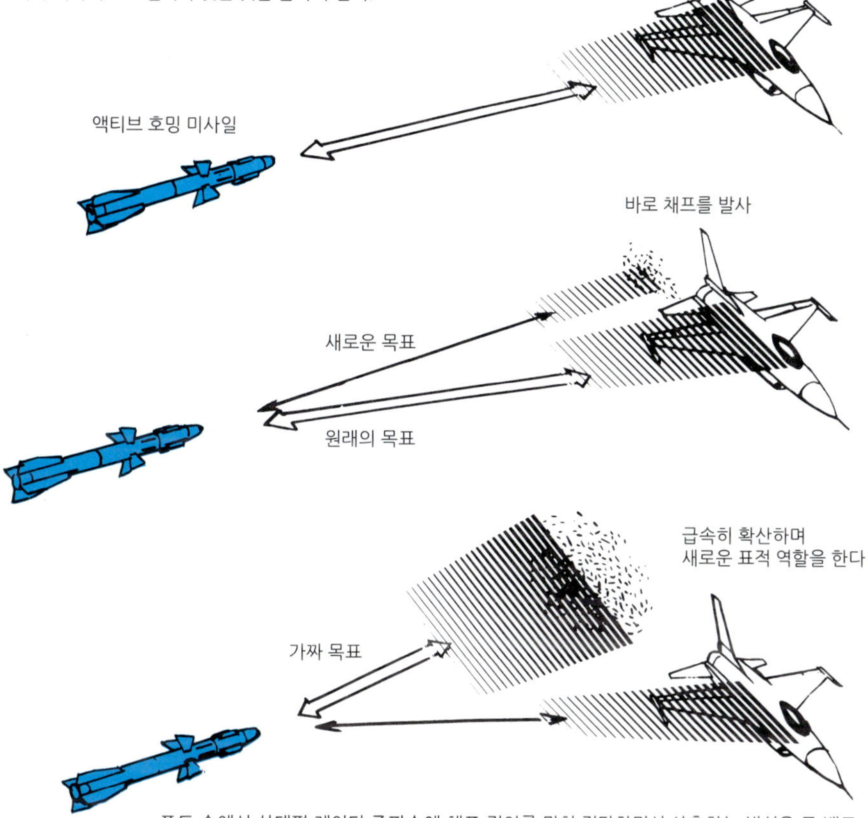

전투기가 미사일의 레이더 전파를 캐치

액티브 호밍 미사일

바로 채프를 발사

미사일이 초속 1,000m 로 날 때, 수 ㎞ 거리까지 접근하면 몇 초 후에는 생사를 좌우하게 된다. 채프가 서서히 확산해서는 효과가 없다. 그래서 채프는 발사 후 1초 후에는 확산해서 가짜 표적 역할을 한다.

새로운 목표
원래의 목표

급속히 확산하며 새로운 표적 역할을 한다

가짜 목표

포드 속에서 상대편 레이더 주파수에 채프 길이를 맞춰 절단하면서 사출하는 방식은 로 밴드(파장이 긴 전파 영역) 주파수에만 대응할 수 있다. 또한 액티브 레이더 호밍 미사일 이외에도 다음 페이지처럼 열선(적외선) 추적 미사일도 있는데, 그 경우에는 플레어를 사용한다.

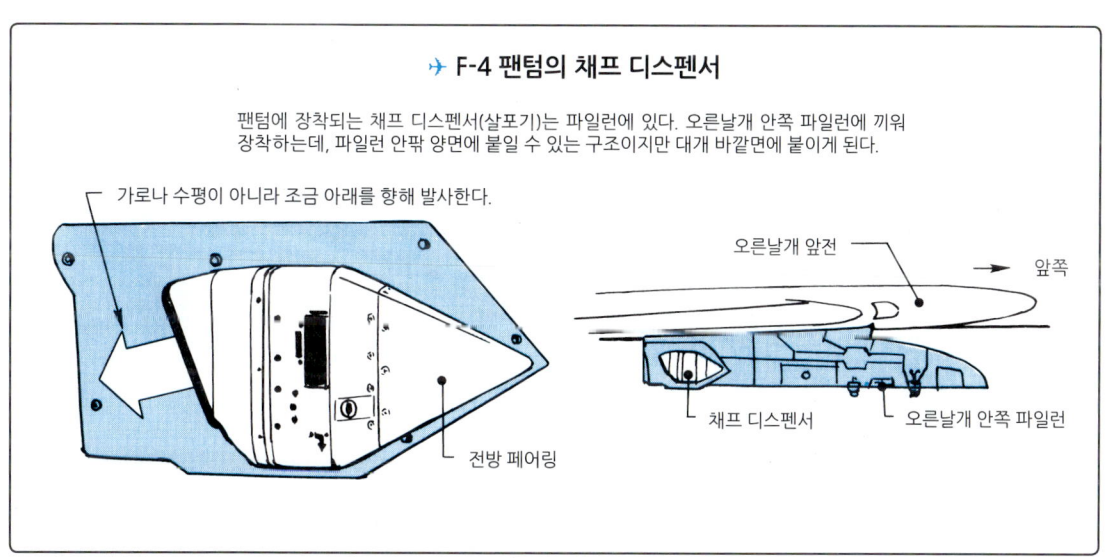

✈ F-4 팬텀의 채프 디스펜서

팬텀에 장착되는 채프 디스펜서(살포기)는 파일런에 있다. 오른날개 안쪽 파일런에 끼워 장착하는데, 파일런 안팎 양면에 붙일 수 있는 구조이지만 대개 바깥면에 붙이게 된다.

가로나 수평이 아니라 조금 아래를 향해 발사한다.

오른날개 앞전
앞쪽
채프 디스펜서
오른날개 안쪽 파일런
전방 페어링

3-38. 플레어

비행기에서 발사하여 적기의 엔진 배기열을 쫓는 적외선 호밍 방식 공대공 미사일은 미사일 가운데 가장 간단하며, 또 사거리가 길 필요도 없으므로 결과적으로 소형이 된다. 이 적외선 추적 방식은 단순하므로 엔진 이외에 커다란 적외선 발산 열원을 만들어주면 그 열원을 향해 바로 날아가게 된다. 이 열원을 만들어주는 것이 바로 플레어이다. 플레어는 마그네슘과 화약이 주성분이며, 몇 초 동안 적외선을 발산한다. 적외선 호밍 미사일을 회피할 때 이 플레어를 발사하여 커다란 열원을 남기고 기체는 급선회로 비행 각도를 바꿔 날아가는 것이 살아남는 수단이다. 예전 한때는 작아지기만 하던 주날개가 이후 커진 이유에는 이 미사일 대책도 크게 한 몫 한다.

✈ 플레어 사출 장치

플레어는 지름 35㎜, 길이 20㎜ 정도이며, 지름은 다양하지만 대개 30~40㎜ 정도이다. 채프와 마찬가지로 메이커도 다양하며, 기종에 따라 장착 수량이나 카트리지 용량도 다양하다.

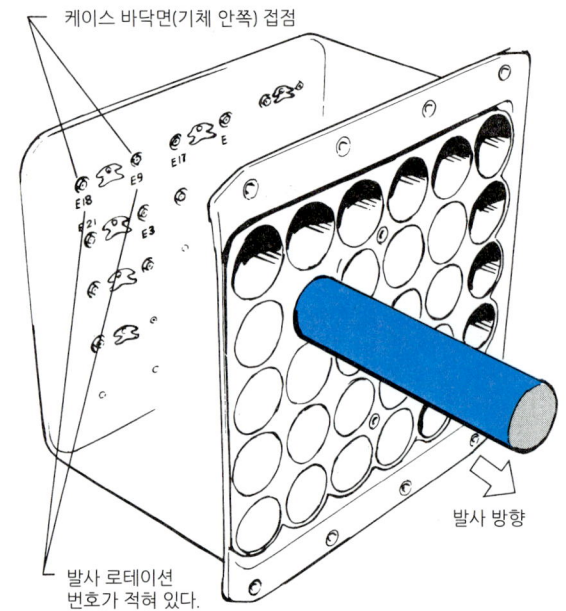

✈ F-14 톰캣의 채프/플레어 장착 위치

톰캣의 비버 테일 왼쪽 하면에 30발들이 채프/플레어 사출 유닛이 2개조 장착되며, 아래쪽으로 발사된다.

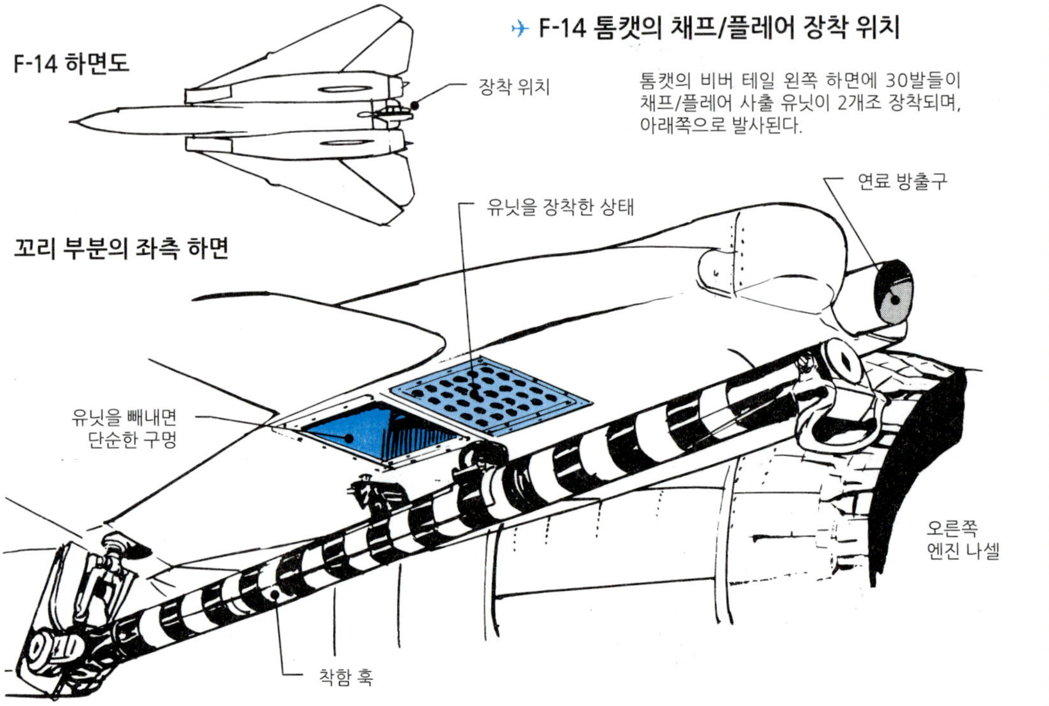

제트 전투기 시대

✈ 플레어 사용 예, 적외선 유도 미사일과의 싸움

제트 전투기가 고속으로 날 때 사용하는 애프터 버너는 적외선 유도 미사일의 좋은 먹잇감이다. 고속 시에는 노즐로 엔진을 조정하는데, 추적당하는 측이 미사일을 신경 써서 연료를 줄여도(출력을 낮춰도) 몇 초 동안은 출력은 떨어지지 않는다. 이 때문에 쓰는 것이 플레어(섬광)이다.

노즐을 조절해서 엔진을 죽인 전투기는 플레어를 발사하고 방향을 크게 틀며 급선회해서 적외선 유도 미사일을 속일 수 있다.

표적 열원

사출된 플레어가 새로운 표적으로

적외선 시커 헤드

적외선 유도 미사일은 사거리 10km면 긴 축에 속하며 3.5km 미만인 것도 있다. 열원을 쫓아 비행하므로 기존에는 미사일이 바로 표적을 인식하도록 표적 후방에서 발사해 왔다. 그러나 최근에는 전방에서도 추적할 수 있는 미사일이 개발되었다.

전투기는 플레어를 아래쪽으로 발사하는 경우가 많다. 이에 비해 대지 공격기나 수송기는 위쪽으로 발사하는 경우가 많다.

직선 비행으로는 적의 적외선 미사일에 당하므로, 플레어를 발사하면서 착륙하는 케이스도 있다.

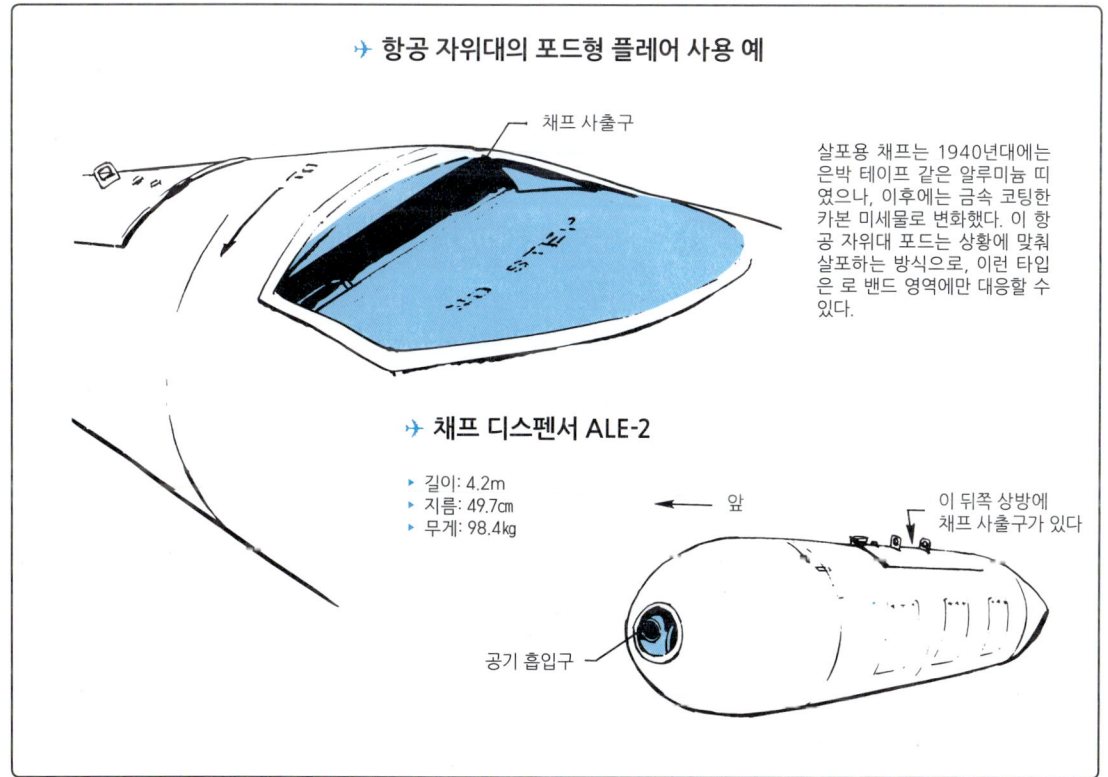

✈ 항공 자위대의 포드형 플레어 사용 예

채프 사출구

살포용 채프는 1940년대에는 은박 테이프 같은 알루미늄 띠였으나, 이후에는 금속 코팅한 카본 미세물로 변화했다. 이 항공 자위대 포드는 상황에 맞춰 살포하는 방식으로, 이런 타입은 로 밴드 영역에만 대응할 수 있다.

✈ 채프 디스펜서 ALE-2

▶ 길이: 4.2m
▶ 지름: 49.7cm
▶ 무게: 98.4kg

앞

이 뒤쪽 상방에 채프 사출구가 있다

공기 흡입구

3-39. 포드의 종류와 기능⑴

날개 밑이나 동체 하면의 파일런에는 미사일이나 폭탄 같은 무장이나 보조 연료 탱크 등을 장착하는데, 그 밖에도 포드라 불리는 유선형 통을 붙일 수 있다. 포드의 종류는 여러 가지가 있고, 형상, 기능 모두 다양하며, 현대의 전술적 요청에 대응하여 각종 기기를 탑재하기도 한다. 전자 기기로는 전파 장해, 전자 정찰, 공격용 표적 포착 레이더, 레이더 유도 장비 등을 탑재하거나 정찰용으로 광학 카메라를 탑재하기도 한다. 91년 걸프전 당시에 사용된 적외선 저고도 항법 포드는 야간 저고도 지형에 맞춰 F-15를 자동 조종하는 묘기를 선보이기도 했고, 이는 하이테크의 정수라 할 수 있을 것이다. 이와 같은 각종 포드 탑재 덕분에 전투기만으로도 한 세대 전에 정찰기를 동반하던 공격과 동급 규모 작전을 할 수 있게 된 것이다.

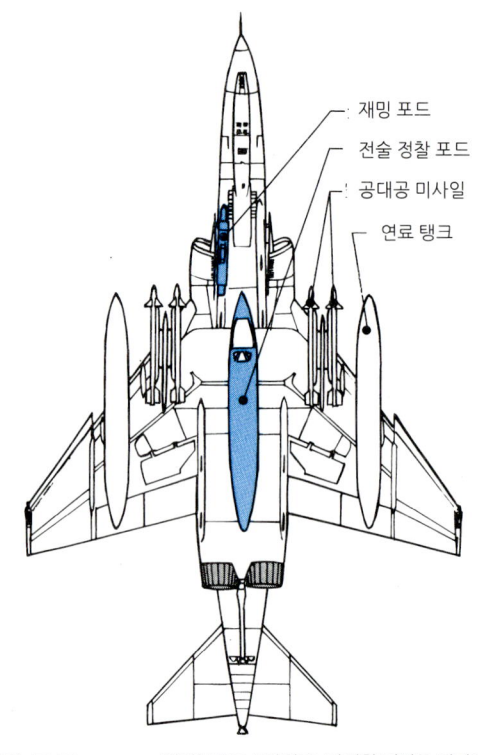

✈ F-4E 팬텀의 포드 탑재 예
- 재밍 포드
- 전술 정찰 포드
- 공대공 미사일
- 연료 탱크

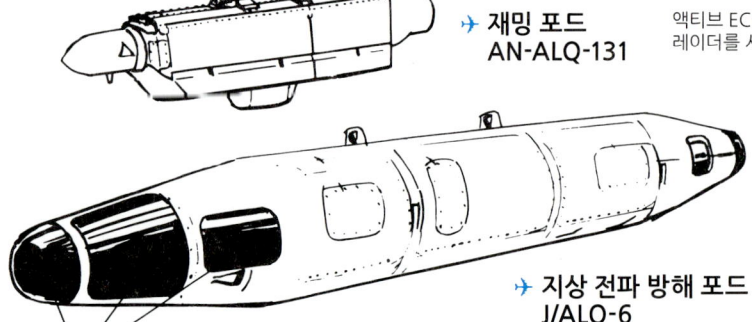

✈ 재밍 포드 AN-ALQ-131

액티브 ECM 장치로, 강력한 전파로 적기의 레이더를 사용 불능으로 만드는 기능을 갖췄다.

✈ 지상 전파 방해 포드 J/ALQ-6

검은 부분은 투명 재질이 아니라 복합재로 여겨진다.

F-4 팬텀용이 길이 3.97m, 지름 43.2㎝로 무게는 320㎏. 항공자위대도 사용하며, F-1 및 F-4 전투기용으로 개발한 ECM 장비를 탑재한다. 이 포드는 강력한 전파로 적기의 레이더 전파를 교란하며, 주날개 하면 파일런에 장착한다.

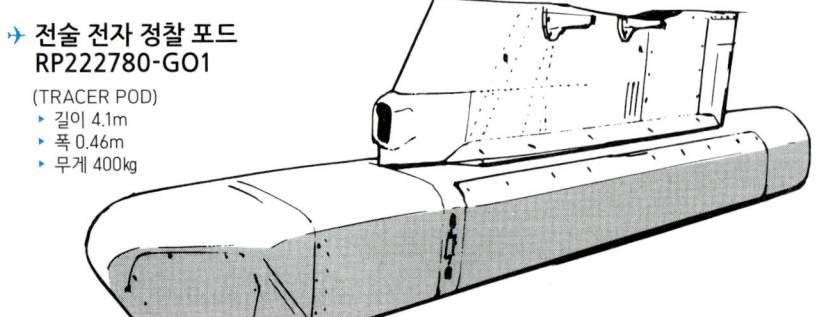

✈ 전술 전자 정찰 포드 RP222780-G01
(TRACER POD)
▸ 길이 4.1m
▸ 폭 0.46m
▸ 무게 400kg

상공에서 각종 전파를 수신하고 전파의 종류나 발신원을 해석하여 식별한다. 그리고 미사일 발사 위치도 측정한다. 이 데이터를 지상 처리 시설에 보내는 기능도 갖추고 있다.

사용 조건은 다음과 같다. 하중 제한 -2.0~5.0G, 최고 속도 550KIAS/마하 M1.4, 최대 롤 레이트 120(deg/s), 최대 롤 각 가속도 8(rad/s2).

✈ 장거리 정찰 포드

(LOROP POD)
정찰기형 팬텀인 RF-4E용 장비이다. 장착 위치는 기체 중심 하면이며 길이 5.92m, 폭 0.67m로 상당히 크다. 좌우의 창을 통해 초망원 렌즈로 아래쪽을 촬영한다.

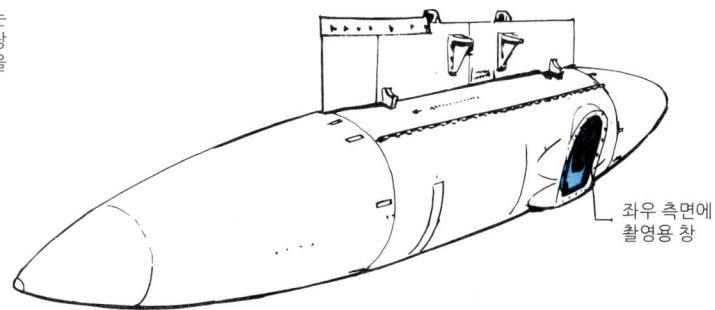

좌우 측면에 촬영용 창

✈ 전술 정찰 카메라 포드 RF-4EJ 팬텀용

(TAC POD)
저고도 정찰 카메라 KS-153K, 고고도 정찰 카메라 KA-95B, 적외선 정찰 장비 D-500 3종류를 탑재하며, 야간에도 촬영할 수 있다. 촬영창의 유리판은 평면 구성이며, 이를 보호하기 위해 이착륙 시에는 오염 방지판을 내려 덮는다.

촬영물의 왜곡을 막기 위해 평면 유리로 구성.

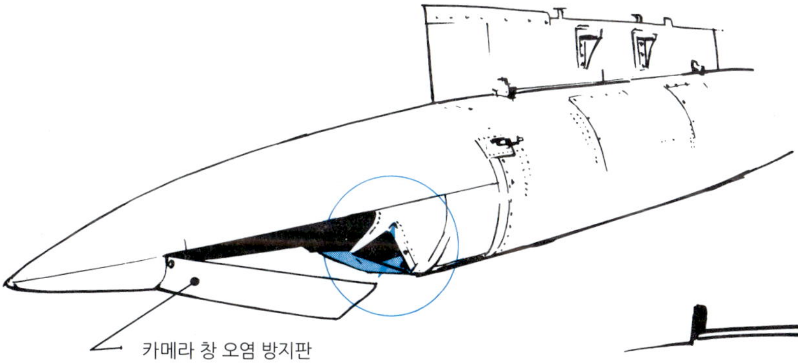

카메라 창 오염 방지판

✈ 공격용 A/ALQ-213 HTS 포드 F-16용

대공 화기 레이더 사격이나 지대공 미사일 탄생과 함께, 전파 발신원을 식별할 필요가 생겨난다. 초기에는 전자 수색기와 공격기가 페어로 출동하여 눈에 보이지 않는 적을 찾아냈다. 강력한 전파 감지기를 탑재한 F-4G 팬텀을 와일드 위즐(Weasel, 족제비)로 부른 까닭은, 사냥물을 찾아내는 족제비의 행동이 전자 수색과 비슷했기 때문이다. F-16에 장착하는 이 포드도 미니 와일드 위즐이라 할 만한 기능을 갖추고 있으며, 이를 이용해 레이더나 유도 전파 발신원을 찾아내 공격한다. 공기 흡입구 오른쪽 아래에 부착한다.

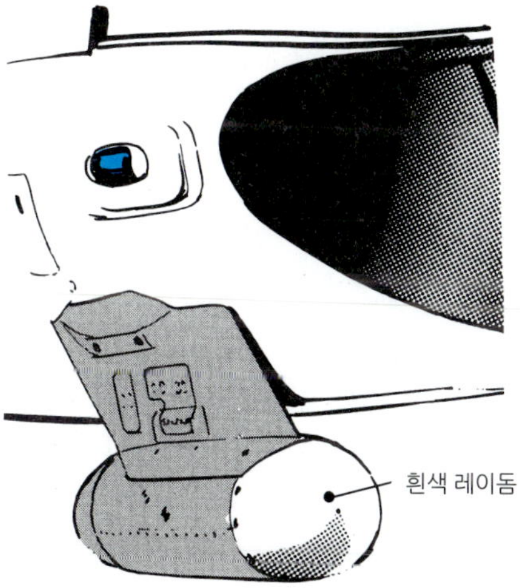

흰색 레이돔

제트 전투기 시대

3-40. 포드의 종류와 기능 (2) 고성능 포드를 이용하는 미군의 야간 전천후 침공 능력 향상

✈ **AAQ-13 항법 포드**

그림은 F-16C에 장착된 상태인데, 마틴 마리에타에서 개발한 야간 적외선 저고도 항법 장치의 모습이다. 저고도 항법 Ku 밴드 지형 추적 레이더를 탑재했으므로 고도도 선택할 수 있다. 광시야 야간 FLIR(적외선 전방 감시 장치)도 갖추고 있다. AAQ-13를 공기 흡입구 오른쪽, AAQ-14를 좌우측에 장착한다. 걸프전에선 F-15E에도 장착했으며, 야간 자동 조종으로 표적까지 접근 공격했다. 매뉴얼로도 슈퍼 임포즈를 보면서 비행할 수 있다.

✈ **AAQ-13 항법 포드 후면 전자 기기 냉각부**

F-15E에서는 이 포드에 APG-70 레이더를 공대지 모드로 사용하여 120km 떨어진 건조물까지 식별할 수 있었다.

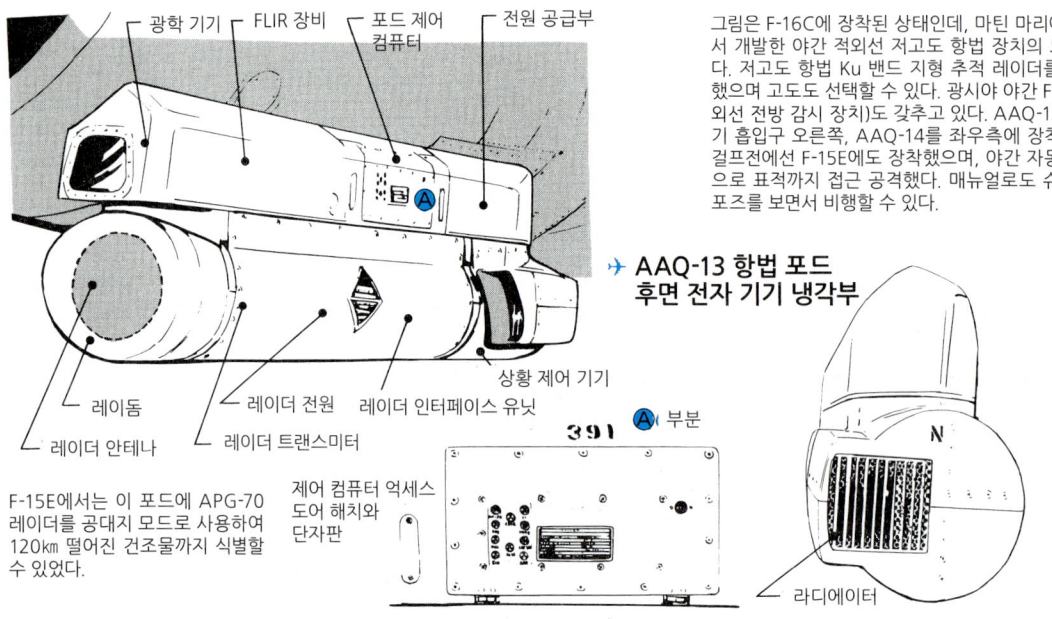

✈ **RF-4E 팬텀 II 정찰기의 카메라 장비**

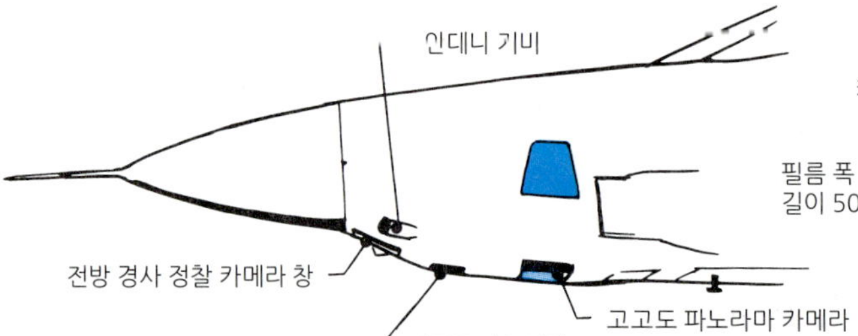

RF-4E는 정찰 기기를 9종 탑재하고 있다.
① 전방 정찰 카메라 KS-87B ② 저고도 파노라마 카메라 KA-56E ③ 고고도 파노라마 카메라 KA-91B ④ 지도 작성용 카메라 KC-1B ⑤ 장거리 측면 카메라 KS-127A ⑥ 측면 정찰 레이더 AN/APD-10 ⑦ 전방 감시 레이더 FLR ⑧ 적외선 정찰 장치 AN/AAS-18A ⑨ 하방 감시 적외선 장치 AAD-5

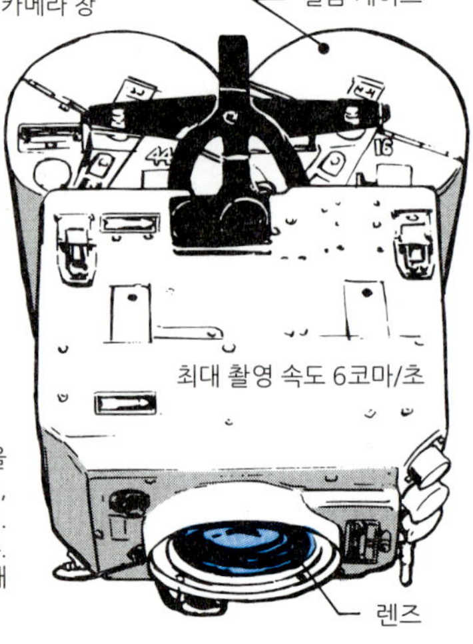

✈ **KS-87B 전방 정찰 카메라**

전방 아래쪽, 측방 아래쪽, 바로 밑쪽을 촬영하는 카메라. 크기는 전장 33cm, 폭 27cm, 높이 48cm 이며 무게 35kg. 렌즈 초점 거리는 3.6, 12.8인치 4종류. 셔터는 1/60~1/3000초. 최대 촬영 매수 1,200장.

✈ **KA-91 고고도 파노라마 카메라**

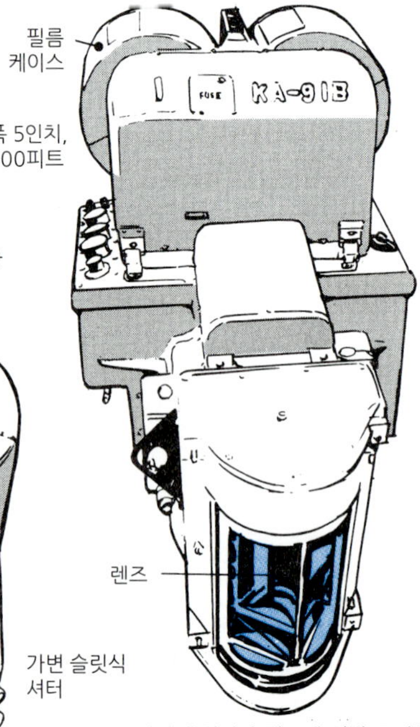

18인치 초점거리 렌즈에 전방 프리즘을 그림처럼 회전시켜 좌우 60°, 또는 93° 촬영 범위를 선택할 수 있다.

▶ 길이 42cm ▶ 폭 48cm ▶ 높이 70cm ▶ 무게 73kg

제트 전투기 시대

✈ AAQ-14 표적 포착 포드

미 육해공 3군 공통 1.06㎛(마이크로 미터=1백만분의 1m) 레이저 파장을 사용해서 폭탄일 경우에는 레이저 디지그네이터(지시기)로 표적을 조준하고 유도한다. 공대지 유도탄 등도 마찬가지이다. 그리고 IR(인프라레드=적외선) 센서는 약 16㎞ 떨어진 표적물도 포착할 수 있다. 좌우 두 포드를 세트로 사용하면 야간 전천후 저공 비행으로 지상 목표를 공격할 수 있으므로 작전 범위가 넓어졌다.

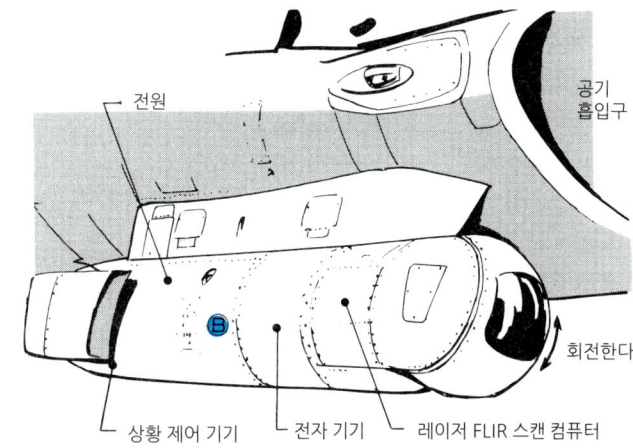

✈ AAQ-14 표적 포착 모드 후면

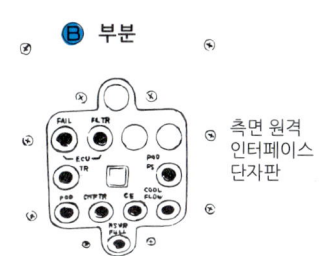

포드의 컴퓨터용 전원은 램 에어 터빈의 발전기로 공급한다.

✈ 정찰 카메라의 촬영 범위와 능력

왼쪽 페이지의 그림처럼 일반 전투기의 벌컨포 위치에 앞에서부터 ①전방 경사 카메라 ②저공 파노라마 카메라 ③고고도 파노라마 카메라 순으로 배열된다. 이 순서가 표준 예이며, 목적에 맞춰 다른 기능을 갖춘 카메라로 교체한다. 오른쪽그림은 하향 23.5°로 세트한 경우로, 3인치 렌즈일 때는 35.9°가 된다. 야간 촬영 때는 조명탄을 사출하고 그 사이에 찍는다. 저공용일 때 사용하는 M-112 조명탄(길이 19.5㎝×지름 4㎝)은 고도 152m~1,219m 범위에서 0.03초 동안 110만 룩스로 비춘다. 고고도용은 2,438m 이상, M123(길이 21.5㎝×지름 7.3㎝),

✈ KS-87의 6인치 렌즈를 사용한 예

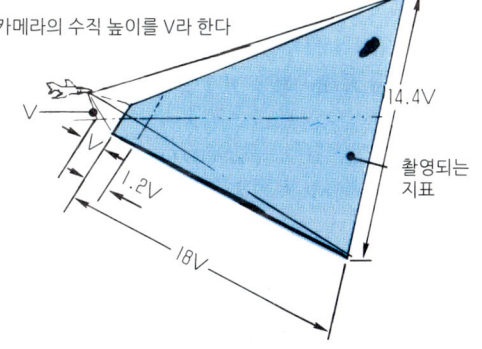

✈ 고고도 파노라마 카메라 KA-55의 경우

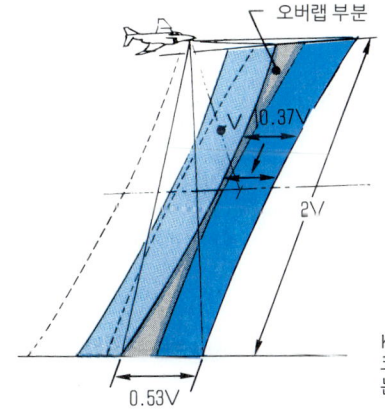

조명 시간은 0.04초 260만 룩스이다. 이 조명탄으로는 바로 밑 지역만 찍을 수 있으므로 저공일 경우에 대공 화기나 SAM 대응 레이더 회피에 좀 더 유효하다. 그러나 저공을 고속으로 날면 촬영 지역을 지나칠 수도 있다. 때문에 저공용 파노라마 카메라 KA-56은 초당 6코마 촬영 속도로 커버하는 것이다(코마 길이 11.4×23.9㎝). 촬영 직후에 기내에서 현상하며, 바로 필요할 경우에는 250피트까지 들이기는 카세트에 넣어 지상 부대에 투하하는 메카니즘도 기능도 있다. 발신기 부착 낙하산으로 투하한다.

KA-55 경우에는 좌우 각각 45° 범위로 촬영한다. 코마 치수 11.4×27.9㎝ 사이즈로 최대 촬영 속도는 2코마/초. 필름은 500피트 장비하였다.

3-41. 사격 조준 및 콕피트

전투기 간의 공중전에서 비행 속도가 1,000km/h를 넘어서자 파일럿이 상대의 속도나 거리, 위치를 파악해 공격하기가 곤란해졌다. 이를 해결하는 수단이 레이더 사격 조준기로, 미국이 1953년에 실용화했다. 표적이 보이지 않는 경우에도 레이더가 상대의 위치를 파악하고 방향과 비행 속도를 계산하여 목적 지점(미래 위치)을 공격하는 방식으로, 이를 계기로 전천후 자동 공격 수단을 얻게 된다.

콕피트에 있는 파일럿은, 계산기가 각종 팩터로부터 적기의 미래 위치를 산출해서 증폭기를 거쳐 눈앞의 조준기에 광점으로 표시하는 미래 위치를 표적으로 삼아 발사 버튼을 누르기만 하면 된다. 당연하지만 상대 기를 눈으로 쫓는 것이 아니라 화면에 비춰지는 모습으로 알게 된다. 이 레이저 조준과 자동 화기 관제 장치는 MA-2 FCS로 실용화되었고 개량 버전이 MA-3 FCS가 되며, 이와 조합한 A-4 조준기가 등장하고 이어서 E-4 FCS에 이르러 전천후 요격 시스템이 완성되었다.

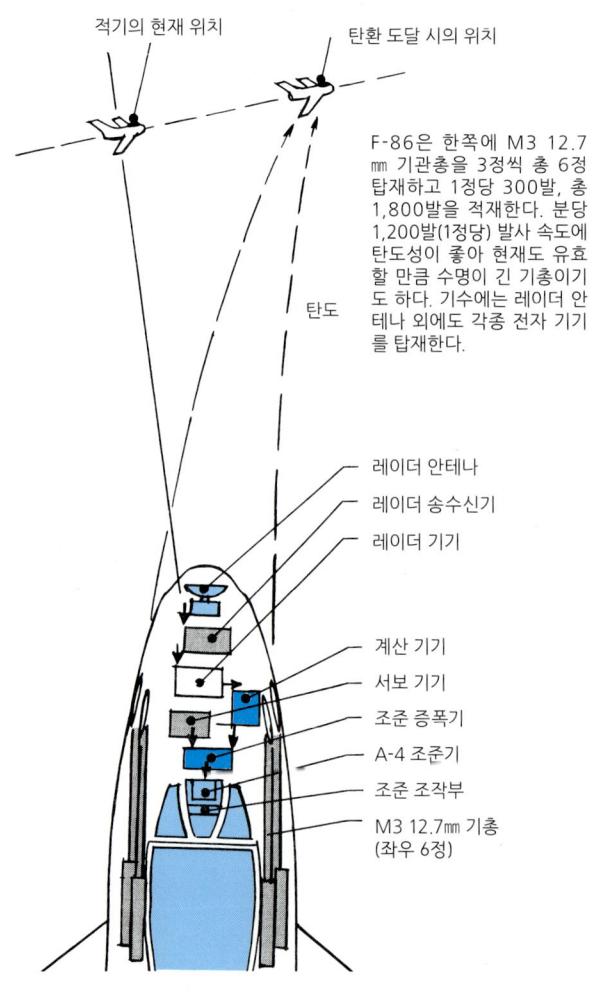

✈ F-86 레이더 사격 장치

F-86은 한쪽에 M3 12.7mm 기관총을 3정씩 총 6정 탑재하고 1정당 300발, 총 1,800발을 적재한다. 분당 1,200발(1정당) 발사 속도에 탄도성이 좋아 현재도 유효할 만큼 수명이 긴 기총이기도 하다. 기수에는 레이더 안테나 외에도 각종 전자 기기를 탑재한다.

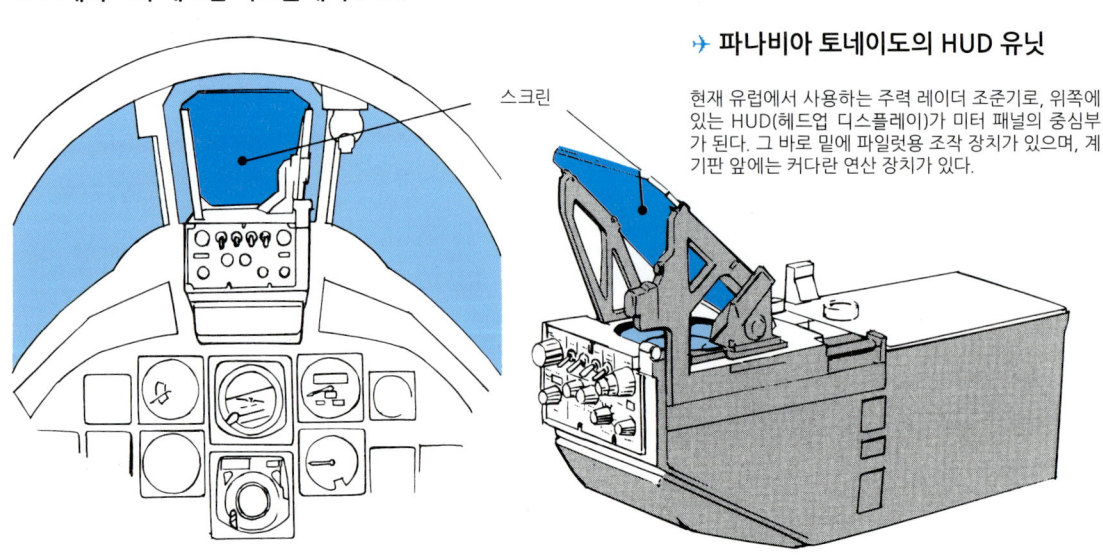

✈ 토네이도의 헤드업 디스플레이 (HUD)

✈ 파나비아 토네이도의 HUD 유닛

현재 유럽에서 사용하는 주력 레이더 조준기로, 위쪽에 있는 HUD(헤드업 디스플레이)가 미터 패널의 중심부가 된다. 그 바로 밑에 파일럿용 조작 장치가 있으며, 계기판 앞에는 커다란 연산 장치가 있다.

제트 전투기 시대

✈ F/A-18 호넷의 콕피트

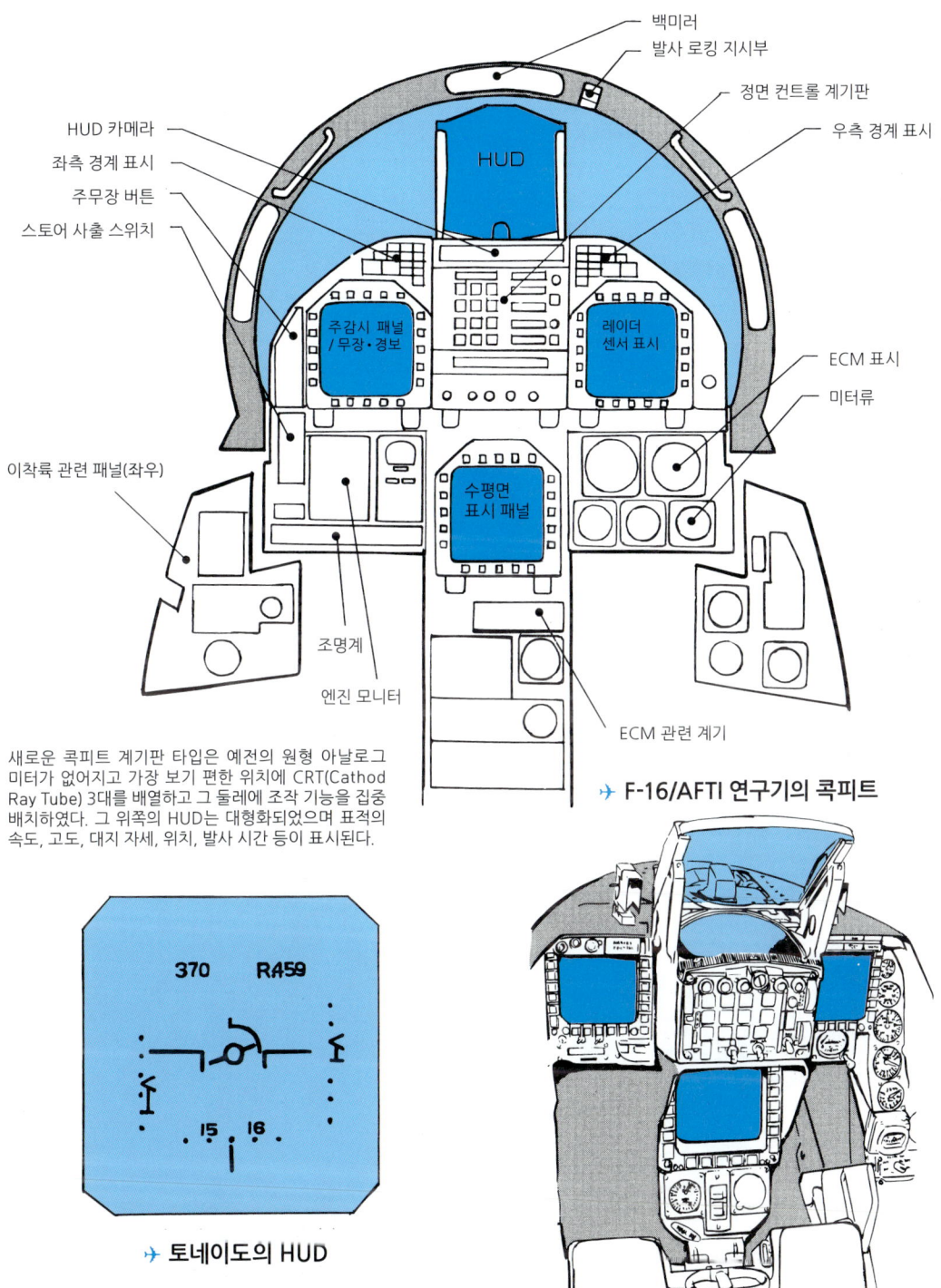

새로운 콕피트 계기판 타입은 예전의 원형 아날로그 미터가 없어지고 가장 보기 편한 위치에 CRT(Cathod Ray Tube) 3대를 배열하고 그 둘레에 조작 기능을 집중 배치하였다. 그 위쪽의 HUD는 대형화되었으며 표적의 속도, 고도, 대지 자세, 위치, 발사 시간 등이 표시된다.

✈ 토네이도의 HUD

HUD에 찍히는 문자와 기호 일부를 예로 살펴본다. 370은 속도이며 노트로 나타낸다. 그 옆의 R459는 전파 고도, 중앙의 중심은 기체의 자세로 기울기, 위쪽의 원호는 투하 표적까지의 거리를 나타내며 원호가 작아지다 제로가 되면 발사된다. 중앙 아래쪽은 헤딩 방위 표시로 왼쪽이 수직 속도, 오른쪽이 상승률을 가리킨다.

✈ F-16/AFTI 연구기의 콕피트

F-16C는 좌우로 CRT가 2개 있었지만, 항법·자세 제어 계기가 있던 센터 콘솔에 3번째 CRT가 놓였다. 캐노피 앞쪽에 조준용과 항법용 터렛 2개가 있으며, 야간 공격이나 단독 공격 능력 테스트용 첨단 콕피트.

3-42. 조종 장치와 제어

전자 제어 장치를 갖추고 자동화가 진행되어도 실제 전투 장면이나 폭격, 또는 회피를 위한 재빠른 자세 변화 등은 파일럿의 조종이 중심이 된다. 물론 컴퓨터는 이러한 긴장 상태에 대응할 수 있는 지령이 인풋되어 있지만, 파일럿은 조종간의 그립을 오른손으로 쥐고 왼손은 스로틀 레버에 얹으며 눈은 HUD에 못박히게 된다. 조금이라도 더 재빨리 조작할 수 있도록 중요한 버튼이나 스위치류는 조작 그립과 스로틀 레버에 배치한다. 이 형식은 제2차 대전 당시에 완성되었고, 현재도 기본적으로는 이를 계승하고 있는 것이다. 조종간의 그립 부분에는 폭격 투하 버튼, 기관포나 미사일 발사 트리거 외에 레이더 자동 탐지 모드 전환 스위치나 각종 컨트롤 버튼이 있다.

스로틀 레버는 차로 치면 액셀러레이터나 기어 변속 장치의 조합물 같은 것이며, 왼손으로 파일럿이 조작하기 쉬운 위치에 있다. 스로틀 레버를 뒤쪽으로 당

✈ F/A-18 호넷의 스로틀 레버 및 조종간 그립

- 통신 상대 전환 버튼
- 레이더 지향 설정 레버
- 오토 파일럿 스위치
- FLIR/NCTR
- 애프터 버너 컨트롤
- 에어 브레이크 버튼

기수 / 가속

조종간 그립부에 비해 스로틀 레버가 큰 이유는 쌍발기이므로 레버가 2개 1조로 되어 있기 때문이다. 레버 밑에는 에프터 버너 컨트롤 장치가 있고 이를 누르면 애프터 버너 연소가 시작하며 추력은 대폭 증대한다.

- 폭탄 투하 버튼
- 레이더 자동 탐지 4단계 전환 모드
- 피치 롤 버튼
- 기관포/미사일 3단계 전환 버튼
- 노즈 휠 컨트롤/오토 파일럿 해제 레버

앞

- 마이크로폰 버튼
- 에어 브레이크 레버 버튼
- 예비 버튼
- 무장 전환 스위치
- 레이더 버튼
- 안테나 상하 작동 링
- 조준 고정, 발사 버튼
- 사출 스위치
- 피아 식별 장치 버튼
- 핑거 리프트
- 러더 트림 스위치
- 프릭션 어저스팅 레버

✈ F-15 이글의 스로틀 레버

이글 것도 쌍발용이므로 2개 1조 스로틀 레버 방식이며, 여기에 각종 버튼이나 스위치가 배치되고 오른쪽에는 안테나 상하 작동 링이 있다. 그리고 아래쪽에 있는 러더 트림 스위치는 기수가 좌우로 쏠리는 것을 수정하는 용도이다.

기수

제트 전투기 시대

기면 출력이 내려가고 앞으로 밀면 출력이 올라가며 속도를 컨트롤한다. 이쪽에도 미사일이나 기관포 발사 버튼 및 채프/플레어 사출 스위치 등이 들어차 있다. F-15 이글 경우에는 레이더 버튼을 누르면 레이더가 작동하고 좌우로 누르면 레이더는 각 방향을 지향하며 위로 누르면 레이더 탐색 범위가 늘어나고 아래로 내리면 범위가 준다. 또한, 무장 전환 스위치는 앞으로 밀면 스패로 미사일, 중간은 사이드와인더, 뒤쪽으로 당기면 벌컨포 모드가 된다.

✈ 다소 라팔 (프랑스)의 콕피트

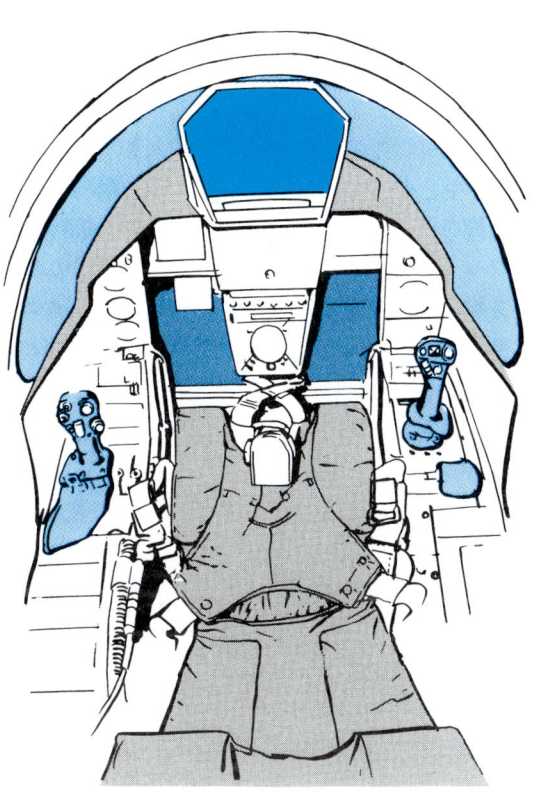

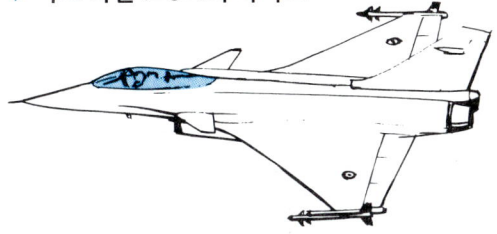

프랑스제 최신형 전투기의 콕피트. 1996년 7월에 처음으로 비행한 라팔은 블렌디드 윙 보디에 세미 스텔스 특성을 지녔으며 고G 상태에서도 안정된 조작을 할 수 있도록 배치되어 있다. 조종석의 쾌적성이라는 점에서도 세심하며 좌우로 있는 사이드 스틱과 스로틀 레버에는 암 레스트가 붙어 있다. 중앙 상부의 HUD도 대형 홀로그래픽 방식이다.

✈ 패널 발광식 편대등 (F-15 이글의 경우)

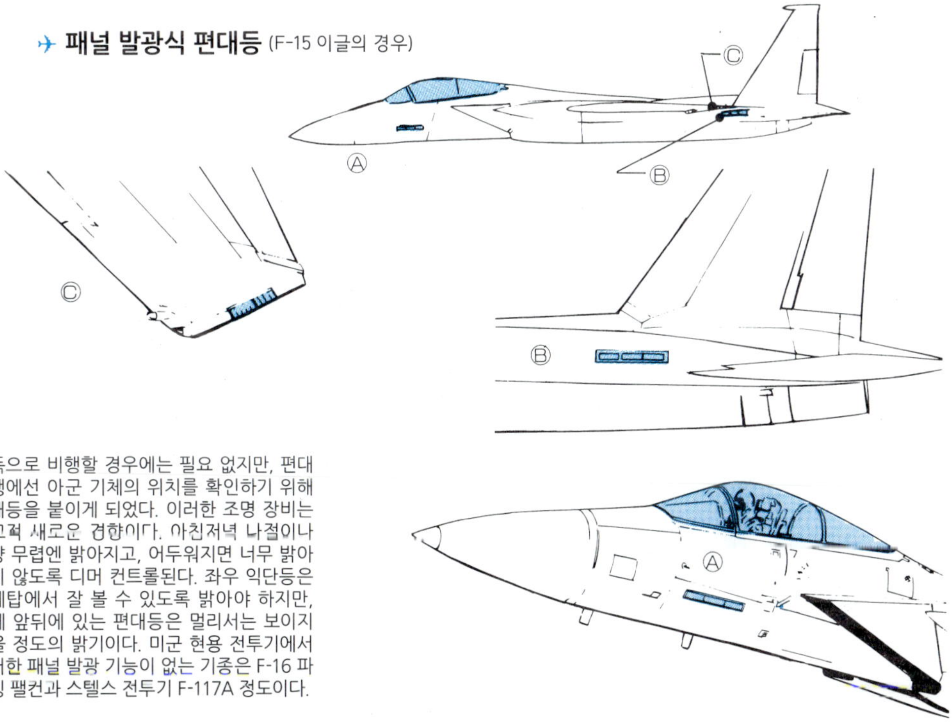

단독으로 비행할 경우에는 필요 없지만, 편대 비행에선 아군 기체의 위치를 확인하기 위해 편대등을 붙이게 되었다. 이러한 조명 장비는 비교적 새로운 경향이다. 아침저녁 나절이나 석양 무렵엔 밝아지고, 어두워지면 너무 밝아지지 않도록 디머 컨트롤된다. 좌우 익단등은 관제탑에서 잘 볼 수 있도록 밝아야 하지만, 동체 앞뒤에 있는 편대등은 멀리서는 보이지 않을 정도의 밝기이다. 미군 현용 전투기에서 이러한 패널 발광 기능이 없는 기종은 F-16 파이팅 팰컨과 스텔스 전투기 F-117A 정도이다.

3-43. 플라이 바이 와이어 시스템

전자 제어 시스템 도입으로 항공기의 조종 자체도 시대와 더불어 크게 변해 왔다. 예전에는 파일럿이 조종석에서 조종간이나 풋 바로 케이블이나 로드로 연결된 승강타와 방향타, 보조날개(플랩) 등을 조작했고, 초기에는 케이블 사용률이 높았다가 이윽고 로드를 많이 쓰게 된다. 속도 향상과 대형화 때문에 인력으로는 어려워지자 유압 등을 이용했지만 이때까지는 완전히 기계식 구조였다.

그런데 플라이 바이 와이어는 인간의 의지를 힘이 아니라 전기 신호로 바꾸는 것이다. 인간의 움직임은 전기 코드를 따라 그 끝에 있는 모터나 액추에이터로 전해진다. 코드를 가지런히 배선할 수 있으므로 복수 조종 계통을 갖추기 쉬워졌다.

플라이 바이 와이어는 마하 2 속도와 수많은 혁신적 신기축을 이루며 58년부터 양산된 미 해군 공격기 A-5 비질랜티부터 일찍이 채택하였다. 현재 가장 흔하게 볼 수 있는 사례는 F-16이다. 오른팔을 암 레스트에 대고 손목만 조금씩 움직여도 센서를 거쳐 액추

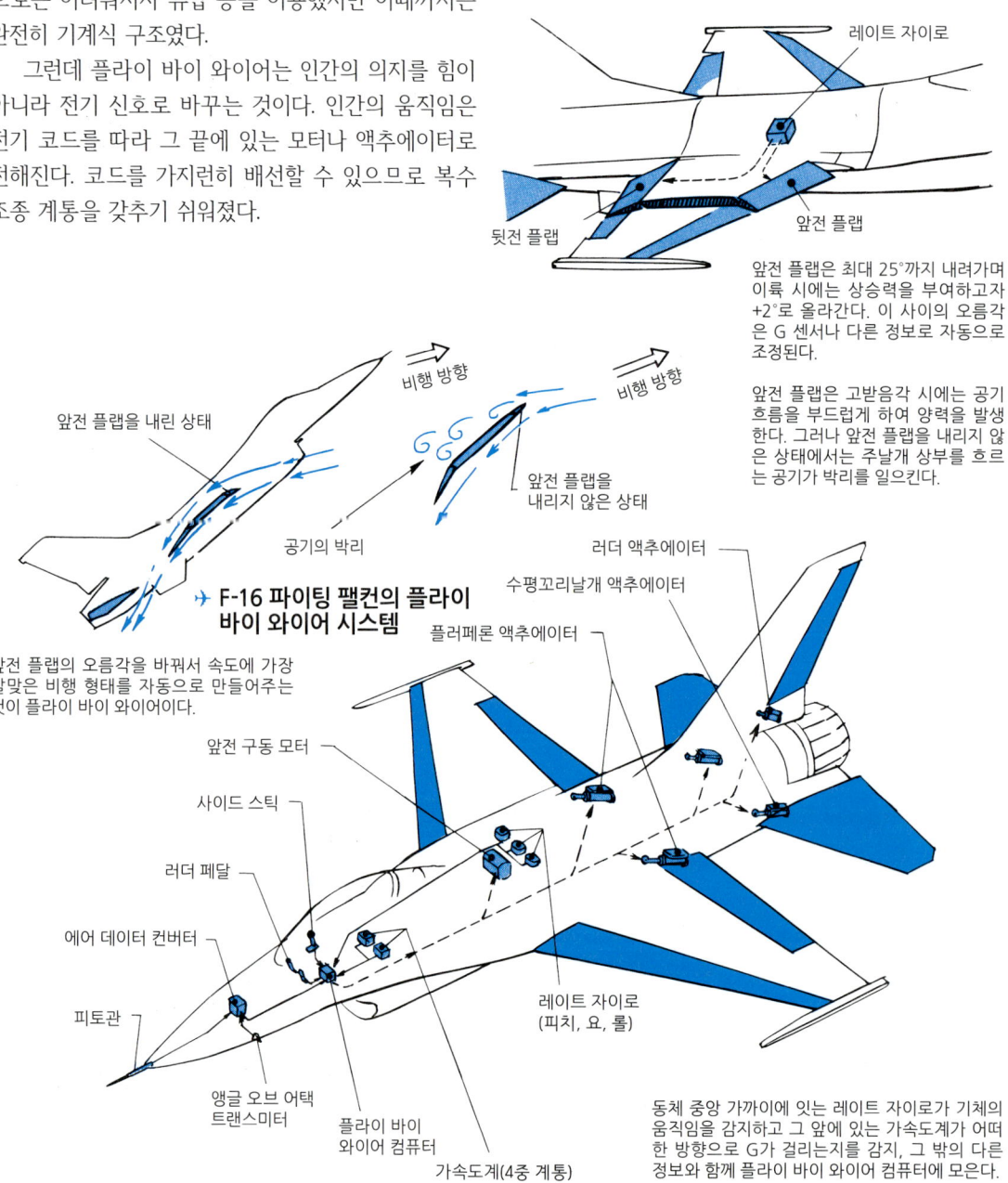

앞전 플랩은 최대 25°까지 내려가며 이륙 시에는 상승력을 부여하고자 +2°로 올라간다. 이 사이의 오름각은 G 센서나 다른 정보로 자동으로 조정된다.

앞전 플랩은 고받음각 시에는 공기 흐름을 부드럽게 하여 양력을 발생한다. 그러나 앞전 플랩을 내리지 않은 상태에서는 주날개 상부를 흐르는 공기가 박리를 일으킨다.

동체 중앙 가까이에 잇는 레이트 자이로가 기체의 움직임을 감지하고 그 앞에 있는 가속도계가 어떠한 방향으로 G가 걸리는지를 감지, 그 밖의 다른 정보와 함께 플라이 바이 와이어 컴퓨터에 모은다.

에이터까지 전해진다. 차세대 조종계는 플라이 바이 라이트(Light)이다. 플라이 바이 라이트는 신호를 빛으로 전달하므로 와이어와 달리 전자파 장해가 발생하지 않는다.

기존 콕피트에서는 파일럿의 좌우 다리 사이에 조종간이 놓여 있었다. 파일럿은 조종간을 쥐고 페달을 밟아 기체를 컨트롤한다. 그리고 왼쪽 사이드에는 스로틀 레버가 있고, 이를 조작해 엔진 출력을 조절한다. 인간이 주도적으로 개입하는 조작계이다.

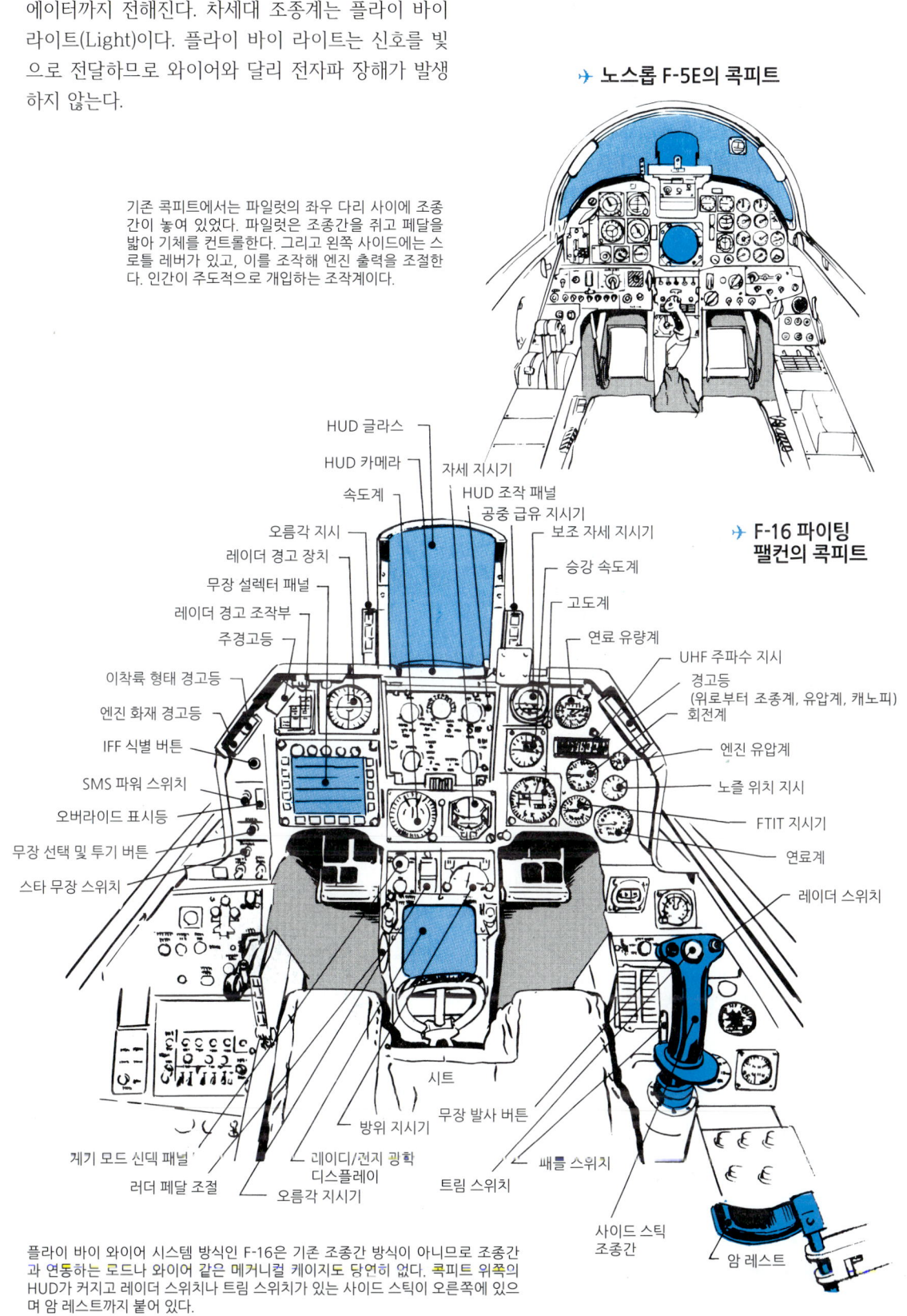

→ 노스롭 F-5E의 콕피트

→ F-16 파이팅 팰컨의 콕피트

플라이 바이 와이어 시스템 방식인 F-16은 기존 조종간 방식이 아니므로 조종간과 연동하는 로드나 와이어 같은 메커니컬 케이지도 당연히 없다. 콕피트 위쪽의 HUD가 커지고 레이더 스위치나 트림 스위치가 있는 사이드 스틱이 오른쪽에 있으며 암 레스트까지 붙어 있다.

3-44. 편대 비행 및 공중전 시의 비행법

현재 일본 자위대에서는 2기 단위를 엘레먼트, 엘레먼트 2개조를 합친 4기를 플라이트라고 부른다. 플라이트 4개조를 합친 16기에 2기를 더한 18기가 비행대의 정수이며, 예비 4기를 더한 22기로 1개 비행대를 편성한다. 전투 대형은 '핑거 팁'이 기본이며, 임무 수행 후 귀환할 때 기지가 가까워지면 '에셜론' 대형을 취한다.

핑거 팁은 레프트 핑거와 라이트 핑거가 있는데, 언제 적과 마주칠 지 모를 때는 전술 대형을 취한다. 1번기와 2번기, 3번기와 4번기가 조를 짜서 4기가 동시에 발견되는 상황을 피한다. 비행술에서 가장 중요한 점은 적을 사격할 수 있는 위치를 확보하는 것이다. 일반적으로는 상대의 후방 위치를 차지하려 하지만, 그러다 자신이 격추될 때도 많다. 4기 단위로 날고 2기 단위로 싸움에 임하는 까닭은, 하나는 공격에 전념하고 다른 하나는 망을 보면서 지원 임무를 수행토록 하기 때문이다. 비행 편대의 다양한 패턴은 비행 훈련이나 에어쇼에서 볼 수 있다.

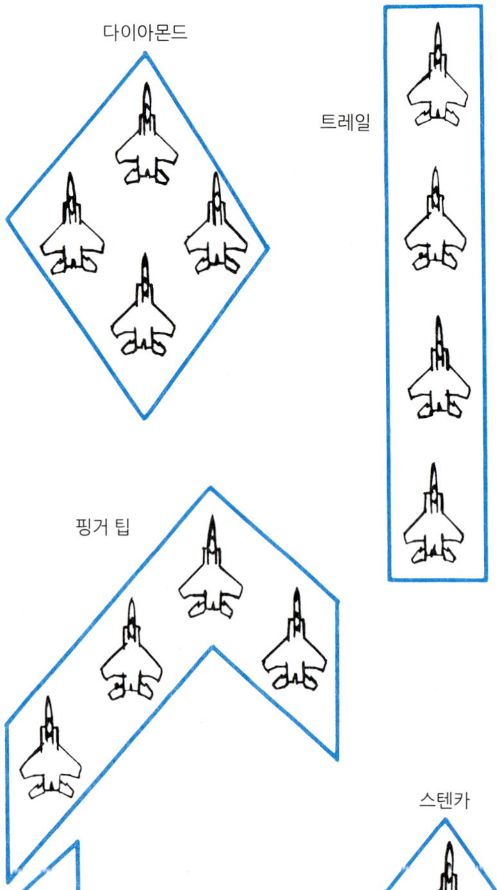

다이아몬드

트레일

핑거 팁

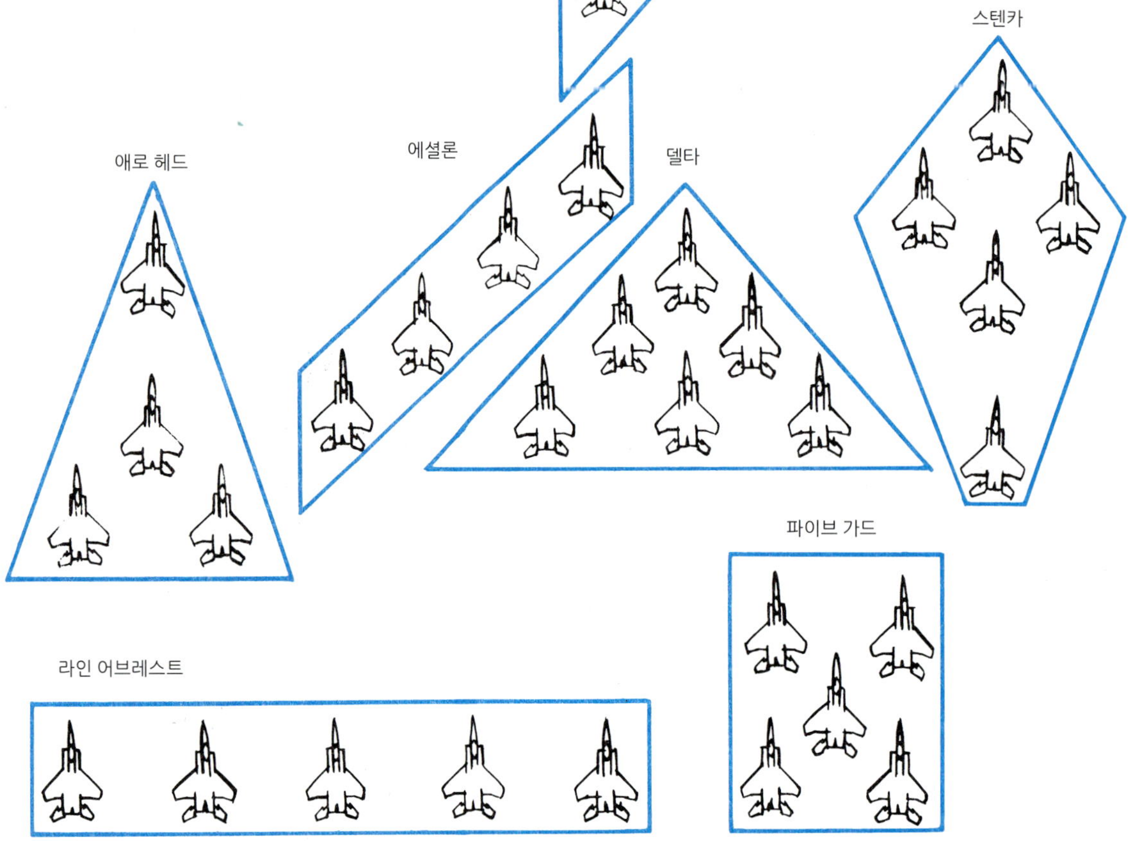

스텐카

애로 헤드

에셜론

델타

파이브 가드

라인 어브레스트

제트 전투기 시대

✈ 임멜만 턴의 원형

제1차 대전 독일 에이스인 막스 임멜만의 이름을 딴 비행 턴. 사격하고 상승한 다음에, 속도가 떨어지는 지점에서 방향타를 밟고 보조날개를 써서 기수를 내리고 가속하면서 적을 다시 추격한다.

✈ 그 후의 임멜만 턴

임멜만 턴을 바탕으로 절벽을 오르듯이 상승해서 라인의 정점 지점에서 뒤집힌 상태로 반 횡전하여 수평 자세로 되돌리는 180° 턴을 임멜만 턴이라 부르게 되며 현재까지 이어지고 있다. 180° 턴으로 원래 위치, 즉, 적이 있는 지점으로 돌아가 다시 한 번 일격을 가하기 위한 선회이다.

✈ 배럴 롤

술통(배럴) 둘레를 일정하게 빙빙 돌듯이 한쪽 날개 방향은 원통의 중심 축을 향하도록 나는 방법으로, 원통의 중심 축을 유지할 수 있도록 먼 쪽에 있는 산 정상 등을 목표물로 삼는다. 이는 적기 사격에 최적 위치를 찾기 위한 비행 테크닉.

✈ 슬라이스 턴

자신이 온 방향으로 재빨리 되돌아가는 방법으로, 동체를 135° 옆으로 비틀고 그대로 아래를 향해 180° 돌면서 급선회한다. 이때 엔진 출력은 완전 전개한다.

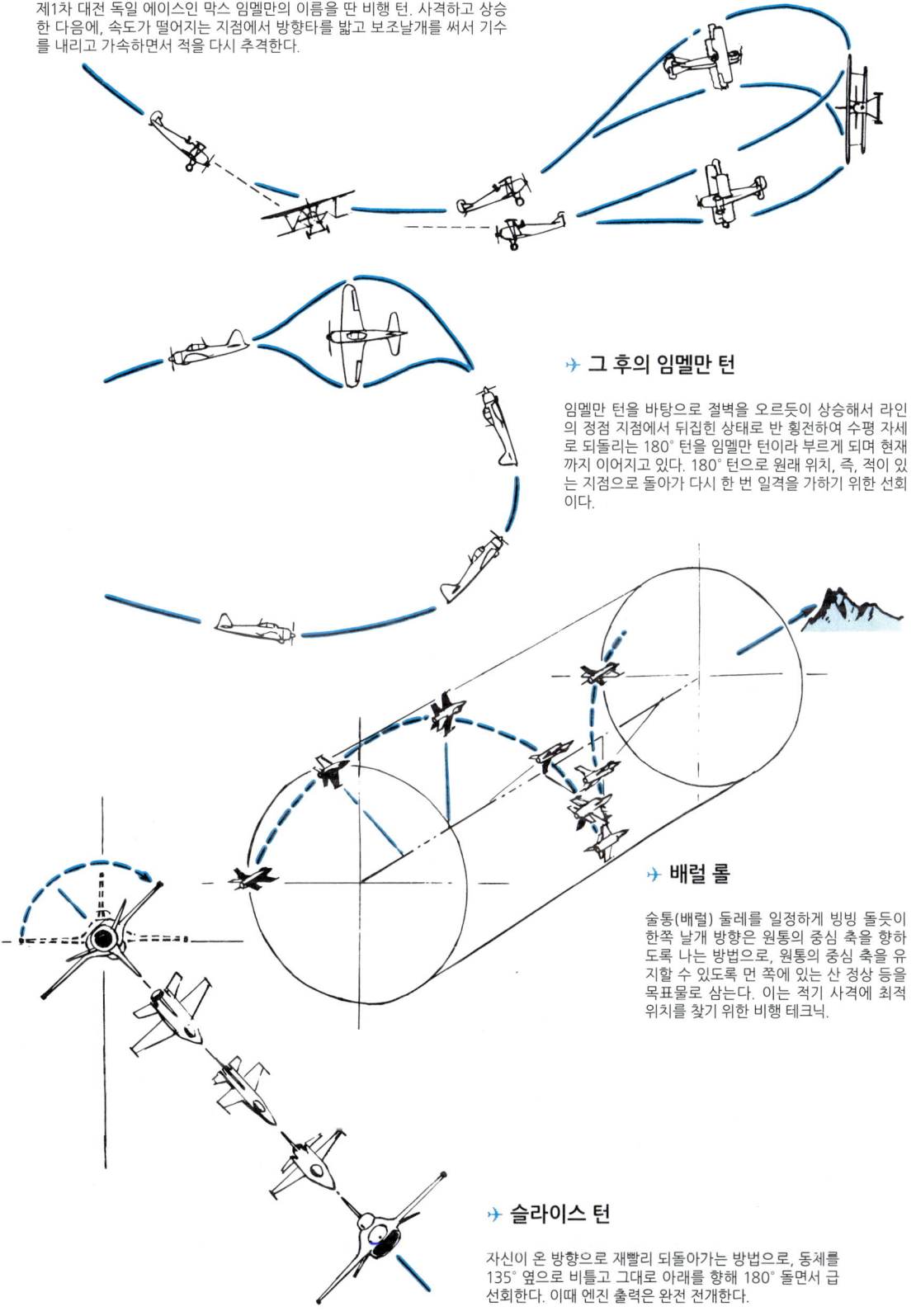

195

3-45. 패러사이트

전투기는 레시프로, 제트기를 막론하고 속도나 기동성 등 전투와 관련 있는 성능이 중요시되며, 되도록 소형 경량일 것을 요구받는다. 따라서 연료 탑재량에 제약이 있으며 비행 시간, 항속 거리 모두 길지 않다. 한편, 장거리 폭격기와 같은 대형기는 호위 없이 전장에 나섰다간 큰 피해를 본다. 이를 해결하고자 고안한 것이 패러사이트(기생물이란 뜻)라는 방식이다. 초기에는 비행선의 동체나 대형 폭격기 동체에 격납하거나 매달고(이 경우에는 트라피즈나 공중 그네라고도 부른다) 이동하다 필요할 때 공중에서 발진한다. 이 방법은 전투기의 귀환하는 전투기 수용이 번거롭고 공중 급유가 발달하면서 실험으로 끝난 사례가 많다.

✈ 커티스 F9C 스패로 호크의 예

이 기체는 막 완성된 비행선에서 사용하기 위해 개발되었다. 비행선은 장시간 장거리 비행이 가능하므로 패러사이트의 보금자리로는 안성맞춤이었다. 이 방법은 패러사이트의 체력 유지에도 유효하다.

- 수용 개구부
- 훅이 걸리면 녹색 깃발이 내려온다.
- 비행선 본체의 복부
- 트라피즈(현수 장치) 동체 바로 밑으로 내려오는 암

모선은 120km/h로 비행하고 스패로 호크를 거느린다. 스패로 호크의 실속 속도 100km/h 보다 조금 빠른 속도 수준이므로 비행선의 속도에 맞춰 현수 장치에 훅을 건다.

- 새들 이것으로 기체를 누른다
- 트라피즈에 훅을 건 상태

1933년에 취역한 미 해군의 경식 비행선. 메이컨과 애크런 두 척이 건조되었다. 두 척 모두 스패로 호크 4기씩 수용할 수 있었다. 호위 전투기를 직접 거느린다는 발상. 그러나 1935년의 메이컨 추락 이후로는 이러한 비행선 방식에 발전은 없었다.

경식 비행선이란, 공기를 빼도 쭈그러들지 않는 트러스 골조로 되어 있다. 이 비행선은 초계용.

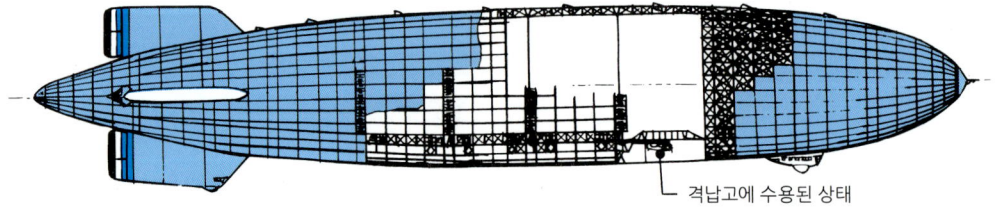

격납고에 수용된 상태

제트 전투기 시대

✈ 맥도널 XF-85 고블린

전략 폭격기를 호위하기 위해 폭격기 폭탄창에 수용한다. 적진 상공에서 발진하고 호위 임무 종료 후에 수용한다는 구상이었다. 1948~1949년에 B-29를 모기로 테스트를 거듭했지만, 귀환 후 수용이 번거로웠던 것 같다. 이에 더해 기체 자체의 형상으로도 짐작할 수 있듯이 안정성이 나빠 실용화할 수 없었다.

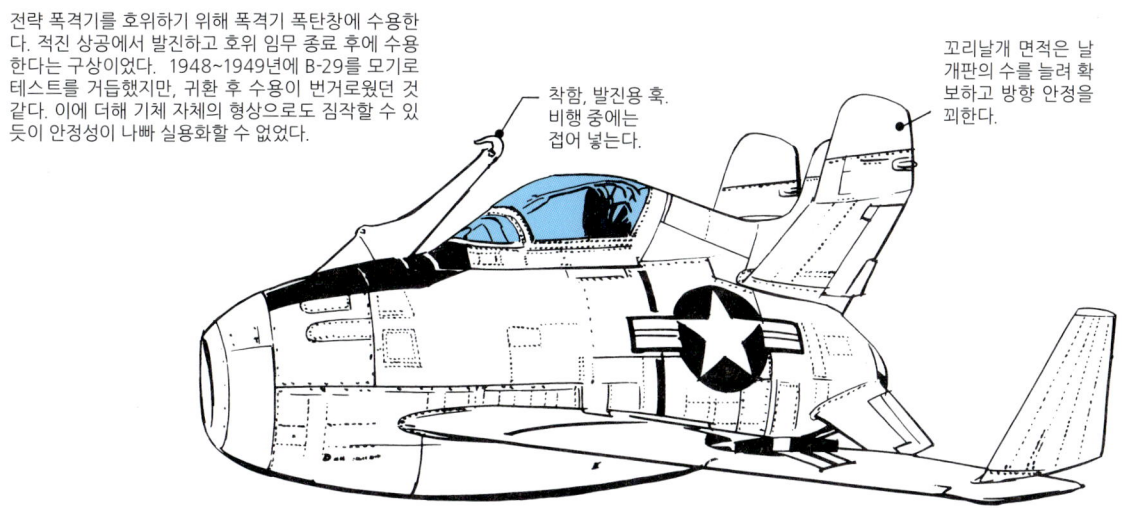

착함, 발진용 훅. 비행 중에는 접어 넣는다.

꼬리날개 면적은 날개판의 수를 늘려 확보하고 방향 안정을 꾀한다.

전장 4.29m, 전폭 6.42m, 전고 2.50m, 엔진 J-34 터보 제트, 추력 1,360kg, 최고 속도 965km/h. 폭탄창에 수용하므로 각 치수는 매우 제한되었다. 달걀이나 폭탄에다 날개를 붙인 듯한 이 형상이 안정성 불량의 원인이기도 했다.

✈ 컨베어 B-36 피스메이커

B-29의 차세대로, 호위기를 탑재하면 '공중 항모'로도 기능할 수 있었다. 플랫 & 휘트니제 R-4360-25 엔진(레시프로) 3,500ps×6기와 긴급 출력용 GE제 J47 엔진을 2기 탑재하고 11,000km라는 장대한 항속거리를 자랑했다. 전폭 70m를 넘는 거대 사이즈로, 이후에도 이처럼 거대한 기체는 취역한 적이 없다. 제트 폭격기 시대에 들어서서도 엄청난 항속 거리 때문인지 한동안은 현역으로 남았다. 호위기 탑재는 이 장거리 비행 능력 때문이기도 하지만, 날개 끝쪽으로 예항하는 방법도 있었다.

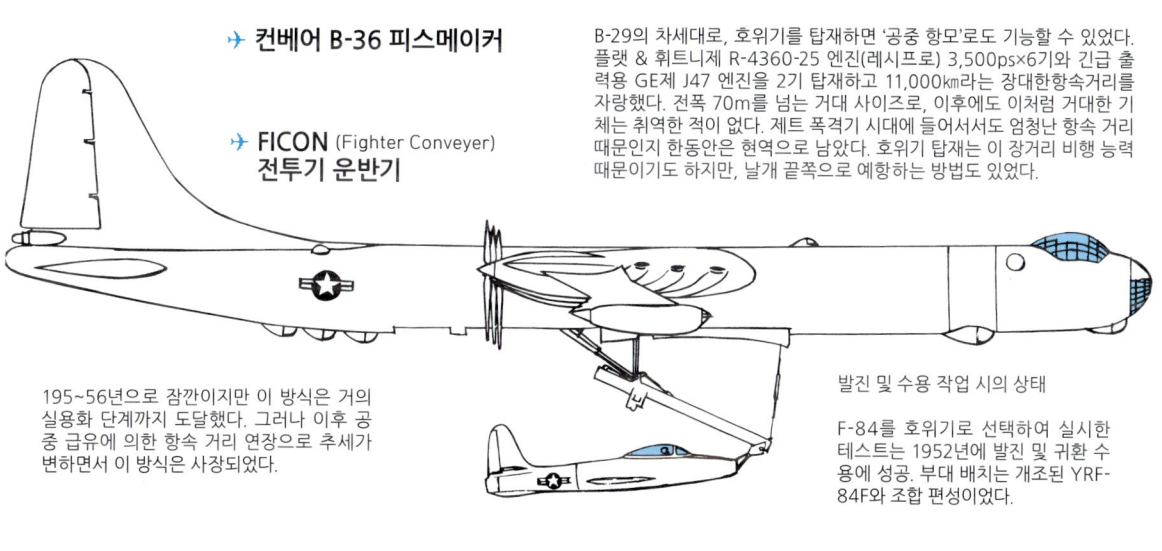

✈ FICON (Fighter Conveyer) 전투기 운반기

195~56년으로 잠깐이지만 이 방식은 거의 실용화 단계까지 도달했다. 그러나 이후 공중 급유에 의한 항속 거리 연장으로 추세가 변하면서 이 방식은 사장되었다.

발진 및 수용 작업 시의 상태

F-84를 호위기로 선택하여 실시한 테스트는 1952년에 발진 및 귀환 수용에 성공. 부대 배치는 개조된 YRF-84F와 조합 편성이었다.

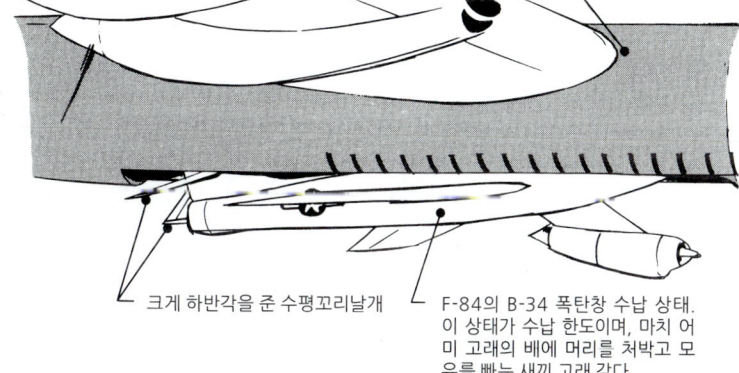

B-36의 동체

크게 하반각을 준 수평꼬리날개

F-84의 B-34 폭탄창 수납 상태. 이 상태가 수납 한도이며, 마치 어미 고래의 배에 머리를 처박고 모유를 빠는 새끼 고래 같다.

제2차 대전 중에 유럽에서는 B-17을 P-47이니 P-51이 항상 호위하고 있었다. 태평양 전쟁에서는 일본 전투기의 고공 성능이 뒤떨어져 B-29를 호위 없이도 운용하였다. 그러나 5년 후 한국전쟁에서 MiG-15가 등장하자 B-29도 제트 전투기의 호위 없이는 날 수 없었다. 그래서 야간 폭격 위주로 운용하게 되었다.

3-46. 공중 급유 (1)

앞페이지의 패러사이트를 대신하여 실용화되고 일반화된 방식이 공중 급유이다. 대전 기간에도 각국에서 실험했지만, 제2차 대전이 끝나고 제트기 시대에 들면서 전성기를 맞이한다. 제트기는 이륙 상승에서 레시프로기를 압도하지만 연료 소비도 극심하다. 도중에 착륙해서 연료를 보급한다 해도 중계지 이착륙 자체가 연료 소비에 비효율적이다. 공중 급유는 그와 같은 손실을 없애고 항속 거리를 늘려준다. 전략상 구체적으로는, 초계기는 초계 시간의 연장, 전투·폭격기는 작전 행동 범위 확대, 수송기(폭격기도 마찬가지)는 탑재물을 한계까지 싣고도 원거리 수송을 할 수 있게 된다. 전술상 빠뜨려선 안 될 또 한 가지 이점은, 일반 방식으로는 이륙이 불가능한 장소에서 필요 최소한의 연료만 탑재하고 가볍게 날아올라 공중에서 급유를 받고 계속해서 비행할 수 있다는 점이다.

이 방식은 실용화된 이래로 베트남 전쟁이나 포클랜드 분쟁에서 위력을 발휘하고, 그 후에도 걸프전 당시 미 본토에서 사우디 아라비아까지 무착륙으로 비행하면서 주목을 모았다.

✈ 미 육군 (1923년)의 실험

머리 위의 드 하빌랜드 D.H.4에서 아래쪽의 D.H.4로 호스를 늘어뜨리고, 뒷좌석 승무원이 호스를 잡아 주유구에 꽂는다. 호스식의 원류.

영국에선 1920년대에 실험했는데, 끄트머리에 추를 붙여 멋대로 휘날리지 않도록 한 와이어를 먼저 늘어뜨리고 급유 받을 기체 쪽에서 훅으로 와이어를 낚아채고 끌어당긴 나음 호스를 연결하는 방법을 택했다. 단발기는 정면에 프로펠러가 있어서 후류(後流)의 영향이 크기 때문이다. 단좌기는 혼자서 조종하는 동시에 호스를 연결해야 하는데, 호스와 프로펠러의 접촉을 생각하면 위험하기 짝이 없는 행동이었다.

공중 급유 방식은 초기의 루프 호스 방식, 플라잉 붐 방식, 호스 끝에 깔대기 같은 급유 꼭지(드로그)를 붙인 프로브 & 드로그 방식 등이 있다. 크게 나누면 붐(막대)과 호스(관) 두 종류를 쓰며, 미 공군은 붐 방식, 해군은 호스 방식이다.

✈ F-14 톰캣의 공중 급유

급유 호스의 지름 73mm

프로브(탐침)

드로그
(깔대기처럼 생긴 급유 꼭지)

오늘날엔 동체 위에 커다란 로터가 달린 헬리콥터라도 기다랗게 튀어나온 붐을 이용해서 공중 급유할 만큼 널리 실용화되었다. 일찍이 위험을 무릅쓰고 레시프로 단발기로 급유했던 당시로선 상상조차 못할 일이다.

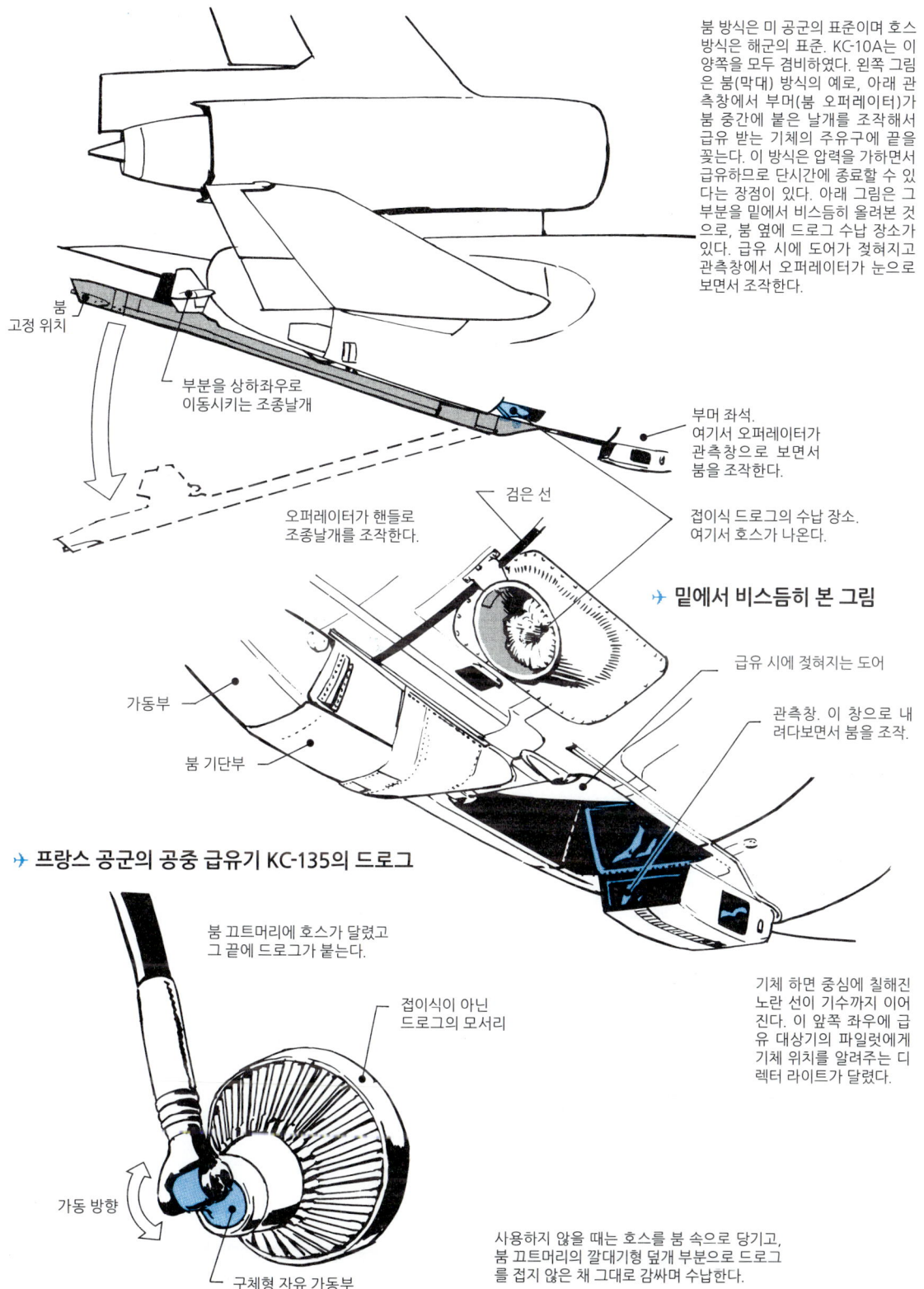

3-47. 공중 급유⑵ KC-130의 오른날개 급유 장치 (호스방식)

그림은 호스 방식의 예이지만, 미군 경우에는 해군과 해병대가 이 방식을 쓰는 이유가 있다. 해군기는 항공모함 운용이 기본이며, 수송기도 소형이므로 10m에 달하는 플라잉 붐을 장착하기가 어렵기 때문이다. 공군기가 해군기에 급유할 경우에는 붐 끄트머리에 드로그 어태치먼트를 장착한다.

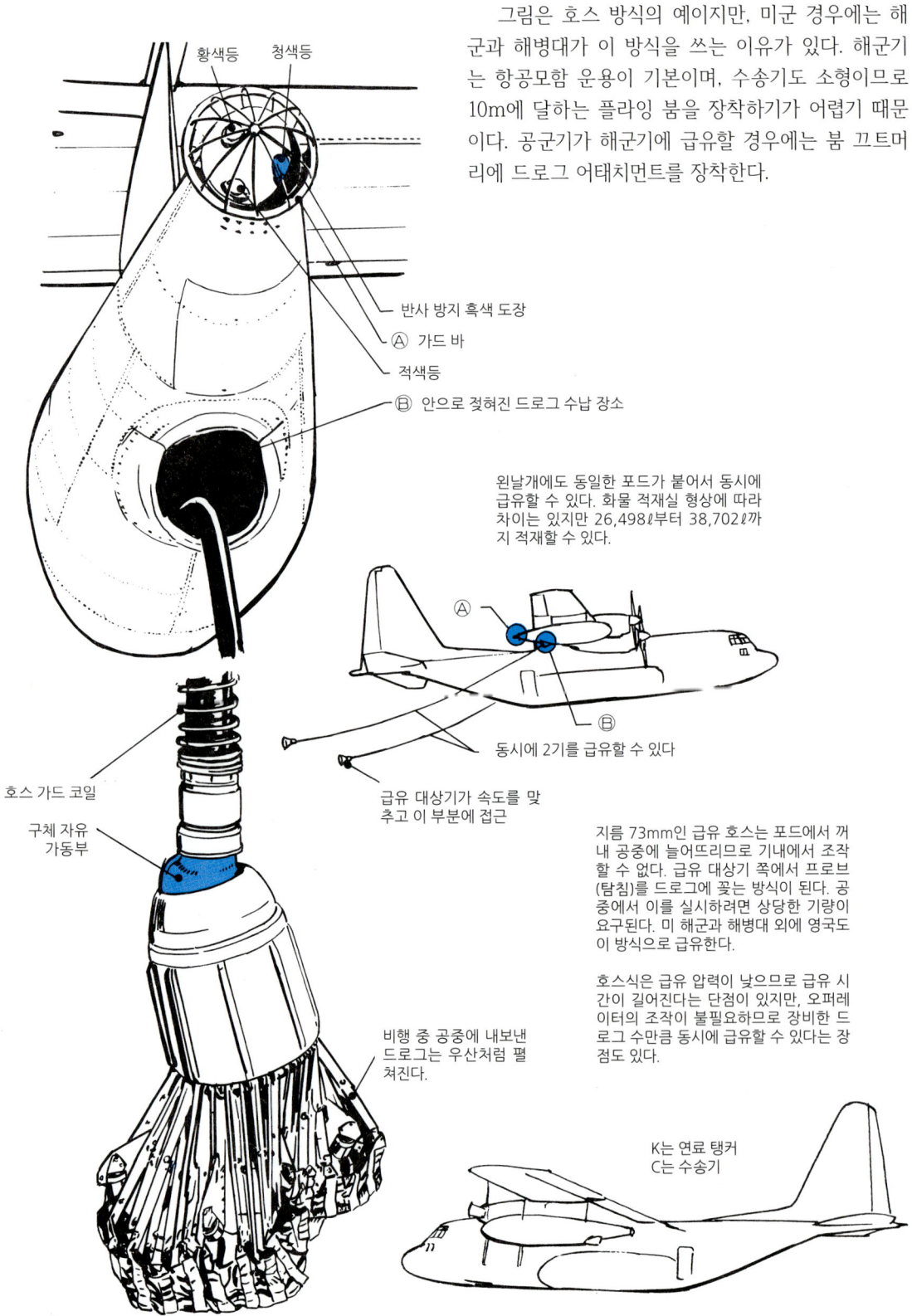

황색등
청색등
반사 방지 흑색 도장
Ⓐ 가드 바
적색등
Ⓑ 안으로 젖혀진 드로그 수납 장소

왼날개에도 동일한 포드가 붙어서 동시에 급유할 수 있다. 화물 적재실 형상에 따라 차이는 있지만 26,498ℓ부터 38,702ℓ까지 적재할 수 있다.

동시에 2기를 급유할 수 있다

호스 가드 코일
구체 자유 가동부

급유 대상기가 속도를 맞추고 이 부분에 접근

지름 73mm인 급유 호스는 포드에서 꺼내 공중에 늘어뜨리므로 기내에서 조작할 수 없다. 급유 대상기 쪽에서 프로브(탐침)를 드로그에 꽂는 방식이 된다. 공중에서 이를 실시하려면 상당한 기량이 요구된다. 미 해군과 해병대 외에 영국도 이 방식으로 급유한다.

비행 중 공중에 내보낸 드로그는 우산처럼 펼쳐진다.

호스식은 급유 압력이 낮으므로 급유 시간이 길어진다는 단점이 있지만, 오퍼레이터의 조작이 불필요하므로 장비한 드로그 수만큼 동시에 급유할 수 있다는 장점도 있다.

K는 연료 탱커
C는 수송기

제트 전투기 시대

✈ KC-10A 급유 호스말이 상부

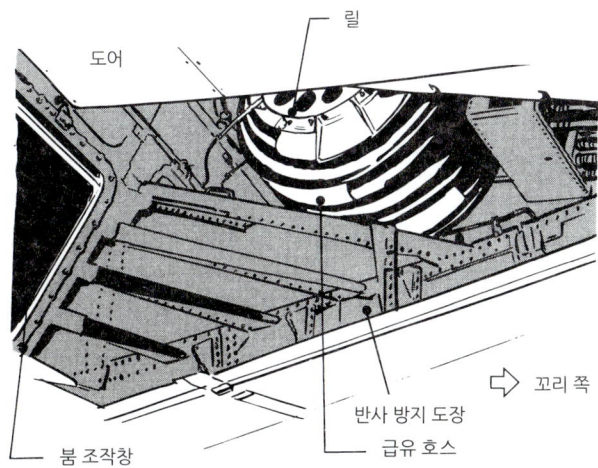

도어, 릴, 꼬리 쪽, 반사 방지 도장, 급유 호스, 붐 조작창

그림은 호스를 만 상태. 호스엔 시인용 하얀 띠가 칠해져, 내보낸 길이를 눈으로 확인하게끔 되어 있다.

✈ 드로그

아래 그림은 미국식 드로그를 뒤에서 본 모습. 호스를 공중에 늘어뜨리면 깔때기처럼 펼쳐지고 급유구로 갈수록 좁아진다. 이 구멍에 급유 대상기가 프로브(탐침, 다음 페이지 참조)를 박으면 급유를 개시한다.

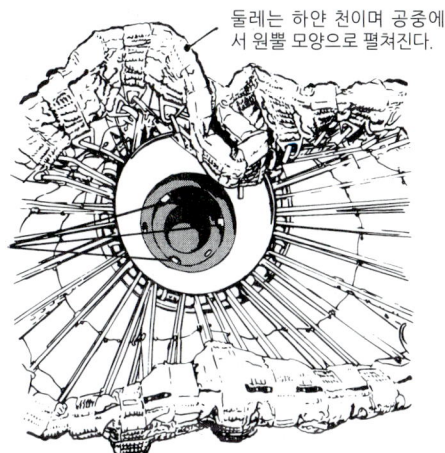

둘레는 하얀 천이며 공중에서 원뿔 모양으로 펼쳐진다.

3-48. 공중 급유⑶ 미군, NATO군의 현용 기종

✈ KC-135의 붐

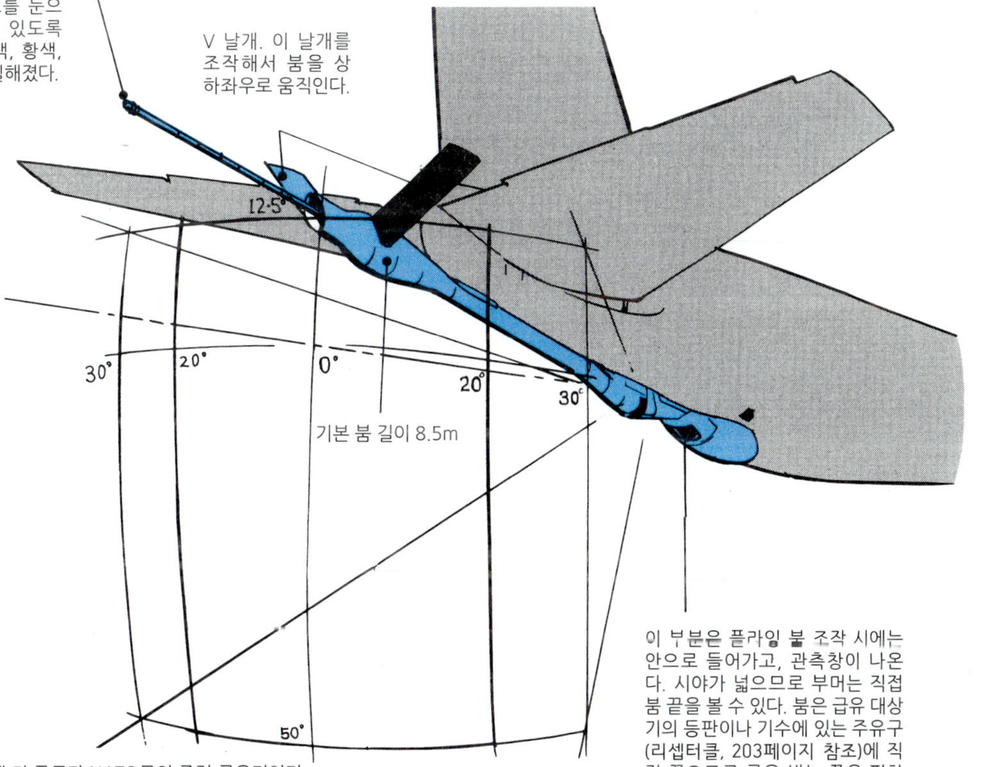

최대 5.8m 튀어나온다. 나온 정도를 눈으로 확인할 수 있도록 적색, 오렌지색, 황색, 녹색 순으로 칠해졌다.

V 날개. 이 날개를 조작해서 붐을 상하좌우로 움직인다.

기본 붐 길이 8.5m

이 기종은 현재 미 공군과 NATO군의 주력 급유기이며 붐 방식이다. 앞서 적었듯이 붐 방식은 고압으로 급유하므로 시간상으로 유리하며, 이 기종은 매분 3,400ℓ를 급유할 수 있다.

붐 가동 범위는 보통 오른쪽 20° 왼쪽 20°, 위 12.5° 아래 50°

이 부분은 플라잉 붐 조작 시에는 안으로 들어가고, 관측창이 나온다. 시야가 넓으므로 부머는 직접 붐 끝을 볼 수 있다. 붐은 급유 대상기의 등판이나 기수에 있는 주유구(리셉터클, 203페이지 참조)에 직접 꽂으므로 급유 받는 쪽은 편하다고 할 수 있겠다.

3-49. 공중 급유⑷ 프로브의 종류

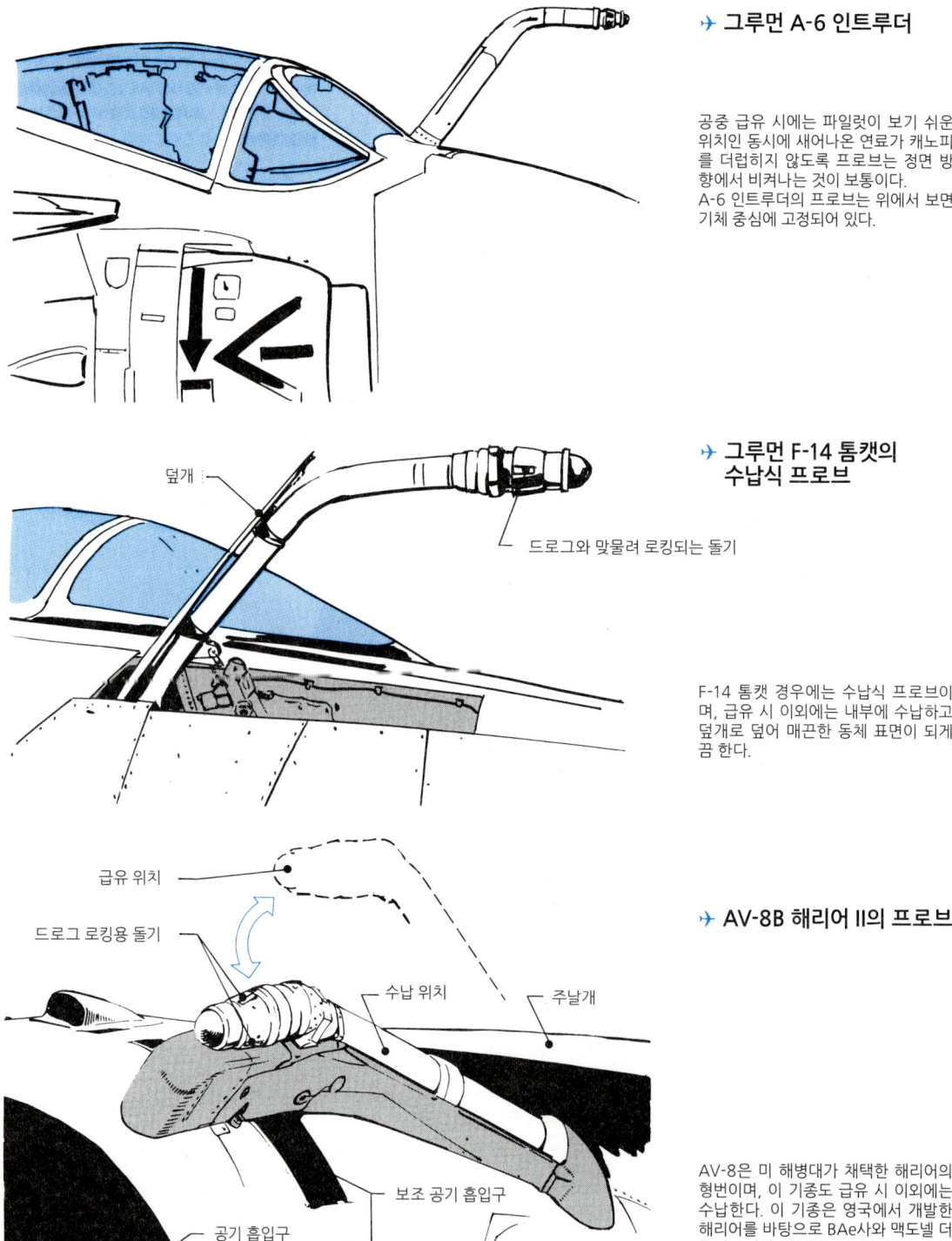

✈ 그루먼 A-6 인트루더

공중 급유 시에는 파일럿이 보기 쉬운 위치인 동시에 새어나온 연료가 캐노피를 더럽히지 않도록 프로브는 정면 방향에서 비켜나는 것이 보통이다.
A-6 인트루더의 프로브는 위에서 보면 기체 중심에 고정되어 있다.

✈ 그루먼 F-14 톰캣의 수납식 프로브

F-14 톰캣 경우에는 수납식 프로브이며, 급유 시 이외에는 내부에 수납하고 덮개로 덮어 매끈한 동체 표면이 되게끔 한다.

✈ AV-8B 해리어 II의 프로브

AV-8은 미 해병대가 채택한 해리어의 형번이며, 이 기종도 급유 시 이외에는 수납한다. 이 기종은 영국에서 개발한 해리어를 바탕으로 BAe사와 맥도넬 더글라스사가 발전형으로 재설계한 시리즈이다. 세계 최초로 실용화한 V/STOL 전투 공격기로, 헬리콥터와 마찬가지로 넓은 활주로가 필요 없다는 점에서 높이 평가받는 기체이다.

3-50. 공중 급유 ⑸ 리셉터클

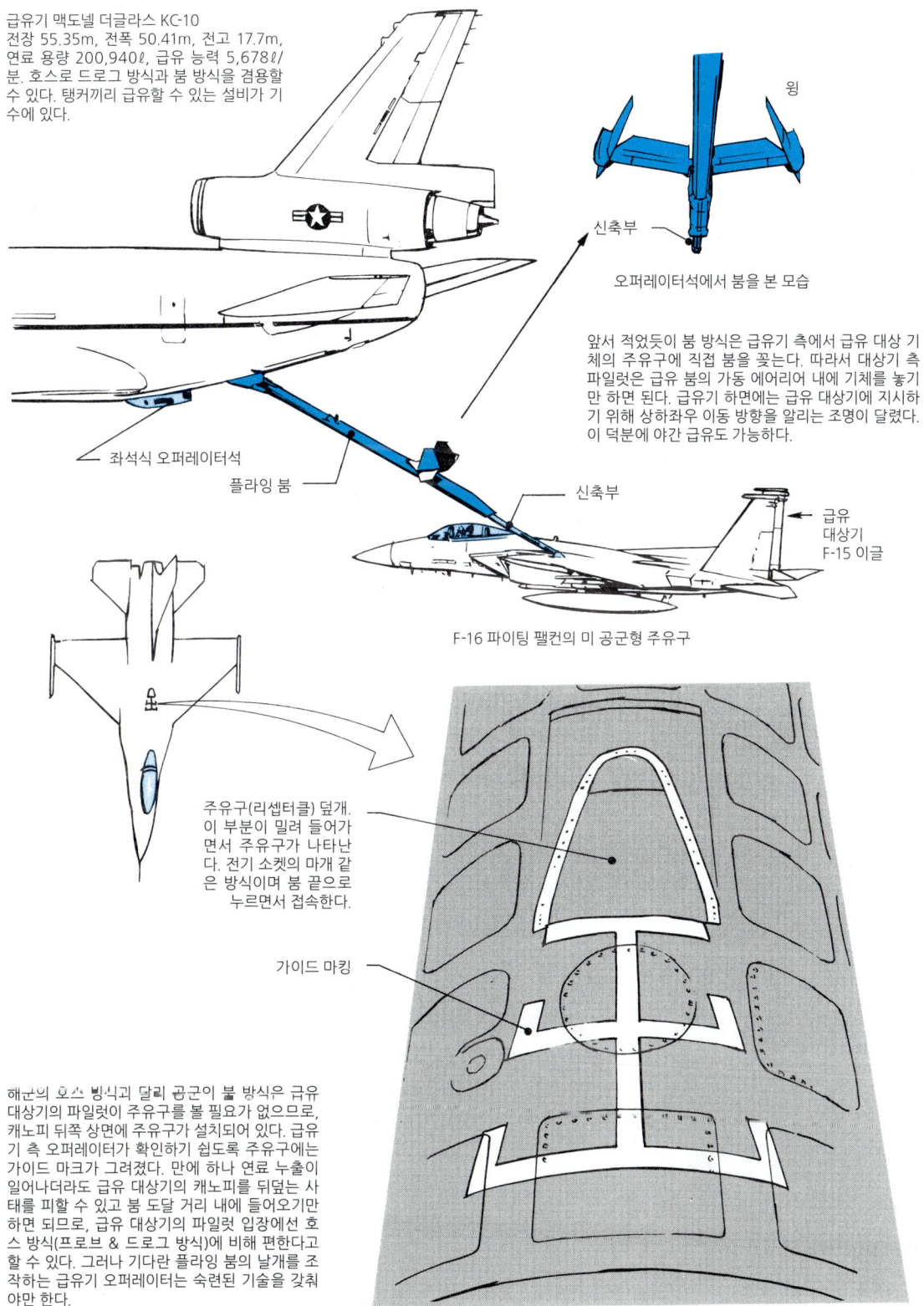

급유기 맥도넬 더글라스 KC-10
전장 55.35m, 전폭 50.41m, 전고 17.7m, 연료 용량 200,940ℓ, 급유 능력 5,678ℓ/분. 호스로 드로그 방식과 붐 방식을 겸용할 수 있다. 탱커끼리 급유할 수 있는 설비가 기수에 있다.

붐

신축부

오퍼레이터석에서 붐을 본 모습

앞서 적었듯이 붐 방식은 급유기 측에서 급유 대상 기체의 주유구에 직접 붐을 꽂는다. 따라서 대상기 측 파일럿은 급유 붐의 가동 에어리어 내에 기체를 놓기만 하면 된다. 급유기 하면에는 급유 대상기에 지시하기 위해 상하좌우 이동 방향을 알리는 조명이 달렸다. 이 덕분에 야간 급유도 가능하다.

좌석식 오퍼레이터석

플라잉 붐

신축부

급유 대상기 F-15 이글

F-16 파이팅 팰컨의 미 공군형 주유구

주유구(리셉터클) 덮개. 이 부분이 밀려 들어가면서 주유구가 나타난다. 전기 소켓의 마개 같은 방식이며 붐 끝으로 누르면서 접속한다.

가이드 마킹

해군의 호스 방식과 달리 공군이 붐 방식은 급유 대상기의 파일럿이 주유구를 볼 필요가 없으므로, 캐노피 뒤쪽 상면에 주유구가 설치되어 있다. 급유기 측 오퍼레이터가 확인하기 쉽도록 주유구에는 가이드 마크가 그려졌다. 만에 하나 연료 누출이 일어나더라도 급유 대상기의 캐노피를 뒤덮는 사태를 피할 수 있고 붐 도달 거리 내에 들어오기만 하면 되므로, 급유 대상기의 파일럿 입장에선 호스 방식(프로브 & 드로그 방식)에 비해 편한다고 할 수 있다. 그러나 기다란 플라잉 붐의 날개를 조작하는 급유기 오퍼레이터는 숙련된 기술을 갖춰야만 한다.

3-51. 수직 이륙기 시도 (1)

항공기의 숙명이라고도 할 것은 이착륙에 기다란 활주로가 필요하다는 것. 굳이 항공모함이 아니더라도 그 길이의 단축은 필요했다. 활주로가 필요하다는 점은 항공기의 사용에 현저한 제약을 가하기 때문에, 이를 일거에 해결하려는 시도가 바로 수직 이착륙기이다. 그러나 항공기의 원리를 생각할 때 난관이 따르게 된다.

제2차 대전 당시 연합군의 활주로 공격 때문에 독일은 로켓 동력 요격기를 런처에 실어 수직 이륙하는 방법을 시도했고, 1950년 미 해군의 VTOL 전투기 요구에 응해 컨베어사가 포고를 개발, 54년 8월에 수직 상승에 성공했다. 한편, 록히드는 XFV-1 등을 기획하지만 계획은 중지되었고, 이후 실전용으로 라이언 X-13에 이동식 런처를 사용해서 수직 발진에 성공했다. 그 이후엔 헬리콥터를 제외하면 전투기로는 영국의 해리어와 소련의 야코블레프 Yak38 정도가 실용화되었을 뿐이다.

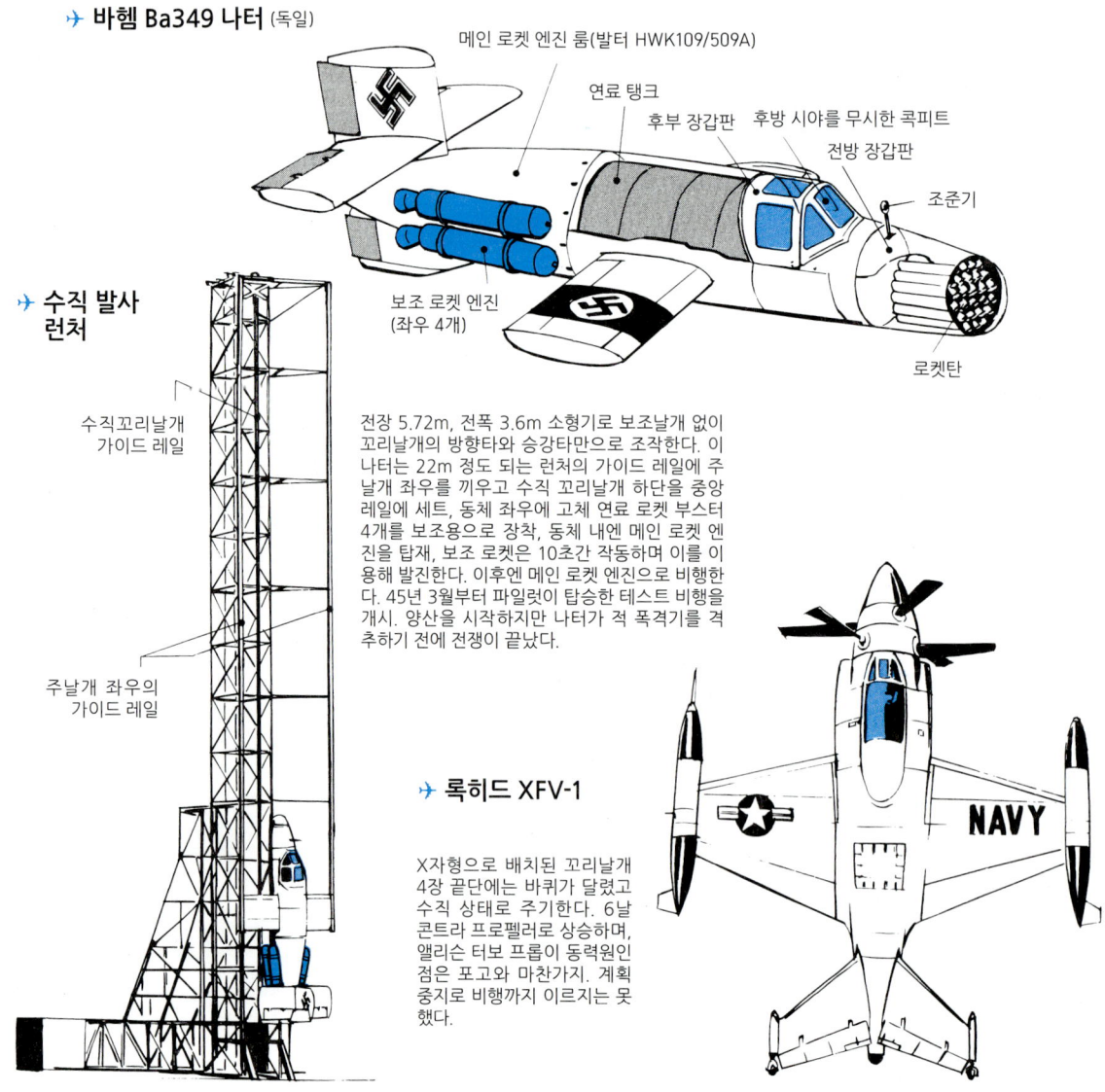

→ 바헴 Ba349 나터 (독일)

메인 로켓 엔진 룸(발터 HWK109/509A)
연료 탱크
후부 장갑판
후방 시야를 무시한 콥피트
전방 장갑판
조준기
로켓탄
보조 로켓 엔진 (좌우 4개)

→ 수직 발사 런처

수직꼬리날개 가이드 레일
주날개 좌우의 가이드 레일

전장 5.72m, 전폭 3.6m 소형기로 보조날개 없이 꼬리날개의 방향타와 승강타만으로 조작한다. 이 나터는 22m 정도 되는 런처의 가이드 레일에 주날개 좌우를 끼우고 수직 꼬리날개 하단을 중앙 레일에 세트, 동체 좌우에 고체 연료 로켓 부스터 4개를 보조용으로 장착, 동체 내엔 메인 로켓 엔진을 탑재, 보조 로켓은 10초간 작동하며 이를 이용해 발진한다. 이후엔 메인 로켓 엔진으로 비행한다. 45년 3월부터 파일럿이 탑승한 테스트 비행을 개시. 양산을 시작하지만 나터가 적 폭격기를 격추하기 전에 전쟁이 끝났다.

→ 록히드 XFV-1

X자형으로 배치된 꼬리날개 4장 끝단에는 바퀴가 달렸고 수직 상태로 주기한다. 6날 콘트라 프로펠러로 상승하며, 앨리슨 터보 프롭이 동력원인 점은 포고와 마찬가지. 계획 중지로 비행까지 이르지는 못했다.

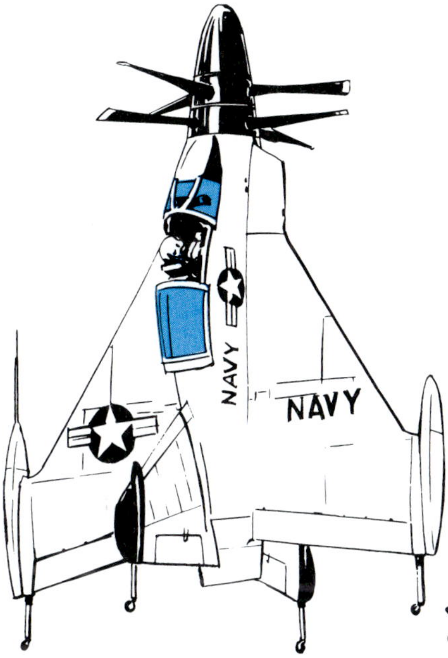

컨베어 YFY 포고

54년 8월의 수직 상승 성공에 이어 같은 해 11월에 수평 비행도 성공하여 세계 최초가 되지만 계획은 중지되었다. 꼬리날개 끝단에 튀어나온 네 바퀴로 주기하고 6날 콘트라 프로펠러로 상승한다. 앨리슨 T-40 터보 프롭 엔진이 들어찬 탓에 동체가 굵다. 이착륙은 고도로 숙련된 파일럿이 필요하며, 흔들리는 소형 함정에서 사용하기 어렵다는 점 등 여러 문제를 안고 있었던 듯하다.

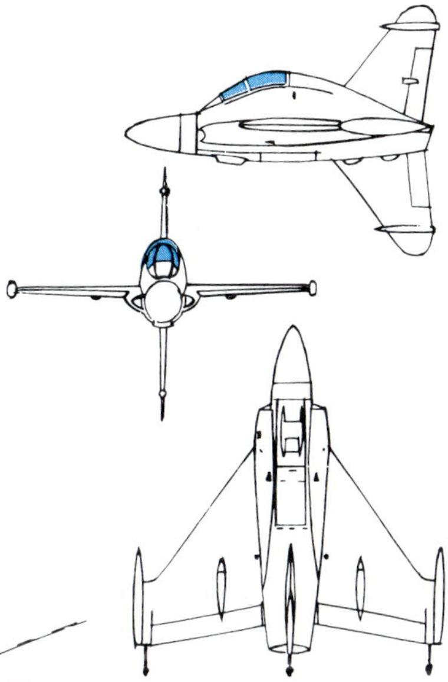

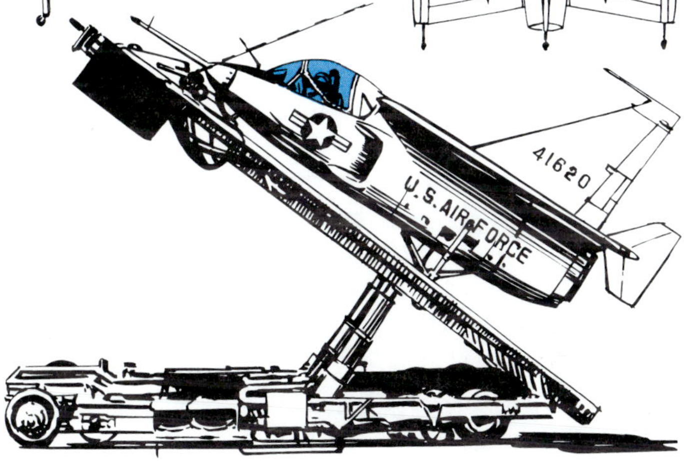

라이언 X-13 버티제트

수평 자세로 이착륙할 수 있는 특수 런처를 이용해서 1955년에 첫 비행, 57년에 이동식 런처를 사용해서 수직 발진하고 수평으로 비행한 뒤에 런처로 되돌아왔다. 이 테스트가 세계 최초의 제트 엔진기 VTOL 비행으로 기록되었다. 그러나 기체를 수직으로 향한 채 이륙한다는 것은 파일럿에게 크나큰 심리적 부담을 안겼던 듯하다. 이 라이언을 베이스로 초음속 VTOL 전투기를 개발한다는 루머도 있었지만, 그 뒤로 모습을 찾을 길이 없다.

F-104 스타파이터의 영거리 발진 테스트

비행장 등이 공격을 받아 기능을 잃었을 때를 대비하여 일반 전투기를 로켓처럼 영거리로 발진시키는 테스트가 1963년부터 실시되었다. 서독 사양 F-104 밑에다 M-34 고체 로켓을 장착하고 발사. 이 테스트는 66년부터는 서독에서도 이어졌다.

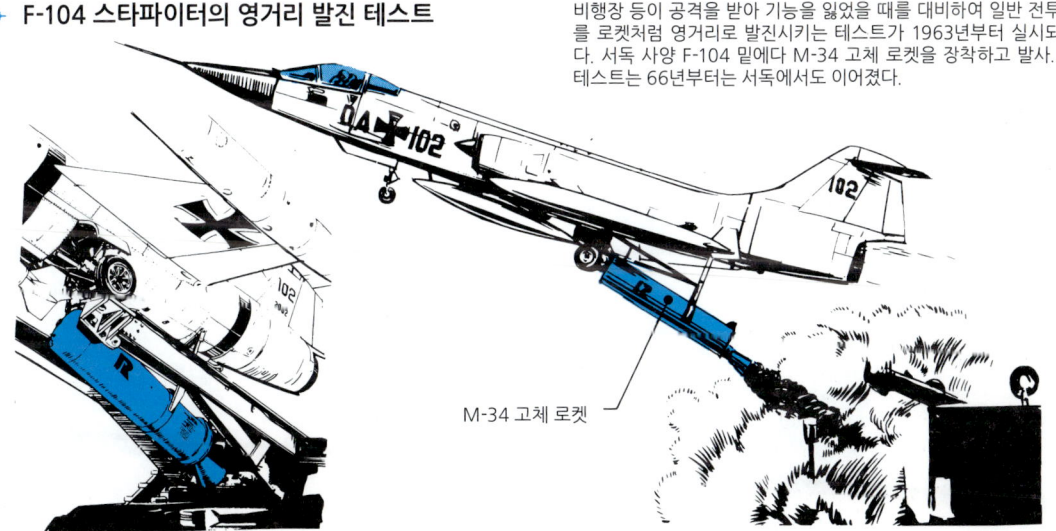

M-34 고체 로켓

3-52. 성공한 V/STOL기, BAe 해리어 (영국)

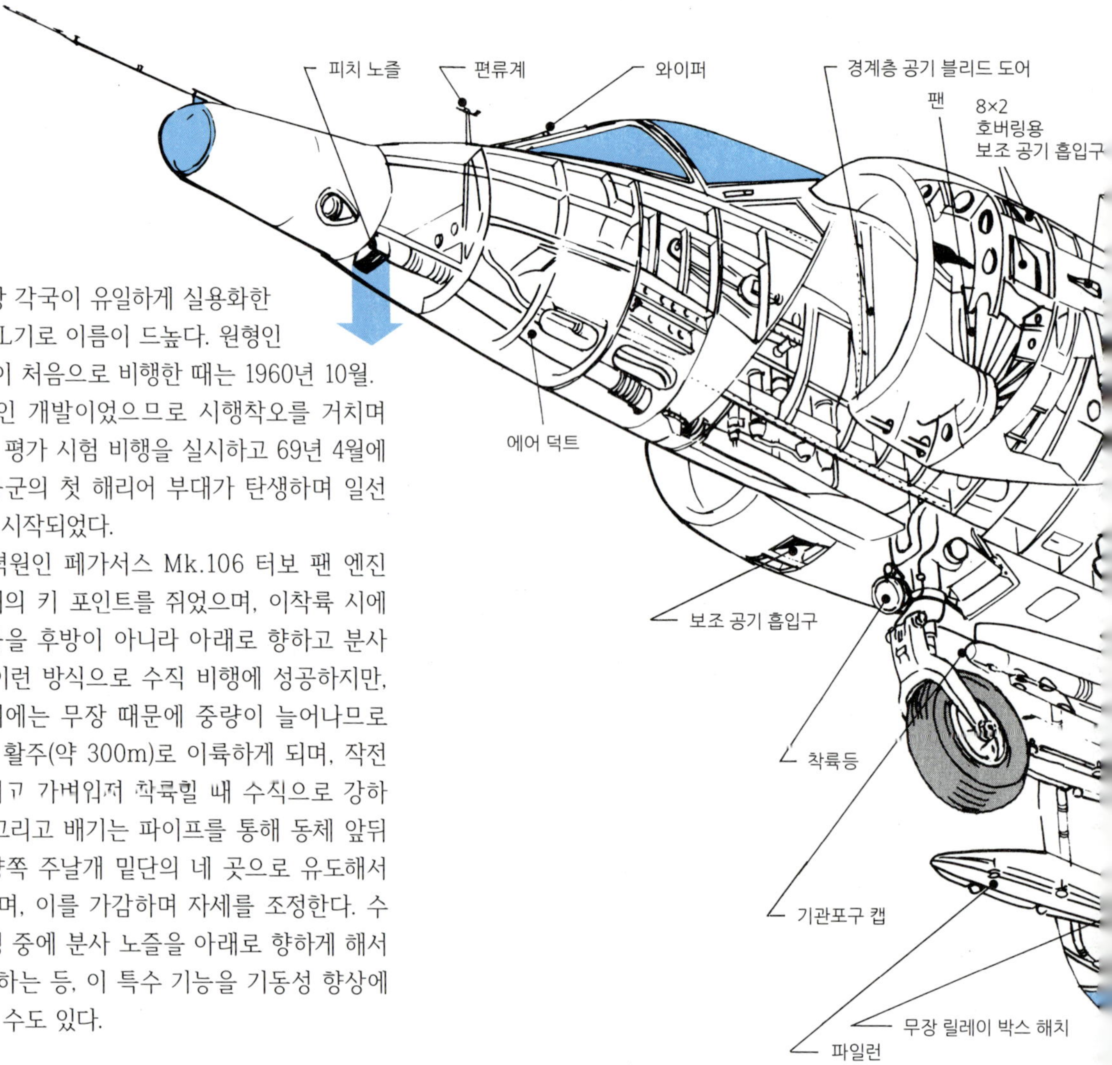

서방 각국이 유일하게 실용화한 V/STOL기로 이름이 드높다. 원형인 P.1127이 처음으로 비행한 때는 1960년 10월. 선구적인 개발이었으므로 시행착오를 거치며 65년에 평가 시험 비행을 실시하고 69년 4월에 영국 공군의 첫 해리어 부대가 탄생하며 일선 배치가 시작되었다.

동력원인 페가서스 Mk.106 터보 팬 엔진이 기체의 키 포인트를 쥐었으며, 이착륙 시에는 노즐을 후방이 아니라 아래로 향하고 분사한다. 이런 방식으로 수직 비행에 성공하지만, 작전 시에는 무장 때문에 중량이 늘어나므로 단거리 활주(약 300m)로 이륙하게 되며, 작전을 마치고 가벼워져 착륙할 때 수직으로 강하한다. 그리고 배기는 파이프를 통해 동체 앞뒤이자 양쪽 주날개 밑단의 네 곳으로 유도해서 분출하며, 이를 가감하며 자세를 조정한다. 수평 비행 중에 분사 노즐을 아래로 향하게 해서 급상승하는 등, 이 특수 기능을 기동성 향상에 이용할 수도 있다.

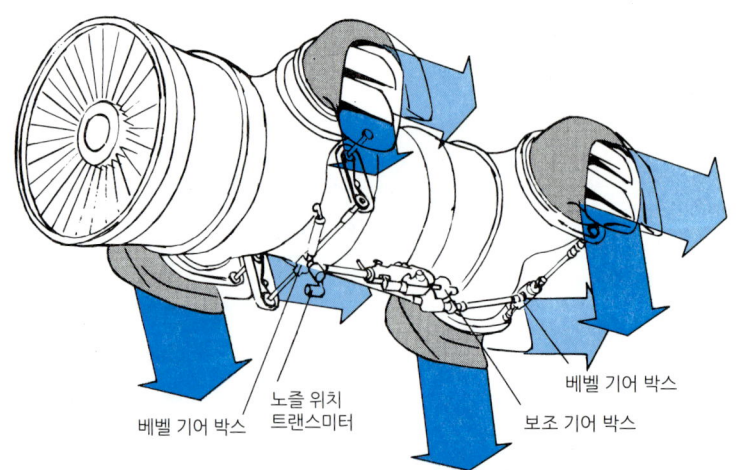

그림처럼 엔진의 분사 노즐을 비행과 호버링에 따라 바꾸며 수직 이착륙을 할 수 있다. 노즐 작동 범위는 90°, 엔진 하부의 기어 박스와 변환 장치로 작동하는데, 그림처럼 완전 기계식이다. 엔진 추력은 9,752kg.

제트 전투기 시대

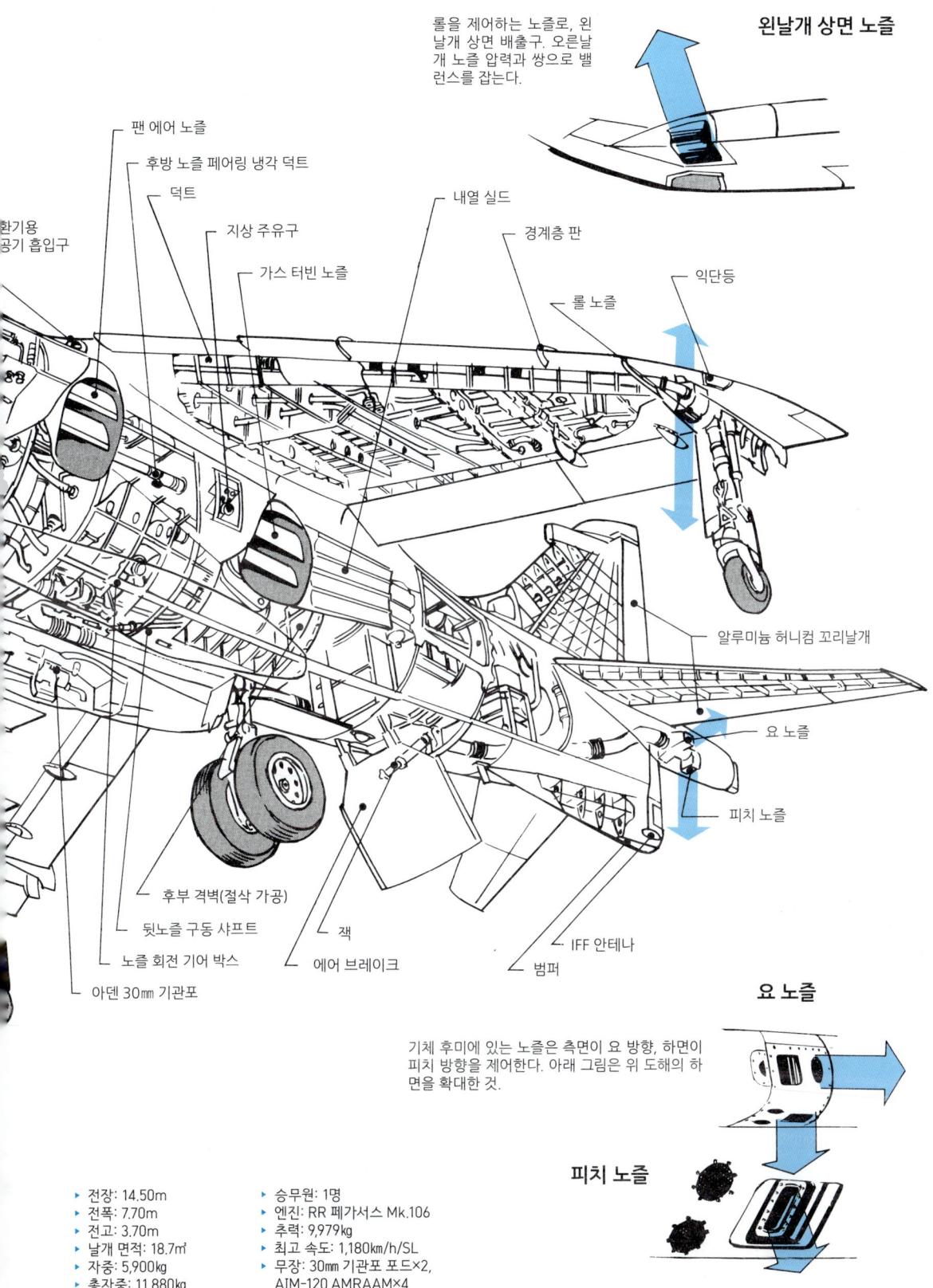

왼날개 상면 노즐

롤을 제어하는 노즐로, 왼날개 상면 배출구. 오른날개 노즐 압력과 쌍으로 밸런스를 잡는다.

- 팬 에어 노즐
- 후방 노즐 페어링 냉각 덕트
- 덕트
- 지상 주유구
- 가스 터빈 노즐
- 환기용 공기 흡입구
- 내열 실드
- 경계층 판
- 익단등
- 롤 노즐
- 알루미늄 허니컴 꼬리날개
- 요 노즐
- 피치 노즐
- IFF 안테나
- 범퍼
- 에어 브레이크
- 잭
- 후부 격벽(절삭 가공)
- 뒷노즐 구동 샤프트
- 노즐 회전 기어 박스
- 아덴 30㎜ 기관포

요 노즐

기체 후미에 있는 노즐은 측면이 요 방향, 하면이 피치 방향을 제어한다. 아래 그림은 위 도해의 하면을 확대한 것.

피치 노즐

- 전장: 14.50m
- 전폭: 7.70m
- 전고: 3.70m
- 날개 면적: 18.7㎡
- 자중: 5,900kg
- 총자중: 11,880kg
- 승무원: 1명
- 엔진: RR 페가서스 Mk.106
- 추력: 9,979kg
- 최고 속도: 1,180km/h/SL
- 무장: 30㎜ 기관포 포드×2, AIM-120 AMRAAM×4

207

3-53. 수직 이륙기 시도⑵ 야코블레프 Yak-38 포저

자체 추진력으로 수직 이착륙할 수 있는 VTOL기로서 개발된 옛 소련의 전투 공격기가 야코블레프 Yak-38 포저. 기체는 수평을 유지한 채 헬리콥터처럼 상승하는 방식이며, 콕피트 후방에 리프트용 터보 제트 엔진을 2기 탑재한다. 발진할 때에는 이 리프트용 엔진 상부의 도어를 열어 공기 흡입구로 삼고 배기 제트 가스는 기체 하면 도어를 열고 밑으로 분출한다. 크루징용 메인 제트 엔진 배기도 여기에 맞춰 밑으로 분출하고, 상승하면 분출 방향을 다시 수평으로 바꾼다. 엔진으로부터 배기 가스를 날개 끝과 기체 후미까지 끌어내 분출해서 기체의 자세를 제어한다. 1976년 7월에 소련군 항모에 탑재된 모습이 발견되어 화제를 불렀다.

리프트용 엔진 2기를 탑재하므로 동체는 조금 기다란 모습이며, 주날개는 항상 주기를 위해 접이식이다. 주날개의 앞전 후퇴각은 45°, 수평꼬리날개와 수직꼬리날개도 후퇴각이 주어졌다.

리프트용 엔진 공기 흡입구(도어를 연 상태)

콜레소프 엔진(2기)

보조 공기 흡입구

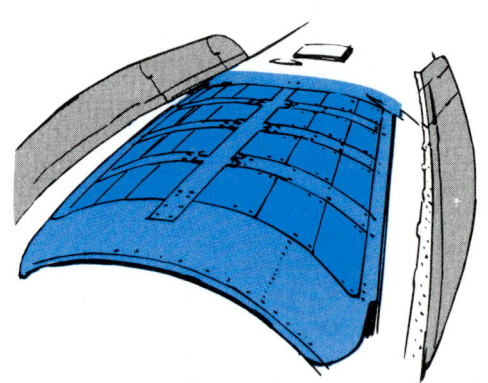

✈ 리프트 엔진 개구부 도어

리프트용 터보 엔진 상부 외판에는 공기 흡입구가 되는 도어가 있으며, 후방의 힌지를 축으로 앞에서 뒤로 열린다. 메인 동력용 공기 흡입구는 동체 사이드에 있으며, 동시에 리프트용 엔진의 보조 공기 흡입구로도 된다. 그림은 도어를 닫은 상태.

✈ 리프트 엔진 배기구 도어

배기 가스를 분출하는 동체 하부의 리프트 엔진 부위는 여닫이식 도어이며 배기압이 감소하지 않도록 정류 핀이 뒤쪽에 달렸다. 그림은 도어를 닫은 상태.

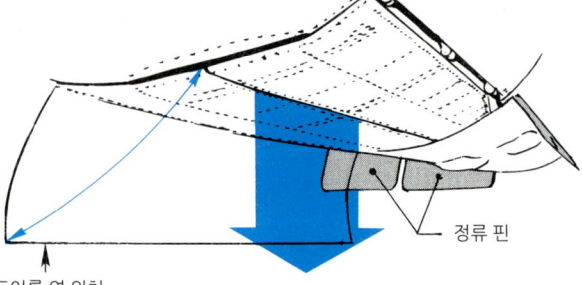

도어를 연 위치

정류 핀

제트 전투기 시대

✈ 후미 자세 제어용 배기구

후미의 배기는 한 곳뿐이며, 직하 방향으로 분사하면 피칭, 좌우를 향하면 요잉을 조정할 수 있다. 분사구 방향을 자유자재로 변환하기 위해 복잡한 기능을 내장한 점이 이 기체의 특징이기도 하다.

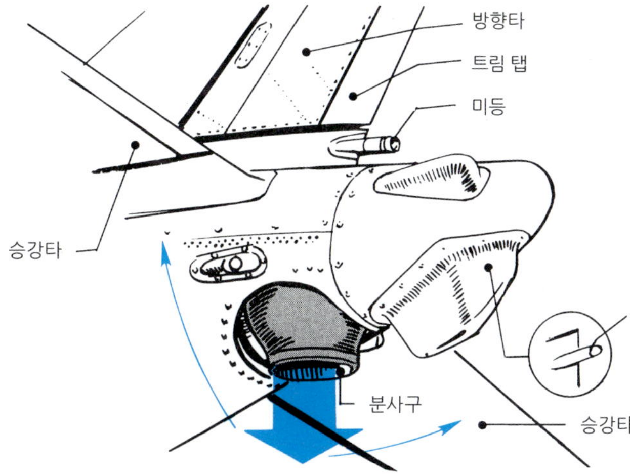

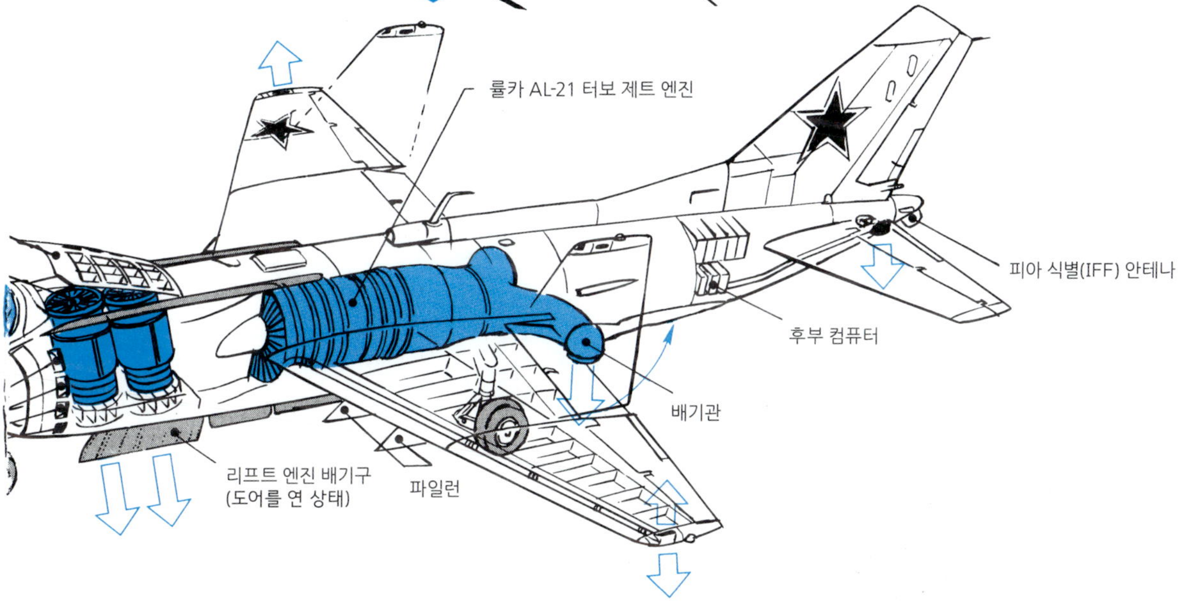

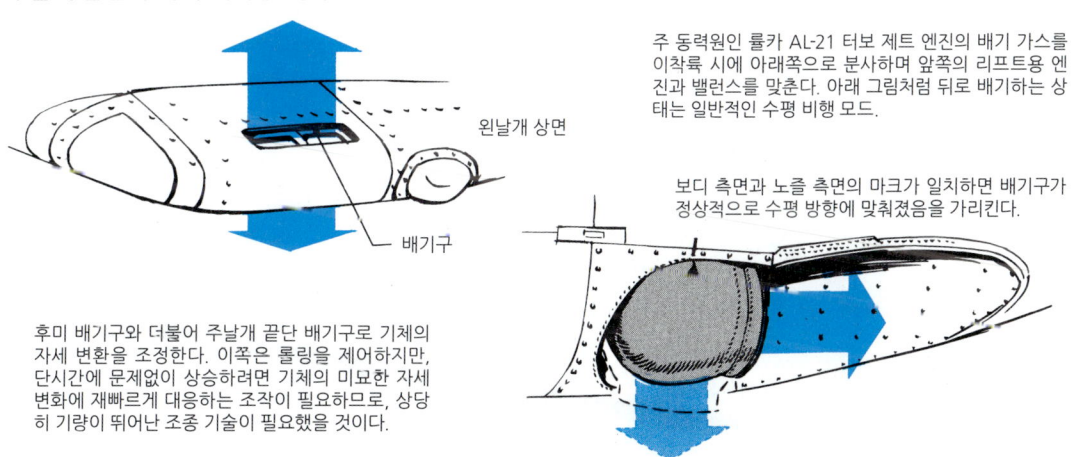

✈ 주날개 끝단의 자세 제어용 배기구

주 동력원인 률카 AL-21 터보 제트 엔진의 배기 가스를 이착륙 시에 아래쪽으로 분사하며 앞쪽의 리프트용 엔진과 밸런스를 맞춘다. 아래 그림처럼 뒤로 배기하는 상태는 일반적인 수평 비행 모드.

보디 측면과 노즐 측면의 마크가 일치하면 배기구가 정상적으로 수평 방향에 맞춰졌음을 가리킨다.

후미 배기구와 더불어 주날개 끝단 배기구로 기체의 자세 변환을 조정한다. 이쪽은 롤링을 제어하지만, 단시간에 문제없이 상승하려면 기체의 미묘한 자세 변화에 재빠르게 대응하는 조작이 필요하므로, 상당히 기량이 뛰어난 조종 기술이 필요했을 것이다.

3-54. 캐터펄트

항공기가 실용화 단계에 이르자, 전투기라는 장르가 확립되기도 전인 1910년대 초반부터 함선 위에서 날리는 테스트가 이뤄졌다. 처음에는 맞바람을 맞으며 달리는 배와 그에 맞춰 활주하는 항공기 엔진 추력의 합성 풍력으로 양력을 얻는 수준이었다. 좁은 갑판에서 기체를 확실히 발진시키고자 고안한 방법이 캐터펄트나 보조 로켓 엔진 같은 것이다.

캐터펄트는 압축 공기, 유압, 화약, 플라이 휠 방식 등을 테스트했는데, 1934년에 미 해군이 개발한 유압식 H-1형이 제2차 대전 이전의 미 항모용 표준 방식이 되었다. 이후 제트기 시대가 되면서 중량이 늘어남에 따라 더욱 강력한 사출력이 필요해졌고, 영국이 1950년대에 테스트했던 스팀 방식을 52년에 미 해군이 채택한 이래로 스팀 방식이 현재까지 이르고 있다.

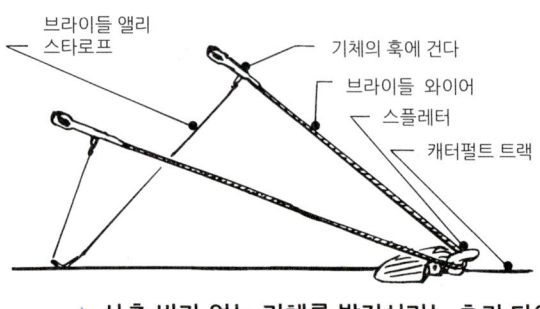

✈ 사출 바가 없는 기체를 발진시키는 초기 타입

✈ 드 하빌랜드 시빅슨의 발진

영국 해군의 첫 전천후 함재기. 쌍동식 기체이며 고정 기총 탑재를 폐지하고 공대공 미사일(AAM)과 로켓탄 무장 시스템만 갖췄다. 60년대에는 주력기로 자리매김했다.

처음부터 200㎞/h대로 발진 가속했다.

브라이들 와이어는 발함 후 바다로 떨어진다. 처음에는 가속용 캐터펄트 끝에 고정되지 않고 1회용으로 쓰고 버렸다.

✈ 시빅슨의 콕피트 정면

드 하빌랜드 시빅슨은 복좌식 쌍발 전투기이지만, 콕피트가 중세 기사의 헬멧처럼 특징있게 생겼다. 드 하빌랜드의 뱀파이어나 시베놈 같은 쌍발 전투기는 이 최종 버전에 이르기까지 단좌식과 병렬 복좌식 두 가지 방식이었는데, 시빅슨은 콕피트가 왼쪽으로 치우쳤고 얼핏 볼 땐 단좌식 같지만, 동체 오른쪽 안에 레이더 오퍼레이터가 탑승한다.

제트 전투기 시대

함재기의 중량이 늘어나면서 더욱 고속이 아니면 양력을 얻을 수 없자, 더욱 강력한 파워를 충족하고자 캐터펄트에 스팀을 사용하게 되었고, 이를 개량하며 현재까지 이른다. 이 스팀은 항모의 엔진에서 생기는 증기를 이용한다. 캐터펄트 증기를 사용하면 함의 속도는 떨어지지만 원자력 항모는 속도의 감속이 적다.

✈ 현재의 캐터펄트

현재 항모에서 쓰는 캐터펄트는 전장 61m 부터 90m까지 몇 종류가 있다. 예를 들어 F-14 톰캣은 중량이 제2차 대전 당시 전투기의 10배 수준에 30t을 넘기고, 비교적 가볍다는 F-18 호넷조차 총중량은 20t에 육박한다. 이 중량체들을 그토록 짧은 거리에서 200㎞/h 넘는 속도로 가속하는 캐터펄트의 힘이란 어마어마한 것이다.

맨 아래 그림은 이 부분

미 해군의 C11형 캐터펄트 경우에는 80m 이내에서 약 2초만에 20t짜리 호넷을 270㎞/h대, 31t인 톰캣을 215㎞/h 속도로 가속한다. 참고로 적으면, 평범한 승용차는 0-100㎞ 풀 가속에 5초대가 걸리며 이때 시속이 100㎞를 조금 넘는 수준이다. 캐터펄트 발진 시에 파일럿에 걸리는 G는 엄청난 수준이 된다.

✈ 셔틀에 론치 바를 세팅한 상태

현재의 캐터펄트는 예전처럼 브라이들 와이어를 사용하는 방식이 아니라, 발함 작업성을 높이는 론치 바 방식이다. 이 경우에는, 기체의 앞바퀴는 셔틀에 걸치게 되므로 바퀴 사이 간격이 158㎜ 이상인 더블 휠 방식이어야만 한다.

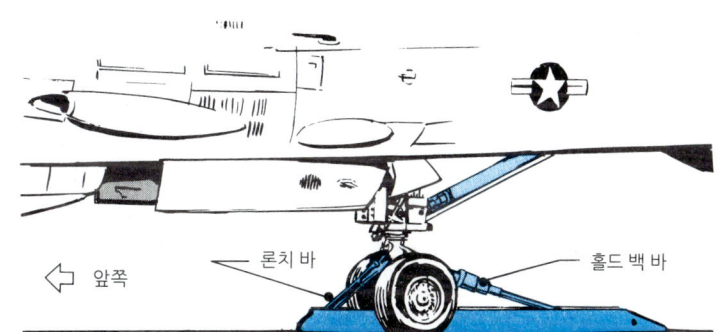

⇐ 앞쪽   론치 바   홀드 백 바

기체의 앞바퀴에 달린 론치 바를 이 셔틀에 세트한다. 약 2초만에 60~90m 거리를 200㎞/h 넘는 속도로 가속하므로 폭발적이라고 해도 좋은 상황이다.

론치 바

비행 방향

셔틀 길이 1050㎜

론치 바를 세트한 후 움직이지 않도록 좁힌다

셔틀 폭 158㎜

캐터펄트 레일

캐터펄트 발진 작업 종료 후, 이 40㎜ 폭 골 위에다 T자형 고무 벨트를 씌워 이물질 삽입을 막는다.

캐터펄트 홈의 폭 40㎜

✈ F-14 톰캣의 발함 과정

왼쪽 엔진부터 시동을 걸고 아이들링한다. 갑판 위 주기 장소의 패드아이식 타이다운 포인트에서 체인을 벗기고 바퀴 고임목을 뗀다. 황색 조끼 유도원을 따라 캐터펄트로 이동하면 흑백 체크 무늬 항공기 조작원이 기체 이상을 체크한다. 적색 조끼 병기 작업원이 탑재 병기의 안전 핀을 벗기고, 작업이 끝나면 갑판 요원이 발사 중량을 기록한 보드를 파일럿과 캐터펄트 조작원에게 보고, 승인을 기다리며 론치 바를 세트. 발진할 때까지는 앞바퀴 뒤에 홀드 백 바를 걸친다. 캐터펄트 장교는 기체 중량과 증기압 등의 작업 상황을 확인한다. 후방에 블래스트 디플렉터를 세워 배기 화염을 위쪽으로 보낸다. 장교의 사인이 떨어지면 파일럿은 풀 파워로 브레이크를 푼다. 애프터 버너를 점화하고 조종계를 확인한 다음 장교에게 경례를 보내면 장교는 발진 사인으로 답한다. 캐터펄트 요원이 발사 버튼을 누르면 엔진의 풀 파워와 증기압으로 홀드 백 바의 고정 위치로부터 튕기듯이 기체는 급가속 발진한다.

211

3-55. 제동 장치 (1)

레시프로 항공기보다 비약적으로 강력해진 제트 엔진 항공기는 속도, 가속, 상승력 모두 눈부신 향상을 거둔 대신에 착륙 시의 활주 및 제동 거리도 길어지고 실속 속도도 높다. 지상 활주로를 사용할 때도 바퀴 브레이크만으로는 긴 활주 거리가 필요하고 운용상 제약이 크다. 물론 바퀴 브레이크도 고성능화되었고, 오른쪽 그림처럼 디스크 로터를 여러 겹 겹친 방식이 이미 제2차 대전 당시부터 개발되어 있었다. 그러나 항모 위에선 당연히 충분치 못하며, 예전부터 어레스팅 훅과 와이어로 강제 제동한다. 지상에서도 단거리 활주로를 이용할 수 있다면 전략적으로 유리하므로 드래그슈트(제동용 낙하산)를 쓰는 것이 일반적이다. 지상에서도 긴급 시에는 훅과 와이어를 쓰기도 한다. 그 밖에는 스러스트 리버서(역분사)를 갖춘 기체도 있다.

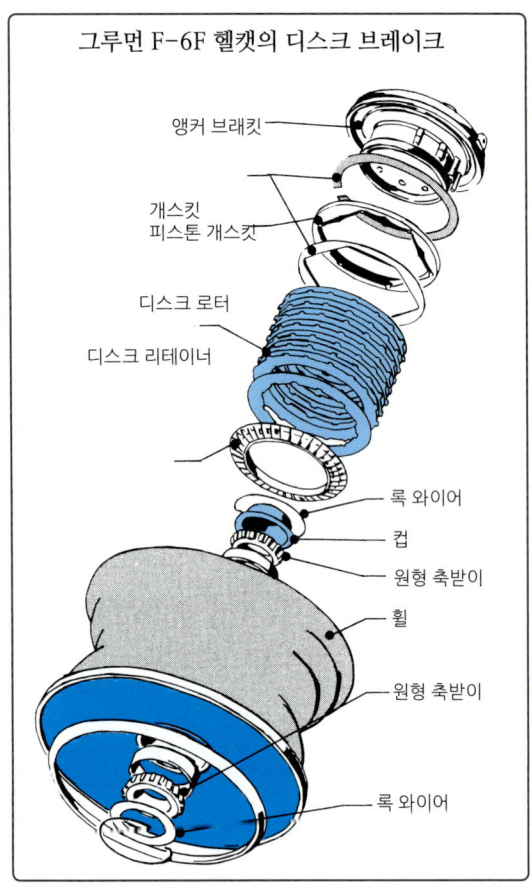

그루먼 F-6F 헬캣의 디스크 브레이크

앵커 브래킷
개스킷
피스톤 개스킷
디스크 로터
디스크 리테이너
록 와이어
컵
원형 축받이
휠
원형 축받이
록 와이어

■ 어레스팅 훅과 와이어

✈ F-14 톰캣의 착함

톰캣은 오랫동안 미 해군의 주력 전투기로 자리매김해왔고, 함재기로선 세계 최강이라고 해도 좋다. 각종 하이테크 장비로 가득한 헤비급 대형기이지만, 이 때문에 착함 시의 쇼크도 크다. 어쨌든 21세기에도 통할만큼 확실한 고가 기체이다. 이함 시의 최대 중량이 31,661kg(이륙 시는 33,724kg)에 달하며 폭장과 연료를 사용한 후 가벼워져도 착함 중량은 23,496kg이나 된다. 규정 중량 이하지만 제2차 대전 함재기에 비하면 10배에 달하는 중량이다. 항모 착함 시에는 훅과 와이어가 필수품이며 바퀴가 갑판에 닿기 전, 기체가 아직 공중에 있을 때 훅을 와이어에 걸어 제동한다. 이 순간의 진입 속도는 216~237km/h 내외로 거의 갑판에 들이박는다는 느낌이다.

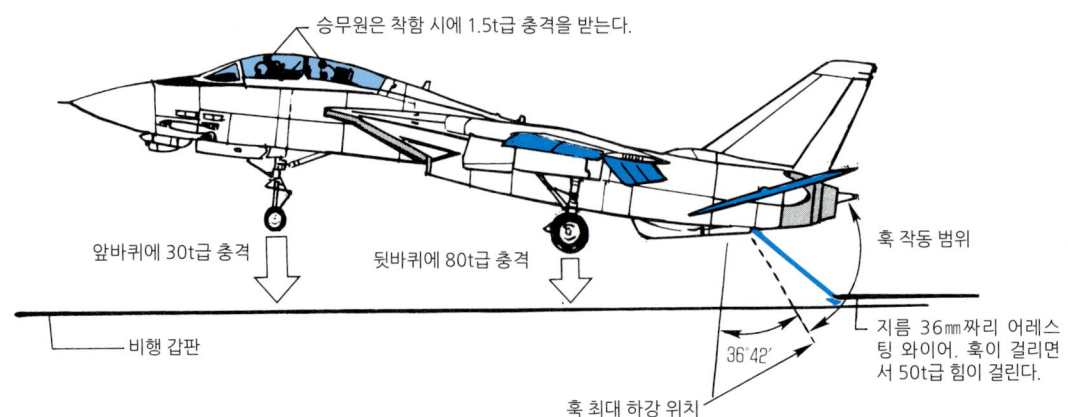

승무원은 착함 시에 1.5t급 충격을 받는다.
앞바퀴에 30t급 충격
뒷바퀴에 80t급 충격
비행 갑판
훅 최대 하강 위치
훅 작동 범위
지름 36mm짜리 어레스팅 와이어. 훅이 걸리면서 50t급 힘이 걸린다.
36°42'

제트 전투기 시대

✈ F-14의 착함용 훅

동체 하면 후미에 비버 테일이라 불리는 곳에 F-14의 착함용 훅이 수납된다. 착함 시 항상 사용하므로 언제나 노출 상태이다.

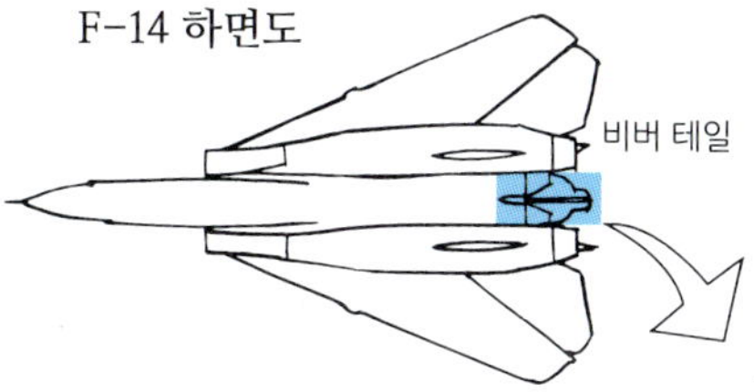

F-14 하면도

비버 테일

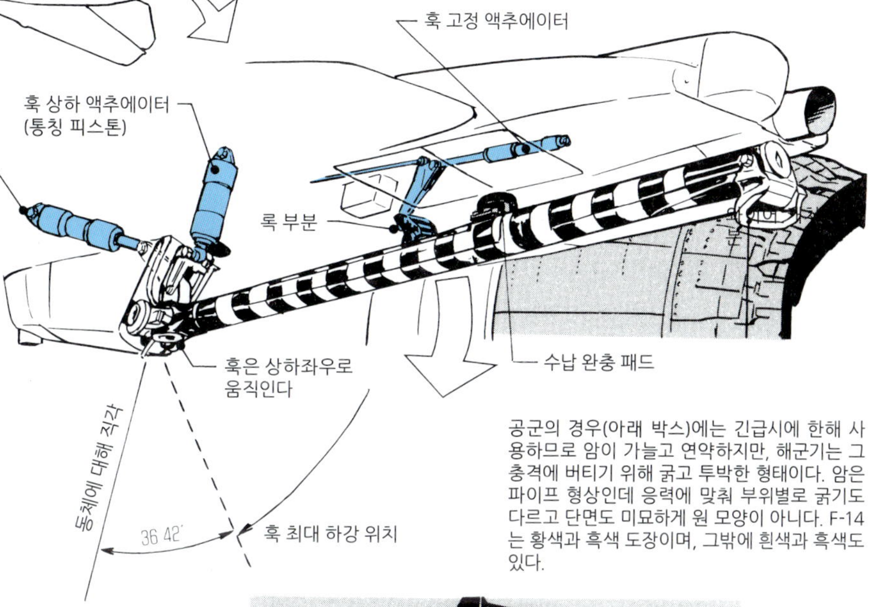

훅 상하 액추에이터 (통칭 피스톤)
감쇠관
록 부분
훅 고정 액추에이터
수납 완충 패드
훅은 상하좌우로 움직인다
동체에 대한 각각
36.42°
훅 최대 하강 위치

공군의 경우(아래 박스)에는 긴급시에 한해 사용하므로 암이 가늘고 연약하지만, 해군기는 그 충격에 버티기 위해 굵고 투박한 형태이다. 암은 파이프 형상인데 응력에 맞춰 부위별로 굵기도 다르고 단면도 미묘하게 원 모양이 아니다. F-14는 황색과 흑색 도장이며, 그밖에 흰색과 흑색도 있다.

✈ F/A-18 호넷의 훅

호넷 경우에는 기체 하면 쌍발 엔진 사이에 장착한다. 호넷의 착함 진입 속도는 248㎞/h. 중량은 11t으로 톰캣의 절반 수준이지만, 이 무게를 거의 순간적으로 멈춰세워야 하므로 역시 엄청난 충격이다. 다음 페이지에서 자세히 적겠지만, 대형 항모는 전장 330m나 해도 착함 공간은 함미 70m, 그 중 36m는 어프로치 구간이므로 남은 34m만으로 제동하는 셈이니 착함은 상당히 거친 기술이라 하겠다.

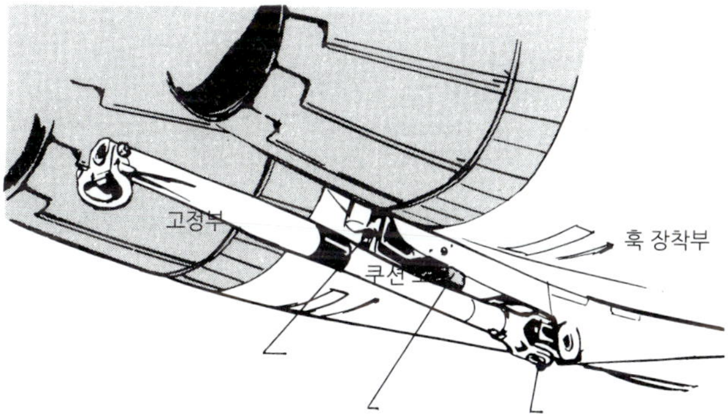

고정부
쿠션
훅 장착부

지상기의 훅 사용

옛 서방 진영은 지상기에도 어레스팅 훅을 장착해왔다. 다만, 함재기는 항모 착함 때문에 훅이 필수품이지만 지상기는 어디까지나 긴급 시에만 예외적으로 사용한다. 브레이크 고장 등의 사고로 인한 오버런을 막는 목적이므로 와이어는 활주로 끝쪽에 설치한다. 와이어엔 원판을 꿰어 활주로 노면과 거리를 띄운다. 이 경우에는 착지해서 충분히 활주하고 난 이후의 제동이지만, 왼쪽 페이지처럼 함재기는 기체가 아직 공중에 뜬 상태에서 훅으로 와이어에 걸어 강제로 제동하게 된다. 이로 인한 충격은 크고, 그만큼 지상기와 함재기의 차이도 크다.

활주로면
어레스팅 훅
원판 노면과 거리를 띄우는 용도
와이어

213

✈ 비행기를 붙잡는 어레스팅 와이어

✈ 영국에서 사용한 어레스팅 와이어

그림은 비행 갑판 위의 어레스팅 와이어 설치 부분

훅이 와이어에 걸리면 점선 방향으로 당겨진다. 이때 와이어는 함내에서 끌려나오며 유압으로 쇼크를 완화하게 되어 있다. 훅을 벗기면 다시 원래대로 돌아간다.

고무 패드. 교환부의 금속 부품이 갑판에 부딪 충격 때문에 고무판을 댄다.

와이어 교환부. 고속으로 당겨지는 와이어는 소모품이며 상처가 나면 이 부분부터 교환한다.

와이어는 이 파이프 속을 통해 함내 유압 제동 장치와 연결되어 있다.

어레스팅 와이어 지름 36㎜

전방

와이어와 갑판의 간격을 확보한다

함수 방향

리트랙터블 시브. 1번 어레스팅 와이어 이외에는 갑판 수납식이며, 사용하지 않을 때는 수납해서 갑판과 같은 높이가 된다.

와이어 서포트. 폭 63㎜짜리 철제 리프 스프링이 와이어를 떠받치고 갑판과 130㎜ 간격을 띄운다. 위쪽은 고정, 앞쪽은 앞뒤로 슬라이드하듯 움직인다.

✈ 포레스털급 항모 (미국)의 레이아웃

일반적으로 No.3를 타깃 와이어로 삼아 훅을 걸치게 된다. 착함 결과는 파일럿별로 기록한다.

함미를 기준으로 제1 와이어는 36m, 제4 와이어는 67m 지점에, 제3 와이어로 제동하는 것이 이상적이다.

배리어 스탠천. 유압으로 기둥을 세우면 세로줄만 있는 테니스 네트 같은 그물 벽이 세워져 기체 전체를 붙잡는다. 비상용. 아래 그림에 상세 설명.

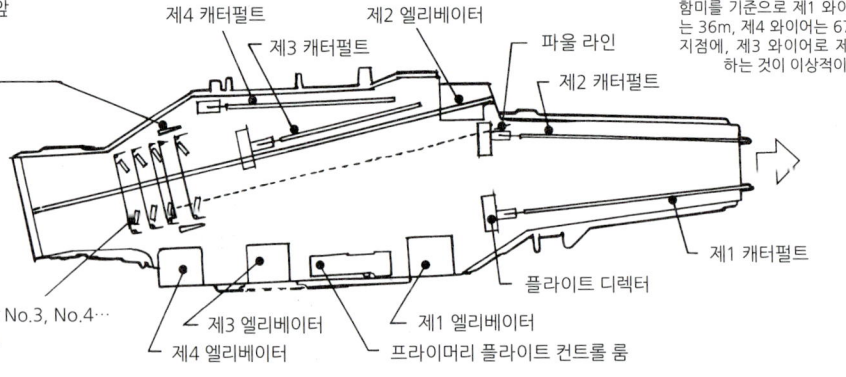

제4 캐터펄트, 제3 캐터펄트, 제2 엘리베이터, 파울 라인, 제2 캐터펄트, 제1 캐터펄트, 플라이트 디렉터, 제1 엘리베이터, 프라이머리 플라이트 컨트롤 룸, 제4 엘리베이터, 제3 엘리베이터

No.1 어레스팅 와이어. No.2, No.3, No.4… 순으로 앞쪽을 향해 설치된다.

✈ 비상용 나일론 바리케이드

고장이나 손상으로 어레스팅 와이어를 이용하는 일반 착함이 불가능할 때는, 함재기를 갑판 위에서 제지하는 수단으로 나일론 바리케이드를 설치한다. 활주해오는 기체를 통째로 옭아매 붙잡는 방식이다. 위 그림의 항모 갑판에서 어레스팅 와이어 열 끄트머리 부근에 있으며, 이 방책이 마지막 수단이다. 배리어의 지주(스탠천)는 사용할 때 이외에는 눕혀놓고, 눕혔을 땐 상부는 갑판과 동일 평면이 된다. 평소에는 바리케이드를 펼치지 않으므로 긴급 시에는 수많은 요원들이 총출동해서 네트를 세운다. 스탠천은 유압으로 세우지만 이 바리케이드를 펼치는 일은 대단한 수고를 요한다.

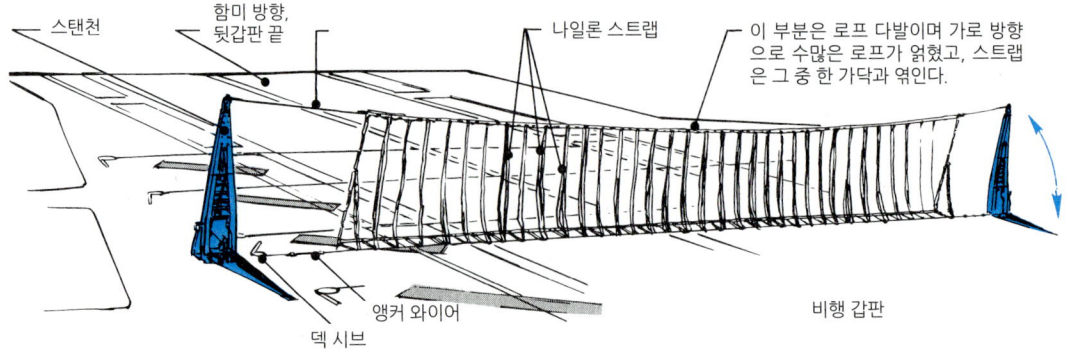

스탠천, 함미 방향, 뒷갑판 끝, 나일론 스트랩, 이 부분은 로프 다발이며 가로 방향으로 수많은 로프가 얽혔고, 스트랩은 그 중 한 가닥과 엮인다.

앵커 와이어, 덱 시브, 비행 갑판

3-56. 제동 장치(2) 드래그슈트

✈ MiG-29의 드래그슈트

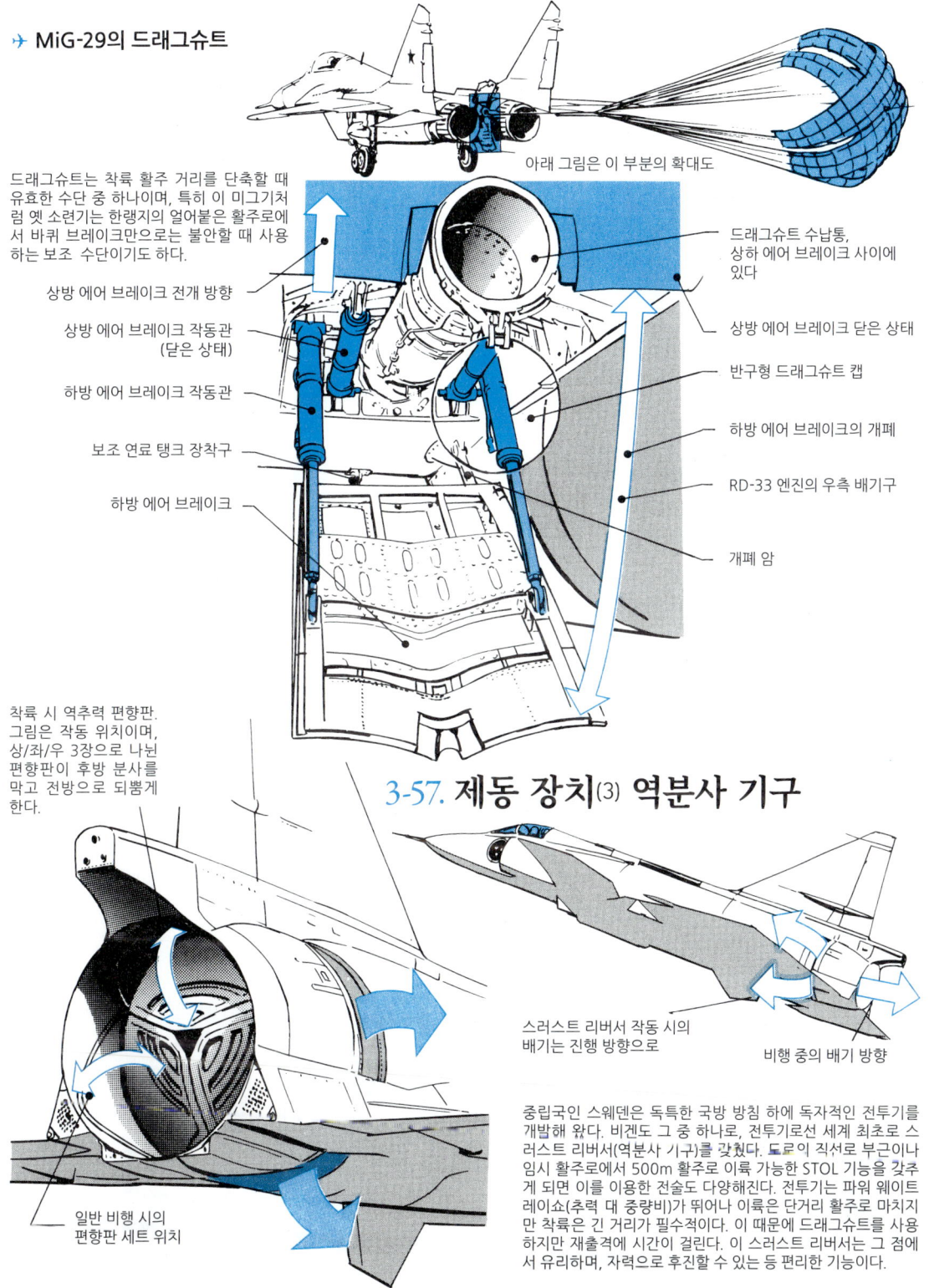

드래그슈트는 착륙 활주 거리를 단축할 때 유효한 수단 중 하나이며, 특히 이 미그기처럼 옛 소련기는 한랭지의 얼어붙은 활주로에서 바퀴 브레이크만으로는 불안할 때 사용하는 보조 수단이기도 하다.

- 상방 에어 브레이크 전개 방향
- 상방 에어 브레이크 작동관 (닫은 상태)
- 하방 에어 브레이크 작동관
- 보조 연료 탱크 장착구
- 하방 에어 브레이크

- 아래 그림은 이 부분의 확대도
- 드래그슈트 수납통, 상하 에어 브레이크 사이에 있다
- 상방 에어 브레이크 닫은 상태
- 반구형 드래그슈트 캡
- 하방 에어 브레이크의 개폐
- RD-33 엔진의 우측 배기구
- 개폐 암

착륙 시 역추력 편향판. 그림은 작동 위치이며, 상/좌/우 3장으로 나뉜 편향판이 후방 분사를 막고 전방으로 되뿜게 한다.

3-57. 제동 장치(3) 역분사 기구

- 스러스트 리버서 작동 시의 배기는 진행 방향으로
- 비행 중의 배기 방향
- 일반 비행 시의 편향판 세트 위치

중립국인 스웨덴은 독특한 국방 방침 하에 독자적인 전투기를 개발해 왔다. 비겐도 그 중 하나로, 전투기로선 세계 최초로 스러스트 리버서(역분사 기구)를 갖췄다. 도로의 직선로 부근이나 임시 활주로에서 500m 활주로 이륙 가능한 STOL 기능을 갖추게 되면 이를 이용한 전술도 다양해진다. 전투기는 파워 웨이트 레이쇼(추력 대 중량비)가 뛰어나 이륙은 단거리 활주로 마치지만 착륙은 긴 거리가 필수적이다. 이 때문에 드래그슈트를 사용하지만 재출격에 시간이 걸린다. 이 스러스트 리버서는 그 점에서 유리하며, 자력으로 후진할 수 있는 등 편리한 기능이다.

✈ 파나비아 토네이도의 각종 제동 장치

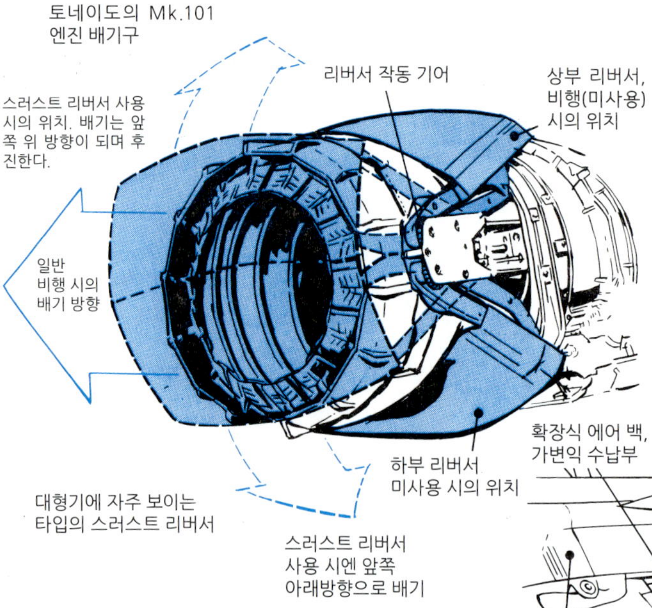

독일, 영국, 이탈리아 3개국이 공동 개발한 다목적기. 유럽은 군용기 공동 개발이 보편적이지만, 그 배경에는 단독으로 개발하기엔 비용이 너무 든다는 이유가 있다. 토네이도 단거리 이착륙 성능, 저공 성능, 긴 항속 거리, 전천후 성능을 잔뜩 갖추고, 그에 더해 풍부한 탑재 무장이라는 욕심까지 부린 기체이다. 저공 성능은 레이더망 돌파와 대지 및 대해상 공격에 중요. 기체의 특징은 가변익과 엔진에 스러스트 리버서를 갖췄다는 점이다.

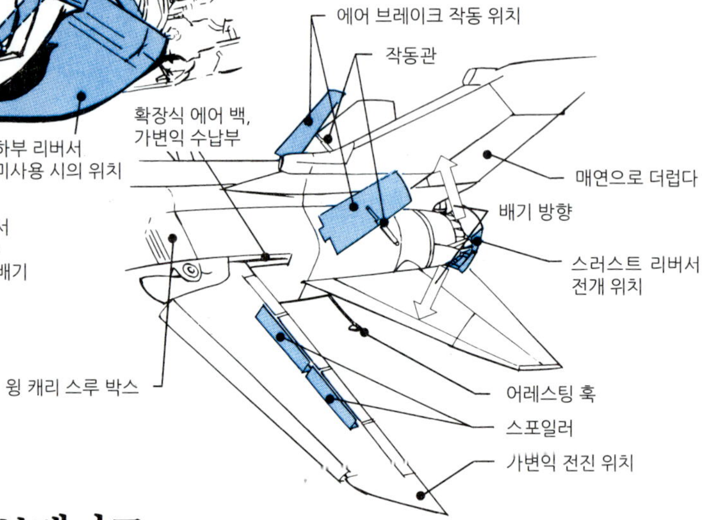

- 토네이도의 Mk.101 엔진 배기구
- 스러스트 리버서 사용 시의 위치. 배기는 앞쪽 위 방향이 되며 후진한다.
- 일반 비행 시의 배기 방향
- 리버서 작동 기어
- 상부 리버서, 비행(미사용) 시의 위치
- 대형기에 자주 보이는 타입의 스러스트 리버서
- 하부 리버서 미사용 시의 위치
- 스러스트 리버서 사용 시엔 앞쪽 아래방향으로 배기
- 에어 브레이크 작동 위치
- 작동관
- 확장식 에어 백, 가변익 수납부
- 매연으로 더럽다
- 배기 방향
- 스러스트 리버서 전개 위치
- 윙 캐리 스루 박스
- 어레스팅 훅
- 스포일러
- 가변익 전진 위치

역분사 장치는 중량이 는다는 단점이 있지만, 단거리 착륙 활주에는 유리하다. 토네이도는 상하 2장으로 된 리버서가 배기구 뒤로 나오며 전방 분사를 만들어낸다.

3-58. 제동 장치⑷ 에어 브레이크

레시프로 기도 급강하 폭격기 경우에는 강하 속도가 설계 속도를 넘지 않도록 다이브 브레이크라는 것이 붙어 있었다. 이 장치는 급강하 시에만 사용하지만, 현재는 에어 브레이크를 수평 비행, 선회, 착륙 등의 여러 용도에 폭넓게 쓴다. 에어 브레이크는 이름 그대로 공기 저항을 이용하는 제동 장치이며, 제트기 시대가 되면서 여러 기종이 채택하고 있다. 요즘에는 스피드 브레이크라고 부르는 경우도 많다.

✈ 글로스터 미티어의 에어 브레이크

미티어는 영국의 첫 실용 제트 전투기로, 일찍부터 에어 브레이크를 채택했다. 단, 주날개 상면에만 있으며 하면에는 없다. 브레이크를 접으면 이 그림의 각도에선 거의 매끈한 평면이 되어 알 수 없다.

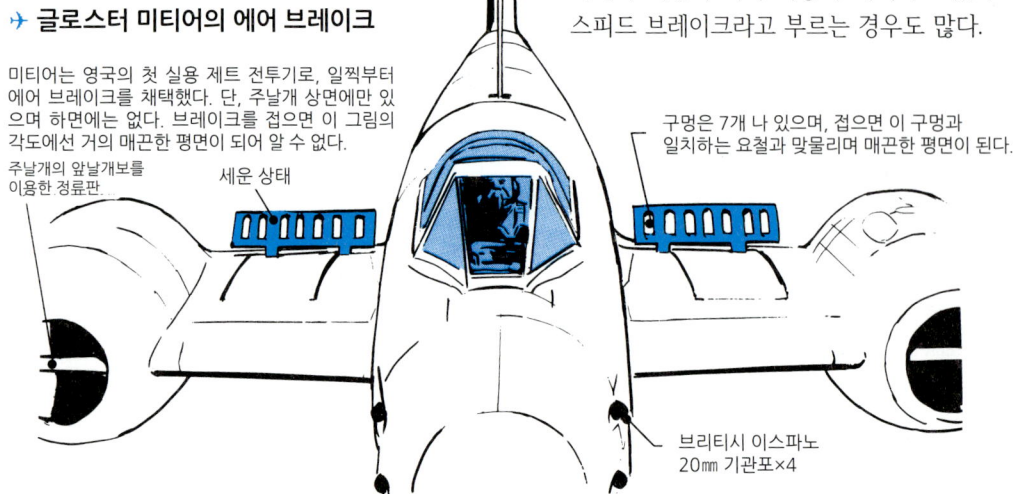

- 주날개의 앞날개보를 이용한 정류판.
- 세운 상태
- 구멍은 7개 나 있으며, 접으면 이 구멍과 일치하는 요철과 맞물리며 매끈한 평면이 된다.
- 브리티시 이스파노 20mm 기관포×4

제트 전투기 시대

이 에어 브레이크 이용법 중에는, 자동차의 힐 & 토처럼 엔진 회전(추력)을 떨어뜨리지 않고 속도를 죽일 때 사용하는 방법도 있다. 그 밖의 특징으로는, 엔진 출력을 떨어뜨리지 않고 급강하하는 경우나 상승 시에 쓰면 엔진 반응이 좋아지는 이점 등이 있다. 또 전술적으로는, 에어 브레이크로 속도를 죽이고 급상승해서 뒤에 따라붙던 적기를 앞으로 보낼 수도 있다.

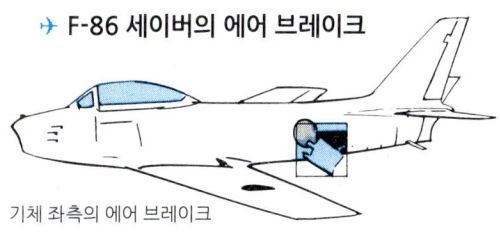

F-86 세이버의 에어 브레이크

기체 좌측의 에어 브레이크

초기의 에어 브레이크는 유압 호스나 파이프 등이 겉으로 드러나고 브레이크 도어 안쪽 면도 현재와 비교할 수조차 없을 정도로 세련도가 낮다. F-86 세이버의 에어 브레이크는 유압식이며 살짝 비스듬히 아래로 기울면서 전방으로 열린다. 비행 중에 최대 전개 각도 50°까지 펼치는 데 걸리는 시간은 2초. 전개 각도는 임의로 조정할 수 있다. 닫을 때 걸리는 시간은 2.5초인데, 도중에 엔진이 멈추면 유압이 빠지므로 도어도 그 상태에서 멈춘다.

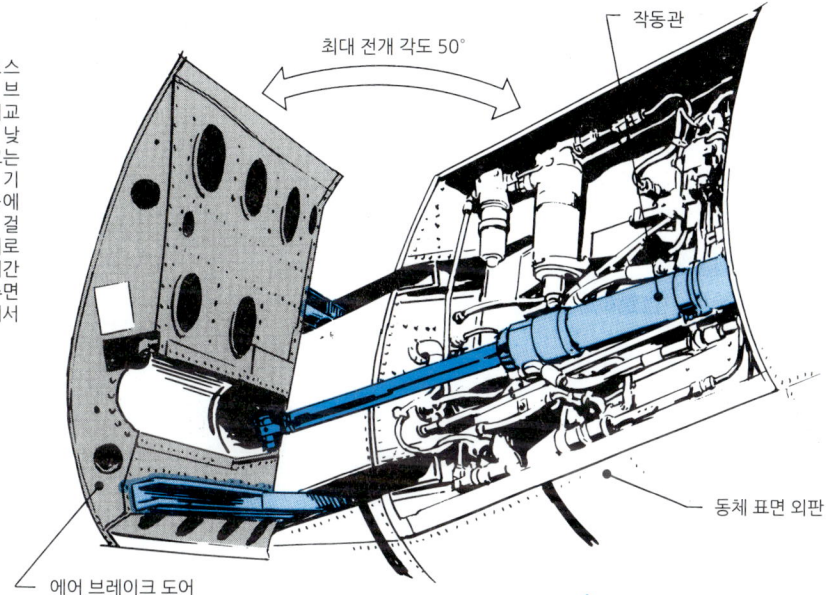

최대 전개 각도 50°
작동관
동체 표면 외판
에어 브레이크 도어

드래그슈트가 없는 F-15 이글의 스피드 브레이크

에어 브레이크 사용 시에는 뒤쪽 기류가 엉클어져 비행에 영향을 끼치므로, 대개 동체나 주날개 뒤쪽에 설치한다. F-14 톰캣은 좌우 엔진 배기구 사이의 중앙 공간 뒤쪽에 상하로 여닫는 방식이며 비버 테일이라 불렀다. Su-27 등도 마찬가지 위치. 그런데 이 F-15 이글은 동체 중앙 상면에만 있다. 이 기종은 드래그슈트나 스러스트 리무버도 없다. 착륙 시에는 접지하면서 기수를 12°~15° 치켜들며 활주하고, 앞바퀴가 접지하면 바퀴 브레이크를 건다. 드래그슈트처럼 재사용하려면 개서 수납해야 하는 불편을 생략할 수 있다는 점은 편하다.

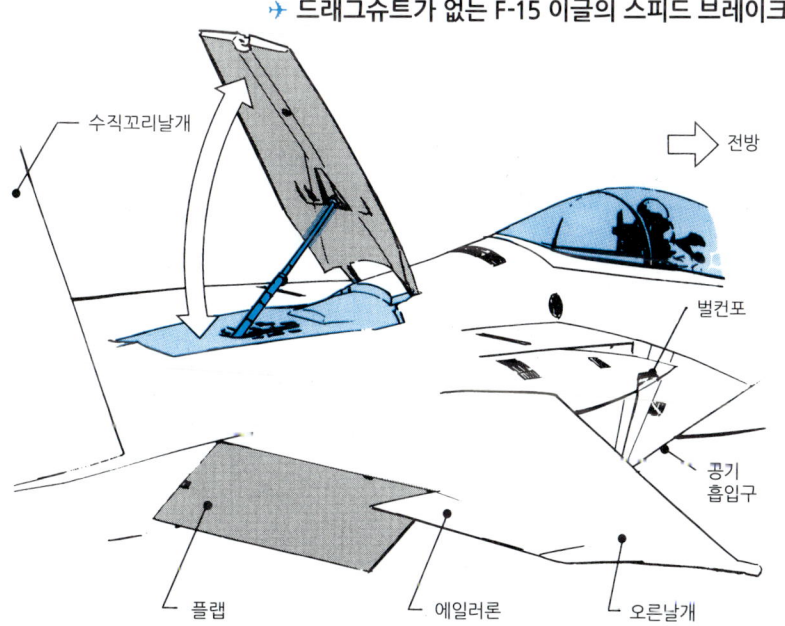

수직꼬리날개
전방
벌컨포
공기 흡입구
플랩
에일러론
오른날개

217

3-59. 긴급 탈출 장치

파일럿이나 승무원의 안전을 위한 사출 좌석은 제 2차 대전 당시부터 장비하게 되었지만, 초기에는 고도가 낮으면 탈출해도 낙하산이 충분히 펴지기 전에 지면에 추락하는 사고가 일어나곤 했다. 이 때문에 활주 도중에도 안전히 탈출할 수 있도록 좌석에 로켓 모터를 붙이고, 낙하산은 위로 펼쳐지며 고도를 확보하도록 개선되었다. 속도 상승으로 인해 고공 탈출 시에는 풍압이 강하고 비좁은 콕피트에서 수많은 장비를 짊어지고 탈출하기란 곤란하므로, 서바이벌 용품은 좌석 밑이나 뒤에 콤팩트하게 수납하고 고도나 속도에 따라 사출 방식도 바뀌며 자동으로 선정하게 되어 있다.

그리고 안전성을 높이기 위해 콕피트 바닥에 로켓을 붙이고 콕피트를 통째로 사출하는 방식도 등장했다. 느닷없이 대기에 노출되지 않으며 의식을 잃더라도 안전성을 확보할 수 있는 방법이다.

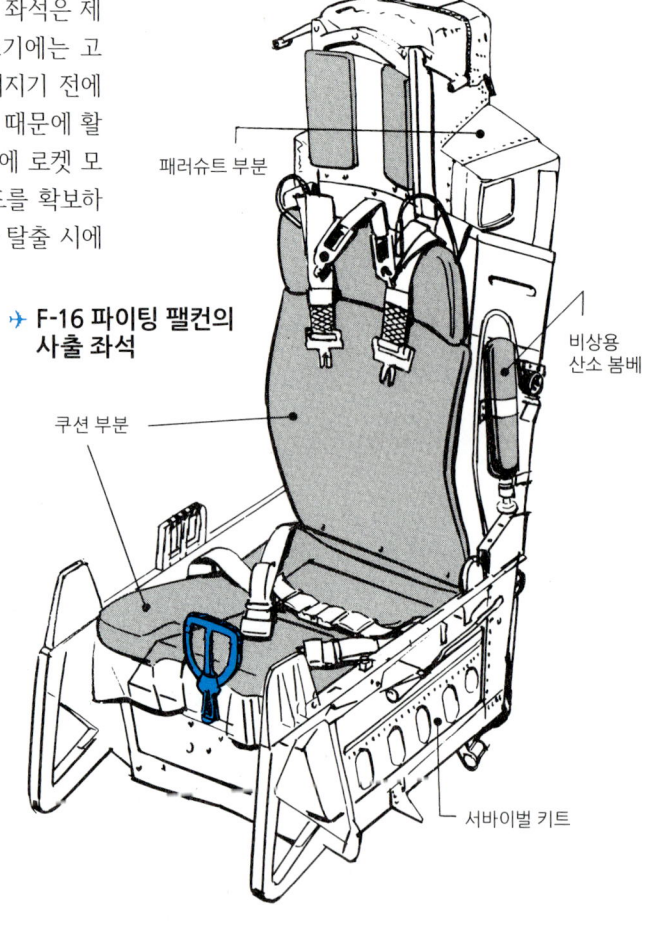

▸ F-16 파이팅 팰컨의 사출 좌석

▸ F-111의 사출 유닛

좌석에는 환경 센서, 리커버리 시퀀서, 릴 장치, 드로그 패러슈트 장치 등이 내장되어 있으며, 패러슈트는 지상 부근에선 바로 펼쳐지고, 상공에서는 일정 시간이 경과하고 펼쳐지도록 센서로 조정한다.

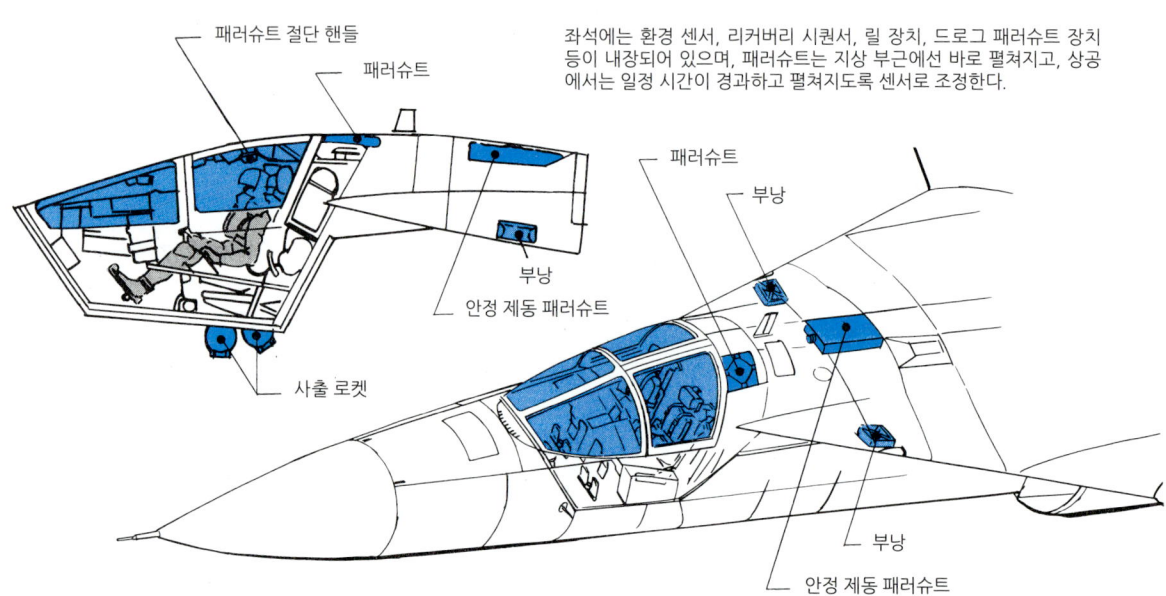

콕피트는 밑에 있는 로켓 모터 2기로 사출하며, 콕피트 부분이 통째로 분리되고 해상에서도 안전하도록 뒷부분에 부낭이 있다. 식량도 며칠 분이 들어 있다.

✈ 항공자위대의 내G복 (배낭형 낙하산 장비)

선회나 급상승 등의 기동에서 인간이 버틸 수 없는 G(중력 가속도)는 고속 성능 향상과 더불어 점차 높아져, 5~7G에 이를 때가 있다. 이는 체중의 5~7배 압력이 순간적으로 걸린다는 것을 뜻하고, 의식이 몽롱해질 정도가 된다. 선회나 루프 기동 등에선 하반신으로 피가 쏠리는데 이를 막기 위해 배와 다리 5곳에 G와 비례해 압력을 가하는 슈트를 착용한다. 혈압계의 측정용 밴드가 팔을 압박하는 것과 마찬가지 원리이며, 개인별로 맞춰 조정할 필요가 있다. 그림은 저고도용 슈트.

주 낙하산의 전개도
- 낙하산 지름: 10.62m
- 낙하산 저항면: 38g 나일론 격자 직물
- 끈 길이: 3.2m 나일론 심 로프

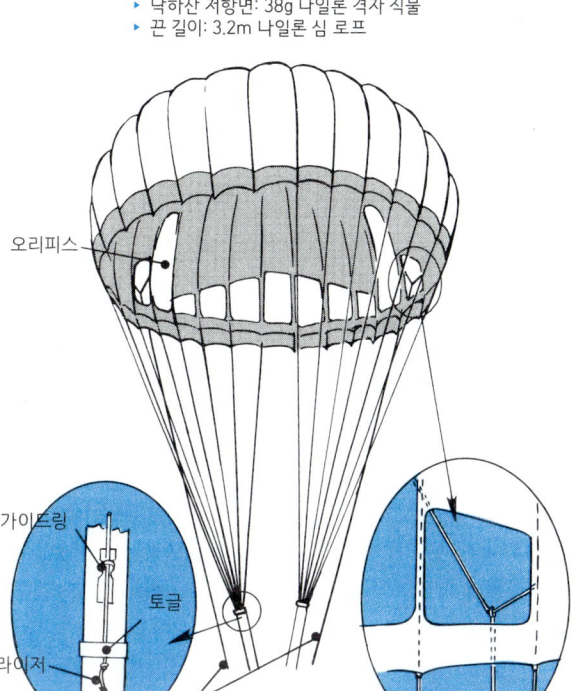

낙하산의 조종은 7패널 TU형 오리피스(통풍구)와 좌우 조종줄로 한다. 낙하산 내 공기를 후방으로 배출하며 전진과 회전을 부여한다. 왼쪽 조종줄을 당기면 낙하산은 왼쪽으로 회전하고 오른쪽으로 당기면 오른쪽으로 회전한다. 조종줄을 당기면 오리피스가 좁아지며 빠져나가는 공기가 줄어 전진력이 감소하고, 당기지 않은 방향으로 전진하므로 낙하산은 회전한다. 좌우 조종줄을 동시에 당기면 전진이 느려지고 강하 속도가 빨라진다. 낙하산은 풍향이나 풍속에 영향을 받으므로, 이를 고려하면서 지상의 안전한 지점을 향해 강하한다. 주 낙하산의 강하 속도는 당연히 중량(체중과 장비 무게)에 따라 다르지만 위 낙하산은 60kg일 때 3.9m/s, 80kg일 때 4.6m/s, 100kg일 때 5.2m/s, 120kg일 때 8m/s, 150kg일 때 6.6m/s가 된다.

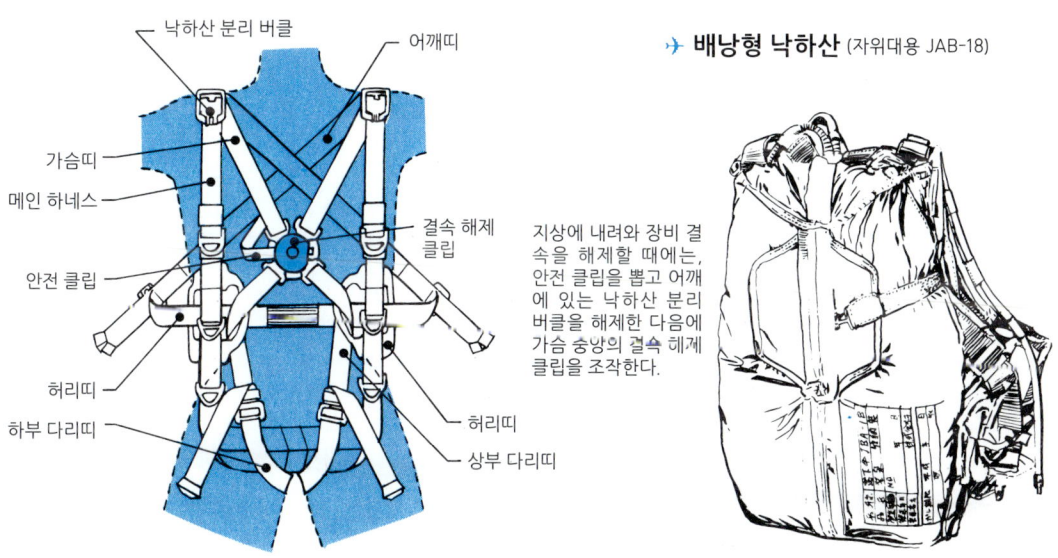

✈ 배낭형 낙하산 (자위대용 JAB-18)

지상에 내려와 장비 결속을 해제할 때에는, 안전 클립을 뽑고 어깨에 있는 낙하산 분리 버클을 해제한 다음에 가슴 중앙의 결속 해제 클립을 조작한다.

3-60. 레이더 장비와 기수 형상

현대의 전투기는 레이더 안테나를 비롯하여 각종 전자 기기의 우수성을 요구한다. 특히 전천후 성능을 갖추려면 레이더 장치의 성능이 매우 중요하며 고성능화의 수준이 중대 관심사였다. 이러한 전자 장치의 발달은 외관으로도 알 수 있다. 같은 크기일 때 성능이 같다는 법은 없지만, 일반적으로 크면 클수록 성능이 우수한 면이 있다. 특히 기수 끝에 탑재하는 안테나의 디시(접시 부분) 지름 크기는, 최근까지는 크기와 성능이 비례했다. 그런 관점에서 팬텀 II의 기수 부분 형상 변화를 되짚어 본 것이 오른쪽 그림이다. 가장 초기형은 팬텀이 아니라 디먼이지만, 이 기체가 팬텀의 전신이라 할 수 있으므로 같은 함재기로서 연속 선상에 놓았다. 이를 보면, 기수가 짧다는 점이 우선 눈에 들어오는데, 그만큼 전자 기기가 차지하는 용적이 작다는 뜻이며, 이후 기수 부분의 형상 변천 과정은 그 부분의 장비가 충실해짐을 보여주고 있다. 단, F-4E형은 레이더 안테나는 작아지고 기수 형상이 뾰족해지는데, 이는 안테나 성능이 향상된 결과 때문이다. 기존 기능의 저하를 상징하는 것은 아니며, 오히려 전자기기가 제2세대로 진입했음을 상징한다.

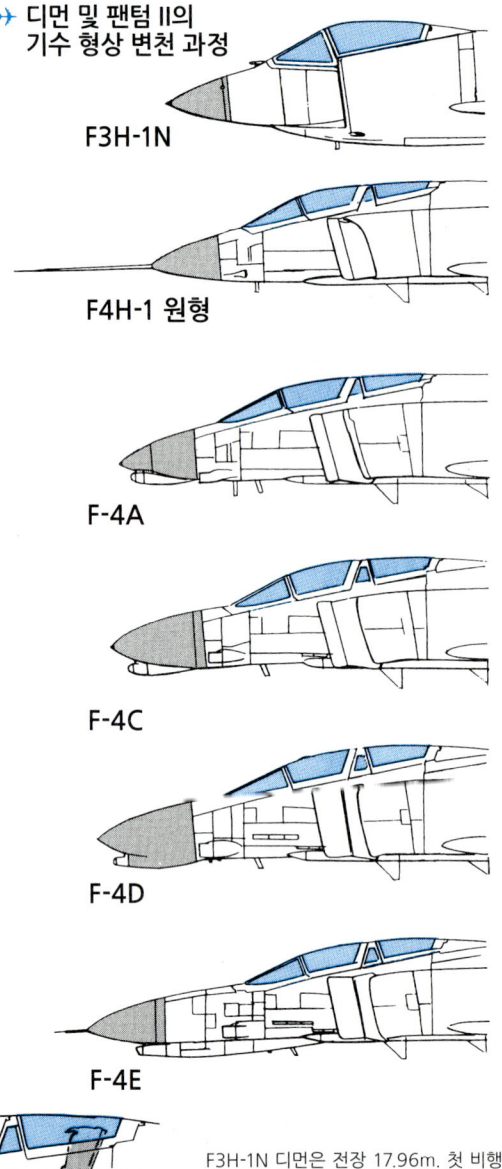

➤ **디먼 및 팬텀 II의 기수 형상 변천 과정**

F3H-1N

F4H-1 원형

F-4A

F-4C

F-4D

F-4E

➤ **팬텀 F-4D와 F-4E의 기수 장비 비교**

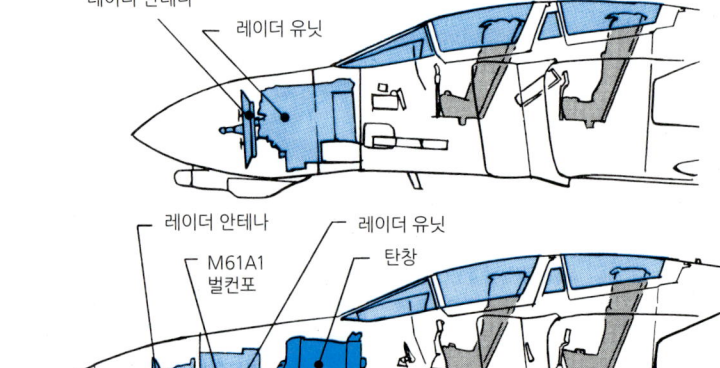

F3H-1N 디먼은 전장 17.96m. 첫 비행은 1953년 12월. 팬텀 II가 되면서 레이더 안테나의 디시가 24인치에서 36인치로 커지고, 전자 기기가 충실해지면서 콕피트 전방이 길어졌다.

F-4D에서 F-4E로 이어지는 발전에서, 레이더 안테나 디시 뿐 아니라 전자 기기 유닛도 콤팩트화되는데, 성능은 향상되었다. F-4E의 노즈가 길어진 최대 원인은 M61A1 20㎜ 벌컨포 탑재 때문이며, 기수가 비약적으로 슬림해졌다.

제트 전투기 시대

✈ F-4D 팬텀의 레이더 유닛

F-4D 팬텀의 레이더 안테나 디시는 31인치(약 79㎝). 그 뒤쪽에 AN/APQ-100 레이더 유닛이 공간 효율성 좋게 배치되어 있다. F-15 이글은 커다란 레이돔 내에 대구경 레이더 안테나(지름 91㎝)를 수납한다.

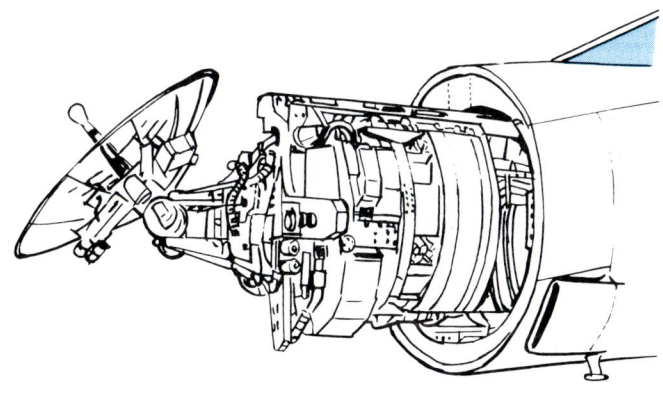

✈ F-15 이글의 레이더 유닛

- 레이돔
- 피아 식별 안테나
- 플랫 혼 안테나
- 레이더 기기 억세스 도어
- 레이더 안테나(지름 91㎝)
- 가드 혼
- 레이더 안테나
- 전자 기기

✈ 노스아메리칸 F-100 슈퍼세이버

기수에 공기 흡입구가 있으므로 레이더 안테나는 소형이 되었다. 세계 최초 실용 초음속 전투기라는 영예로 빛나지만, 전천후 능력이 없으며 상대 거리를 측정할 수 없으므로 베트남 전쟁에선 전투폭격기로 전용되면서 본래의 임무와 동떨어지게 되었다.

레이저파는 레이더파보다 파장이 짧고 강력한 지향성을 지니므로 작아도 정확하게 측정할 수 있는 전파.

✈ 재규어 (공동 개발) 공격기

항공기 개발은 거액이 소요되므로 일개 국가의 부담으론 개발할 수 없기에 프랑스와 영국이 공동 개발한 공격기 재규어. 재규어는 레이저 거리 측정기(LASER: Light Amplification by Stimulated Emission Radiation)를 탑재했다.

- 레이저 거리 측정기

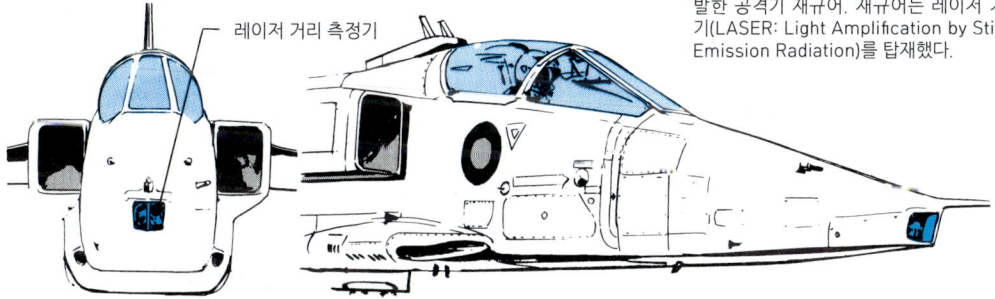

3-61. 캐노피 이야기

캐노피(바람막이)의 과제는 수지와 성형 가공술이다. 이 기술이 뛰어난 나라는, 석영이나 소다 글라스에 비해 무게는 절반이며 잘 쪼개지지 않는 수지를 이용해서 창틀이 가늘며 시야가 좋은 3차원 곡면 캐노피를 양산할 수 있었다. 제2차 대전 시기에 이 차이가 크게 벌어졌다.

캐노피에 쓰이는 창틀은 시야를 방해한다. 이 틀은 없는 것이 가장 좋지만, 가공 능력이 떨어지는 국가는 금속 틀을 다용한 다면체 캐노피를 만들 수밖에 없었다. 최근에는 일체 성형 캐노피가 쓰이면서 창틀은 점점 작아지고 있다.

✈ F-15 이글의 전방 캐노피

금속재와 닿는 부분은 폴리카보네이트를 깎아낸다

아크릴 수지는 내열 온도 120℃ 정도이며 150℃에서 연화되어 가공성이 좋아진다. 그러나 비행 속도가 올라간 현재는 공기 마찰로 인한 온도 상승에 버틸 수 있는 폴리카보네이트 수지를 주로 쓴다. 내열 온도는 180℃이며 잘 안 쪼개지고 피탄하더라도 파편이 튀지 않는다. 표면은 아크릴로 라미네이트 처리한다.

폴리카보네이트와 금속 틀의 두께가 일치해서 매끈해진다.

✈ 속도용 캐노피와 선회 (시야)용 캐노피

레시프로기이건 제트기이건 직진 속도나 상승력을 중시한 기체의 캐노피는 패스트백 형식이 많다. 이 형상도 오랫동안 개량을 거치며 물방울 모양이 된 케이스가 많으며 그 반대 경우는 없다. 속도를 중시하면 공기 흐름이 부드러운 패스트백이 좋지만, 전투 능력이라면 시야가 좋은 물방울형이 으뜸이다. 요격 전투기는 상승력이 뛰어나야 하며 장거리 비행 능력은 필요 없으므로 여유 탱크는 소형이며 기체 용적도 작다.

✈ 록히드 F-104 스타파이터 (미국)

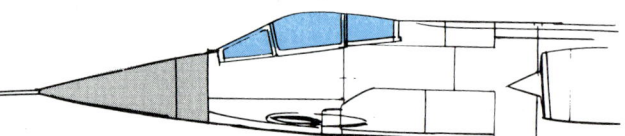

연필처럼 가늘고 긴 기체로 마하 2라는 고속을 달성하고 '마지막 유인 전투기'로 불리며 취역한 때가 1958년. 소형 경량에 상승력이 뛰어난 요격 전투기였다. 속도를 중시해서 후방 시야에 중점을 두지 않은 캐노피의 전형. 전장 16.69m, 전폭 6.68m, 총중량 10,840~12,970kg. 항속 거리 2,920km.

미국의 전략 폭격기에 대항할 요격 전투기로 개발되었다. 너무나도 후방 시야가 나쁜 캐노피 형태지만, 최고 속도는 마하 2.83을 기록한 기종이다. 전형적으로 가속 상승력이 강력한 고속 요격기이나 탐지 거리 200km라는 페이즈드 어레이 레이더를 처음으로 탑재한 전투기로도 유명하다. 레이더 오퍼레이터를 태우는 복좌식.

- 전장 22.69m
- 전폭 13.46m
- 자중 21,650kg
- 최대 이륙 중량 46,200kg
- 경제 순항 속도 마하 0.85
- 순항 거리 3,300km.

✈ MiG-31 폭스하운드 (러시아/우크라이나)

속도보다 격투 능력을 중시한 캐노피의 전형. 겉보기에도 시야가 좋아 보이는 소형 경량 제공 전투기이다. 고성능은 아니라도 적외선 항법·목표 포착 장치를 붙일 수도 있고, 레이더 기능도 충실하다. 조작 및 제어계에 플라이 바이 와이어라는 신기술을 투입하고도 F-15보다 저렴한, 현대 경량 전투기의 모범 사례이다.

✈ 제너럴 다이나믹스 F-16 파이팅 팰컨 (미국)

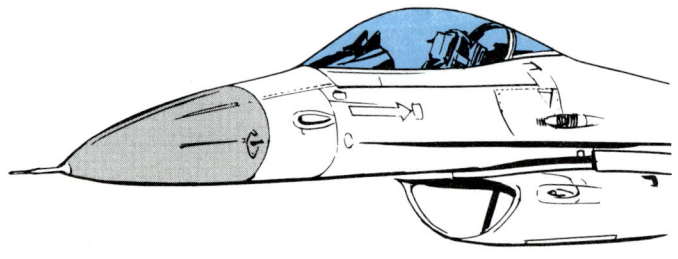

- 최대 속도 마하 2.02
- 전장 15.08m
- 전폭 9.45m
- 총중량 11,100~17,010kg
- 항속 거리 3,360km.

제트 전투기 시대

기체 하면의 창과 위장 캐노피

✈ **브루스터 버펄로** (미국)

브루스터 버펄로(미국)는 동체 하면에 실제 창이 붙었다. 이 부분은 전투기의 사각이므로 창을 설치한 기분을 모르는 것도 아니지만, 이후로 이런 대형 창은 채택되지 않았다. 이 하면 창으로 밑을 볼 때는 펄렁펄렁한 비행복 바지 사이로 볼 수밖에 없다.

실제 창

✈ **CF-18A** (캐나다)

그려놓은 더미 캐노피

캐나다 공군의 CF-18A 호넷 경우에는 조종석 하면 동체에 가짜 캐노피를 그려놓았다. 이는 전투에서 상대 측이 한순간의 판단을 그르치게끔 하는 효과가 있다.

✈ 정찰용 카메라와 전투기용 카메라 탑재

✈ **RF-86F 세이버**

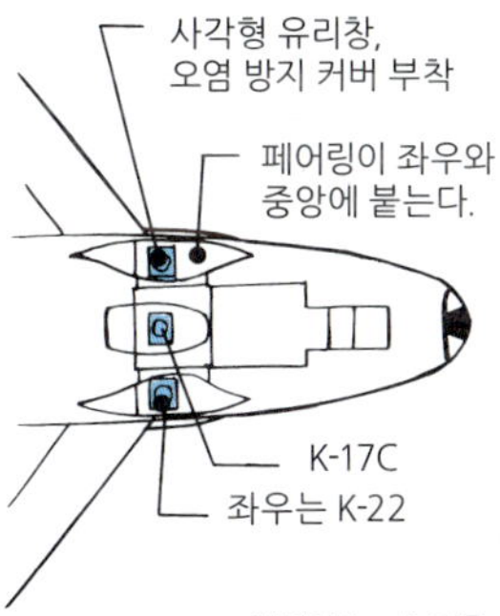

- 사각형 유리창, 오염 방지 커버 부착
- 페어링이 좌우와 중앙에 붙는다.
- K-17C
- 좌우는 K-22

정찰기는 속도를 무기로 적진 깊숙이 침투했다 포착당하기 전에 도망쳐 나오며, 전투기를 개조한 사례가 많다. 이 RF-86F도 기관총을 뗀 자리에 카메라 3대를 탑재한다. 당연히 완전 비무장이며 더미 총구를 그려넣었다.

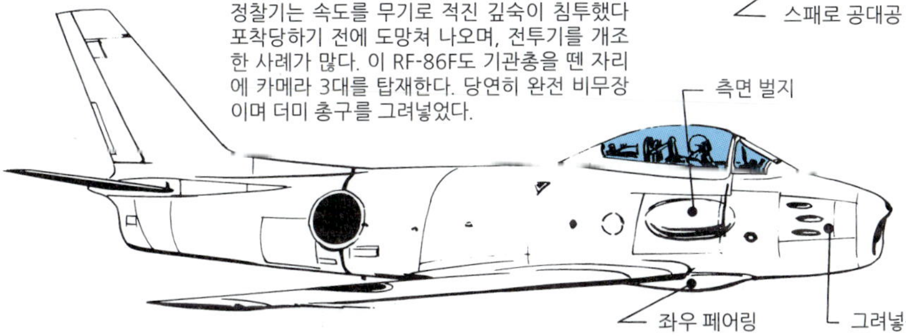

✈ **F-4 팬텀**

F-4 팬텀에 탑재한 전투용 카메라는 대지 공격 후의 전과 확인용.

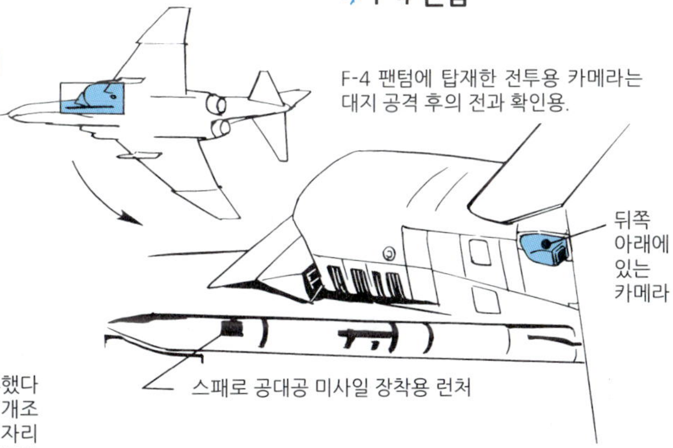

- 뒤쪽 아래에 있는 카메라
- 스패로 공대공 미사일 장착용 런처

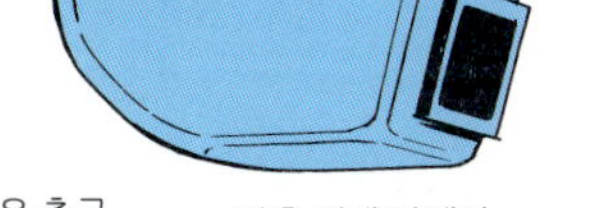

- 측면 벌지
- 좌우 페어링
- 그려넣은 총구
- 좌측 컴뱃 카메라

223

3-62. 기체 각 부분의 심벌 마크

　현대의 전투기는 크기로 보면 대개 12~20m 정도 크기이다. 맨 먼저 눈이 가는 것은 비행대나 국적 마크이지만, 접근하면 각 부분에 갖가지 마크가 잔뜩 붙어 있다는 것을 알게 된다. 그 모두가 작업 시의 주의나 점검 등에서 실수가 일어나지 않도록 붙인 심벌 마크이다. 물론, 이는 전투기만 그런 것이 아니며, 항공기는 여러 국가에서 쓰게 되므로 언어로 적는 것보다는 마크로 적는 편이 알기 쉽고 글로벌하다. 여기 적은 것은 F-4 팬텀 II의 예지만, 이들 마크는 미군기를 사용하는 여러 국가에서 공통되는 것이 많다. 이 밖에도 문자 주의서도 잔뜩 있는데, 기체 하면이나 파일런에 특히 많다. 핵폭탄을 붙이는 위치에는 'SPECIAL WEAPON'이라는 문자가 적혔다.

✈ F4 팬텀Ⅱ 심벌 마크 위치

트러블 없이 비행하려면, 평소의 정비 점검이 필수다. 단순히 부속한 연료나 윤활유를 채우는 것 뿐 아니라 필요에 따라 오버 홀(완전 분해)하기도 한다. 중정비는 숙련 미캐닉이 담당하지만, 일상 정비 점검은 많은 사람이 나눠 맡는 만큼 한눈에 알아볼 수 있는 것이 중요하다. 언제나 말이 통하는 사람하고만 작업한다는 보장은 없기 때문이다.

제트 전투기 시대

①공조기기

오렌지옐로색 마크

②사출 좌석과 캐노피 부근

오조작으로 사출될 경우도 생각해 위험을 나타내는 삼각형에 적색과 백색으로 표시.

③공기 흡입구
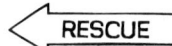
엔진 공기 흡입구는 특히 위험하므로 주의를 요한다. 붉은 띠에 흰 문자이며 안쪽 사각형 문자는 그 반대.

④구조용 장치

영어 RESQUE가 세계 공용이지만, 자위대는 한자도 병기한다. 노란 바탕에 검은 문자.

⑤정전기 방출 어스 접속 부위

오렌지옐로색 마크

⑥견인 위치

그림 문자이며 오렌지색에 검은 테두리선. 흑색 일색인 것도 있다.

⑦주유구

연료 규격이 적혔으며, F-40은 NATO 규격을 가리킨다.

⑧엔진 윤활유 주입구

오렌지색으로 표시한다.

⑨앞전 플랩 중립 지점

기체 위치 관계를 표시하기 위한 마크.

⑩허니컴 구조

핀 포인트로 압력에 약하므로 사람이 올라서지 않도록 주의를 요한다.

⑪훅 해제 방향

⑫훅 고정 방향

해제와 고정 방향을 틀리지 않도록 화살표로 표시한다.

⑬유압 오일 주입구

오렌지옐로색으로 표시한다.

⑭질소 공급 위치

오렌지옐로색으로 표시한다.

⑮고압 공기 스타터 공기 주입구

시동용으로 주입하는 것이며, 오렌지옐로색으로 표시한다.

⑯견인 시 마개 부착 부위

이동 시 닫아 놓을 곳. 오렌지옐로에 검은 테두리선으로 표시한다.

⑰고압 공기 방출구

고압 공기를 뺀다. 흑색으로 표시한다.

⑱잭 고정 부위

오렌지 또는 검은 테두리선, 흑색 일색도 있다.

⑲연료 탱크 드레인

점검할 때 연료를 빼는 부위로, 흑색으로 표시한다.

⑳무어링 포인트

지상이나 갑판에 계류할 부위를 가리키는 마크로, 황색 바탕에 검은 테두리선.

연료 주입구

붉은 원으로 주입구를 둘러싼다.

냉각액 주입구

전원 접속 위치
필요 전압 등이 이 마크 밑에 적힌다. 마크는 오렌지옐로색.

3-63. 블렌디드 윙 보디 기종

속도 상승에 따라 공기 저항을 감소하기 위해 주날개의 두께를 얇게 만드는 경향이 있었다. 정면 투영 면적이 작아질 필요는 있지만, 그러면 주날개와 동체 연결부의 강도를 대폭 올릴 필요가 생긴다. 그 결과 중량이 늘면 이도 저도 아니게 된다. 그래서 등장한 것이 블렌디드 윙 보디이다. 이 구조는 어디부터 동체이고 어디까지 주날개인지 경계를 판단할 수 없는 기체 스타일을 의미한다. 동체와 주날개 결합부를 매끈하고 둥그스름하게 부풀려서 강도를 얻는 동시에 연결 부분에 연료 탱크나 벌컨포, 액추에이터나 전자 기기를 탑재할 공간 구조로 사용할 수도 있다.

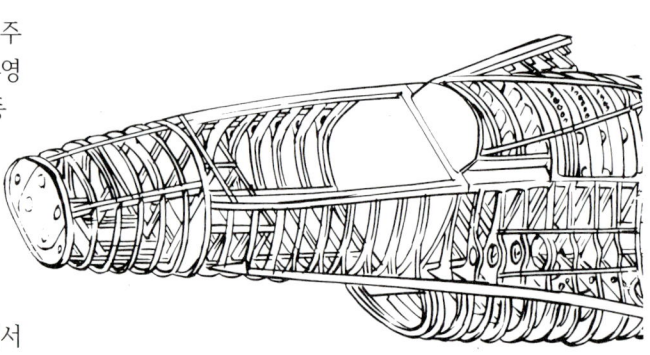

1976년 12월에 처음으로 비행하고 79년부터 배치가 시작된 F-16 파이팅 팰컨이 이 구조의 첫 적용 기체로, 미 공군의 경량 전투기 계획으로 개발되었다. F-15 이글과 동일한 F100-PW-200 엔진을 단발로 탑재한다. 블렌디드 윙 보디로 하면서 날개와 동체의 공기 간섭 저항이 감소하는 동시에 계획한 대로 경량화를 달성했다.

✈ 제너럴 다이내믹스 F-16 파이팅 팰컨

캐노피 전방에 프레임(창틀)이 없는 것도 F-16의 큰 특징이며, 수평선 기준으로 캐노피 위쪽 반분은 360° 전체를 볼 수 있다. 정면은 수평선 15° 하방 시야를 확보하고 좌우로 눈을 돌리면 하방 40° 시야까지 확보할 수 있기에 획기적이었다. 파일럿 시트는 높은 G에 대응할 수 있도록 30° 뒤로 젖혔다.

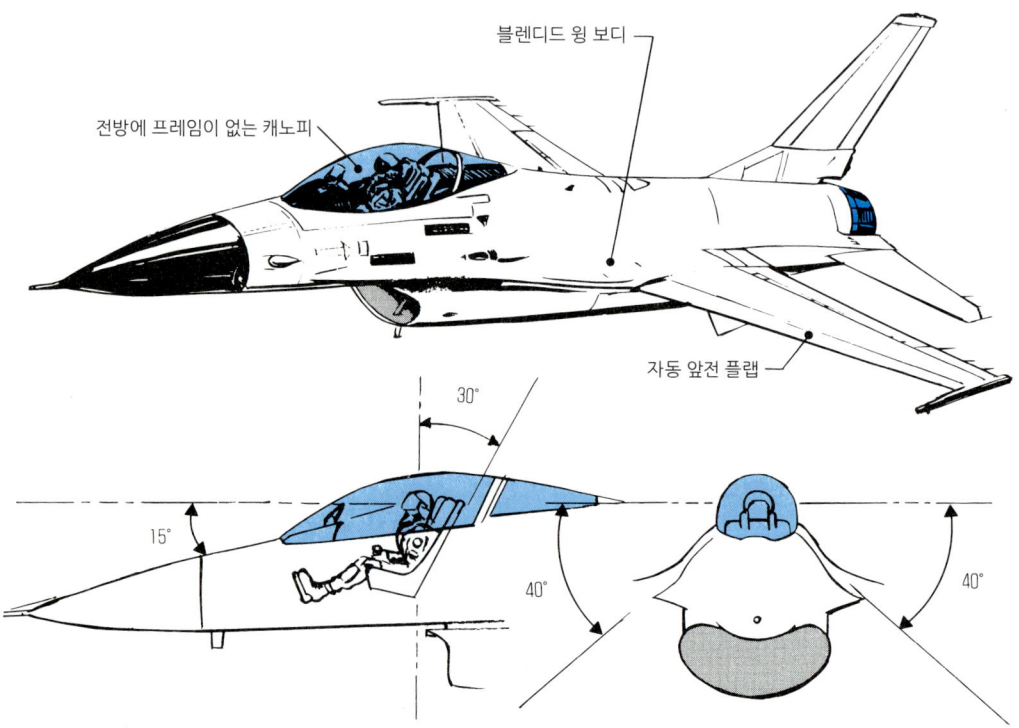

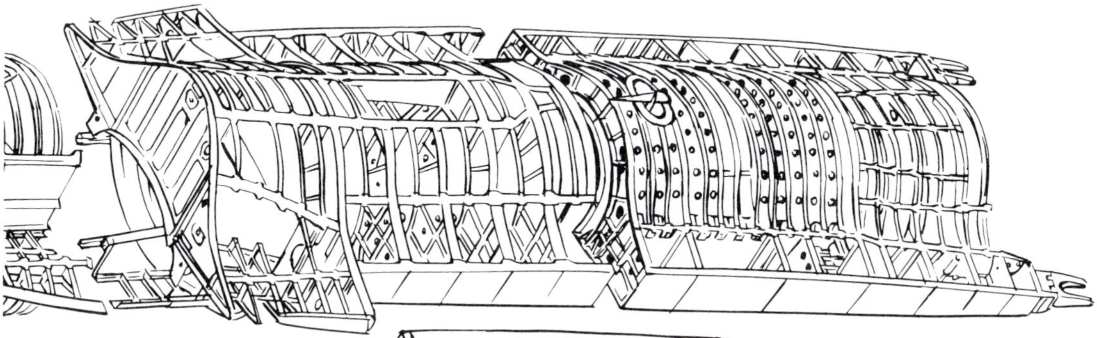

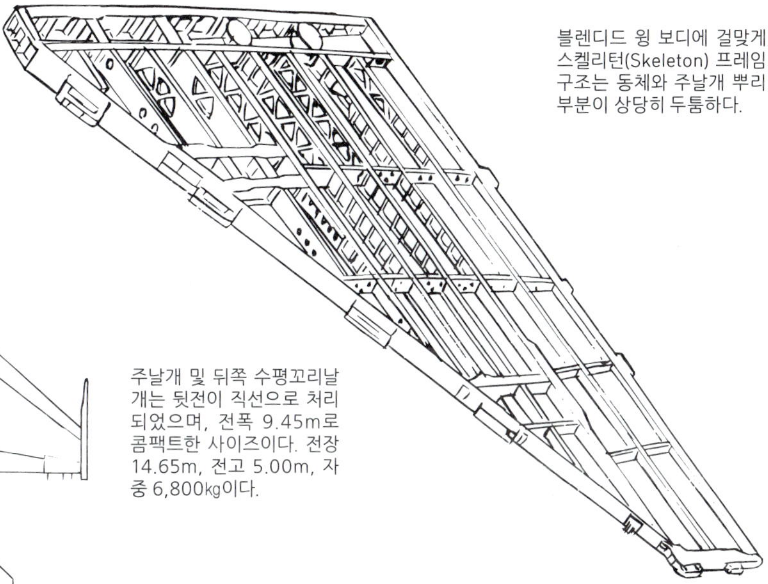

제트 전투기 시대

블렌디드 윙 보디에 걸맞게 스켈리턴(Skeleton) 프레임 구조는 동체와 주날개 뿌리 부분이 상당히 두툼하다.

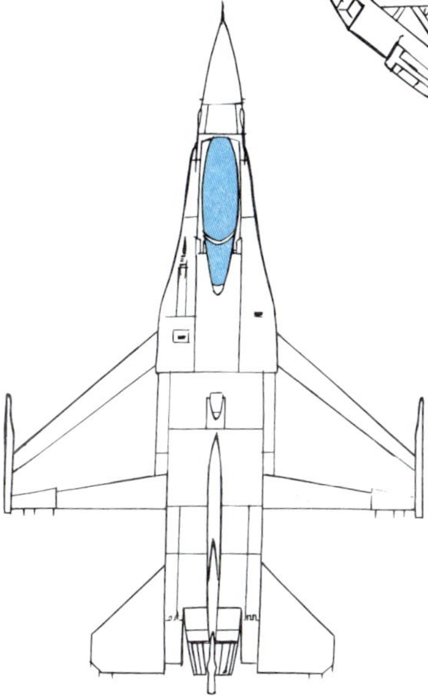

주날개 및 뒤쪽 수평꼬리날개는 뒷전이 직선으로 처리되었으며, 전폭 9.45m로 콤팩트한 사이즈이다. 전장 14.65m, 전고 5.00m, 자중 6,800kg이다.

탑재 용적이나 강도 면에서 유리한 블렌디드 윙 보디 기체는 늘고 있다. 1983년에 부대 배치를 개시한 MiG-29는 F-16 파이팅 팰컨보다 조금 더 대형이지만, 주날개와 동체 결합부는 일체화가 더욱 진행되었다. 특징적인 점으로는 주날개 아랫부분, 엔진 2기 전방에 커다란 공기 흡입구가 있다(150페이지 참조). 추력 대 중량비가 뛰어난 기체로, 가속성이나 기동성이 우수하다. 전장 17.32m(프로브 포함), 건폭 11.36m, 전고 7.43m, 자중 10,900kg, 표준 총중량 15,000kg, 엔진은 클리모프 RD-33, 추력 5,000kg×2, 최고 속도 마하 2.35.

✈ MiG-29 펄크럼

227

3-64. 스텔스기 등장

　군사 정보는 여러 면에서 기밀이 많은 법이고 톱 시크릿은 '극비'를 뜻하지만, 그 위에 있는 것이 '블랙', 요컨대 존재 여부 자체를 인정하지 않는 초극비 사항이다.

　스텔스기는 블랙 프로젝트로 개발된 전형적 사례로, 훈련이 거듭되고 보유 수량도 늘면서 1988년에 미 국방성이 존재를 시인하게 되었다. 스텔스기가 실제로 활약한 것은 89년 12월의 파나마 침공 작전이 최초로, 이어서 91년 1월의 걸프전에서 대대적으로 운용하며 이라크 수도 바그다드를 유도 폭탄으로 핀포인트 폭격했다. 곡면을 전혀 쓰지 않고 마치 커팅한 다이아몬드처럼 평면으로만 구성된 스텔스기는 공기역학을 추구하는 기존 이론에선 채택할 수 없는 형태이다. 제1선 전투기는 마하 2급 속도를 내는데 반해 스텔스기인 록히드 F-117A는 절반에도 미치지 못하는 마하 0.9급이다. 레이더에 비치지 않는다는 점을 이용해 적에게 존재를 알리지 않고 비행하는 것이 목적이므로, 속도나 무장 탑재, 레이더 장비 등의 성능을 희생했다.

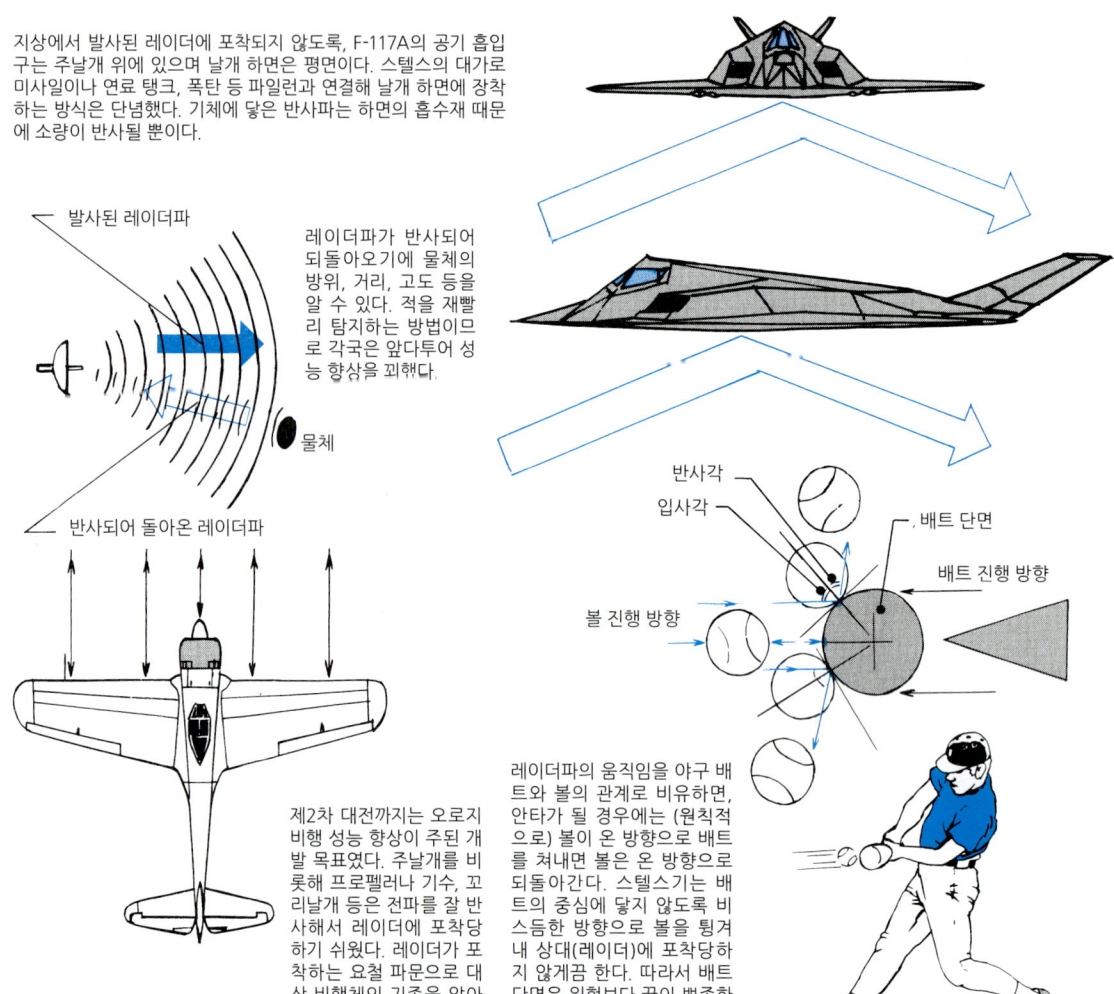

제트 전투기 시대

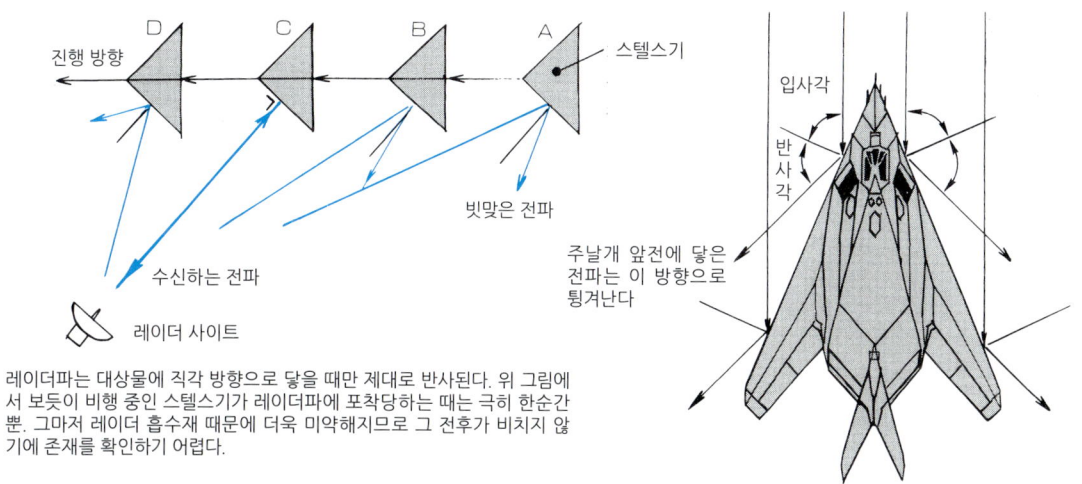

레이더파는 대상물에 직각 방향으로 닿을 때만 제대로 반사된다. 위 그림에서 보듯이 비행 중인 스텔스기가 레이더파에 포착당하는 때는 극히 한순간 뿐. 그마저 레이더 흡수재 때문에 더욱 미약해지므로 그 전후가 비치지 않기에 존재를 확인하기 어렵다.

✈ 호르텐 Ho.229 (독일)

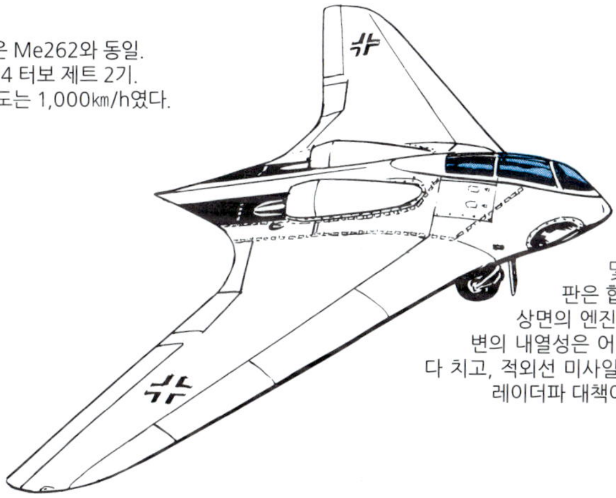

동력원은 Me262와 동일.
유모 004 터보 제트 2기.
목표 속도는 1,000km/h였다.

제2차 대전 말기에 독일에서 시험 제작한 전익형 제트 전투기로, 기체는 날카로운 돌기물 없이 매끈한 모습을 보이며 하면은 평편하게 되어 있다. 공기 흡입구부터 엔진 위치, 배기구 등을 모조리 주익 상면에 배치해서 마치 스텔스기 이론으로 설계한 듯한 모습이다. 기체 중앙 및 엔진, 바퀴다리 골격 이외엔 대다수가 목제로, 외판은 합판 접착제에 탄소를 섞을 계획이었다고 한다. 기체 상면의 엔진부가 금속제인 것이야 말할 것도 없지만 배기구 주변의 내열성은 어떻게 해결할 작정이었는지 궁금한 부분. 그건 그렇다 치고, 적외선 미사일이 없던 시대에 어째서 이렇게까지 집착한 것일까. 레이더파 대책이라 여긴다면 이 기체의 선진성은 대단할 따름이다.

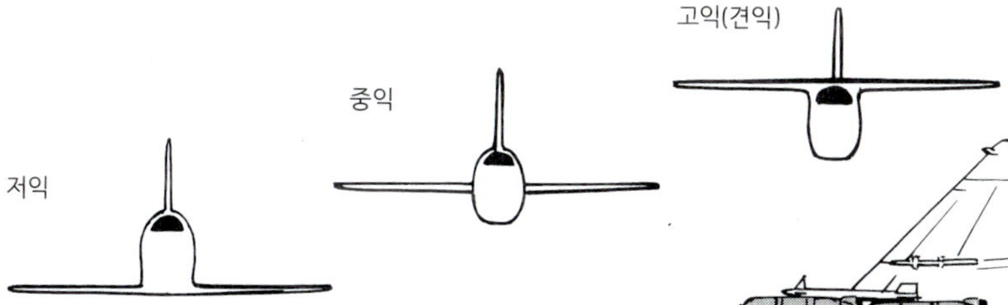

✈ F-15이글의 폭장

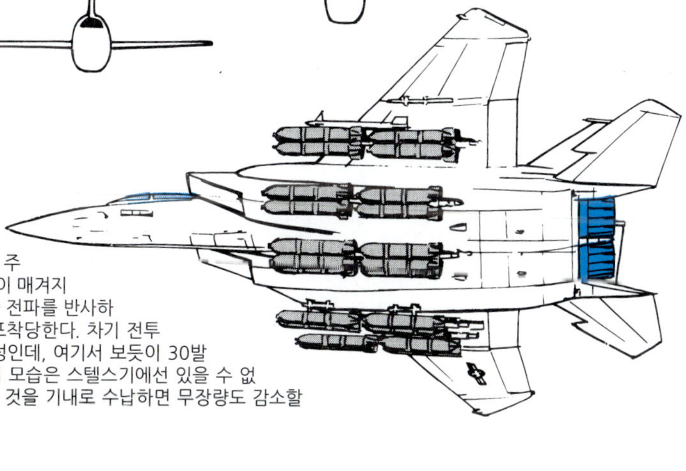

현재 제1선 전투기는 주익과 동체 하면 탑재를 전제로 고익이나 중익 형태가 주류였지만, 하면이 평편한 저익형에 낙점이 매겨지는 듯하다. 손가락 굵기만한 피토관조차 전파를 반사하므로 기존 형태로는 레이더파에 쉽게 포착당한다. 차기 전투기에 요구되는 요소 중 하나가 스텔스성인데, 여기서 보듯이 30발 클러스터 폭탄을 주렁주렁 매단 F-15의 모습은 스텔스기에선 있을 수 없는 것이다. 단, 레이더파에 반사될 만한 것을 기내로 수납하면 무장량도 감소할 수밖에 없게 된다.

229

3-65. 본격적인 첫 스텔스기, 록히드 F-117A⁽¹⁾

1970년대 말 무렵부터 비밀리에 개발을 시작하여 78년에 시제형이 첫 비행, 1호기의 비행 테스트는 81년 6월에 이뤄졌다. 존재가 공표된 때는 88년이며, 스텔스성을 최우선시하여 개발한 이 기종은 이전의 전투기 개념을 송두리째 뒤집은 것이었다. 날개의 앞전 후퇴각은 67°로 크고, 동체는 모조리 평면을 조합해서 구성했기에 R(곡면)이 없으며, 무장 등도 기체 내부에 수납한다. 주날개 뒷전에 엘레본이 2쌍 있으며 V자형 올 플라잉 꼬리날개가 달렸다. 기체 형상으로 레이더파 반사를 막을 뿐 아니라 기체 표면에는 각종 레이더 반사 흡수재(RAM)를 발라 레이더 반사를 어렵게 한다. 고속 성능이나 무장 등을 희생하고 스텔스성을 높일 것을 목표로 개발한 기체가 이 F-117A이다.

- 전장: 20.09m
- 전폭: 13.21m
- 전고: 3.78m
- 총중량: 23,800kg
- 엔진: GE F404-G-F1D2
- 추력: 4,900kg×2
- 최고 속도: 마하 0.9
- 무장: 2,000파운드급 유도 폭탄 ×2
- 승무원: 1명

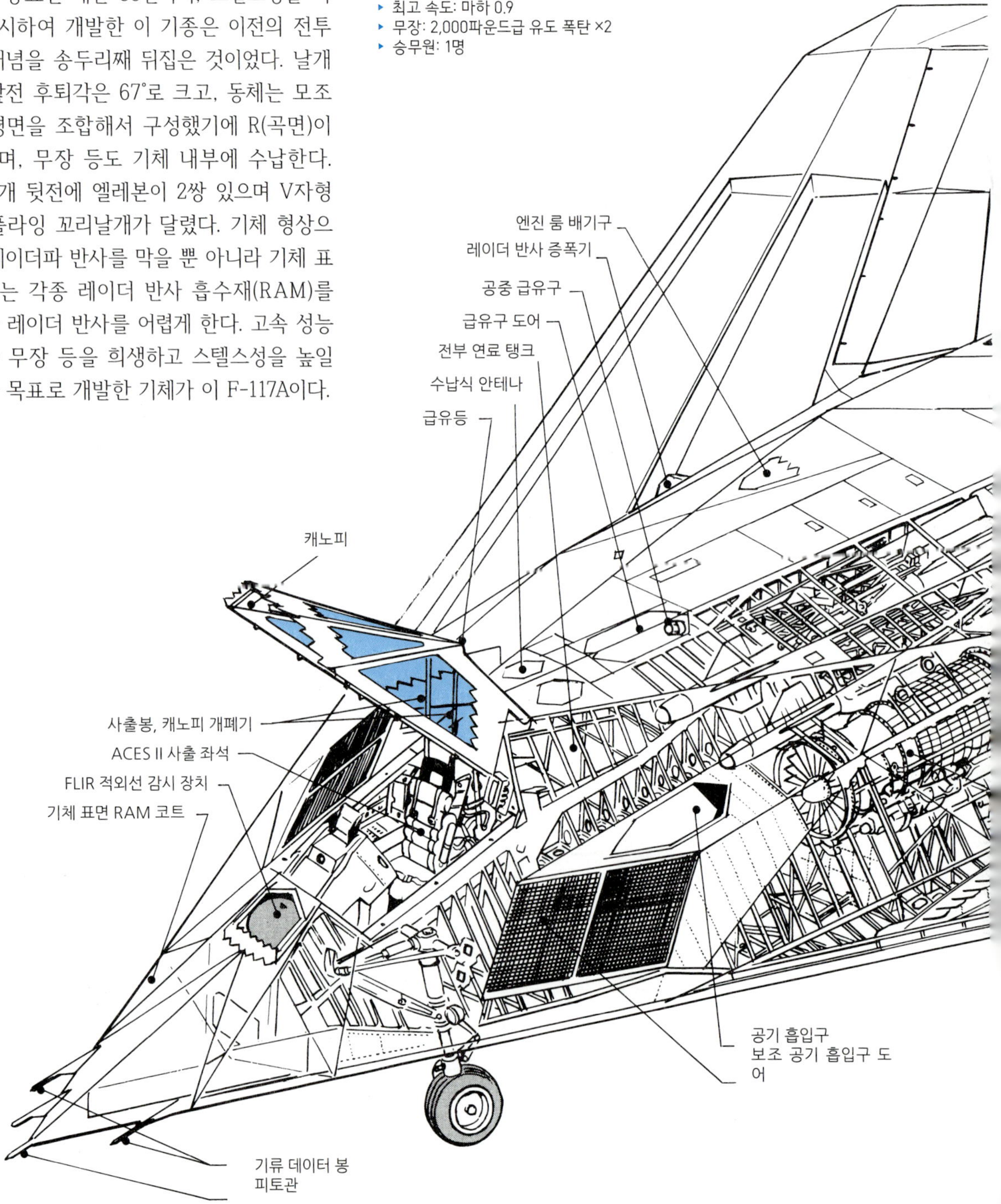

엔진 룸 배기구
레이더 반사 증폭기
공중 급유구
급유구 도어
전부 연료 탱크
수납식 안테나
급유등
캐노피
사출봉, 캐노피 개폐기
ACES II 사출 좌석
FLIR 적외선 감시 장치
기체 표면 RAM 코트
공기 흡입구
보조 공기 흡입구 도어
기류 데이터 봉 피토관

제트 전투기 시대

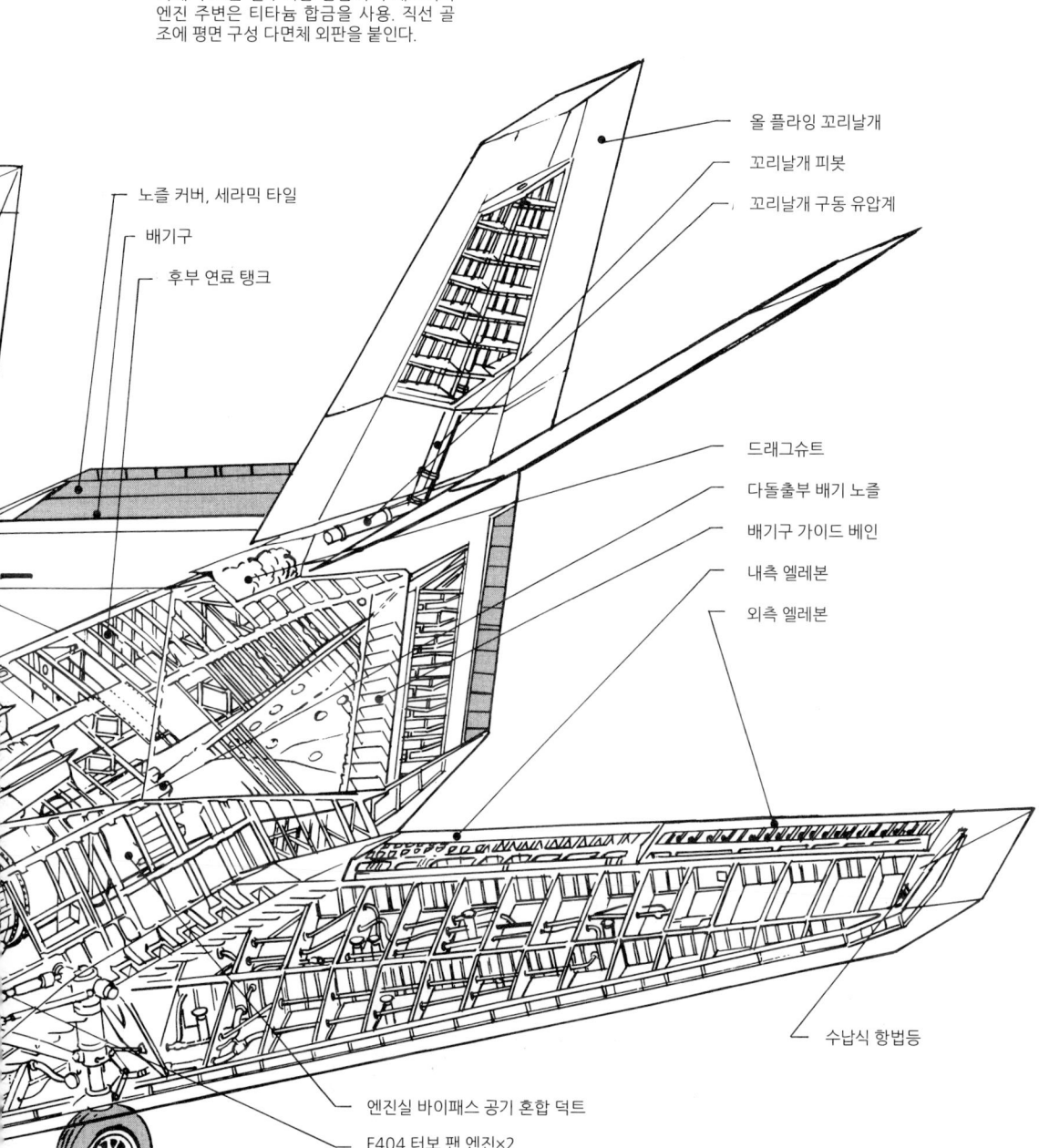

기체 구조는 알루미늄 합금이 주재료이며 엔진 주변은 티타늄 합금을 사용. 직선 골조에 평면 구성 다면체 외판을 붙인다.

- 노즐 커버, 세라믹 타일
- 배기구
- 후부 연료 탱크
- 올 플라잉 꼬리날개
- 꼬리날개 피봇
- 꼬리날개 구동 유압계
- 드래그슈트
- 다돌출부 배기 노즐
- 배기구 가이드 베인
- 내측 엘레본
- 외측 엘레본
- 수납식 항법등
- 엔진실 바이패스 공기 혼합 덕트
- F404 터보 팬 엔진×2

이 F-117A가 주목받은 때가 1991년의 걸프전. 이라그 중요 시설 공격 미션에서 F-15를 주력으로 전자전 지원기 F-4G나 F-111, 또는 공중 급유기 등 5개 기종으로는 표적 지역의 격렬한 대공 반격 때문에 성과를 낼 수 없었다. 그런데 스텔스기인 F-117A 8기가 야간 출격해서 그 중 4기가 유도 폭탄(GBU)으로 시설 폭파에 성공한 것이다. 레이더에 잡히지 않는 스텔스기의 위력을 유감없이 보여준 전과였다.

3-66. 본격적인 첫 스텔스기, 록히드 F-117A(2)

정면에서 보면 피라미드 형상을 한 F-117A는 전방 중앙이 콕피트이며, 그 좌우로 공기 흡입구가 마름모꼴로 배치되어 있다. 일반적으로 공기 흡입구는 주날개 아래 동체에 설치하는데, 이처럼 주날개 위에 설치한 경우엔 고받음각 상승 시 충분한 공기를 엔진에 공급할 수 없다는 문제가 발생한다. 이는 기동성을 우선시하는 전투기로서는 치명적이다. 그래도 F-117A는 날개 하면을 평면으로 처리하며 스텔스성을 우선시하였다. 이 공기 흡입구에는 레이더파 대책으로 격자형 망이 설치되어 평면 모양을 하고 있다. 마찬가지로 배기구도 뒤쪽 아래에 있으면 배기열과 형상 때문에 레이더나 적외선 호밍 미사일의 좋은 먹잇감이 된다. 이를 피하고자 배기구를 후미보다 앞에 놓고 배기구 형상도 일반적이지 않게 가로로 긴 사각형(하모니카 입구멍처럼 생겼다)이다. 더욱이 세부까지 스텔스성을 우선시하여 레이더 흡수재로 기체 표면을 덮어 마감하였다. 이 도료는 두껍게 뿌려야만 효과가 있고 중금속을 포함하고 있으므로 상당한 중량 증가가 있었으리라 여겨진다.

✈ F-117A 상면도

✈ F-117A 하면도

✈ F-117A 정면도

삼각형을 기본으로 평면을 조합해 구성한 기체 표면은 공력 특성을 무시한 형태이다.

✈ F-404-G-F1D2 (GE) 터보 팬 엔진

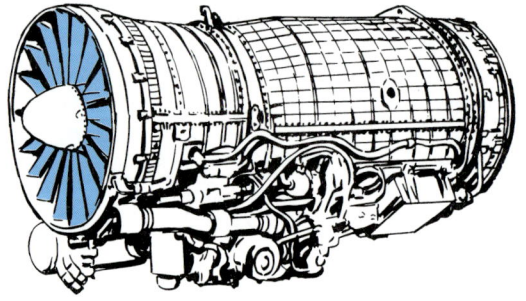

공기 흡입구가 날개 위에 있으므로 흡입 공기량이 충분하지 않을 경우도 있으며 기체 형상도 공력적으로 뛰어난 형태가 아니므로, 엔진은 공기 통과량이 적고 바이패스비가 작은 터보 팬 엔진을 채택하였다. 이 엔진은 F-18 호넷과 동일한 것이지만 F-117A 탑재에 맞춰 애프터 버너와 관련 부분을 철거해서 긴급 시에 출력을 올릴 수 없다. 이 때문에 속도는 마하 0.9로 낮지만, 이는 전략상 유리한 상황에서 공격에만 사용한다는 임무에 철저히 맞춰 운용하여 커버한다.

제트 전투기 시대

① 각진 피토관

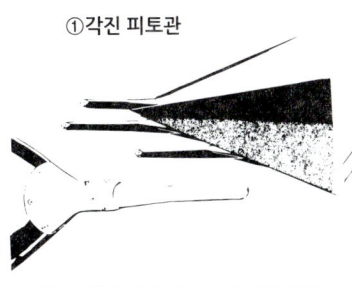

② 전방 감시 적외선 장치 FLIR

전파를 발사하면 상대에 존재를 알리게 되므로 탐색 레이더를 싣지 않고 적외선 센서는 열선을 받아들이기만 한다. 감시 범위는 한정된다. 개구부에는 RAM 메시 스크린이 있다.

③ 수납식 안테나

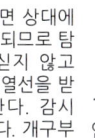

안테나도 레이더에 포착당하지 않도록 필요한 때 이외엔 수납한다.

아래쪽은 현재 주류인 피토관인데 이와 달리 4각형 연필 같은 형상이며 평면으로만 구성되었다. 전기 저항이 없는 수지제로, 끝 부분도 평면으로 구성되었다.

⑥ 충돌 방지등

마찬가지로 훈련용 장비로 작전 시에는 제거할 수 있도록 탈착식이다.

④ 레이더 반사기

훈련이나 평시에는 레이더에 찍히도록 마름모꼴 반사기를 붙인다. 물론 작전 시에는 제거해서 본래의 스텔스성을 발휘한다.

⑤ 공기 흡입구

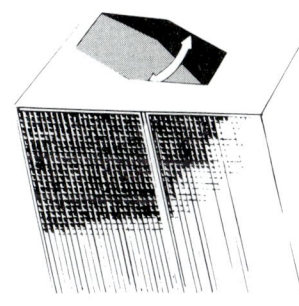

공기 흡입구는 2분할이고 세밀한 격자 스크린이 붙는다. 이 덕분에 전파 반사를 평면과 동일하게 해줄 수 있지만 대신 공기 유입량이 줄어들게 된다. 흡기 일부는 바이패스해서 배기 냉각에 이용한다.

배기구 하부는 오리너구리라고 불리는데, 배기 효율이 좋다고는 할 수 없는 형상이다. 배기구에 베인이 붙어 있으며, 열기는 배기 후 단시간만에 방열하여 적외선 호밍 미사일 공격을 회피하도록 되어 있다.

⑦ 배기구

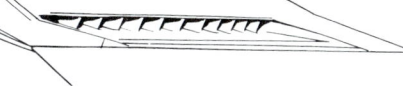

⑧ 하방 감시 적외선 장치 DLIR

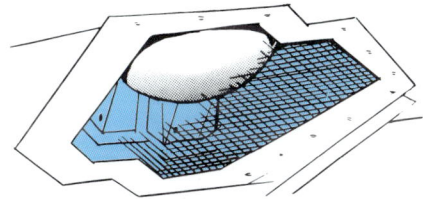

폭격용으로 탑재한 장비. 조준기 추종식 레이저 조사 장치이며 개구부에는 RAM 메시 스크린이 붙어 있다.

✈ 검정색 드래그슈트

고양력 플랩이 없으므로 착륙 속도가 빠르고 엔진 역분사 장치도 없다. 때문에 드래그슈트가 제동에서 중요한 역할을 담당한다. 좁은 두 수직안정판 사이로 사출된 슈트는 검정색이다. 그리고 바퀴에는 카본 디스크 브레이크가 장착되어 있다.

✈ 레이더파 흡수재로 도장

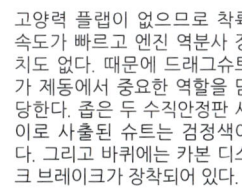

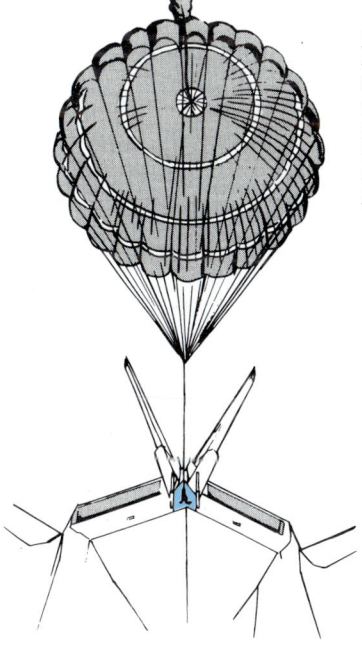

레이더를 반사하지 않는 흡수재(RAM)는 테니스 공을 벽에 던지는 것에 비유하자면, 벽을 콘크리트가 아니라 부드러운 메트로 바꾼 것이다. 이렇게 되면 부딪힌 공은 기대한 방향으로 튀어나오지 않는다. 이 RAM은 제2차 대전 당시부터 사용해왔는데, 둥그란 산화철 미립자 분말(수㎛)을 섞은 도료(정확한 재질은 불명)를 칠한 것이며, 레이더파를 난반사하거나 열 에너지로 바꿔서 원래 방향으로 반사되는 양을 줄인다. 이 효과를 높이려면 두껍게 도장해야 한다. 이 밖에도 레이더파 흡수 구조(RAS)로 진행 방향에 직각이 되는 선이나 면을 없애고 지그재그 선으로 반사되도록 유도하는 방법도 있다.

3-67. 현용 최강의 초음속 순항 스텔스기 록히드 F-22

1991년 4월, F-15 이글 전투기를 대신할 21세기 전투기로 채택된 기종이 록히드 마틴의 F-22이다. 스텔스 기능을 갖춘 제공 전투기로, 기동성 및 공격력 향상을 목표로 하였다. 시제기인 YF-22는 2기가 만들어져 비행 시험 및 경쟁기인 노스롭 YF-23과 비교 테스트를 거쳤다. 그 결과 EMD(선행 양산형)인 F-22A는 YF-22보다 주날개 후퇴각이 감소하고 공기 흡입구, 수평꼬리날개(스태빌레이터) 형상도 바뀌었다. 또한, 주날개와 수직꼬리날개 면적이 증가했고 기수도 두꺼워졌으며 조종석도 앞으로 당겨졌다. 스텔스성을 갖추고 초음속을 실현한 점이 이 기종의 최대 특징이며, 애프터 버너 없이도 초음속 순항을 할 수 있게 되었다. F-117A와 달리 날개 하면에 공기 흡입구가 있고 동체 하면에 미사일창을 설치하는 등 무장 면으로도 충실함을 기했다. F-117A만큼은 아니지만 기체 하면 스텔스성에 두루 신경 썼다는 점에서는 기존 전투기와 명확하게 다르다.

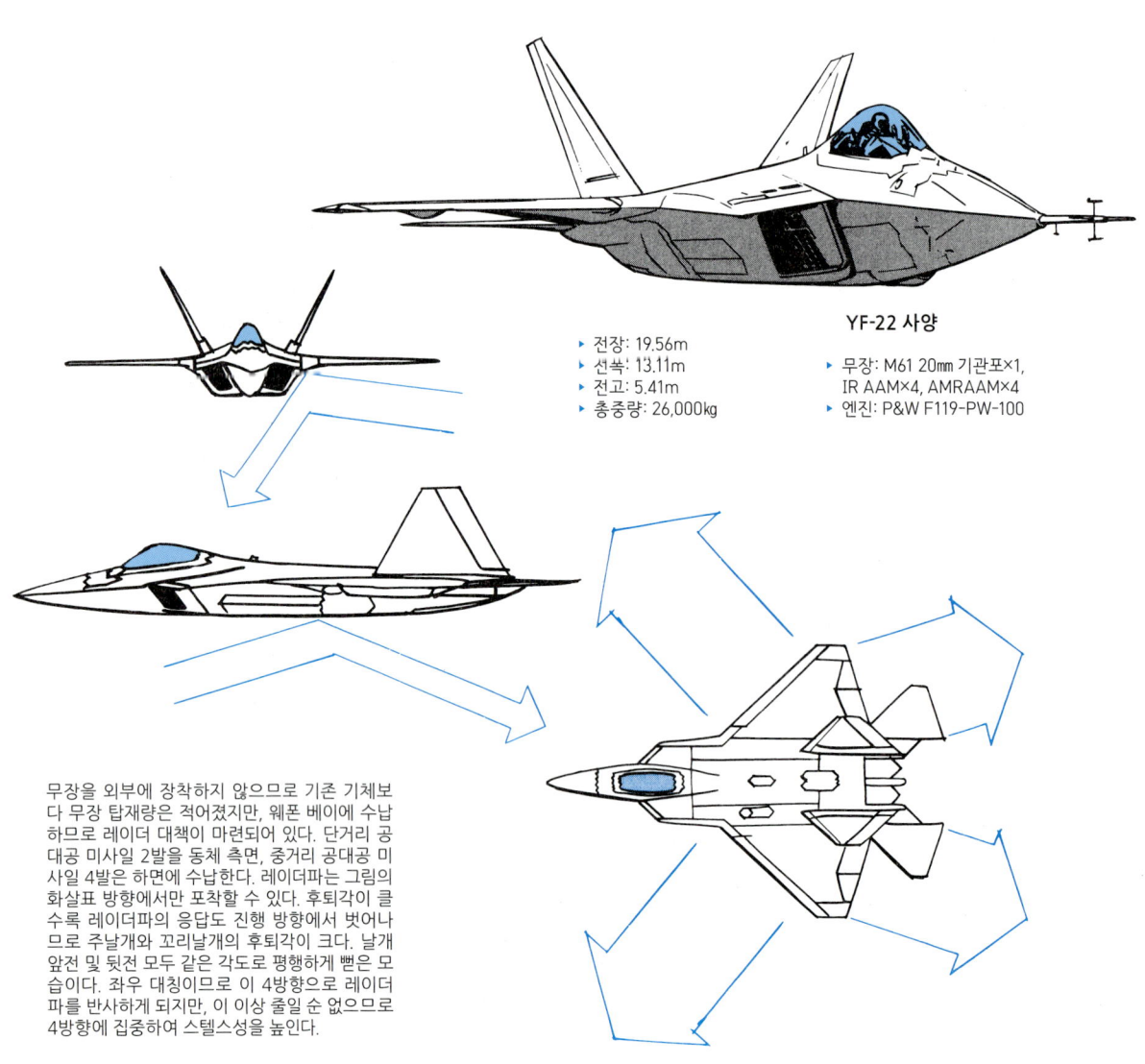

YF-22 사양
- 전장: 19.56m
- 선폭: 13.11m
- 전고: 5.41m
- 총중량: 26,000kg
- 무장: M61 20mm 기관포×1, IR AAM×4, AMRAAM×4
- 엔진: P&W F119-PW-100

무장을 외부에 장착하지 않으므로 기존 기체보다 무장 탑재량은 적어졌지만, 웨폰 베이에 수납하므로 레이더 대책이 마련되어 있다. 단거리 공대공 미사일 2발을 동체 측면, 중거리 공대공 미사일 4발은 하면에 수납한다. 레이더파는 그림의 화살표 방향에서만 포착할 수 있다. 후퇴각이 클수록 레이더파의 응답도 진행 방향에서 벗어나므로 주날개와 꼬리날개의 후퇴각이 크다. 날개 앞전 및 뒷전 모두 같은 각도로 평행하게 뻗은 모습이다. 좌우 대칭이므로 이 4방향으로 레이더파를 반사하게 되지만, 이 이상 줄일 순 없으므로 4방향에 집중하여 스텔스성을 높인다.

제트 전투기 시대

✈ 보조날개 단면 형상

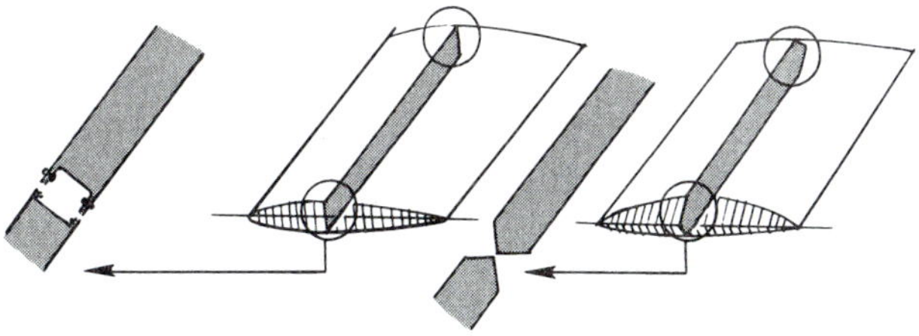

보조날개 끝단은 프레임이 외판과 같은 높이가 되는 경우도 있지만 ㄷ자형 골 그대로인 상태로 공력 처리가 이뤄지지 않은 것이 많다. YF-22는 보조날개 가동부 단면을 비스듬하게 쳐내 레이더파를 반사하지 않도록 처리하였다.

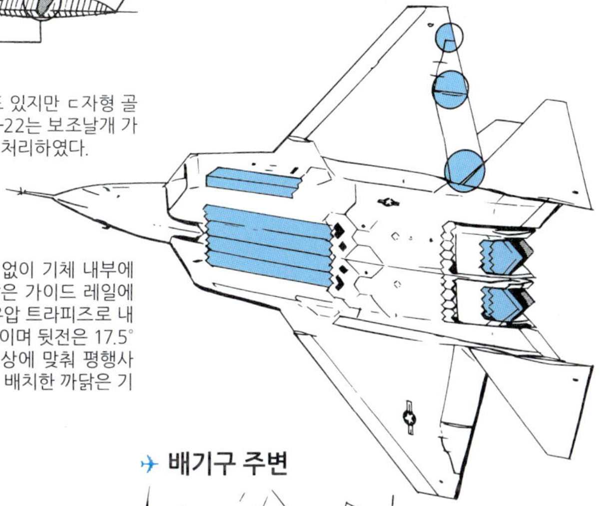

✈ YF-22의 미사일창

기체 하면은 되도록 평평하게 구성해서 파일런 같은 외장 없이 기체 내부에 수납한다. 기체 측면 미사일창에 있는 단거리 미사일 2발은 가이드 레일에 세트되며, 런처를 내밀어 발사한다. 중거리 미사일 4발은 유압 트라피즈로 내리고 로켓 모터를 점화하여 발사한다. 앞전 후퇴각은 48.5°이며 뒷전은 17.5°이다. 공기 흡입구는 스텔스성을 손상하지 않도록 기체 형상에 맞춰 평행사변형 모양이며 흡입구는 고정식. 주날개보다 밑에 흡입구를 배치한 까닭은 기동성을 우선시했기 때문이다.

✈ 캐노피 주변

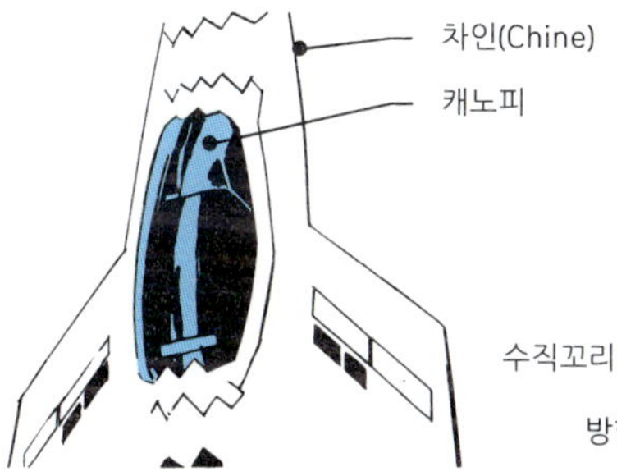

차인(Chine)
캐노피

스텔스성을 우선시하면 캐노피 형상도 이와 달라졌겠지만, YF-22는 시야 확보를 위해 오소독스한 물방울형으로 되어 있다. 수평 방향이나 상방의 레이더 탐지는 드물기 때문이다. 캐노피 옆에는 정류용 차인이나 경계층 방출구가 있다.

✈ 배기구 주변

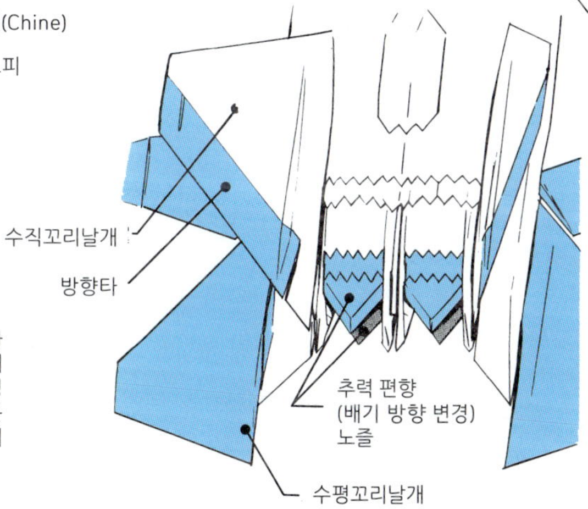

수직꼬리날개
방향타
추력 편향 (배기 방향 변경) 노즐
수평꼬리날개

배기 방향을 상하로 변경할 수 있는 추력 편향 노즐이 장착되었으며, 좌우 배기구 분사를 비대칭으로 작동하여 롤 제어도 할 수 있다. 노즐 사이 중앙부가 길게 튀어나온 까닭은 고열 배기 가스를 조금이라도 감춰 IR 미사일에서 벗어나는 한편으로 노즐의 편향 성능을 높이기 위해서다.

✈ 엔진의 벤치 테스트

엔진은 P&W YF119와 GE-YF120 두 종류가 있는데, 제식 채택된 것은 P&W제 F119. 주목할 점으로는 애프터 버너를 쓰지 않고도 마하 1 이상 속도로 순항(슈퍼크루징)할 수 있다는 점이다. 엔진 뒤쪽에는 추력 방향을 변경할 수 있는 노즐이 달렸고, 배기 방향을 바꿔 비행 자세를 컨트롤할 수도 있다. 일반적으로 배기구는 원형이지만 YF-22는 직사각형이며, 위아래로 베인이 달려 추력 편향 가동을 한다.

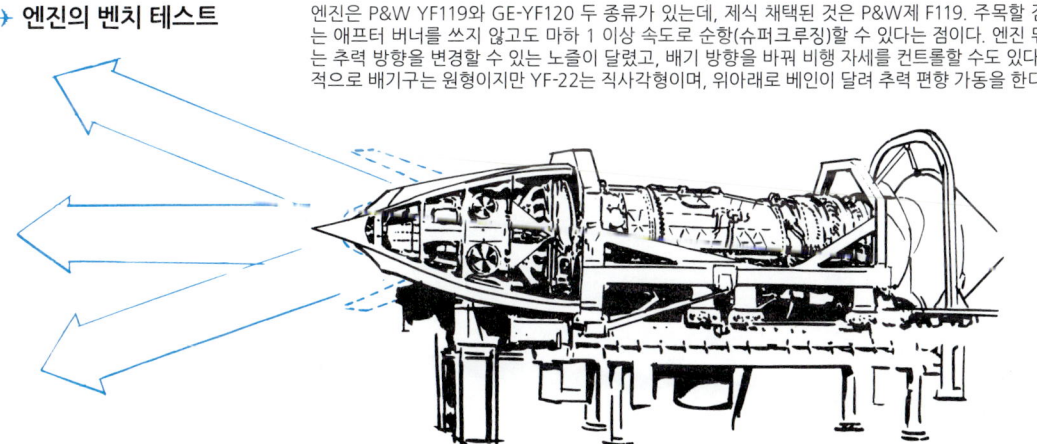

235

참고문헌

마루 메카닉 시리즈 각 호, 고진샤(潮書房)
월간지 「마루」 백넘버, 고진샤(潮書房)
세계의 걸작기 시리즈, 분린도(文林堂)
월간지 「항공 팬」 백넘버, 분린도(文林堂)
항공 팬 일러스트레이티드, 분린도(文林堂)
월간지 「항공 저널」 백넘버(별책 포함), 항공저널사
세계 항공기 연감, 간토샤(酣燈社)
월간지 「항공 정보」 백넘버(임시 증간호 포함), 간토샤(酣燈社)
항공 용어 사전, 간토샤(酣燈社)
현대의 항공기, 빌 가스통 & 마이크 스픽 지음, 에바타 켄스케 번역, 하라쇼보(原書房)
자위대 장비 연감, 아사구모신문사
세계의 위대한 전투기, 빌 스위트먼 지음, 와타나베 리큐 그림, 가와데쇼보(河出書房)
제1차 대전 전투기, 케네스 먼슨 지음, 유아사 켄조 번역, 야자와 타다시 감수, 쓰루기쇼보(鶴書房)
세계 군용기 연감, (주)에어월드
월간지 「에어월드」 백넘버(임시 증간호 포함), (주)에어월드
월간지 「모델아트」 백넘버(임시 증간호 포함), 모델아트사
세계의 항모, 그린애로출판사
검은 전투기 개발 계획, 이시카와 쥰이치 지음, 그린애로출판사
AIRCRAFT 각 호, 도호샤(同朋舍)출판
병기 최첨단, 마이니치신문사
군용기 지식의 ABC, 이카로스출판
월간지 「마치」 백넘버, 마치출판
월간지 「밀리터리 에어크래프트」 백넘버, 델타출판
일본 항공기 총집, 야자와 타다시 지음, 출판공동
FLYING REVIEW INTERNATIONAL
AMERICAN STEALTH F&B MOTORBOOKS INTERNATIONAL
JANES AIR-LAUNCHED WEAPONS

찾아보기

0, A

- 20㎜ 기관포 ············· 56
- 30㎜ 기관포 ············· 56
- ECM 포드 ·············· 160
- HUD 유닛 ·············· 188
- H형 엔진 ··············· 98
- VTOL 전투기 ············ 204
- V형 엔진 ················ 98

가

- 가변 램프 ·············· 150
- 가변 베인 ·············· 147
- 가변 피치 프로펠러 ········ 80
- 가변식 공기 흡입구 ······· 150
- 가변익 ················· 142
- 경계층 ················· 134
- 고바이패스비 ············ 126
- 고정 피치 프로펠러 ········ 80
- 공기 흡입구 ············· 144
- 공대공 미사일 ············ 173
- 공랭식 엔진 ············· 104
- 공중 급유 ··············· 198
- 광상 반사식 조준기 ········ 71
- 구리관 골조 구조 ·········· 52
- 구리관 용접 프레임 ········ 26
- 급탄 ···················· 61
- 기관총 탄도 ·············· 59
- 기상 전파 방해 포드 ······· 184
- 긴급 탈출 장치 ············ 218
- 긴급용 백 ················ 83
- 꼬리날개 ················ 140
- 꼬리날개의 형상 ············ 91

나

- 나일론 바리케이드 ········ 214
- 날개 비틀림 ··········· 12, 14
- 내G복 ·················· 219
- 내부 충격파형 ············ 146
- 네이피어 라이언 12기통 ···· 101
- 네이피어 세이버 IIB 24기통 ··· 101
- 노즈 인테이크 ············ 144

다

- 다이버터 ················ 147
- 다이브 브레이크 ········ 72, 138
- 다이아몬드 ·············· 194
- 다임러 벤츠 DB605E 역V형 엔진 ·· 103
- 다중 충격파형 ············ 146
- 단거리 미사일 ············ 174
- 대구경포 ················· 64
- 대류 냉각법 ············· 127
- 델타 ··················· 194
- 델타익 ················· 136
- 도그투스 ················ 134
- 동조 장치 ················ 20
- 드래그슈트 ·············· 215
- 드로그 ·················· 198
- 디스크 브레이크 ·········· 212

라

- 라인 어브레스트 ·········· 194
- 램 제트 엔진 ············· 125
- 러더 ····················· 72
- 레시프로 엔진 ············ 124
- 레이더 안테나 ············· 49
- 레이더 장치 ············· 220
- 레이디얼 엔진 ············· 98

- 로켓 전투기 ·············· 110
- 로켓탄 ·············· 66, 168
- 로터리 엔진 ··········· 15, 28
- 런처 ···················· 66
- 론치 바 ················· 211
- 롤링 ···················· 73
- 루이스 기관총 ············· 21
- 루프 호스 방식 ············ 198
- 르 론 엔진 ················ 29
- 리프트용 엔진 ············ 208

마

- 마우저 Mk.214A 50㎜ ········· 65
- 마하 수 ················· 132
- 마하 콘 ················· 132
- 말콤형 캐노피 ············· 88
- 경통식 조준기 ············· 70
- 목제 낙하 탱크 ············· 55
- 목제 전투기 ··············· 54
- 무장 스테이션 ············ 160
- 밀폐형 캐노피 ············· 84
- 방탄 장치 ················ 94
- 방향타 ··················· 72

바

- 배기 터빈 ··············· 105
- 배럴 롤 ················· 195
- 벌컨포 ·················· 167
- 변형 로젠지 도장 ·········· 33
- 보조날개 ················· 72
- 보조적 공력 장치 ·········· 138
- 보텍스 제너레이터 ········ 139
- 복엽 고정식 바퀴다리 ······· 35
- 브라이들 와이어 ·········· 210
- 프로브 ·················· 202
- 블렌디드 윙 보디 ······ 137, 226
- 블리드 에어 ············· 147
- 비행선 ··················· 22
- 빅커스 기관총 ············· 17

사

- 사이드 인테이크 ·········· 144
- 사출 좌석 ··············· 218
- 사카에 21형 엔진 ·········· 100
- 사카에 엔진 ············· 100
- 세로대 ··················· 24
- 세미 모노코크 구조 ········· 24
- 세미 액티브 레이더 호밍 ···· 172
- 소구경 다기총 ············· 60
- 소염 배기관 ··············· 47
- 수납식 바퀴다리 ············ 35
- 수랭식 엔진 ············· 104
- 수상 전투기 ··············· 40
- 수직 이륙기 ············· 204
- 스로틀 레버 ·········· 71, 190
- 스텔스기 ················ 228
- 스팅어 ·················· 194
- 스포일러 ············ 72, 138
- 스피드 브레이크 ·········· 216
- 슬라이스 딘 ············· 195
- 승강용 도어 ··············· 89
- 승강타 ··················· 72
- 심벌 마크 ··············· 224
- 쌍발 단좌 전투기 ··········· 42
- 쌍발 쌍동 단좌기 ··········· 44

아

- 아덴 기관포 ············· 166

아음속 132
애로 헤드 194
애프터 버너 부착 터보 제트 엔진 124
액티브 레이더 호밍 172
야간 전투기 46
어레스팅 훅과 와이어 212
어퍼 인테이크 144
에셜론 194
에어 브레이크 72, 138, 216
에어 인테이크 144
에어리어 룰 135
에일러론 72
엘리베이터 72
역V형 엔진 98
역분사 기구 215
올 플라잉 방식 140
외부 충격파형 146
요잉 73
위장 도장 32
유모 004 114
유모 213F 역V형 엔진 102
음속 132
익단 실속 134
임멜만 턴 195
임핀지먼트 냉각법 127

자

장거리 미사일 13
장거리 전투기 42
장거리 정찰 포드 185
재밍 포드 184
저바이패스비 126
적외선 호밍 172
전복 시 탈출 95
전술 전자 정찰 포드 184
전진익 134
전투 폭격기 42
정속 프로펠러 80
정전기 방전기 141
정찰 카메라 187
제동줄 96
제트 엔진 112, 124
조종 장치 74
조종간 71, 74
조준기 70
좌석 83
주날개보 단면 27
주익의 구조 90
중거리 미사일 175

차

착함 훅 96, 213
채프 180
채프 디스펜서 181
천음속 132
초음속 132
충격파 128
침공 전투기 117, 121

카

카나드 137
캐노피 84, 222
캐터펄트 210
콕피트 82
콜트 브라우닝 56, 166
클레르제 엔진 28

타

탄도 58
탄도 조정 59
탭 78
터보 팬 엔진 126
터빈 동익 127
트라피즈 19
트레일 194
트립 탭 78
티어드롭형 캐노피 88

파

파이브가드 194
파일런 160
패러사이트 196
패러슈트 219
패스트백형 캐노피 88
팩커드 멀린 V1650 엔진 102
펄스 제트 엔진 125
포드 184
폭장 탑재 69
폭탄 랙 165
표적 포착 포드 187
푸가초프 코브라 152
푸셔식 엔진 배치 18
프레임 92
프로펠러 동조 장치 14
프로펠러 80
플라이 바이 와이어 192
플라잉 붐 방식 198
플라잉 스태빌라이저 140
플랩 76
플레어 182
피칭 73
핑거 칩 194

히

하드포인트 160
함상 전투기 35
항법 포드 16
헤드업 디스플레이 188
후방 기총 22
후방 사격 63
후퇴익 128

기체명 찾아보기

0, A
- 0식 함상 전투기 ················· 35, 36, 60, 86, 90, 140, 159
- 10식 함상 전투기 ·· 36
- 2식 수상 전투기 ··· 41
- 95식 함상 전투기 ·· 35
- 96식 함상 전투기 ·· 35, 86
- BAC 라이트닝 ·· 119, 162
- BAe EAP ·· 137
- BAe 해리어 ·· 121, 206
- MiG-15 ······································· 116, 131, 138, 144
- MiG-17 ·· 134
- MiG-21 피시베드 ··· 120
- MiG-23 프로거 ··· 143
- MiG-29 펄크럼 ······································ 123, 151, 227
- MiG-31 폭스하운드 ······································ 159, 222
- S.E.5 ·· 21

가
- 겟코 (일본 해군 23형 전투기) ································· 44, 50
- 그루먼 F-14 톰캣 ········· 121, 143, 156, 177, 178, 182, 198, 212
- 그루먼 F2F ·· 34
- 그루먼 F6F 헬캣 ·· 61
- 그루먼 F9F 팬서 ·· 116, 128
- 그루먼 F9F-6 쿠거 ·· 128
- 글로스터 글래디에이터 ··· 84
- 글로스터 미티어 ·································· 114, 145, 216
- 기-109 특수 방공 전투기 ······································· 64

나
- 노스롭 F-5E ·· 193
- 노스롭 P-61 블랙위도 ····································· 48, 159
- 노스아메리칸 F-100 슈퍼세이버 ························ 118, 221
- 노스아메리칸 F-107 ······································ 140, 144
- 노스아메리칸 F-86 세이버 ··· 117, 129, 139, 140, 166, 170, 217
- 노스아메리칸 P-51 머스탱 ····················· 39, 61, 88, 107, 138
- 뉴포르 11 ·· 23
- 뉴포르 17 ·· 31, 32

다
- 다소 미라주 2000 ······································· 136, 177
- 다소 미라주 F1 ·· 134
- 다소 미라주 III ··· 120
- 다소 브레게 라팔 ·· 137, 191
- 도류(2식 복좌 전투기) ··· 64
- 도르니에 Do335B-1 ·· 106
- 드 하빌랜드 시빅슨 ·· 210
- 드 하빌랜드 98 모스키토 ······································ 54
- 라이덴(요격 전투기) ·· 86
- 라이언 X-13 버티제트 ······································· 205

라
- 록웰인터내셔널 X-31A ·· 137
- 록히드 F-104 스타파이터 ······················ 118, 144, 154, 205, 222
- 록히드 F-117A ······································ 123, 230, 232
- 록히드 F-94 스타파이터 ································ 129, 167
- 록히드 P-38 라이트닝 ····································· 44, 63
- 록히드 P-80 슈팅스타 ···································· 129, 130
- 록히드 P-82B 드윈 머스탱 ····································· 45
- 록히드 XFV-1 ·· 204
- 록히드 YF-22 ·· 234
- 리퍼블릭 F-105 선더치프 ·································· 118, 135
- 리퍼블릭 F-84F 선더스트리크 ································· 128
- 리퍼블릭 F-84G 선더제트 ····································· 128
- 리퍼블릭 P-47 선더볼트 ························· 39, 60, 66, 85, 105
- 리퍼블릭 XF-9 선더셉터 ····································· 133
- 마키 MC.200 사에타 ······································ 84, 99
- 마키 MC.202 폴고레 ·· 99

마
- 맥도널 F-15 이글 · 122, 141, 149, 165, 178, 191, 217, 221, 229
- 맥도널 F-4 팬텀 II ················ 120, 129, 147, 167, 184, 186, 220, 223, 224
- 맥도널 F/A-18 호넷 ······························ 122, 153, 189
- 맥도널 XF-85 고블린 ··· 197
- 메서슈미트 Bf109 ··· 62, 85
- 메서슈미트 Bf110 ······································· 43, 49, 63
- 메서슈미트 Me109 ··· 38
- 메서슈미트 Me163 코메트 ··································· 110
- 메서슈미트 Me262 ··························· 65, 107, 112, 114, 145
- 모랑-솔니에 N ·· 19, 30
- 모스키토 FB-18 ·· 65
- 미쓰비시 F-1 ·· 164

바
- 바헴 Ba349 나터 ··· 204
- 벨 P-39 에어코브라 ······································· 62, 89
- 벨 X-1 ··· 132
- 벨 XP-59 에어코멧 ··· 113
- 벨 에어라쿠다 ·· 42
- 보잉 F4B-2 ··· 34
- 볼튼 폴 P-82 디파이언트 I ···································· 63
- 브루스터 F2A 버팔로 ···································· 34, 223
- 브리스톨 M1 ··· 11
- 브리스톨 보 파이터 Mk.1 ····································· 47
- 브리스톨 파이터 ··· 22
- 사브 37 비겐 ·· 119, 136
- 사브 JAS 그리펜 ··· 137

사
- 솝위드 캐멀 ································· 16, 32, 40, 46
- 솝위드 트리플레인 ································· 11, 31, 159
- 쇼키(2식 단좌 전투기) ·· 89
- 수호이 Su-27 ·· 137, 151
- 슈스이(시제 국지 전투기) ··································· 113
- 스파드 13 ··· 11
- 스파드 S.A.2 ·· 18
- 스핏파이어 ································· 40, 57, 80, 87, 107
- 신덴(해군 시제 전투기) ····································· 108

아
- 알바트로스 D.1 ··· 25
- 알바트로스 D.3 ··· 31
- 애브로 캐나다 CF-105 애로 ·································· 158
- 애브로 캐나다 CF-18A ·· 223
- 야코블레프 Yak38 포저 ······································· 208
- 에어코 D.H.2 ·· 10, 18, 30
- 에트리히 타우베 ·· 12
- 웨스트랜드 와이번 ··· 105
- 웨스트랜드 휠윈드 ·· 42
- 유로파이터 EFA ·· 137
- 융커스 D1 ·· 10, 31

자
- 재거 ·· 221
- 제너럴다이내믹스 F-111 ································ 159, 218
- 제너럴다이내믹스 F-16 파이팅 팰컨
   ·················· 122, 141, 145, 159, 161, 192, 193, 222, 226

차
- 챈스보트 F-8 크루세이더 ····································· 142

카
- 커티스 P-40 워호크 ·· 57
- 컨베어 B-36 피스메이커 ····································· 197

컨베어 F-106 델타 다트 ·· 119, 155
컨베어 XF2Y-1 ··· 41
컨베어 YF-102 ··· 135
컨베어 YFY 파고 ··· 205
교후(카와니시 수상 전투기) ·· 41
기-100 5식 전투기 ·· 99
기-106 시제 전투기 ··· 55
깃카(특수 공격기) ··· 113

타

투폴레프 Tu-128 피들러 ··· 159

파

파나비아 토네이도 ··· 138, 143, 216
팔츠 D-3 ··· 24
포커 D.1 ··· 31
포커 D.7 ··· 31
포커 Dr.I ··· 26
포커 아인데커 E3 ·· 14, 20, 26, 30
포케불프 Fw 190 ·· 47, 60, 94, 104, 107
포테즈 631 ··· 43
폴리카르코프 I-16 ··· 55
푀닉스 D1 ··· 32
피아트 CR.42 팔코 ·· 38

하

하야부사(1식 전투기) ··· 37, 90
하야테(4식 전투기) ·· 37
하인켈 He162 살라만더 ··· 55
한자-브란덴부르크 W29 ··· 40
호르텐 Ho229 ··· 229
호커 타이푼 1B ··· 67
호커 허리케인 ·· 46, 52
호커 헌터 ··· 117
히엔(3식 전투기) ·· 89, 90, 92, 99